미래 수학은 Mathematica 와 함께

김영익 지음

Mathematica

KyoWooSa 敎友社

책을 펴내며

금세기에 컴퓨터와 고속 통신망의 급속한 발달과 더불어 인터넷을 통한 전자상거래, 논문 검색, 문헌 정보, 멀티미디어 정보 등을 신속하게 교환할 수 있는 꿈의 정보화 시대에 우리는 살고 있다.

이러한 초고속 정보화 시대를 앞서가기 위해서는 하드웨어뿐만 아니라 우수한 소프트웨어를 개발해야 하고, 모든 과학의 기초가 되는 수학을 최대한 활용하여야 한다. 수학은 인류의 역사와 더불어 시작되었으나, 아직도 수학은 고전적이고 추상적이며 오직 강의실에서 교육적인 목적으로만 가치를 지닌 학문으로 인식되고 있는 것은 안타까운 일이다. 수학은 자연과학의 오묘한 진리와 우주의 위대한 섭리 속에 항상 존재하고 있으며 컴퓨터의 발달과 함께 수학의 진면목이 여러 측면에서 드러나고 있다. 이미 혹성의 운동, 기상 관측, 우주선의 설계, 이미지 합성, 단층 촬영, 컴퓨터 소프트웨어의 제작 등 여러 응용 분야에서 수학은 이미 컴퓨터에 접목되어 상당한 파급 효과를 낳고 있다. 이런 의미에서 볼 때 수학의 추상적인 면과 고전적인 측면에서의 진리를 탐구하는 것은 물론이고, 수학이 지닌 아름다움과 생명력을 구체적이고 시청각적인 방법으로 표현하는 것은 매우 중요하고 가치 있는 일이다.

인간의 논리적 사고 구조를 모방하여 제작한 매스매티카(Mathematica)와 같은 수학 소프트웨어는 도표와 그래프 작성은 물론이고, 문자 및 기호 연산을 강력히 수행하며 수학 공식 또는 간단한 정리의 증명까지도 유도할 수 있을 정도로 수학에 혁명을 일으키고 있다. 매스매티카는 1988년 미국의 이론 물리학자 Stephen Wolfram이 개발하였으며 2008년 5월 현재 버전 6까지 출시되어 있다. 이 책에서는 버전 5.0 이상을 기준으로 Windows(98, 2000, XP, Vista) 환경에서 사용하는 것을 설명한다.

이 책은 매스매티카의 기호 연산 능력을 활용하여 수식의 증명, 유도 및 신속한 계산과 그 응용에 비중을 두고 있으며 특히 강력한 그래픽 처리능력을 활용하여 그래픽 응용 분야를 수학과 접목시켜 수학의 아름다움과 융통성 및 효율성을 강조하였다. 매스매티카가 갖추고 있는 포스트스크립트 그래픽 기능은 일반 그래픽에 비하여 훨씬 미려하고 섬세한 이미지를 얻을 수 있으며 포스트스크립트가 지원되는 인쇄기에서 최고의 성능을 발휘한다. 매스매티카의 그래픽 능력을 활용하면 무늬 디자인, 상업 로고 디자인, 컴퓨터의 아이콘 제작 등 다양한 부분에 응용할 수 있다.

이 책을 대학의 교양수학 및 응용수학 교재로 사용하거나 또는 보조교재로 사용하면 매우 효과적일 것이다. 아울러 수학 관련 업무에 종사하고 있는 연구원, 수학 및 자연과학 분야 교사, 자연과학, 공학계열 학생에게 큰 도움을 주리라 확신한다. 이 책은 대학의 교양수학의 기초를 다루고 있고 초보적인 내용은 물론 난이도가 높은 내용도 함께 수록하고 있다. 풍부한 예제와 다양한 연습문제는 수리 과학적 응용력 향상과 함께 진리 탐구의 기쁨을 맛보게 할 것이다. 3장의 그래픽 활용 부문과 4장의 프로그래밍 부문은 고급 사용자들에게 새로운 도전의 기회를 줄 것으로 믿는다. 각 장의 내용은 다음과 같다.

제 1장에서는 매스매티카 초보 사용자를 위하여 매스매티카의 실행 방법 및 기능, 편집 메뉴, 매스매티카 문장의 작성법, 매스매티카에서 사용하는 연산자, 수식의 매스매티카 표기법, 매스매티카 함수 호출법, 대수 식의 연산, 문자열, 출력의 제어 등을 다루었다. 매스매티카 3.x 이상의 새로운 기능(다양한 그래픽 화일 형식 지원, 각종 내장 함수의 기능 확장 및 개선, web 문서 지원, 특수문자(α, ξ, θ, ...), 수식기호($\int$, $\sqrt{}$, $\leq$, $\sum$, π...) 처리 및 수식 조작 기능을 다루는 팔렛트(palette))를 함께 소개하였다.

제 2장에서는 매스매티카의 중요한 수학적 요소인 목록(list)을 정의하고, 목록의 생성, 목록의 집합적 성질과 목록 원소의 연산과 재배열에 관하여 서술하였다.

제 3장에서는 도형 및 그래프를 그리는 방법을 다양한 예문과 함께 3차원 그래픽은 물론 애니메이션 그림, 각종 단순한 무늬 등을 제작하는 방법 등을 상세히 기술하였다.

제 4장에서는 매스매티카의 프로그래밍과 함께 사용자 함수를 정의하는 방법을 상술하였고, C, Pascal, Fortran 언어가 갖고 있는 프로그래밍 구문과 마찬가지로 매스매티카의 독특한 프로시져, 모듈, 제어문과 순환문에 관하여 다양한 예문을 들어 설명하였다. 특히 그래픽과 융합된 다양한 문제는 고급 사용자들에게 신선한 자극과 도전의 기회를 줄 것으로 믿는다.

제 5장에서는 부정적분과 일반적인 적분법, 점화식을 이용한 적분법, 정적분과 수치적분, 다중적분과 그 응용을 폭넓게 취급하였다. 특히 점화적분을 위한 함수의 정의는 기호연산을 직접 다루는 효과적인 적분법이 될 것이다.

제 6장에서는 점화수열의 일반항, 수열의 합과 곱, 무한수열과 무한급수, 무한곱을 비롯하여 일반적인 수열과 급수에 관하여 설명하였고, 복잡한 점화수열의 일반항을 구하는 매스매티카의 기호 연산 능력을 한층 강조하였다.

제 7장에서는 평면 곡선, 대수 방정식의 해, 미적분학 등 여러 분야의 문제를 매스매티카로 해결하는 활용 방법을 비교적 상세히 소개하였다.

부록 A에서는 수열의 합과 무한수열에 대한 이론을 간략히 설명하였다.

부록 B에서는 선택된 연습문제의 해답이 수록된 웹 문서의 주소를 소개하여 학생들이 직접 온라인 상에서 해답 화일을 다운로드 받음으로써 스스로의 학습 능력 향상에 도움이 되도록 하였다.

이 책의 교육 효과는 컴퓨터 화면 영사기를 활용한다면 극대화 될 것으로 믿는다. 교수, 강사 분을 위한 해답집(비매품)은 출판사에 의뢰하여 구할 수 있다. 이 책의 오류 또는 문의 사항에 관해서는 다음 전자 우편 주소로 연락해 주시기 바란다.

yikbell@dankook.ac.kr, yikbell@yahoo.co.kr

이 책의 제작에 많은 성원을 준 저자의 가족, 지도 및 편달을 해주신 선배 및 동료 교수, 출판을 도와주신 교우사 오판근 사장님 이하 직원 여러분에게 감사를 드린다.

지은이 배상

차 례

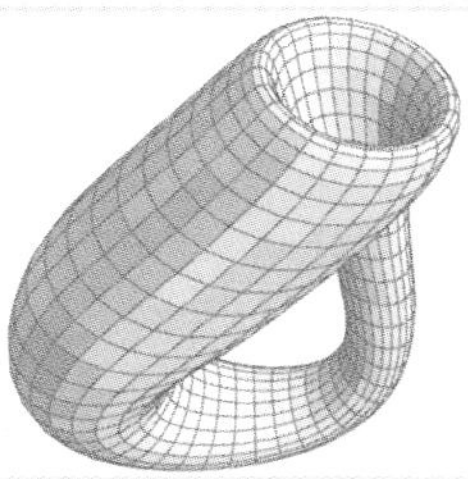

[제 1 장]

MATHEMATICA 입문

매스매티카(mathematica)는 1988년 6월 미국의 이론 물티학자 Stephen Wolfram에 의해서 버전 1이 매킨토시 컴퓨터용으로 최초로 개발되었고, 그 후 다양한 하드웨어 및 운영체제에 적용될 수 있도록 개발되어 현재는 CONVEX, DEC VAX, RISC, Hewlett-Packard/Apollo, IBM PC 호환기종(Microsoft Windows), IBM RISC, MIPS, NeXT, Silicon Graphics, Sony and Sun(또는 SPARC 호환기종)에서 사용되고 있으며, 2008년 5월 현재 최신 버전은 6이다. 수학 및 자연과학 분야의 수식 및 기호를 취급하는 프로그램으로서 대학생, 교사, 연구자 및 과학자들이 사용하고 있다. 여기서는 MS Windows 98/2000/XP/Vista용 매스매티카 버전 5.0 이상을 기준으로 설명하기로 한다.

1.1 MATHEMATICA의 실행 및 기능

매스매티카의 실행 프로그램 명령어(Mathematica.exe)에 해당하는 아이콘(icon) 을 이중클릭(double click)하거나 또는 윈도우 바탕화면 하단에 있는 메뉴에서 시작 – 모든 프로그램(P) ▷ – Mathematica – Mathematica 5 순으로 클릭하면 다음과 같은 매스매티카 편집화면이 나온다.

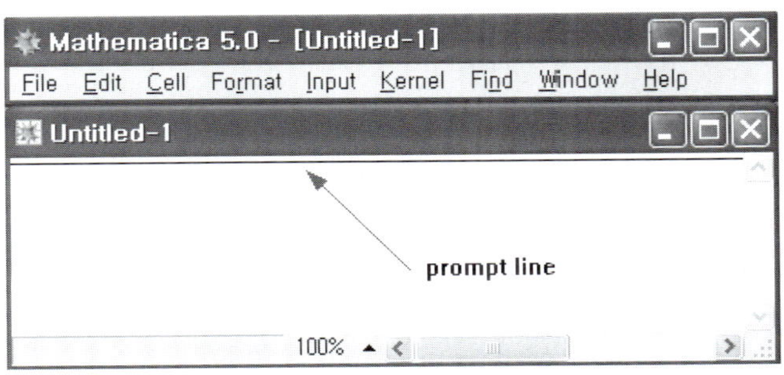

편집화면 상단 바로 밑에 있는 가로선은 매스매티카 명령어를 기다리는 명령선(prompt line)으로 이 선 밑으로 명령어를 입력할 수 있다. 명령어를 기다리는 마우스 커서의 모양은 "⟼"와 같은데 일단 명령어를 입력하면 "|"으로 바뀐다.

1.1.1 명령어의 실행, 입력 및 출력

명령어를 입력한 후 실행하려면 "Shift Enter↵"키를 동시에 누르면 된다. 아래 예문에서 알 수 있는 바와 같이 입력 명령어 문장 앞에 입력(Input)을 뜻하는 "*In [k]* : ="이 생기고 문장 끝에는 입력 셀(cell) 브래킷(bracket)이 생기게 된다. 여기서 k는 k번째 입력 문장이 전달되었음을 뜻한다.

만일 입력 문장의 출력이 있으면 출력 문장 앞에 출력(Output)을 뜻하는 "*Out [k]* ="이 생기고 문장 끝에는 출력 셀 브래킷이 생기게 된다. 여기서 k는 k번째 출력 문장이 전달되었음을 뜻한다.

예제 1 | 명령선 아래에 $1+1$을 입력하고 Shift Enter↵키를 동시에 눌러 그 결과를 관찰하시오.

풀이

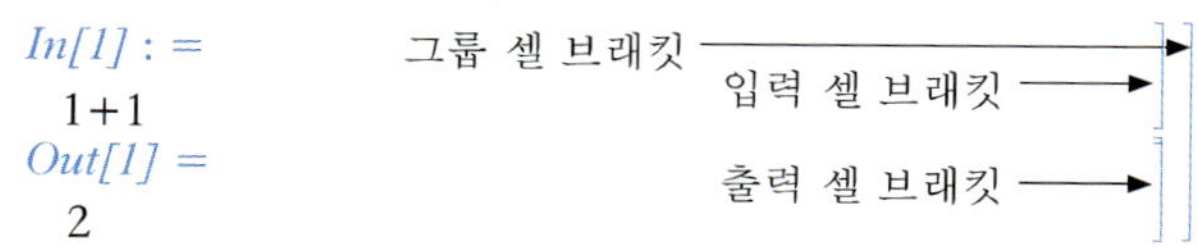

1.1.2 셀 브래킷과 마우스 포인터

매스매티카에서 사용되고 있는 마우스 포인터와 셀 브래킷의 종류 및 그 기능을 간단히 살펴보기로 한다.

마우스 포인터의 종류와 기능

	노트북 윈도우를 벗어나면 화살표 포인터가 나타나며, 제목줄을 클릭하고, 창을 끌어당기고, 메뉴를 선택하고, 대화상자를 움직일 때 나타난다.
	비 형식화된 텍스트를 편집할 때 나타난다. 삽입점을 선택하고 클릭하면 바로 이 위치에서 편집할 수 있다. 이때 포인터는 깜박거린다.
	셀 삽입 위치 (셀과 셀 사이, 최초 및 마지막 셀 이후)를 지정할 때 나타나는데 마우스를 클릭하면 명령선이 나타난다.

←	셀 브래킷을 가리키면 생기는데 셀 및 그룹 셀을 가리킬 때 나타난다. 이중 클릭하면 그룹 셀을 열거나 닫는다.
⊕	형식 셀 포인터라고 부르며 형식화된 셀 (그래픽 및 형식화된 텍스트 셀)을 가리킬 때 나타나며 클릭하면 셀 전체의 내용이 선택된다.
✥	그래픽 셀 내부를 가리키면 나타나는데 그래픽 객체 전체를 끌어당겨 이동할 때 사용한다.
↕ ↔ ⤢ ⤡	그래픽 객체의 사각형 테두리를 가리킬 때 나타나며 표시된 방향으로 확대 또는 축소할 때 사용한다.
⧐	셀 브래킷 내의 스피커 아이콘을 가리킬 때 나타나며 클릭 또는 이중 클릭하면 소리가 난다.

셀 브래킷의 종류와 기능

셀은 매스매티카의 노트북 문서 파일에서 사용하는 작성 구조의 기본 단위로서 텍스트, 매스매티카의 입력 및 출력 명령어 또는 그래픽 등의 자료를 갖는다. 셀 자료는 개별적으로 취급할 수 있고, 또는 여러 개 묶어서 그룹으로 취급할 수도 있다. 새로운 셀은 입력어 대기 상태에서 입력하면 생긴다. 비형식화된 셀은 비활성 셀, 잠김 셀 및 닫힌 그룹을 가질 수 있다. 셀에 특징을 부여하려면 Cell 메뉴에서 Inactive, Locked, Initialization 등을 선택한다.

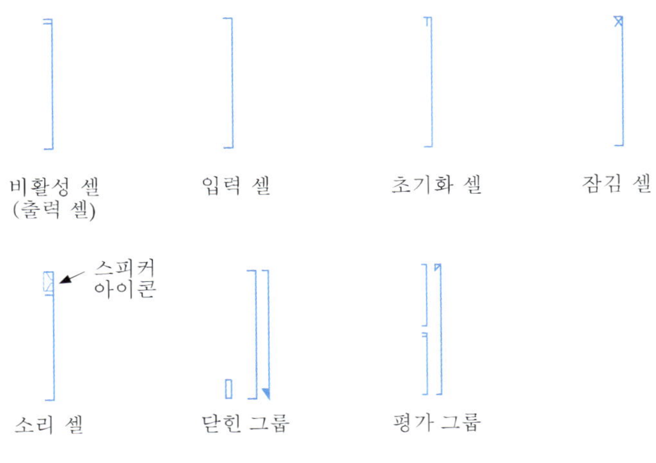

1.1.3 매스매티카의 운용과 기능

매스매티카의 운용은 후론트엔드(front end)와 커널(kernel)이라는 두 소프트웨어 장치에 의해 이루어지는데, 후론트엔드는 사용자와의 상호 교신 작용을 원활히 취급하는 소프트웨어이고, 커널은 계산을 담당하는 핵심 소프트웨어 장치이다. 후론트엔드는 사용자의 입력을 준비하고 커널이 계산한 결과를 출력하여 화면에 보여주거나 노트북 파일(매스매티카가 작성한 문서 파일을 노트북 파일이라고 부름)로 인쇄하는 일을 담당한다. 예를 들면, 사용자가 2+2를 입력하고 [Shift] [Enter↵]키를 동시에 눌렀을 때 후론트엔드는 2+2를 입력하여 그 내용을 커널에 전달한다. 커널이 2+2의 계산값 4를 갖고 있는데, 후론트엔드는 결과값을 노트북 파일에 인쇄하는 일을 한다. 후론트엔드와 커널은 독립적으로 운용되며 동일한 컴퓨터 내에서 반드시 운용될 필요는 없다. 서로 다른 컴퓨터에 각각 위치하면서 네트워크를 통하여 연결할 수 있다. 후론트엔드와 커널은 MathLink라는 통신 소프트웨어를 통하여 상호 교신한다.

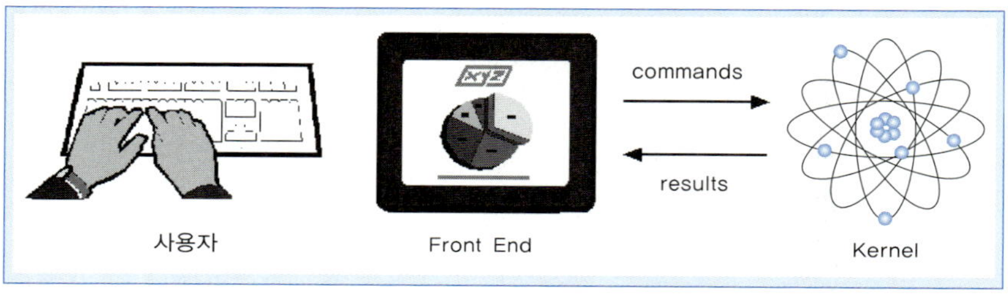

매스매티카는 폭넓은 수학 분야(Algebra, Calculus, Differential Equations, Discrete Mathematics, Geometry, Linear Algebra, Number Theory, Numerical Analysis, Statistics 등)를 취급하며, 수치계산, 방정식의 해, 수학 기호 연산, 그래프 작성, 그림 및 사진 삽입, 고급 언어 프로그래밍은 물론이고 간단한 워드프로세서의 기능도 갖고 있다. 응용성이 매우 높아 자연과학 분야에서 많이 사용되고 있다. 매스매티카를 원활히 사용하기 위해서는 128 메가바이트 이상의 물리적 메모리를 갖춘 486급 이상의 컴퓨터에서 Windows 98 버전 이상의 운영시스템이 설치되어 있어야 한다.

다음의 예제를 통하여 그 기능을 개략적으로 알아보기로 한다. 입력명령어는 진한 글씨체로 되어 있으며, 출력은 보통 글씨체로 되어 있다. 이제부터 매스매티카 문장의 입출력 문장 표시인 *In[ ]:=* 와 *Out [ ]=* 은 생략하기로 한다.

1) 그래프 그리기

예제 2 | Plot [{Sin[x], x*Cos[x] / 4}, {x, 0, 20}]을 입력하고 Shift Enter↵ 키를 동시에 눌러 결과를 관찰하시오.

풀이

Plot [{Sin[x],x*Cos[x]/4},{x,0,20}] Shift Enter↵

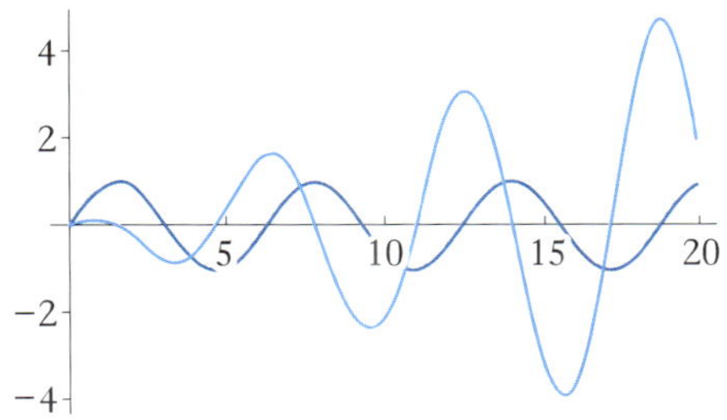

출력 후 "-Graphics-"을 보여줌

-Graphics-

예제 3 | Plot3D[4*E^(-(x^2+y^2)),{x,-2,2},{y,0,2}];을 입력하고 Shift Enter↵ 키를 동시에 눌러 결과를 관찰하시오.

풀이

Plot3D[4*E^(-(x^2+y^2)),{x,-2,2},{y,0,2}];

3차원 그래프

; 가 있으므로 - Graphics -가 나오지 않음

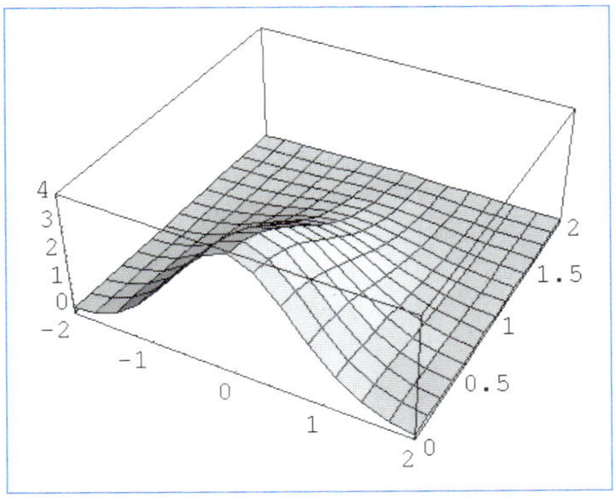

2) 수치 해법 및 연산

FindRoot는 $x^2-4=0$의 해를 $x=1$ 부근에서 구함

예제 4 | FindRoot [x^2 - 4 == 0, {x,1}]을 입력하고 Shift Enter↵ 키를 동시에 눌러 그 결과를 관찰하시오.

풀이

입력 후 Shift Enter키 누름 출력

FindRoot [x^2-4 == 0, {x,1}]

{x -> 2.}

예제 5 | { Log[2], N[Log[2]] }을 입력하고 Shift Enter↵ 키를 동시에 눌러 그 결과를 관찰하시오.

풀이

입력 후 Shift Enter키 누름 출력 N 함수는 수치값을 줌

{ Log[2], N[Log[2]] }

{ Log[2], 0.693147 }

3) 기호 연산

명령어	설 명
Expand [expr]	expr을 전개
D [f, x]	f의 x에 관한 편미분
Integrate [f, x]	f의 x에 관한 적분
Sum [f, {i, imin, imax}]	f를 imin ≤ i ≤ imax에서 합함
Series [f, {x, x0, order}]	f를 x0 근방에서 (x-x0)의 order 차수까지 전개
Solve [lhs==rhs, x]	방정식 lhs = rhs의 대수해를 구함
Limit [f, x -> x0]	x = x0에서 계산한 f의 극한값

Expand는 $(x+y)^4$을 전개함 기호연산의 한 예

예제 6 | Expand [(x+y)^4]을 입력하고 Shift Enter↵ 키를 동시에 눌러 그 결과를 관찰하시오.

풀이

Expand[(x+y)^4]

$x^4 + 4\ x^3\ y + 6\ x^2\ y^2 + 4\ x\ y^3 + y^4$

예제 7 | D [x Cos[x], x]을 입력하고 Shift Enter↵ 키를 동시에 눌러 그 결과를 관찰하시오.

$\frac{d}{dx} x \cos x$ 결과

풀이

D [x Cos[x], x]

Cos[x] - x Sin[x]

예제 8 | Integrate [x^2 Sin[x], x]을 입력하고 Shift Enter↵ 키를 동시에 눌러 그 결과를 관찰하시오.

$\int x^2 \sin x \, dx$ 결과

풀이

Integrate [x^2 Sin[x], x]

2 Cos[x] - x^2 Cos[x] + 2 x Sin[x]

예제 9 | Sum [k (k+1) (k+2), {k,1,10}]을 입력하고 Shift Enter↵ 키를 동시에 눌러 그 결과를 관찰하시오.

$\sum_{k=1}^{10} k(k+1)(k+2)$ 결과

풀이

Sum [k (k+1) (k+2), {k,1,10}] Shift Enter↵

4290

Series는 테일러급수를 구함

예제 10 | Series [Cos[x], {x, 0, 9}]을 입력하고 Shift Enter↵ 키를 동시에 눌러 그 결과를 관찰하시오.

풀이

Series [Cos[x], {x, 0, 8}]

$$1-\frac{x^2}{2}+\frac{x^4}{24}-\frac{x^6}{720}+\frac{x^8}{40320}+O[x]^9$$

Limit는 극한값을 구함

예제 11 | Limit [Sin[x] / x, x -> 0]을 입력하고 Shift Enter↵ 키를 동시에 눌러 그 결과를 관찰하시오.

$\lim_{x \to 0} \frac{\sin x}{x}$ 결과

풀이

Limit [Sin[x] / x, x -> 0] Shift Enter↵

1

Solve는 $x^2+x-1=0$의 대수해를 구함

예제 12 | Solve [x^2 + x - 1 == 0, x]을 입력하고 Shift Enter↵ 키를 동시에 눌러 그 결과를 관찰하시오.

풀이

sol=Solve [x^2 +x - 1 == 0, x] Shift Enter↵

결과

$$\{\{x\to\frac{1}{2}(-1-\sqrt{5})\},\ \{x\to\frac{1}{2}(-1+\sqrt{5})\}\}$$

InputForm[sol]

```
{{x -> (-1 - Sqrt[5])/2},
 {x -> (-1 + Sqrt[5])/2}}
```

4) 프로그래밍

매스매티카에서는 대부분의 프로그래밍 언어와 마찬가지로 제어문과 순환문 등을 사용하여 응용문제를 쉽게 해결할 수 있다. 다음 예문을 통하여 그 용법을 살펴보기로 한다.

예제 13 | Plot [Which [x < 0, x+1, x < Pi, Cos[x], True, -1], {x, -2, 5}]을 입력하고 Shift Enter↵ 키를 동시에 눌러 그 결과를 관찰하시오. 이 예문의 Which 구문은 제 6장에서 다루기로 한다.

풀이

$$f(x)=\begin{cases} x+1, & x<0 \\ \cos x, & 0\le x<\pi \\ -1, & \text{otherwise}\end{cases}$$

Plot [Which [x < 0, x+1, x < Pi, Cos[x], True, -1], {x, -2, 5}];

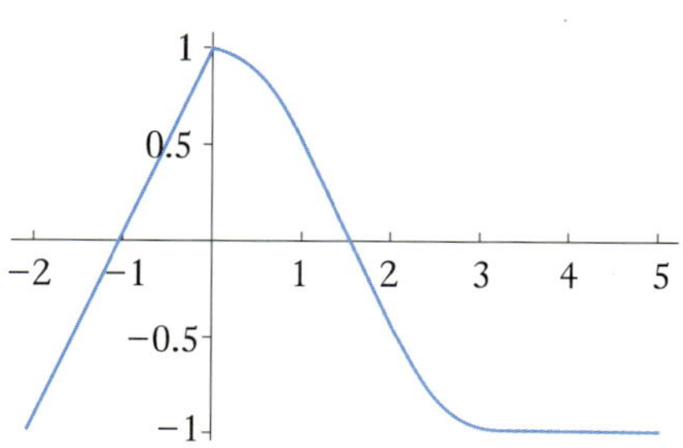

If [test, p, q]는 test가 참이면 p, 거짓이면 q를 실행

예제 14 | Sum [If [EvenQ[k], k, k=0], {k, 1, 10}]을 입력하고 Shift Enter↵ 키를 동시에 눌러 그 결과를 관찰하시오. 이 예문의 If 구문은 제 6장에서 자세히 다루기로 한다.

풀이

EvenQ[k]는 k가 짝수인지 검사
1 - 10까지 짝수의 합

```
Sum [ If [EvenQ[k], k, k=0], {k, 1, 10} ]
30
```

5) 사용자 함수의 정의

매스매티카에서는 내장 함수 이외에도 사용자가 직접 함수를 정의할 수 있다. 다음 예문을 통하여 그 용법을 알아보기로 한다.

예제 15 | f [n_] := Sum [If [EvenQ[k], k, k=0], {k, 1, n}]을 입력하고 Shift Enter↵ 키를 동시에 눌러 그 결과를 관찰한 후 f[10]을 실행하시오.

풀이

f(n) : 1에서 n까지 짝수의 합

결과

```
f[n_] := Sum [ If [EvenQ[k], k, k=0], {k, 1, n} ]
f[10]
30
```

예제 16 | g[x_,y_] := 100 + x^2 + y^2을 입력하고 Shift Enter↵ 키를 동시에 눌러 그 결과를 관찰한 후 g[3, 4]를 실행하시오.

풀이

$g(x, y) = 100 + x^2 + y^2$

결과

```
g [x_, y_] := 100 + x^2 + y^2
g[3,4]
125
```

6) 애니메이션

움직이는 화상의 애니메이션을 만들기 위해서는 각 순간의 동작화면을 연속적인 셀에 저장한 후 Group Cells를 선택하고 Cell 메뉴에서 Ctrl + Y 키를 누르거나 Graph 메뉴에서 Animate Selected Graphics 서브 메뉴를 선택하면 화상이 움직이게 된다. 이때 편집화면 아래 창틀에 그림과 같은 애니메이션 조절 아이콘이 나타나 있는데 이 조절 아이콘을 사용하여 애니메이션의 속도와 방향을 조절할 수 있다.

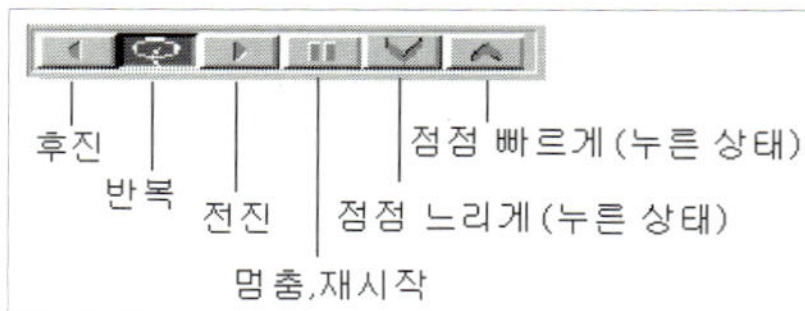

sin$t$, sin2t, sin3t의 그래프를 그리고 세 그래프를 동화상으로 만듦

예제 17 | 다음 문장

```
Plot[Sin[t], {t,0,3Pi}]; Plot[Sin[2t], {t,0,3Pi}];
Plot[Sin[3t], {t,0,3Pi}];
```
Shift Enter

을 실행하고 셀 그룹을 선택한 후 Ctrl + Y 키를 눌러서 애니메이션을 실행하시오. 종료하려면 마우스를 클릭하시오.

풀이

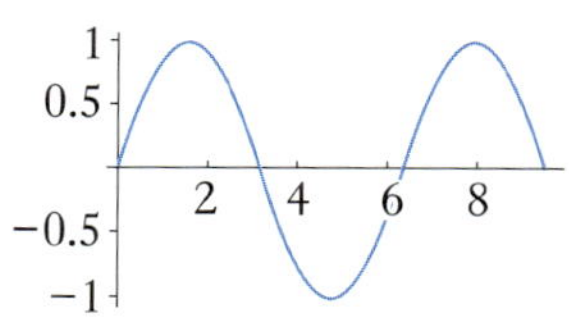
틀 1

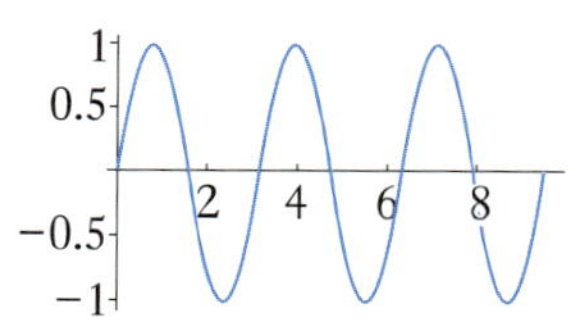
틀 2

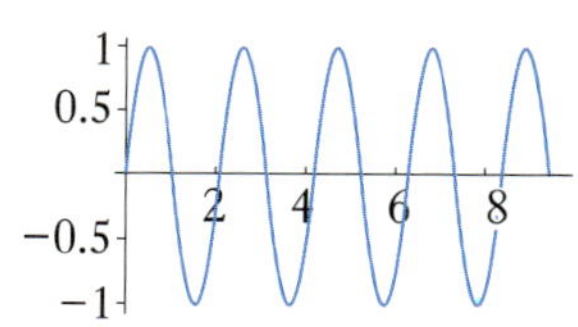
틀 3

3차원 그래프 애니메이션

예제 18 | 다음 매스매티카 문장

```
Needs["Graphics`Animation`"];
Animate [Plot3D[Sin[n(x^2+ y^2)],{x,-2,2},{y,-1,1},
Boxed -> False, Axes -> False, PlotPoints ->20,
ColorFunction -> Hue], {n,1,2.25,0.25}];
```
Shift Enter

을 실행하고 셀 그룹을 선택한 후 Ctrl + Y 키를 눌러서 애니메이션 결과를 관찰하시오.

풀이

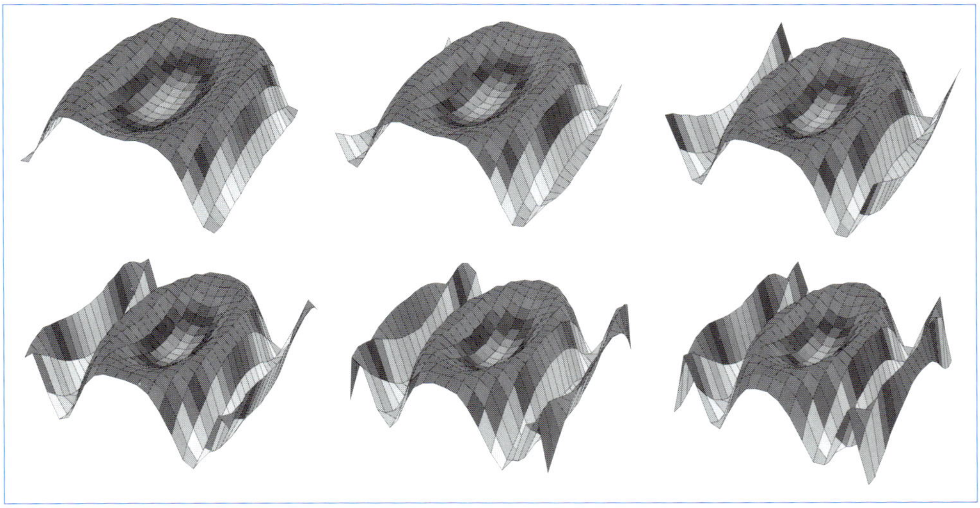

7) 문서 편집

매스매티카 편집모드에서 영문과 한글(한/영 전환키 사용)을 직접 입력할 수 있으며, File → Palettes → BasicInput (Basic Typesetting) 메뉴를 선택하면 아래와 같은 기본 문자 및 수식 입력 상자가 팝업(pop-up) 상자로 나온다. 이 상자들로부터 기본 수식, 특수문자와 그래픽 문자 등을 마우스로 입력할 수 있다.

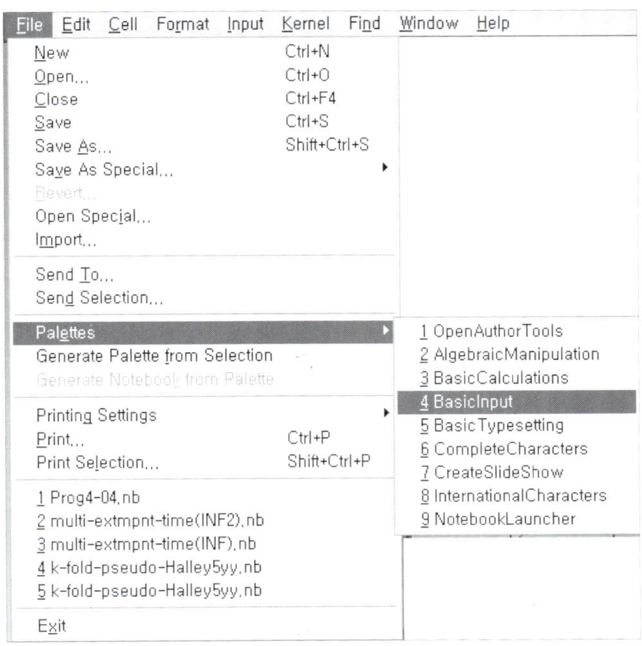

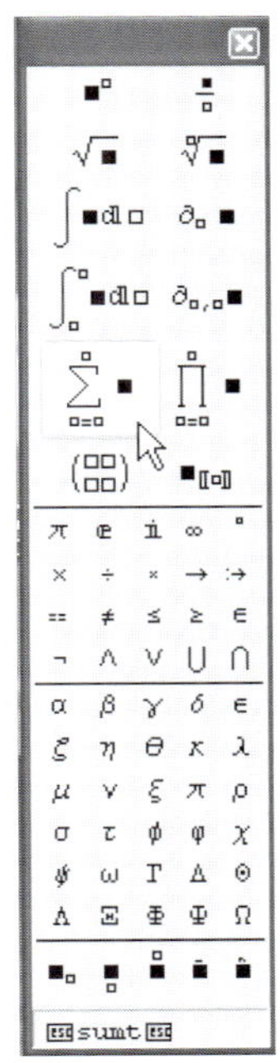

서체의 크기, 모양, 색상은 Format 메뉴에서 Font, Face, Size, Text Color 등의 부메뉴를 선택하고 적절한 값을 선택하면 된다. 다음의 예제들을 통하여 한영 혼용 문장 사용법 및 수식과 특수문자 용법을 살펴보기로 한다.

예제 19 | 다음 두 개의 문장

Mathematica is a powerful mathematics tool.
Mathematica는 강력한 수학 도구이다.

을 입력하고 다양한 글씨체로 변경하여 보시오.

Arial,
Times New Roman,
Courier, 궁서체

풀이

Mathematica is a powerful mathematics tool.
Mathematica**는 강력한 수학 도구이다**.

수식 입력

예제 20 | 다음과 같은 수식 혼합 문장을 입력하시오.

(2) 수식 입력 후 cell 메뉴의 Display As 서브메뉴에서 TraditionalForm 적용

(1) $(p \wedge q \rightarrow r) \equiv [p \rightarrow (q \rightarrow r)]$

(2) $\sum_{k=1}^{n} \frac{(n+1)(2n+1)}{6}$ 를 증명하시오.

(3) $\mathrm{Det}(\mathrm{A} - \lambda \mathrm{I}) = \begin{vmatrix} 1-\lambda & 2 \\ 5 & 4-\lambda \end{vmatrix} = \lambda^2 - 5\lambda - 6$

풀이

(1) 키보드에서 알파벳을 입력하고 BasicInput, BasicTypesetting 팔렛트 메뉴에서 마우스로 선택하여 사용한다. (2) 키보드와 BasicInput 팔렛트 메뉴를 활용한다. 수식 (3)은 Basic Typesetting 팔렛트 메뉴에서 |와 ⊞을 혼용하여 입력하였다.

그림문자 입력

예제 21 | 다음과 같은 그림문자를 입력하시오.

풀이

File → Palettes → Complete Characters 팔렛트 메뉴에서
▷ Letter-like Forms 부메뉴를 마우스로 클릭한 후 다시 ▽ *Shapes and Icons* 부메뉴에서 선택한다.

특수문자 입력

예제 22 | 매스매티카에서 한글 윈도우즈 운영체제에 내장된 특수문자를 입력할 수 있다. **한글 입력 모드**에서 **자음**을 입력(화면 왼쪽 상단에 보임)한 후 [한자] 키 또는 언어 선택 상자 가漢 를 누르면 특수 문자 상자가 나온다. 해당 특수 문자의 번호를 누르거나 마우스로 클릭한다. 자음 ㅁ을 입력한 후 다음 특수 문자를 입력하시오.

@ § ☆ ♧ ☎ ☞

풀이

자음 ㅁ을 입력하고 [한자] 키를 누른 후 문자 상자가 나오면 해당문자의 번호를 누르거나 마우스로 클릭한다. 오른쪽 화살표를 누르면 다른 문자를 선택할 수 있다.

한자 입력

예제 23 | 다음 한자 문장을 진한 글씨체로 입력하시오.

大 韓 民 國

풀이

화면 왼쪽 상단에 한글 보임

해당 한자 없으면 경고음 발생

"대한민국"을 한 글자씩 입력하고 [한자] 또는 언어 선택상자 가漢 를 누른 후, 해당문자의 번호를 누르거나 마우스로 클릭한다.

1.2 MATHEMATICA의 편집 메뉴

1.2.1 상단 메뉴

매스매티카를 실행하면 화면 상단에 File, Edit, Cell, Format, Input, Kernel, Find, Window, Help와 같은 shell 메뉴가 아래 그림과 같이 뜨게 된다.

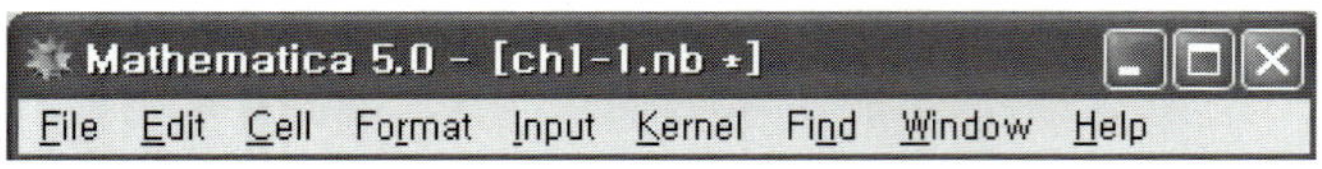

자주 사용하는 shell 메뉴 중에서 중요한 기능을 간략히 살펴보기로 한다.

[File 메뉴]

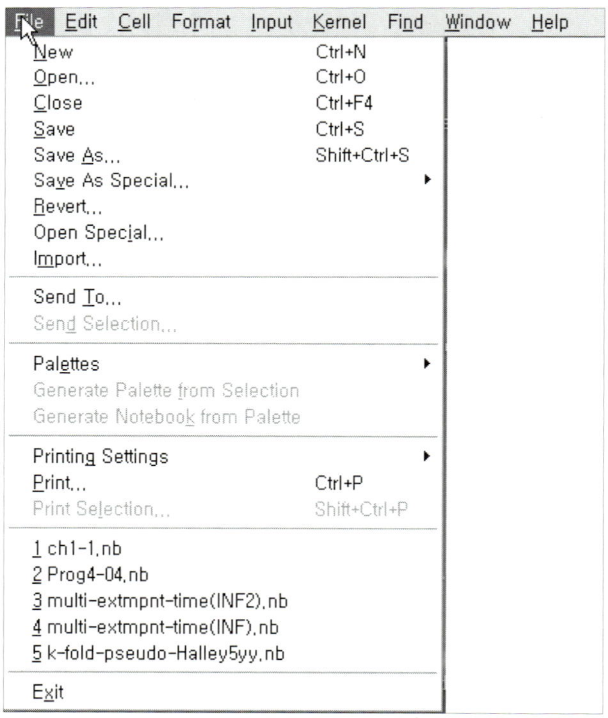

New	새로운 화일(notebook 화일이라 부름)을 생성함
Open	기존 화일 또는 다른 화일(주로 그래픽 화일)을 열기
Close	현재의 화일을 닫기
Save	현재의 화일을 디스크에 저장
Save As	현재의 화일을 새 이름으로 저장 또는 다른 화일 형식으로 저장
Print	현재의 화일을 인쇄하고 인쇄 범위와 인쇄 품질 및 인쇄 매수를 선택
Exit	커널(kernel)의 작용을 중지하고 모든 화일을 닫으면서 매스매티카 탈출

File 메뉴에서 Print 또는 Print Selection를 선택하면 다음과 같은 대화상자가 나타난다.

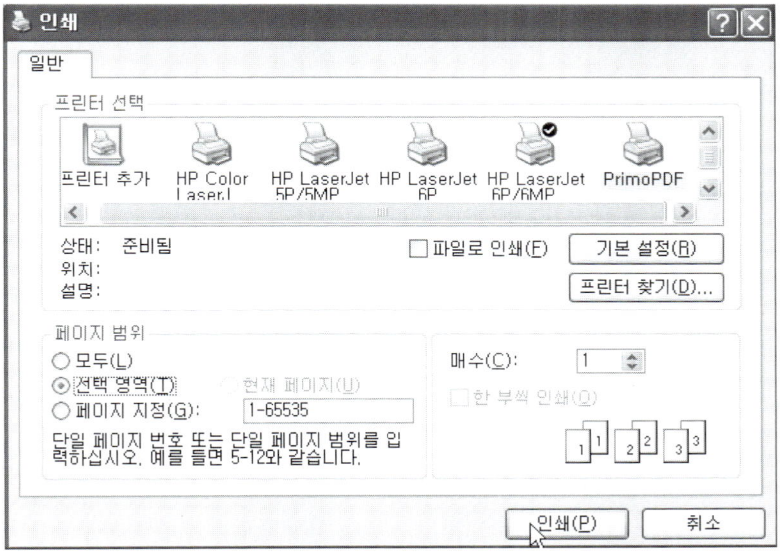

프린터 선택에서 프린터를 선택하고 페이지 범위에서 '모두(L)'를 선택하면 화일 전체를 인쇄하고, '선택 영역(T)'을 선택하면 선택된 셀을 인쇄하며, '페이지 지정(G)'을 선택하면 선택된 페이지를 인쇄한다. '화일로 인쇄(F)'를 선택하면 확장자가 prn인 파일로 (예: filename.prn) 저장한다. Print의 메뉴 중 '기본 설정(R)...'을 클릭하면 프린터와 인쇄 방향, 페이지 순서 및 용지에 관한 정보를 선택할 수 있다.

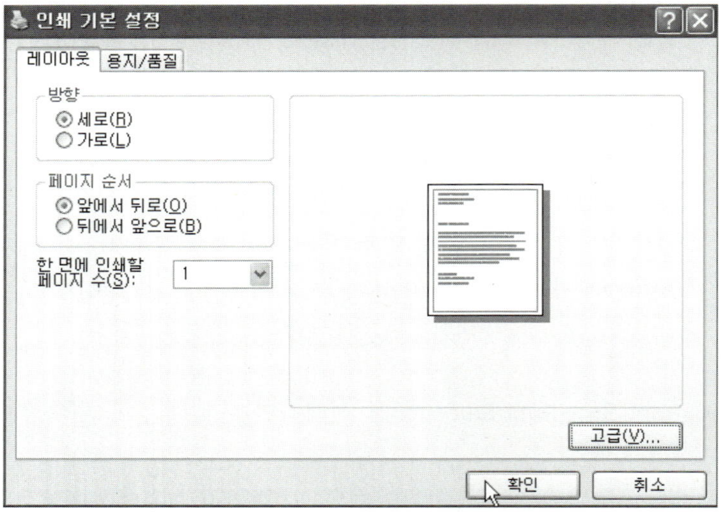

[Edit 메뉴]

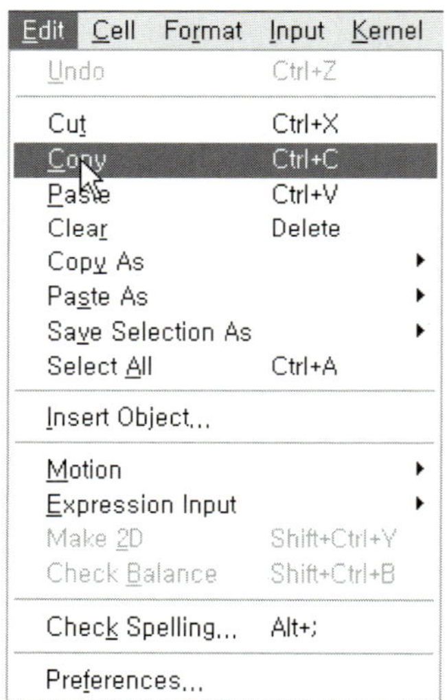

Undo	최근의 편집 상태로 복귀
Cut	선택된 텍스트, 그래픽 또는 셀(cell)을 삭제하여 클립보드에 저장
Copy	선택된 텍스트, 그래픽 또는 셀(cell)을 삭제하지 않고 클립보드에 저장
Paste	클립보드에 복사된 내용을 원하는 삽입점에 붙임
Clear	선택된 셀을 클립보드에 복사하지 않고 지움
Save Selection As	선택한 셀의 내용을 다양한 형태의 객체로 저장
Insert Object ...	그림, 비디오 파일 등 멀티미디어 객체를 삽입
Check Spelling ...	맞춤법을 검사
Select All	현재의 노트북 화일에 있는 모든 셀을 선택

[Cell 메뉴]

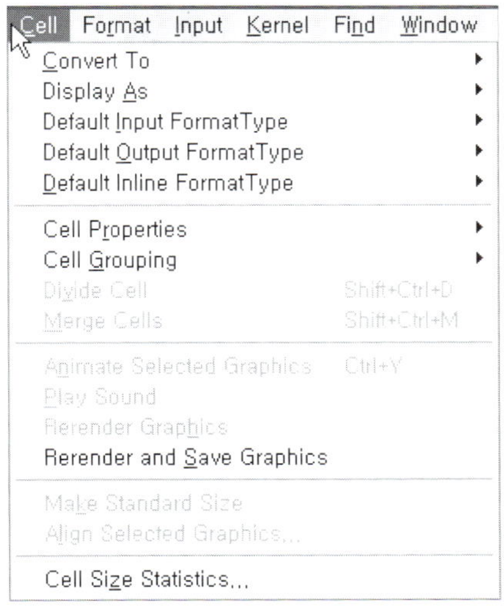

Convert To	선택된 다양한 형식으로 변환
Display As	셀을 문자(Text), 입력(InputForm), 표준(StandardForm), 전통적 수식(TraditionalForm)형으로 보여줌
Cell Properties	셀의 속성
Cell Gropuing	셀의 그룹화
Divide Cell	셀을 현재의 커서 위치에서 분할
Megre Cells	여러 개의 선택된 셀을 하나의 셀로 병합
Animate Selected Graphics	선택된 그래픽 셀을 동영상화 함

[Format 메뉴]

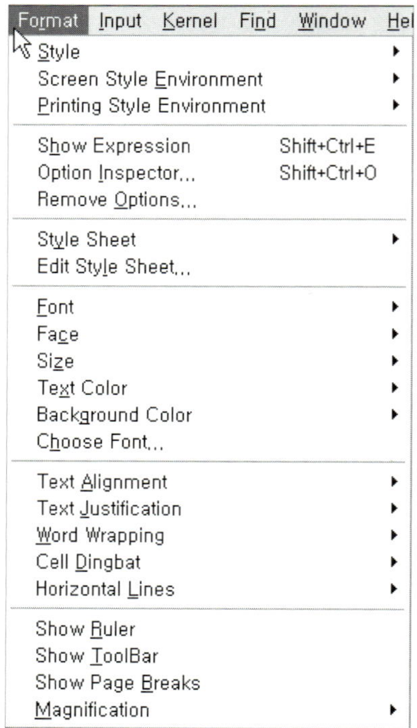

Style	셀의 편집 스타일(제목, 문단 종류 등)
Font	사용하는 서체 종류
Face	서체 모양(볼드, 이탤릭, 보통)
Size	서체 크기
Text Color	글자 색상
Background Color	배경 색상
Choose Font...	서체의 크기, 모양, 종류를 선택
Cell Dingbat	셀에 dingbat(그림 문자) 서체 표시
Horizontal Lines	셀에 수평선 긋기
Show Ruller	편집화면 상단에 자를 보여줌
Show ToolBar	편집화면 상단에 편집도구를 보여줌
Show Page Breaks	페이지 분리선을 보여줌
Magnification	편집화면의 보기 배율을 설정함

[Input 메뉴]

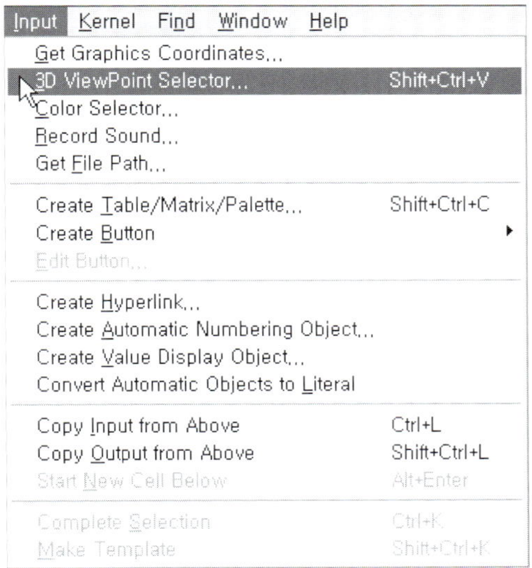

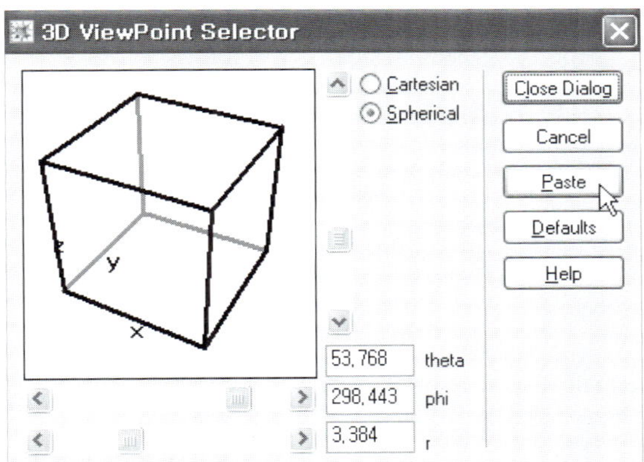

Get Graphics Coordinates...	그림의 상대좌표 얻는 법
3D ViewPoint Selector...	3차원 시점 위치 선택기
Color Selector	색상 선택표
Get File Path	3차원 그래픽에서 대화형식 시점 선택기를 호출
Create Table/Matrix/Palette...	파일 찾아보기
Create Button	버튼 생성하기
Create Hyperlink	매스매티카화일(확장자가 nb)을 웹링크하기

[Kernel 메뉴]

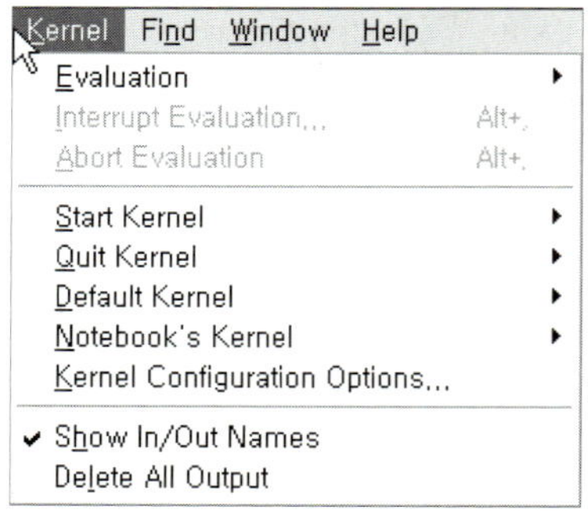

Evaluation	셀을 실행함
Start Kernel	커널을 시작함
Quit Kernel	커널을 중지함

[Find 메뉴]

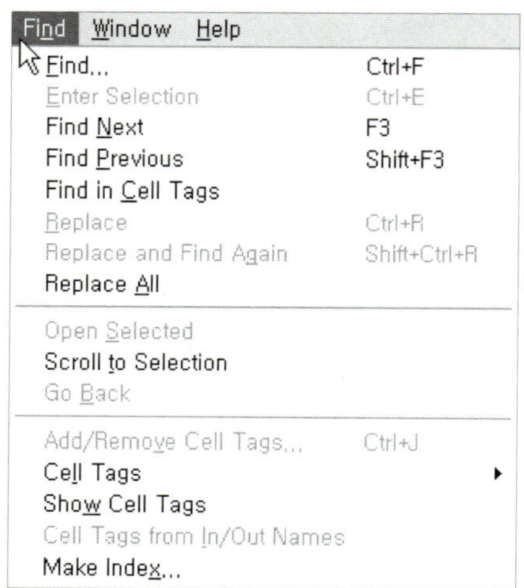

Find	글자 찾기
Find Next	연속해서 다음 글자 찾기
Replace	글자 바꾸기
Replace and Find Again	글자 바꾼 후 다시 찾기
Repalce All	글자를 모두 바꾸기

[Window 메뉴]

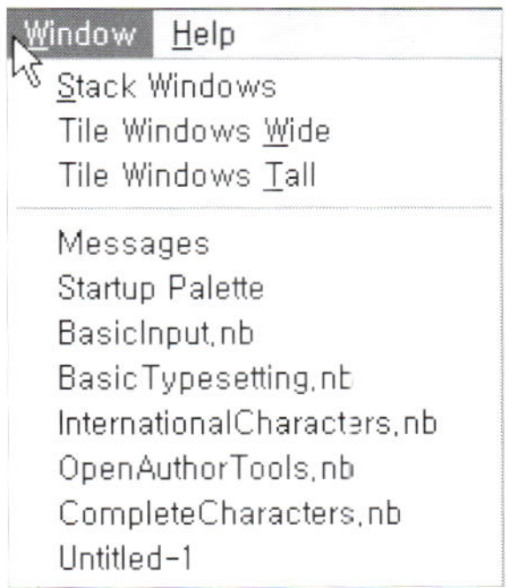

Stack Windows	모든 열린 창을 계단식으로 보여줌
Tile Windows Wide	모든 열린 창을 상하로 보여줌
Tile Windows Tall	모든 열린 창을 좌우로 보여줌

[Help 메뉴]

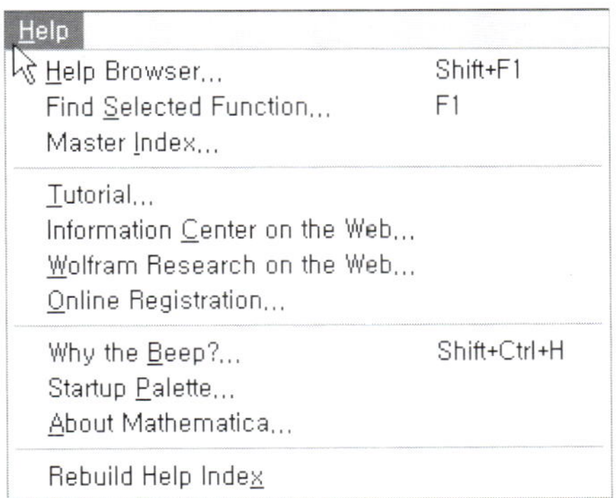

Help Browser...	도움말 찾기
Find Selected Function...	커서 위에 놓인 매스매티카 명령어 찾기
Master Index	전체 찾아보기
Tutorial...	매스매티카 자습하기
Why the Beep?...	매스매티카의 beep 원인을 찾아줌

1.2.2 도구 아이콘 메뉴 상자, 눈금자 및 상황표시 막대

매스매티카의 도구 메뉴는 현재 파일의 상단에 위치하고 있으며 도구 메뉴의 기능은 다음 그림과 같다. 여기서는 매스매티카 노트북 파일 Prog4-04.nb에 도구와 자를 불러들인 경우이다.

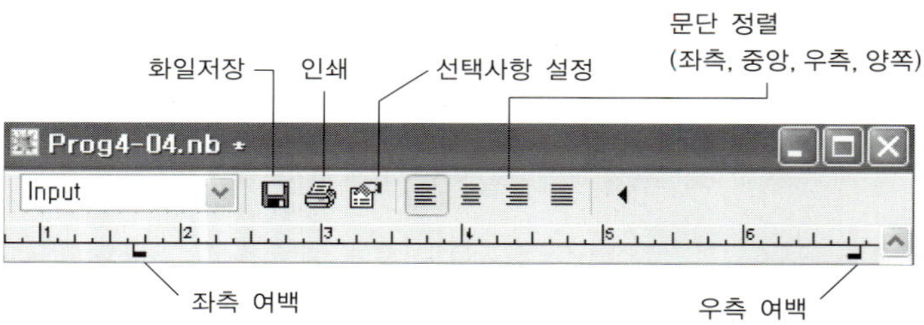

도구 아이콘 메뉴를 선택하려면 Format 메뉴의 Show ToolBar 서브메뉴를 선택한다. 눈금자를 선택하려면 Format 메뉴의 Show Ruler 서브메뉴를 선택한다. 눈금자는 도구 메뉴상자 바로 밑에 위치하고 있으며 그 모양과 눈금 및 여백 조절 아이콘의 기능은 위 그림과 같다.

1.3 매스매티카 문장의 작성법

1) 매스매티카에 내장된 함수 명령어 및 특수 상수의 이름은 반드시 대문자로 시작되며 합성어로 된 명령어는 각 단어의 첫 글자가 반드시 대문자이다. 매스매티카에서는 대문자와 소문자를 구별하여 사용한다.

Plot3D, Pi, Infinity, E, I

※ File → Palettes → BasicInput 팔렛트 메뉴에서 특수 상수 π e i ∞ 을 직접 마우스로 클릭하면 수식으로 사용할 수 있다.

2) 매스매티카 명령어 작성 중 comment(주석)문을 삽입할 때에는 (* 주석문 *)을 사용한다.

```
If [a >b,  (* then *) p, (* else *) q ]
```

3) 텍스트 입력어 문장끝에 ;을 붙이면 그 명령어에 대한 출력이 표시되지 않는다. 변수 및 이름의 할당은 = 기호를 사용한다.

```
x = 30 - 1 ;
```

4) 그래픽 입력어 문장 끝에 ;을 붙이면 그림은 출력되지만 *Out [ ] =* - Graphics - 이 표시되지 않는다.

```
Plot [x^2, {x,-2,2}];
```

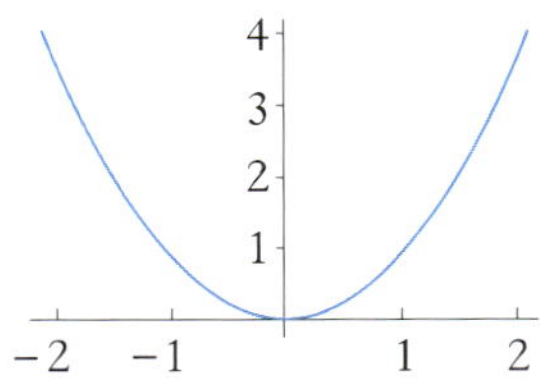

5) 한 행에 여러 개의 명령어를 세미콜론 ;으로 구분하여 사용할 수 있다. 또한 ;은 복합명령어의 연결사로 사용할 수 있다.

```
x = 4; y = 6; z = y + 6
```

6) [Enter↵] 키로 구분된 여러 행의 입력 문장은 마지막 행에서 [Shift] [Enter↵] 키를 동시에 눌렀을 때 모두 출력이 된다. 이때 *In [ ] :=* 은 하나이지만 *Out [ ] =* 은 입력행의 개수만큼 존재한다.

In [1] :=

```
x = 4        [Enter↵]
y = 6        [Enter↵]
z = 5        [Enter↵]
x + y + z    [Shift] [Enter↵]
```

(결과 : *Out [ ] =* 은 다음과 같이 4개가 출력됨)

Out [1] = 4
Out [2] = 6
Out [3] = 5
Out [4] = 15

7) 함수나 명령어의 자변수, 배열의 원소를 표기할 때에는 [ ]을 사용한다.

y = Sin [x]	
Plot [f, {x, xmin, xmax}]	f의 [xmin, xmax] 범위에서의 그래프
a [3]	1차원 배열 a의 3번째 원소
Array [f, {m,n}]	m x n 행렬 f
Array [a, n]	1차원 배열 a[1], a[2], ... a[n]

8) { }는 매스매티카에서 수학적 대상물을 그 안에 쉼표로 구분하여 원소로 나열할 때 사용한다. 이와 같이 표현된 수학적 대상물의 총체를 **목록**(list)이라 부른다.
(☞ 2장)

t = {3, 5, 1}, {x, f[x]}, {x -> 2.}

9) 이중 대괄호 [[ ]]는 목록의 원소를 표기할 때 사용한다.

t = {1, 3, 5, 6, 7, 9}; t [[3]] (t의 3번째 원소 5를 뜻함)

10) 소괄호 ( )는 수식 또는 표현을 묶어 연산 우선순위를 지정할 때 사용한다.

(4 x + 3) / y ((4 x + 3)을 우선적으로 연산)

11) 공백기호가 두 변수 사이에 사용되면 두 변수의 곱을 의미한다. 두 변수 중 앞에 있는 변수가 숫자이면 공백은 생략할 수 있다. 소괄호 앞과 뒤에 있는 공백 또는 생략된 공백은 곱의 뜻이다.

x y, x*y, x * y (xy와는 다르다. xy는 변수 xy 임)
2x, 2 x
2Pi, 2 * Pi
x^2y, (x^2)*y
a(b+c), a*(b+c)
Sin [x], Sin [x], Sin [x] (공백은 무의미함)

12) % 기호는 출력 결과를 표시할 때 사용한다.

%	마지막 출력 결과
%%	마지막에서 2번째 결과
%% ... % (k번)	마지막에서 k번째 결과
%n	*Out [n]* 에 해당하는 출력 결과

In[5] : = **a=3; b = 2; c =1 ; (a+b+c)^2 - a*b*c**

Out[5] = 30

In[6] : = **%^2+1**

Out[6] = 901

In[7] : = **1/% + %%**

Out[7] = 27031

$$\frac{27031}{901}$$

In[8] : = **%5 + %6**

Out[8] = 931

13) 매스매티카 명령어에 관한 정보를 얻으려면 다음과 같이 ?를 사용한다.

?명령어	Shift Enter↵	(해당 명령어의 일반적인 내용을 기술)
??명령어	Shift Enter↵	(해당 명령어의 세부적인 내용을 기술)
?*명령어*	Shift Enter↵	(유사한 명령어를 모두 나열)

?Plot3D Shift Enter↵

Plot3D[f, {x, xmin, xmax}, {y, ymin, ymax}] generates a three-dimensional plot of f as a function of x and y. Plot3D[{f, s}, {x, xmin,xmax}, {y, ymin, ymax}] generates a three-dimensional plot in which the height of the surface is specified by f, and the shading is specified by s.

??Plot3D Shift Enter↵

Plot3D[f, {x, xmin, xmax}, {y, ymin, ymax}] generates a three-dimensional plot of f as a function of x and y. Plot3D[{f, s}, {x, xmin,xmax}, {y, ymin, ymax}] generates a three-dimensional plot in which the height of the surface is specified by f, and the shading is specified by s.

Attributes[Plot3D] = {HoldAll, Protected}
Options[Plot3D] =
{AmbientLight -> GrayLevel[0], AspectRatio -> Automatic,
Axes -> True, AxesEdge -> Automatic, AxesLabel -> None,
AxesStyle -> Automatic, Background -> Automatic, Boxed -> True,
BoxRatios -> {1, 1, 0.4}, BoxStyle -> Automatic, ClipFill -> Automatic,
ColorFunction -> Automatic, ColorOutput -> Automatic,
Compiled -> True, DefaultColor -> Automatic, Epilog -> { },
FaceGrids -> None, HiddenSurface -> True, Lighting -> True,
LightSources -> {{{1., 0., 1.}, RGBColor[1, 0, 0]},
{{1., 1., 1.}, RGBColor[0, 1, 0]}, {{0., 1., 1.}, RGBColor[0, 0, 1]}},
Mesh -> True, MeshStyle -> Automatic, PlotLabel -> None,
PlotPoints -> 15, PlotRange -> Automatic, PlotRegion -> Automatic,
Plot3Matrix -> Automatic, Prolog -> { }, Shading -> True,
SphericalRegion -> False, Ticks -> Automatic,
ViewCenter -> Automatic, ViewPoint -> {1.3, -2.4, 2.}, ViewVertical ->
{0., 0., 1.}, DefaultFont :> $DefaultFont,
DisplayFunction :> $DisplayFunction}

?*Plot3* Shift Enter↵

ListPlot3D Plot3D ParametricPlot3D Plot3Matrix

1.4 MATHEMATICA에서 사용하는 연산자

매스매티카에서 사용하는 연산자에는 크게 나누어 산술 연산자, 할당 연산자, 논리 연산자 및 기타 연산자 등이 있다.

1.4.1 산술 연산자

연산자	예 문	의 미
+	2 + 3	덧셈
-	10 - 5	뺄셈
*	34 * 56 또는 34 56	곱셈
/	37 / 73	37 ÷ 73
^	n = 10; 3^n	$n=10$, 3^n (멱승)
!	5 !	5 ! = 5・4・3・2・1

1.4.2 할당 연산자

연산자	예 문	의 미
=	x = 3 - a	즉시 우변값을 할당
:=	f[x_] := 1 - x^2	호출될 때 우변값이 할당됨
=.	x =.	x에 할당된 값이 제거됨
++	i ++	i값 실행 후 1 증가
	++ i	i값 실행 전 1 증가
--	i --	i값 실행 후 1 감소
	-- i	i값 실행 전 1 감소
+=	i += di	i에 di 만큼 추가 (i = i + di)
-=	i -= di	i에 di 만큼 삭제 (i = i - di)
*=	x *= c	x 값을 c배로 확대 (x = c*x)
/=	x /= c	x 값을 c배로 축소 (x = x /c)

예제 1 |

1) 1행에 여러 개의 출력

```
{t = 7x; t += 18x,   t = 8; t *= 7}
{25 x, 56}
```

2) 실행 전 및 실행 후 i값

```
i=5; Print[i++]; Print[i]
5
6
```

3) 실행 전 i값 증가

```
i=5; Print[++i]; Print[i]
6
6
```

1.4.3 논리 연산자

연산자	예 문	의 미
==	x == y; 10 == 5;	x = y인지 여부 판단
!=	x != y; 3 != 3;	x = y이 아닌지 여부 판단
>	x > y; 5 > 3;	x > y인지 여부 판단
>=	x >= y;	x ≥ y인지 여부 판단
<	x < y;	x < y인지 여부 판단
<=	x <= y;	x ≤ y인지 여부 판단
!	! p	논리 명제 p의 부정
&&	p && q && r	p and q and r
||	p || q || r	p or q or r

(☞ 위의 논리 연산자는 셋 이상의 수학적 대상물에도 사용할 수 있으며, 연산 결과는 True (참) 또는 False (거짓) 중의 하나이다.)

예제 2 |

1) True

```
3 < 5 > 4
```

2) True

```
3 != 2 && 2 != 3
```

3) False

```
1 == 1 == 1 == 2
```

4) False

```
7 < 4 && 2 != 3 && 5 < 6
```

1.4.4 기타 연산자

연산자	예 문	의 미
/.	1 + 2x /. x -> 3	대입
//.	Log[a b c] //. Log[x_ y_] -> Log[x] + Log[y]	반복적 대입
->	Plot[1+x+x^4, {x,-5,5}, PlotStyle -> Hue[0.4]]	변환 규칙 또는 option
//	Sqrt[2] // N % //Short	함수 적용
/;	f[n_] := n! /; n > 0	조건문 (if)
?	?Plot3D	정보
??	??Plot3D	자세한 정보
[ ]	Simplify[x^2 + 2 x + 1]	변수
{ }	{Sqrt[x*y], Sqrt[x]*Sqrt[y]} /. {x->-1, y->-1}	목록(list)
( )	(x+3)/x	우선순위 지정 연산
_	f[x_, y_] := x^2 + y^2	함수의 자변수 정의
__	f[a,b,c] /. f[x__]-> p[x,x,x]	1개 이상의 자변수가 대응됨
___	hab[a___, b___] := a+b	0개 이상의 자변수가 대응됨

예제 3 |

1행으로 출력함

```
ff = Expand[(x+5 y +10)^4]; ff// Short
```

10000 + <<13>> + 625 y^4

예제 4 |

1) 1번만 대입

```
x^2 +y^6 /. {x -> 2+a, a -> 3}
```

$(2 + a)^2 + y^6$

2) 반복적으로 대입

```
x^2 +y^6 //. {x -> 2+a, a -> 3}
```

$25 + y^6$

3) y에 1개 이상의 자변수 대응
y에 2, 4 (2개)가 대응
On[f] 명령은 f의 연산과정을 추적

f[x_, y__, z_] := (f[x,y]-f[y,z])/(x-z); On[f]
f[1,2,4,7]

f :: trace :

$$f[1, 2, 4, 7] \rightarrow \frac{f[1, 2, 4] - f[2, 4, 7]}{1-7}.$$

$$f :: trace : f[1, 2, 4] \rightarrow \frac{f[1, 2] - f[2, 4]}{1-4}.$$

$$f :: trace : f[2, 4, 7] \rightarrow \frac{f[2, 4] - f[4, 7]}{2-7}.$$

$$\frac{1}{6}\left(\frac{1}{3}(f[1, 2] - f[2, 4]) + \frac{1}{5}(-f[2, 4] + f[4, 7])\right)$$

1.5 수학적 표현의 MATHEMATICA 표기법

자주 사용되는 수학적 표현의 매스매티카 표기법을 다음 도표에서 소개한다.

수학적 표현	MATHEMATICA 표기법
$a/(b+c)$	a / (b+c)
$x^{a/b}$	x^ (a/b)
$f(x,y,z) = x^2 + y^2 + 3z$	f [x_, y_, z_]:= x^2 + y^2 + 3 z
$\sqrt{x}$	Sqrt[x]
$\lvert x \rvert$	Abs[x]
$\lfloor x \rfloor$ (x보다 크지 않은 최대의 정수)	Floor[x]
$\lceil x \rceil$ (x보다 작지 않은 최소의 정수)	Ceil[x]
x에 가까운 정수 (반올림)	Round[x]
Re(z), Im(z): z의 실수부와 허수부	Re[z], Im[z]
$\sin x$, $\cos x$, $\tan x$, $\sec x$, $\csc x$, $\cot x$	Sin[x], Cos[x], Tan[x], Sec[x], Csc[x], Cot[x]
$\sinh x$, $\cosh x$, $\tanh x$	Sinh[x], Cosh[x], Tanh[x]
$\operatorname{sech} x$, $\operatorname{csch} x$, $\coth x$	Sech[x], Csch[x], Coth[x]
$\sin^{-1}x$, $\cos^{-1}x$, $\tan^{-1}x$	ArcSin[x], ArcCos[x], ArcTan[x]
$\sinh^{-1}x$, $\cosh^{-1}x$, $\tanh^{-1}x$	ArcSinh[x], ArcCosh[x], ArcTanh[x]
$\operatorname{sech}^{-1}x$, $\operatorname{csch}^{-1}x$, $\coth^{-1}x$	ArcSech[x], ArcCsch[x], ArcCoth[x]

수학적 표현	MATHEMATICA 표기법
e, π, ∞	E, Pi, Infinity
$\ln x$, $\log_a x$	Log[x], Log[a, x]
e^x	E^x 또는 Exp[x]
i ($\sqrt{-1}$)	I
$m!$	m !
$m!!$ $(m(m-2)(m-4)(m-6)\cdots)$	m !!
이항계수 $_{n}C_{m}$	Binomial[n, m]
다항계수 $(n_1+n_2+n_3+\cdots)/(n_1!\, n_2!\cdots)$	Multinomial[n1, n2, n3, …]
감마함수 $\int_0^\infty t^{z-1}e^{-t}\,dt$	Gamma[z], (단, **Re**[z] > 0)
$\max(x_1, x_2, x_3, \cdots)$	Max[x1, x2, …] 또는 Max[{x1, x2, …}]
$\min(x_1, x_2, x_3, \cdots)$	Min[x1, x2, …] 또는 Min[{x1, x2, …}]
x1, x2, x3, …의 산술 평균값	Mean[{x1, x2, x3, …}]
x1, x2, x3, …의 중앙값	Median[{x1, x2, x3, …}]
x1, x2, x3, …을 크기순으로 재배열	Sort[{x1, x2, x3, …}]
n을 m으로 나눈 나머지	Mod[n, m]
n을 m으로 나눈 몫	Quotient[n, m]
n1, n2의 최대 공약수	GCD[n1, n2, …]
n1, n2의 최소 공배수	LCM[n1, n2, …]
n의 양의 약수	Divisors[n]
expr의 정수 여부 검사(True, False)	IntegerQ[expr]
expr의 홀수 여부 검사(True, False)	OddQ[expr]
expr의 짝수 여부 검사(True, False)	EvenQ[expr]
expr의 소수 여부 검사(True, False)	PrimeQ[expr]
expr의 양수 여부 검사(True, False)	Positive[expr]
expr의 음수 여부 검사(True, False)	Negative[expr]
제 n번째 소수	Prime[n]
소인수 분해 (소수 및 지수)	FactorInteger[n]
각도	Degree

수학적 표현	MATHEMATICA 표기법
벡터 $v=(a, b, c)$	v = {a, b, c}
벡터 v1과 v2의 내적 v1 · v2	v1 . v2 (마침표 사용)
$A=\begin{bmatrix} a & b \\ c & d \end{bmatrix}$	A = {{a,b}, {c,d}}
$\lvert A\rvert=\begin{vmatrix} a & b \\ c & d \end{vmatrix}$ (행렬식)	Det[A]
$A=\begin{bmatrix} a_{11} & a_{12} & \cdots & a_{1n} \\ a_{21} & a_{22} & \cdots & \\ \cdots & a_{ij} & \cdots & \\ & & \ddots & \\ \cdots & \cdots & \cdots & a_{nn} \end{bmatrix}$,	Array[A, {m,n}],
A^{-1}(역행렬)	Inverse[A]
행렬 A와 B의 곱 $A\times B$	A . B (곱셈기호로서 마침표 사용)
$\lim_{x\to x_0} f(x)$	Limit [f[x], x -> x0]
$\frac{\partial f}{\partial x}$	D[f, x]
$\frac{\partial}{\partial x_1}\frac{\partial}{\partial x_2}\cdots f$	D[f, x1, x2, …]
$\frac{\partial^n f}{\partial x^n}$	D[f, {x,n}]
df	Dt[f]
$\frac{df}{dx}$	Dt[f, x]
$x=x_0$ 근방에서 $f(x)$의 극소화	FindMinimum [f, {x, x0}]
(x_0, y_0) 근방에서 $f(x,y)$의 극소화	FindMinimum [f, {x, x0}, {y, y0}]
$x=x_0$ 근방에서 $f(x)$의 극대화	FindMaximum [f, {x, x0}]
(x_0, y_0) 근방에서 $f(x,y)$의 극대화	FindMaximum [f, {x, x0}, {y, y0}]
0과 1 사이의 유사 난수(실수)	Random [ ]
Imin과 Imax 사이의 유사 난 정수	Random [Integer, {Imin, Imax}]
xmin과 xmax 사이의 유사 난 실수	Random [Real, {xmin, xmax}]
zmin과 zmax 사이의 유사 난 복소수	Random [Complex, {zmin, zmax}]
imin과 imax 사이의 등차 di 인 수열	Range [imin, imax, di] *

☞ *: imin, di가 생략되면 각각 1을 뜻함.

수학적 표현	MATHEMATICA 표기법
$f(x)=\sum_{k=0}^{n} f^{(k)}(x_0)(x-x_0)^k / k! + R_n$	Series [f, {x, x0, n}] **
방정식 lhs = rhs의 대수해 x를 구함	Solve [lhs == rhs, x]
행렬방정식 Ax = b의 벡터해를 구함	LinearSolve [A, b]
방정식 lhs = rhs의 수치해를 x0 근방에서 구함	FindRoot[lhs == rhs, {x,x0}]
test가 사실이면 p, 아니면 q를 실행	If [test, p, q]
목록 t의 원소 중 test가 참인 원소를 선택	Select[t, test]
$\int f\,dx$	Integrate [f, x]
$\int_{\mathrm{xmin}}^{\mathrm{xmax}} f\,dx$	Integrate [f, {x, xmin, xmax}]
$\int_{\mathrm{xmin}}^{\mathrm{xmax}} \int_{\mathrm{ymin}}^{\mathrm{ymax}} f\,dy\,dx$	Integrate [f, {x, xmin, xmax}, {y, ymin, ymax}]
$\sum_{i=imin+di}^{imax}$	Sum [f, {i, imin, imax, di}]
$\sum_{i=imin+di}^{imax} \sum_{j=jmin+dj}^{jmax} \cdots \sum f$	Sum [f, {i, imin, imax, di}, {j, jmin, jmax, dj}, ...]
$\prod_{i=imin+di}^{imax}$	Product [f, {i, imin, imax, di}]
$\prod_{i=imin+di}^{imax} \prod_{j=jmin+dj}^{jmax} \cdots \prod f$	Product [f, {i, imin, imax, di}, {j, jmin, jmax, dj}, ...]

☞ ** : $(x-x_0)^n$ 항까지 f의 테일러 급수를 계산하고 나머지 R_n은 $O((x-x_0))^{n+1}$으로 표시함.

1.6 MATHEMATICA PACKAGES 사용법

매스매티카에서 사용하는 범용 함수는 대부분 내장되어 있어서 편리하게 사용할 수 있으나, 특수 함수를 사용하고자 할 때는 함수 Packages(패키지)를 호출하여야 한다. 여기서는 매스매티카 프로그램이 설치된 루트 디렉토리(root directory)를 **C:\Math52** (설치시에 사용자가 지정한 디렉토리)으로 가정하고 설명하기로 한다. Packages는 특수한 용도를 위한 함수의 정의를 모아놓은 파일을 뜻하는데 **C:\Math52\AddOns**라는 디렉토리 내부의 StandardPackages(표준 패키지) 및 ExtraPackages(추가 패키지)라는 서브디렉토리에 들어 있다. 표준 패키지에는 Algebra, Calculus, Discrete Mathematics, Geometry, Graphics, LinearAlgebra, Miscellaneous, NumberTheory, NumericalMath, StartUp, Statistics, Utilities 등이 있고, 추가 패키지에는 Convert(자바 프로그램 변환 관련), DifferentialEquations, LinearAlgebraExamples, Optimization, ProgrammingInMathematica, StatisticsExamples, Utilities 등이 있다.

1.6.1 함수 패키지 호출법과 예

함수 패키지를 호출하는 방법은 다음과 같이 3가지가 있으며 방법(2)의 경우에는 인용부호 "를 생략할 수 있다.

(1) **Needs** ["패키지이름"]　　(2) << "패키지이름"　　(3) **Get** ["패키지이름"]

위에서 패키지이름은 완전한 경로명을 기입하여야 한다. 이때 서브디렉토리 내의 함수 패키지 이름은 **역인용 부호** ` (Tab 키 바로 위에 있음)를 사용하여 **`함수패키지`** 와 같이 둘러싸야 한다. 다음 예는 StandardPackages의 서브디렉토리 Graphics 내의 함수 패키지 FilledPlot.m을 호출하고 그 기능(여러 함수의 사이 영역을 채색)과 선택사항 Fills에 관한 정보를 알려준다. 매스매티카 Session 중 동일한 패키지 호출은 한 번만 필요하고 만일 여러 번 호출하면 불필요한 메모리를 점유하여 시스템 성능을 저하시킬 수도 있다.

Get["Graphics`FilledPlot`"] Shift Enter↵

?FilledPlot Shift Enter↵

FilledPlot[function,{var,varmin,varmax}] generates a plot with the area between the curve and the var axis filled. FilledPlot[{f1,f2,...},range] generates a plot with the areas between curve f1 and f2, f2 and f3, etc. filled. The shade of the fill and other specifications can be given by the Fills option.

?Fills Shift Enter↵

Fills is an option to FilledPlot. There are two forms for this option; a list of color primitives (i.e., Hue[0], etc.), or a list of pairs, with the first element being another pair that specifies two curves, and the other being a color primitive (i.e., {{2,3}, Hue[.3]}, etc.). In this second form, each curve is specified by an integer, indicating the position of the curve in the list of curves given to FilledPlot. Also, the symbol Axis (meaning the horizontal or x axis) can be specified. If just the list of colors is given, this is equivalent to {{{1,2},color1},{{2,3},color2},etc.}.

If there are more colors than curves, extra colors are ignored. If there are as many colors as curves, the last color is the fill between the final curve and the Axis. If there are fewer colors, then only the fills up through the given colors will be plotted.

1.6.2 여러 함수의 사이 영역을 채색하기

예제 1 | 구간 [-5, 5]에서 x-축과 함수 x^3 사이의 영역을 색상 Hue[0.25]로 채색하시오.

풀이

함수 FilledPlot.m 호출
Hue[a], a는 0과 1 사이의 실수임

```
Get["Graphics`FilledPlot`"]
FilledPlot[x^3, {x,-5,5}, Fills -> Hue[0.25]];
```

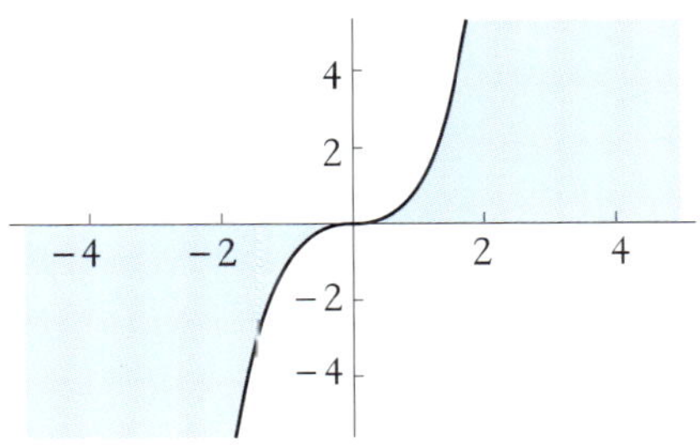

예제 2 | 구간 [-5, 5]에서 함수 x^2과 $\sin x$ 사이의 영역을 색상 Hue[0.1]로 채색하시오.

풀이

이미 호출되었으면 생략

```
Get["Graphics`FilledPlot`"]
FilledPlot[{x^2, Sin[x]}, {x,-5,5}, Fills -> Hue[0.1]];
```

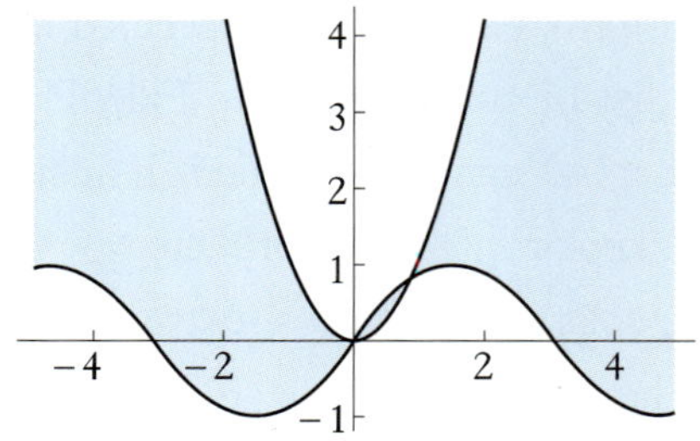

예제 3 | 구간 [-5, 5]에서 함수 x^2과 $\sin x$, $\sin x$와 1.5 x 사이의 영역을 Hue[0.1] 및 Hue[0.25]로 채색하시오.

풀이

이미 호출되었으면 생략

1번과 2번 사이의 영역은 Hue[0.1] 색상

2번과 3번 사이의 영역은 Hue[0.25] 색상

```
Get["Graphics`FilledPlot`"]
FilledPlot[{x^2, Sin[x],1.5x}, {x,-5,5},
  Fills -> {{{1, 2}, Hue[0.1]},

{{2, 3}, Hue[0.25]}}];
```

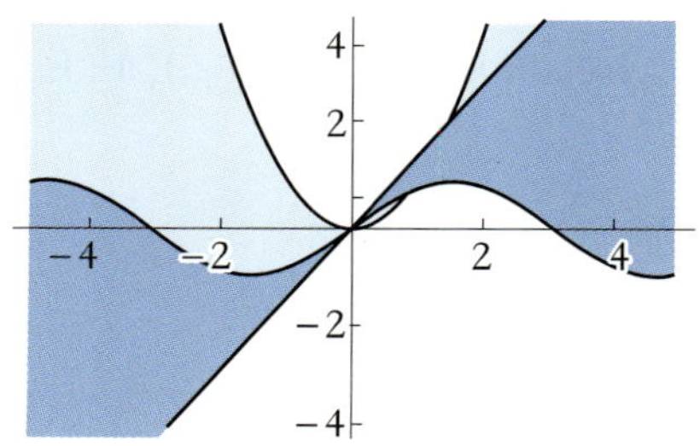

예제 4 | 구간 [-1, 1]에서 함수 $\sqrt{1-x^2}$ 와 $1-|x|$ 사이의 영역, 함수 $1-|x|$와 $-1+|x|$ 사이의 영역 및 함수 $-1+|x|$와 $-\sqrt{1-x^2}$ 사이의 영역을 각각 Hue[0.33], Hue[0.66] 및 Hue[0.99]로 채색하시오.

풀이

이미 호출되었으면 생략

```
Get["Graphics`FilledPlot`"]
FilledPlot[{Sqrt[1-x^2], 1-Abs[x],-1+Abs[x],
                        -Sqrt[1-x^2]}, {x,-1,1},
```

순서대로 그래프 사이 영역에 색상 배정

```
AspectRatio -> Automatic, Axes -> None,
Fills -> {Hue[0.33], Hue[0.17], Hue[0.99]}];
```

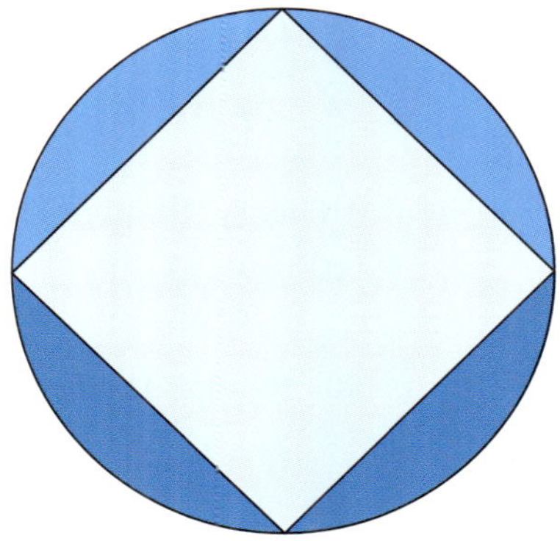

1.6.3 함수 Package 사용하기

예제 5 | 표준 패키지 Algebra 내에 포함되어 있는 함수 패키지 InequalitySolve을 호출한다. 이 패키지 내에 정의된 함수 InequalitySolve [expr, {x1, x2, x3, ⋯}]은 부등식 expr이 만족되는 변수 x1, x2, x3, ⋯의 실수값 범위를 구해준다. 다음 연립부등식의 해를 구하시오.

$$\frac{x}{|x-1|} \geq 0, \quad \frac{1}{x} < x+1$$

풀이

함수패키지 호출

```
Needs["Algebra`InequalitySolve`"];
InequalitySolve[x/Abs[x-1]?&&1/x<x+1,x]
```
Shift Enter↵

$$\frac{1}{2}(-1+\sqrt{5}) < x < 1 \,||\, x > 1$$

예제 6 | 표준 패키지 NumberTheory 내에 포함되어 있는 함수 패키지 NumberTheoryFunctions을 호출하고 이 패키지 내에 정의된 함수 중에서

(1) NextPrime[n]을 호출하여 n=100보다 큰 정수 중 가장 작은 소수를 구하시오.

(2) Random[Prime,{p,q}]을 호출하여 p=10, q=100 사이에 있는 정수 중 임의의 소수를 찾아내시오.

풀이

함수패키지 호출

```
<<NumberTheory`NumberTheoryFunctions`
n=10;  NextPrime[n]   Shift  Enter
                101
p=10, q=100; Random[Prime,{p,q}]   Shift  Enter
                71
```

버전 5.x에서는 내장함수이므로 호출 불필요

예제 7 | 표준 패키지 DiscreteMath 내에 정의된 함수 RSolve를 호출하여 점화식 $x_{n+1} = ax_n - 1,\ n \geq 0$의 해를 구하시오.(단, a는 상수)

풀이

함수 패키지 RSolve 호출 $x_{n+1} = ax_n - 1$, $n \geq 0$

```
Get["DiscreteMath`RSolve`"]

RSolve[ x[n+1] == a x[n] - 1, x[n], n]   Shift  Enter
```

$$\{\{x[n] \to -\frac{-1+a^n}{-1+a} + a^{-1+n} C[1]\}\}$$

예제 8 | 추가 패키지 ProgrammingInMathematica 내에 들어 있는 함수 SphericalCurve를 호출하고, u를 매개변수로 하여 구면 좌표로 주어진 다음 방정식을 그려보시오.

$$r = r(\theta, \phi) = 3, \quad \theta = u/24, \quad \phi = u,$$
$$0 \leq u \leq 24\pi, \quad \Delta u = \pi/24$$

풀이

함수 패키지 호출

```
<<ProgrammingInMathematica`SphericalCurve`
SphericalCurve[{3, u/24,u}, {u,0,24Pi,Pi/24}];   Shift  Enter
```

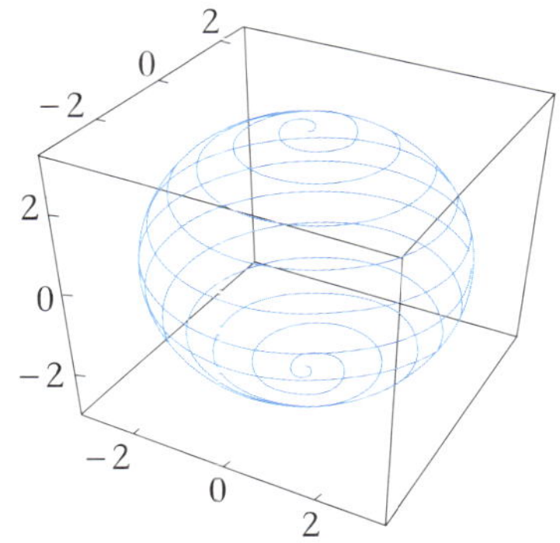

함수 **SphericalCurve**의 용법은 다음 명령어로 알 수 있다.

?SphericalCurve Shift Enter↵
SphericalCurve[{r, theta, phi}, {u,u0,u1,(du)}, (options...)] plots a 3D parametric curve given in spherical coordinates.

1.7 대수식의 연산

1.7.1 기호 및 수치 계산

매스매티카의 가장 중요한 특징 중의 하나는 **수치 계산**은 물론 수학 공식을 대수적으로 조작할 수 있는 기호 계산을 할 수 있다는 점이다. 다음 예는 이러한 특징을 잘 보여준다.

예제 1 |

1) 사칙연산을 수행

3.14159 + 2/3 + 16 * 68
1091.81

2) 기호 계산

2x + 13 + 5x −1.5x
13 + 5.5 x

3) Pi =3.1415926535...

```
Pi+2/3 + 3.1416 - Pi/7
```

$$3.80827+\frac{6\,\text{Pi}}{7}$$

4) 동류항 모음

```
g1 = 2 x*y + 2.5 y*x + 3 x^2 + 3.5 y^2
                 + x^2*y^2 + (1/2)*y^2
```

$3\ x^2 + 4.5\ x\ y + 4.\ y^2 + x^2\ y^2$

5) g2를 전개

```
g2 = (x + y + 1)^2 * (x-2+y); Expand[g2]
```

$-2 - 3\ x + x^3 - 3\ y + 3\ x^2\ y + 3\ x\ y^2 + y^3$

6) 앞 결과 식을 인수분해

```
Factor[%]
```

$(-2 + x + y)\ (1 + x + y)^2$

7) 매스매티카에 단순화 하는 공식이 없으므로 원래의 식을 출력

```
Sqrt[1 + Cos[x]]
```

$\sqrt{1+\text{Cos}\ [x]}$

1.7.2 대입 연산

변수 원소를 갖는 목록에 어떤 값을 대입하려면 목록 내에 대입 연산자 /.와 변환 규칙 연산자 ->를 사용한다.

명 령 어	설 명
expr /. {x -> a, y -> b, z -> c, ... }	expr의 변수 x, y, z, ...에 각각 a, b, c, ...를 대입한다.
expr /. {{x -> a},{x -> b}, {x -> c} ... }	expr의 변수 x에 각각 a, b, c, ...를 대입하고 그 결과를 모두 목록 내에 나열한다.

예제 2 |

1) 목록의 변수 원소에 $x=a,\ y=1,\ z=5$ 를 동시 대입 결과

```
w1 = {-1 + x, y + z + 1, z - x} /.
                {x -> a, y -> 1, z -> 5}
```

{-1 + a, 7, 5 - a}

2) 목록의 변수 원소 들에 값을 별도로 대입하여 각각의 결과를 목록화 함, 결과는 2차원 목록

```
w2 = {-1 + x, y + z, z - x} /.
                    {{x -> a}, {y -> 1}, {z -> b}}
{{-1 + a, y + z, -a + z},
 {-1 + x, 1 + z, -x + z}, {-1 + x, b + y, b - x}}
```

3) 수식에 $x=a$, $y=1$, $z=5$를 동시 대입, 결과는 수식 (목록이 아님)

```
-1 + x + y + z /.
                    {x -> a, y -> 1, z -> 5}
5 + a
```

4) 목록의 변수 원소 들에 값을 별도로 대입하여 각각의 결과를 목록화 함

```
1 + x - 2y + 3z /.
                    {{x -> a}, {x -> 1}, {x -> 5}}
{1 + a - 2 y + 3 z, 2 - 2 y + 3 z, 6 - 2 y + 3 z}
```

5) 1차원 목록에 값을 대입 결과

```
Table[Sin[k*x],{k,-3,3}] /. {x -> Pi/6}
```

$$\left\{-1,\ -\frac{\sqrt{3}}{2},\ -\frac{1}{2},\ 0,\ \frac{1}{2},\ \frac{\sqrt{3}}{2},\ 1\right\}$$

1.7.3 변수의 할당 및 제거

1.4절에서 기술한 바와 같이 변수에 값을 할당할 때는 연산자 =를 사용하고 변수에 할당된 값을 제거할 때는 연산자 =.를 사용한다. 다음 예문을 통하여 변수의 할당 및 제거를 상세히 알아보기로 한다.

명 령 어	설 명
expr = val	expr에 value를 할당
expr =. 또는 Clear[expr]	expr에 할당된 값을 제거

예제 3

1) x = 1 + a를 할당하고 수식 계산

```
x = 1 + a; x^2 - 1 /x^2 + 2x
```

$-(1 + a)^{-2} + 2\ (1 + a) + (1 + a)^2$

2) x = 1 + a는 해제됨

```
x =. ; x - 5x + 1/x + 3
```

1.7.4 근사값 계산

매스매티카에서 수치의 근사값은 기계 정밀도 또는 사용자가 지정한 정밀도로 계산한다. 기계 정밀도보다 적은 자릿수를 입력하면 기계 정밀도 범위에서 계산하고 기계 정밀도보다 많은 자릿수를 입력하면 사용자가 지정한 정밀도 범위에서 계산한다. 수학적 표현 expr의 근사값은 expr // N 또는 N [expr]을 사용한다. N 함수는 수치 근사값을 구하는 함수로서 N은 Numerical의 축약어이다.

명 령 어	설 명
expr//N 또는 N[expr]	expr의 근사값을 기계 정밀도(대부분의 기계에서는 16 자릿수 사용)로 계산하되 6-7 자리로 출력함
N [expr, k]	expr을 k 자리 정밀도로 계산
$MachinePrecision	컴퓨터 시스템의 기계 정밀도 자릿수 (10진수)
$MinPrecision	근사값의 최소 유효숫자 자릿수 지정. 기본값은 $-\infty$.
$MaxPrecision	근사값의 최대 유효숫자 자릿수 지정. 기본값은 ∞.
Precision [x]	x의 총 유효 숫자 자릿수 (10진수)
SetPrecision [x, k]	x의 총 유효 숫자 자릿수를 k 자리로 설정함 (10진수)
Accuracy [x]	x의 소수 이하 유효 숫자 자릿수 (10진수)
Chop [x]	x의 값에서 절대치가 10^{-10} 범위 내의 값을 무시함
Chop [x, dx]	x의 값에서 절대치가 dx 범위 내의 값을 무시함

다음 예문을 통하여 근사값 계산을 상세히 알아보기로 한다.

예제 4

1) 전체 수식에 N 함수 적용

```
1/7 + 1/3 // N
0.47619
```

2) 1/3에만 N 함수 적용

```
1/5 + (1/3 // N)
0.533333
```

3) $\sqrt{2}$ 에 N 함수 적용

```
1/5 + N [Sqrt[2]]
1.61421
```

4) 유효숫자 약 40 자리 근사값 계산

```
N[Sqrt[2],40]
1.414213562373095048801688724209698078569 7
```

5) 기계 정밀도로 계산하고 기계 정밀도 자릿수로 출력	**N[Sqrt[2.],40]** 1.414213562373095
6) 유효숫자 자릿수	**Precision[%]** 16
7) 기계 정밀도로 계산하되 6 - 7 자리로 출력	**N[Sqrt[2]]** 1.41421 **Precision[%]** 16
8) π의 정밀도 (유효숫자)	**Precision [Pi]** Infinity
유효숫자 약 40자리 근사값 계산	**N[Pi,40]** 3.1415926535897932384626433832795028841972
9) 소수이하 자릿수	**Accuracy[h=34.569012341234123426]** 18
총 유효숫자 자릿수	**Precision[h]** 20
10) 기계 정밀도로 계산하되 6 - 7 자리로 출력함	**{N[Pi], Accuracy[N[Pi]]}** {3.14159, 15}
11) 1개의 변수값 대입	**t = 1 + Sin [x]; k1 = t /. x -> Pi/2.24** 1.98587
유효숫자 자릿수 증가	**k1 = SetPrecision[k1, 20]** 1.9858710185182357755
유효숫자 자릿수	**Precision[k1]** 20
24자리의 유효숫자 설정된 유효숫자 자릿수 이상은 보여주지 않음	**N[k1, 24]** 1.98480775301220804591
//N은 기계정밀도로 계산	**{k1 // N, Precision [%]}** {1.98481, 16}

//N은 기계정밀도로 계산	**k2 = t /. x -> Pi/2.25 // N** 1.98481
12) pi를 16자리 이상 입력	**pi = 3.14159265358979323846** 3.14159265358979323846
13) 최소유효숫자 자릿수 지정	**$MinPrecision = 40;** **{x=E^(-1.45), y=x^20}** {0.23457, 2.54367 10^{-13} }
x, y의 유효숫자 자릿수	**{Precision[x], Precision[y]}** {40, 40}
14) 기계 정밀도	**$MachinePrecision** 16
15) $e^{2\pi i}$	**ce = Exp[N[2Pi * I]]** 1. - 2.44921 10^{-16} I
허수 부분을 제거함	**Chop[ce]** 1.

1.7.5 대수식의 조작

이 절에서는 많이 사용되고 있는 대수식의 수학적 조작을 살펴보기로 한다. 수식의 매스매티카 표기법은 1.5절을 참조하기로 한다.

명 령 어	설 명
Abs[expr]	복소수 표현 expr의 절대값
Sqrt[expr]	복소수 표현 expr의 제곱근
Expand[expr]	expr의 곱과 거듭제곱을 합으로 표현
TrigExpand[expr]	삼각함수 expr을 기본 삼각함수로 전개
TrigFactor[expr]	삼각함수 expr을 기본 삼각함수로 인수분해
TrigReduce[expr]	삼각함수 expr을 선형 자변수를 갖는 선형 삼각함수로 전개

명령어	설 명
ExpToTrig[expr] TrigToExp[expr] ExpandAll[expr]	지수 expr을 삼각함수, 쌍곡함수로 변환 삼각함수, 쌍곡함수 expr을 지수식으로 변환 expr의 모든 항을 전개
ComplexExpand[expr]	복소수 표현 expr을 전개하되 허수단위 I를 제외한 모든 표현은 실수로 간주함
ComplexExpand[expr, {v1,v2,...,vn}]	복소수 표현 expr을 전개. 허수 단위 I 및 v1,v2,...,vn을 제외한 모든 표현은 실수
PowerExpand[expr] Collect[expr, x] Coefficient[expr, fr] Simplify[expr] Simplify[expr, cond] Numerator[expr] Denominator[expr] Apart[expr] Together[expr] Factor[poly]	expr의 지수 전개. 즉, $(xy)^p = x^p * y^p$ x의 차수에 따라 동류항을 모음 expr에서 fr의 계수를 구함 expr을 단순화시켜 최소 개의 항으로 만듬 cond 조건하에서 expr을 단순화시킴 유리식 expr의 분자를 표현 유리식 expr의 분모를 표현 유리식 expr을 부분 분수로 분해 유리식 expr을 통분 정수 범위에서 ploy를 인수분해
Factor[expr, GaussianIntegers -> True]	가우스 정수 * 범위에서 expr을 인수분해
FactorTerms[expr]	expr의 각 계수에서 공통인자를 추출하여 인수로 사용
Exponent[expr, form] Part[expr,n] 또는 expr[[n]] ReplacePart[expr, elem, n]	expr 중 form의 최대 멱지수를 구함 expr의 n번째 항(원소) expr의 n번째 항(원소)을 elem으로 대치

☞ * 실수부와 허수부가 모두 정수 좌표로 주어지는 복소수

다음 예문을 통하여 대수식의 조작을 상세히 알아보기로 한다.

예제 5

1) 절대값의 근사치

```
{Abs[-5], Abs[-6 + 4*I], Abs[-6 + 4*I]//N,
                         N[ Abs[-6 + 4*I],20]}
{5, 2 Sqrt[13], 7.2111, 7.2111025509279785862}
```

2) 절대값의 근사치

```
{Sqrt[5], Sqrt[5.0], Sqrt[3+5*I], Sqrt[3+5I]//N}
{Sqrt[5], 2.23607, Sqrt[3 + 5 I], 2.1013 + 1.18974 I}
```

3) 전개식

Expand[(1 + 1/x + y)^2]

$$1+\frac{1}{x^2}+\frac{2}{x}+2y+\frac{2y}{x}+y^2$$

4) 삼각함수 전개

TrigExpand[Cos[α+β]]

Cos[α] Cos[β]-Sin[α] Sin[β]

$$t=\frac{\sin[x]}{2}+\frac{5}{2}\text{Cos}[x]^4\sin[x]-5\text{ Cos}[x]^2\sin[x]^3+\frac{\sin[x]^5}{2};$$

5) 삼각함수 인수분해

TrigFactor[t]

(1+2 Cos[2 x]) (Cos[x]-Sin[x]) Sin[x] (Cos[x]+Sin[x])

6) 1차 삼각함수로 변환

TrigReduce[Cos[x]^3 Sin[x]^2]

$$\frac{1}{16}(2\text{ Cos}[x]-\text{Cos}[3x]-\text{Cos}[5x])$$

7) 삼각함수 → 지수함수

u = TrigToExp[Sin[z]]

$$\frac{1}{2}\text{ ä ã}^{-\text{ä } z}-\frac{1}{2}\text{ ä ã}^{\text{ä } z}$$

8) 지수함수 → 삼각함수

ExpToTrig[u]

Sin[z]

9) 모든 표현 전개

expr = (x-1)^2*(x+2)/((x+1)*(x-2)^2);
ExpandAll[expr]

$$\frac{2}{4-3x^2+x^3}-\frac{3x}{4-3x^2+x^3}+\frac{x^3}{4-3x^2+x^3}$$

10) 전개(x, y는 실수)

ComplexExpand[Sin[x+I*y]]

Cosh[y] Sin[x] + I Cos[x] Sinh[y]

11) 전개(x, y는 복소수)

ComplexExpand[Sin[x+I*y],{x,y}]

-(Cosh[Im[x] + Re[y]] Sin[Im[y] - Re[x]])
+ I Cos[Im[y] - Re[x]] Sinh[Im[x] + Re[y]]

12) 지수법칙

PowerExpand[Sqrt[x*y]]

Sqrt[x] Sqrt[y]

13) 전개
x에 관해 정리

```
v = Expand[(x^2+x+1)*(x^2-a^2 x + 2)];
Collect[v,x]
```

$2 + (2 - a^2)\,x + (3 - a^2)\,x^2 + (1 - a^2)\,x^3 + x^4$

14) 전개

```
vv = Expand[(1+2x+3xy+4y^2)^2]
```

$1 + 4\,x + 4\,x^2 + 6\,xy + 12\,x\,xy +$

xy는 변수임

$9\,xy^2 + 8\,y^2 + 16\,x\,y^2 + 24\,x\,y\,y^2 + 16\,y^4$

y에 관해 정리

```
Collect [vv, y]
```

$1 + 4\,x + 4\,x^2 + 6\,xy + 12\,x\,xy +$

$9\,xy^2 + (8 + 16\,x + 24\,xy)\,y^2 + 16\,y^4$

vv의 x에 관한 계수

```
Coefficient[vv, x]
```

$4 + 12\,xy + 16\,y^2$

15) 간략화

```
Simplify[(1+2x+x^2)]
```

$(1 + x)^2$

16) 조건부 간략화

```
Simplify[Sqrt[(x-1)^2], x < 0]
```

$1 - x$

17) 유리식

```
rat = (1+x^2)/(2(2-y));
{Numerator[rat], Denominator[rat]}
```

$\{1 + x^2,\ 2\,(2 - y)\}$

18) 부분분수로 분해

```
Apart[(1+x^2)/(1-x^2)]
```

$$-1 - \frac{1}{-1 + x} + \frac{1}{1 + x}$$

19) 통분함

```
Together[-1/(x+1) + x/(x-1)]
```

$$\frac{1 + x^2}{(-1 + x)\,(1 + x)}$$

20) 인수분해

```
Factor[x^4 + 4]
```

$(2 - 2\,x + x^2)\,(2 + 2\,x + x^2)$

21) 가우스 정수 범위에서 인수분해, $I = \sqrt{-1}$

```
Factor[x^4 + 4, GaussianIntegers -> True]
```

$(-1 - I + x)\,(-1 + I + x)\,(1 - I + x)\,(1 + I + x)$

22) 공통계수 추출

```
FactorTerms[30 + 35*x^3*y^2 + (5/17)*x^4*y
                + Sqrt[Pi]*Sin[x]]
```

$$\frac{1}{17}\left(510 + 5\,x^4 y + 595\,x^3 y^2 + 17\sqrt{\pi}\ \mathrm{Sin}[x]\right)$$

23) y에 관한 최대 멱지수 오름차순 재배열

```
expr = 1+6x+9x^2+24x*y^6+8y^2+16y^4
```

$1 + 6x + 9x^2 + 8y^2 + 16y^4 + 24x\,y^6$

```
Exponent[expr, y]
```

6

3번째 항

`Part[expr, 3]` 또는 `expr[[3]]`

$9x^2$

4번째 항을 x^3y로 대치

```
ReplacePart[expr, x^3*y, 4]
```

$1 + 6x + 9x^2 + x^3y + 16y^4 + 24x\,y^6$

24) t[[0]]는 연산자를 표시

```
t = x -> 3; { t[[1]], t[[0]], t[[2]] }
```

{x, Rule, 3}

1.8 문자열

1.8.1 텍스트 문자열

매스매티카에서 문자열은 겹따옴표 사이에 삽입하여 사용한다. 표준 출력 형식에서 문자열을 출력할 때 겹따옴표가 출력되지 않으므로 기호 t와 "t"는 구별되지 않는다. 이런 경우, InputForm 구문으로 t의 자료형을 식별할 수 있다.

예제 1

1) 겹따옴표 사이의 문자열

```
"Mathematica is a powerful mathematics software"
```

Mathematica is a powerful mathematics software

2) 문자열의 대입

```
hh = {"x", "yy", "zzz", p} /. {"x" -> aaa,
                                p -> "bb"}
```

{aaa, yy, zzz, bb}

hh의 입력 자료형 **InputForm[hh]**

{aaa, "yy", "zzz", "bb"}

1.8.2 특수 제어문자

매스매티카에서 특수 제어문자를 사용하려면 다음 구문을 활용한다.

삽입 문자	설 명
\"	인용문 내에 " 삽입
\\	인용문 내에 \ 삽입
\b	backspace (* 제어문자 *)
\n	새로운 행으로 이동
\f	새로운 페이지로 이동
\t	tab

예제 2 |

1) 따옴표의 인쇄

```
"You can print \" Pi = 3.1415926535... \"     "  Shift  Enter
        You can print " Pi = 3.1415926535... "
```

2) 행 이동

```
"Season       |    Flower
\n ---------|------------
\nSpring      |    Forsythia
\nSummer      |    Water boat
\nFall        |    Maple
\nWinter      |    Snow"

Season        |    Flower
------------|------------
Spring        |    Forsythia
Summer        |    Water boat
Fall          |    Maple
Winter        |    Snow
```

1.8.3 문자열의 조작

매스매티카에서 문자열을 조작하려면 다음과 같은 구문을 활용한다.

명 령 어	설 명
Characters["string"] ToCharacterCode["string"] FromCharacterCode[n]	string의 해당 문자를 목록으로 출력 string의 해당 문자에 대한 정수 부호 정수부호 n에 해당하는 문자를 출력
FromCharacterCode[{n1, n2, ..., }]	정수부호 n1, n2, ...,에 관한 문자열을 목록으로 출력
StringJoin[s1,s2,...] 또는 s1 <> s2 <> ..	문자열 s1, s2, ...를 결합
StringTake[s,n] StringTake[s,{n}] StringTake[s,{n1,n2}] StringDrop[s,n] StringDrop[s,{n}] StringDrop[s,{n1,n2}] StringInsert[s,snew,n]	문자열 s의 최초 n개의 문자를 택함 문자열 s의 n번째 문자를 택함 문자열 s의 n1부터 n2까지의 문자를 택함 문자열 s의 최초 n개의 문자를 삭제 문자열 s의 n번째 문자를 삭제 문자열 s의 n1 부터 n2 까지의 문자를 삭제 문자열 s의 n번째 위치에 snew를 삽입
StringPosition[s,sub]	문자열 s의 부분 문자열 sub의 시작 및 종료 위치를 목록으로 알려줌
StringPosition[s,sub,k]	문자열 s의 부분 문자열 sub이 k개 이상 있을 때 최초 k개의 sub의 시작 및 종료 위치를 목록으로 알려줌
StringReplace[s,{s1 ->p1, s2 -> p2,... }]	문자열 s에서 문자열 s1을 p1으로, s2를 p2,..., 로 대치함
ToUpperCase[s] ToLowerCase[s] ToString[expr] ToExpression["string"]	문자열 s를 대문자화 함 문자열 s를 소문자화 함 expr을 문자열로 바꿈 문자열 string을 수학적 표현으로 바꿈

예제 3

1) 각 문자를 목록의 원소

Characters["Applied Mathematics"]

{A, p, p, l, i, e, d, , M, a, t, h, e, m, a, t, i, c, s}

2) 최초 3 원소를 표시

Take[%, 3]

{A, p, p}

3) 문자 코드번호
```
ToCharacterCode["p"]
{112}
```
4) 코드 번호 문자
```
FromCharacterCode[112]
p
```
5) 코드 번호 문자
```
Map[FromCharacterCode,Range[99,114]]
{c, d, e, f, g, h, i, j, k, l, m, n, o, p, q, r}
```
6) 문자의 개수
```
StringLength["Mathematica Version 2.2"]
23
```
7) 문자열의 결합
```
s1="Excellent"; StringJoin[s1,"Mathematica
Version 2.2"]
Excellent Mathematica Version 2.2
```
8) 문자열의 결합
```
s2 = s1 <> " Mathematica" <> " in Graphics"
Excellent Mathematica in Graphics
```
9) 문자열의 일부 선택
```
{StringTake[s2,9], StringTake[s2,{9}],
                    StringTake[s2,{11,21}]}
{Excellent, t, Mathematica}
```
10) 문자열의 일부 삭제
```
{StringDrop[s2,9], StringDrop[s2,{9}],
                    StringDrop[s2,{11,33}]}
{ Mathematica in Graphics, Excellen
            Mathematica in Graphics, Excellent }
```
11) 문자열의 삽입
```
StringInsert["Excellent Mathematica
Version 2.2","Powerful and ",1]
Powerful and Excellent Mathematica Version 2.2
```
12) 문자열의 위치
```
StringPosition["abcdabcdabcdabcd","abc",1]
{{1, 3}}
```
13) 문자열의 위치
```
StringPosition["abcdabcdabcdabcd","abc",2]
{{1, 3}, {5, 7}}
```
14) 문자열의 위치
```
StringPosition["abcdabcdabcdabcd",
{"abc","cd"}]
{{1, 3}, {3, 4}, {5, 7}, {7, 8}, {9, 11}, {11, 12}, {13, 15}, {15, 16}}
```
15) 문자열로 변환
```
ToString[x^2+b/a]
```
$$\frac{b}{a} + x^2$$

16) 3행 입력
```
InputForm[%]
"b     2\n- + x\na"
```
17) 입력으로 사용 가능
```
ToString[InputForm[x^2+b/a]]
b/a + x^2
```

18) 문자열로 바꿈 **ToString[StringForm["x = ``, y = ``",4, 4^5]]**

x = 4, y = 1024

19) 수식으로 변환 **ToExpression["1 + x"]**

1 + x

1.9 텍스트형 출력의 제어

1.9.1 출력 형식

매스매티카에서 사용하는 표준 출력 형식은 Text, InputForm, StandardForm, TraditionalForm (전형적인 수식 기호 표현 출력) 형태가 있으며 StandardForm을 기본 출력으로 하고 있다. 다음 명령어는 자주 사용하는 출력형식 명령어이다.

명 령 어	설 명
OutputForm[expr]	expr의 출력 자료형
InputForm[expr]	expr의 입력 자료형
TeXForm[expr]	expr의 Tex 입력 자료형
TextForm[expr]	expr의 Text 출력 자료형
CForm[expr]	expr의 C 언어 입력 자료형
FortranForm[expr]	expr의 Fortran 언어 입력 자료형
SequenceForm[p1,p2,...]	p1,p2,... 를 붙여서 출력
HoldForm[expr]	expr의 계산없이 결과를 출력
ColumnForm[expr]	expr을 열(column)방식으로 출력
Subscripted[f[x1,x2,...]]	자변수 x1,x2,... 를 아래 첨자로 갖는 f
Superscript[x]]	윗첨자 x
Subscript[x]	아랫첨자 x

예제 1 |

1) 입력표현: InputForm **x^4/3 + 1/y^3**

StandardForm $\frac{x^4}{3} + \frac{1}{y^3}$

TraditionalForm	$\frac{x^4}{3} + \frac{1}{y^3}$
2) 입력 표현 형태	**InputForm[%]** x^4/3 + y^(-3)
3) 수식 tex형 수식	**e1 = x^4/3 + 1/y^3 + Sqrt[x] + Log[y];** TeXForm[e1] \frac{x^4}{3}+\sqrt{x}+\log(y)+\frac{1}{y^3} **CForm[e1]** Sqrt(x) + Power(x,4)/3 + Power(y,-3) + Log(y) **FortranForm[e1]** Sqrt(x) + x**4/3 + y**(-3) + Log(y)
4) 붙여서 출력	**SequenceForm["<x = ",a,", y = ",b," >"]** <x = a, y = b >
5) 문자열 결합시 〈 〉이 불필요, 선행 문자열 (결합순서 무관)	**cx=32.5; TextForm[cx] "The score is"** The score is 32.5
6) 세로로 출력	**ColumnForm[{46,123,14567}]** 46 123 14567
7) 첨자	**{Subscripted[x[i,j]], e Superscript[x]}** $\{x_{i,j},\ e^{x}\}$

1.9.2 출력 표현의 제어

매스매티카에서 그 출력 표현이 너무 길어서 화면에 모두 표시하지 못하는 경우가 있다. 이와 같은 경우 세미콜론과 Short 구문으로 출력 행수를 제어할 수 있다.

명 령 어	설 명
텍스트 명령어;	*명령어* 수행 후 결과를 출력하지 않음
expr//Short 또는 Short[expr]	expr의 1행 출력
Short[expr, n]	expr의 n행 출력(대략적인 값임)
Length[expr]	expr의 출력항의 개수

예제 2

1) 전개식

```
k1 = Expand[(a*x + b*y + 1)^3]
```

$$1 + 3ax + 3a^2x^2 + a^3x^3 + 3by + 6abxy + 3a^2bx^2y + 3b^2y^2 + 3ab^2xy^2 + b^3y^3$$

2) 1행 출력 《7》: 7행을 생략

```
k1//Short
```

$1 + 3ax + \ll 7 \gg + b^3y^3$

3) 1행 출력

```
Short[k1]
```

$1 + 3ax + \ll 7 \gg + b^3y^3$

4) 출력항의 개수

```
Length[k1]
```

10

1.9.3 문자 출력 형식

매스매티카에서 특수 문자 및 일반 문자를 취급하는 명령문은 다음과 같다.

명 령 어	설 명
StringForm["s1``,s2``,...``",x1,x2,...]	i번째 ``가 xi으로 대치되도록 문자열 s1x1, s2x2, ... 를 출력
StringForm["s1`1`,s2`2`,...,si`i`",x1,x2,...]	`i` 가 xi 으로 대치되도록 문자열 s1x1, s2x2, ... 를 출력

예제 3

1) 변수를 문자열로 전환

```
StringForm["Area = ``, Volume = ``",
                    Pi * R^2, (4/3)Pi * R^3]
```

$\text{Area} = \pi R^2, \ \text{Volume} = \dfrac{4\pi R^3}{3}$

2) 1, 2, 3, 4를 각각 Mar, Jun, Sep, Dec으로 대치

```
StringForm["{Spring:`1`,Summer:`2`,
      Fall:`3`,Winter:`4`}", Mar, Jun, Sep, Dec]
```

{Spring:Mar,Summer:Jun,Fall:Sep,Winter:Dec}

3) 표현의 정의

```
tt = y/Subscripted[x[i]];
StringForm["The `` of `` is ``.",
          TeXForm, tt,TeXForm[tt]]
```

The TeXForm of $\frac{y}{x_i}$ is \frac{y}{x_i}.

1.9.4 숫자 출력 형식

매스매티카에서 숫자를 취급하는 명령문과 사용하는 선택사항은 다음과 같다.

명 령 어	설 명
ScientificForm[expr, tot]	과학 표기법으르 tot 자리의 유효숫자 사용
EngineeringForm[expr, tot]	공학 표기법으르 tot 자리의 유효숫자 사용하고 지수는 3의 배수를 사용
NumberForm[expr, tot] *	근사값 표기법으로 tot 자리의 유효숫자 사용
NumberForm[expr, {tot, frac}]	근사값 표기법으로 tot 자리의 유효숫자 사용하되 frac 자리는 소수 아래에 할당
BaseForm[expr, b]	b진법 실수 표기법

☞ (1) tot가 생략되면 기계 정밀도 사용.
(2) NumberForm: 필요시 과학표기법으로 표시.

선택사항	기 본 값	설 명
DigitBlock	Infinity	DigitBlock 블록 단위로 표현
NumberSeparator	{ ",", " " }	숫자 분리 기호
NumberSigns	{ "-", "+" }	숫자 부호

예제 4

1) 숫자의 목록

```
n1 = {6.3^-4, 6.3^5,6.3^8}
```

{0.000634801, 9924.37, 2.48156 10^6 }

2) 과학 표기법

```
ScientificForm[n1]
```

{6.34801 10^{-4}, 9.92437 10^3, 2.48156 10^6 }

3) 공학 표기법

EngineeringForm[n1,9]

$\{634.801292\ 10^{-6},\ 9.92436543\ 10^{3},\ 2.4815578\ 10^{6}\ \}$

4) 10자리 중 4자리는 소수

NumberForm[n1,{10,4}]

$\{0.0006,\ 9924.3654,\ 2.4816\ 10^{6}\ \}$

5) 3자리마다 콤마 사용

NumberForm[15!, DigitBlock -> 3]

1,307,674,368,000

6) 3자리마다 공백 사용

NumberForm[15!, DigitBlock -> 3,
NumberSeparator -> " "]

1 307 674 368 000

7) 숫자 앞에 부호 붙임

ScientificForm[{4.5, -680.97},
NumberSigns -> {"-","+"}]

$\{+4.5,\ \ -6.8097\ 10^{2}\ \}$

8) (2, 8, 16진수); 정수

{BaseForm[35, 2], BaseForm[35, 8],
BaseForm[35, 16]}

$\{100011_{2},\ \ 43_{8},\ \ 23_{16}\ \}$

9) (2, 8, 16진수); 소수

{BaseForm[3.23, 2], BaseForm[3.23, 8],
BaseForm[3.23, 16]}

$\{11.00111011_{2},\ \ 3.17_{8},\ \ 3.4_{16}\ \}$

1.9.5 출력의 도표화

매스매티카에서 출력을 도표화하는 명령문과 사용하는 선택사항은 다음과 같다.

명 령 어	설 명
TableForm[list]	목록을 도표화
MatrixForm[list]	목록을 행렬화

선 택 사 항	기 본 값	설 명
TableDepth	Infinity	중첩 목록의 도표 깊이
TableAlignments	Automatic	원소의 각 방향 정렬 {Left}
TableSpacing	Automatic	원소의 각 방향 여백 {행간, 열간}
TableHeadings	None	원소의 각 방향 제목 {행제목, 열제목}

예제 5

1) 2차원 목록

```
t1 = Table[(i+30)*j,{i,3},{j,3}]
{{31, 62, 93}, {32, 64, 96}, {33, 66, 99}}
```

2) 도표화

```
TableForm[t1]
31    62    93
32    64    96
33    66    99
```

3) 행렬화

```
MatrixForm[t1]
31    62    93
32    64    96
33    66    99
```

4) 각 행은 목록 내에 목록으로 표기

```
TableForm[{{a,b,c},{p,q,r,s},{1,2}}]
a    b    c
p    q    r    s
1    2
```

5) {{p,q}, {r,s}}와 {x,y}을 1개의 원소로 취급

```
TableForm[{{a, {{p,q},{r,s}},a,a},{{x,y},b,b}}]
     p q
a    r s    a    a

x
y    b    b
```

6) 도표 깊이 2

```
TableForm[{{a, {{p,q},{r,s}}},{c,d}},
                TableDepth -> 2]
{a, {{p, q}, {r, s}}}
{c, d}
```

7) 도표 깊이 3

```
TableForm[{{a, {{p,q},{r,s}}},{c,d}},
                TableDepth -> 3]
          {p, q}
a    {r, s}

c    d
```

8) 도표 깊이 4

```
TableForm[{{a, {{p,q},{r,s}}},{c,d}},
                TableDepth -> 4]
     p q
a    r s

c    d
```

9) 도표 중앙정렬

```
TableForm[{1,123,12345,1234567},
                TableAlignments -> Center]
   1
  123
 12345
1234567
```

10) 도표 중앙정렬 (가로)

```
TableForm[{{1,123,12345,1234567}},
                TableAlignments -> Center]
1    123    12345    1234567
```

11) 도표 우측정렬

행간 : 0, 열간 : 5글자
한글자 간격 : x의 높이

```
TableForm[{{1,123,12345},{1234,567}},
                TableAlignments -> Right,
                         TableSpacing -> {0,5}]
1        123        12345
         1234       567
```

12) 도표 간격

행 간격 : 0,
열 간격 : 5글자

```
TableForm[{{1,123,12345},{1234,567}},
                         TableSpacing -> {0,5}]
1           123        12345
1234        567
```

13) 가로 및 세로 표제

Automatic :
일련번호 : 1,2,3,...

```
TableForm[{{a,b,c},{f,g}}, TableHeadings
               -> {Automatic, {"1st", "2nd","3rd"}},
                         TableSpacing -> {0,5}]
     1st       2nd       3rd
1    a         b         c
2    f         g
```

14) 가로 표제

None : 세로 레이블 없음

```
TableForm[{{a,b,c},{f,g}}, TableHeadings
               -> {None,{"1st", "2nd","3rd"}},
                         TableSpacing -> {0,5}]
1st       2nd       3rd
a         b         c
f         g
```

15) 가로 및 세포 표제

자동적인 일련번호

```
TableForm[{{a,b,c},{f,g}}, TableHeadings
               -> Automatic, TableSpacing -> {0,5}]
```

	1	2	3
1	a	b	c
2	f	g	

16) 표제 없음

TableForm[{{a,b,c},{f,g}}, TableHeadings -> None, TableSpacing -> {0,5}]

```
a    b    c
f    g
```

1.9.6 출력의 인쇄

매스매티카에서 출력을 인쇄하는 명령문은 다음과 같다.

명 령 어	설 명
Print[expr1,expr2,...,]	expr1,expr2,...를 붙여서 인쇄하고 새 행으로 바꾼다.

예제 6 |

1) tab을 1번 적용

Print[a,b,"\t",c]; Print[d]

```
ab      c
d
```

2) tab을 2번 적용

Print[a,"\t\t ",b,"\n\n"]; Print[c]

```
a                b
```

2행 바꾸기

```
c
```

3) 문자열 삽입 후 출력

Print["{x, y} = ", N[{Sqrt[2.0],Pi}, 25]];

{x, y} = {1.414213562373095,
3.141592653589793238462643 4}

1.10 팔렛트(Palette) 사용하기

이 절에서는 수학기호($\int$, $\sum$, ∞), 특수문자(α, π, θ, $\in$, $\leq$), 수식 표현 및 조작기능을 마우스로 쉽게 다루도록 고안된 팔렛트의 사용법과 생성방법에 대하여 알아보기로 한다. 팔렛트는 수학기호 및 특수문자 및 수식 조작함수 버튼 등을 행렬방식으로 배열해 놓은 아래 그림의 오른편에 표시된 것과 같은 기능 창이라고 생각할 수 있다. 팔렛트의 메뉴는 File 메뉴의 Palettes 서브메뉴를 선택해서 얻을 수 있다. 아래 그림의 팔렛트는 BasicInput Palette를 택한 것이다.

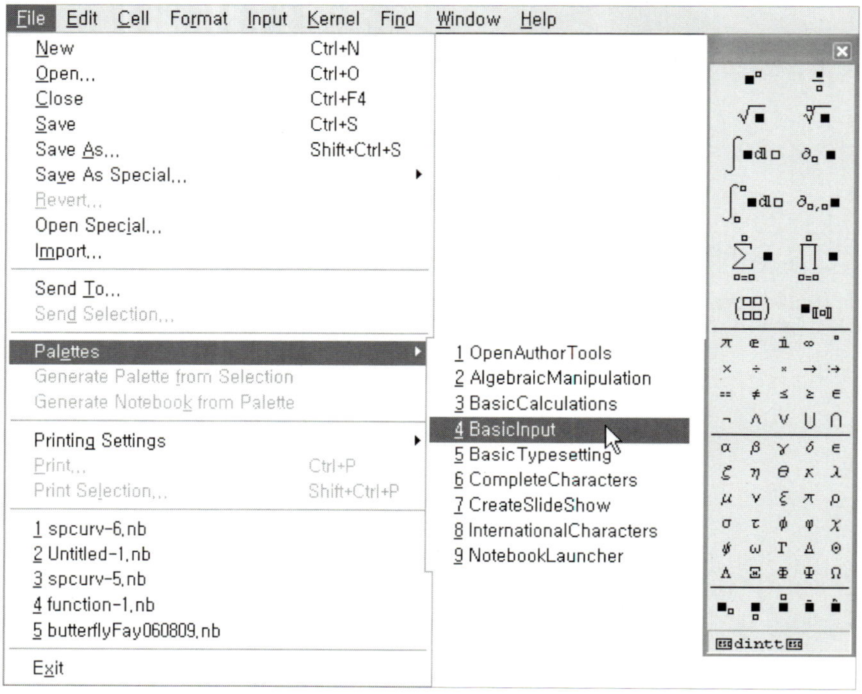

다음 예문을 통하여 Basic Input Palette의 기능을 알아보기로 하자.

1.10.1 특수문자 입력하기

(1) 매스매티카의 File 메뉴에서 New를 선택하여 노트북 파일의 편집화면을 연다.
(2) Basic Input Palette에서 α, $\leq$, β버튼을 차례로 선택하고 마우스로 클릭하여

편집화면에 놓으면 된다.

1.10.2 수식기호 입력하기

(1) 매스매티카 노트북 화일의 편집화면으로 마우스 포인터를 옮겨 클릭하면 수평선 모양의 prompt 선이 나타난다.

(2) 팔렛트에서 $\sum_{\square=\square}^{\square}\square$을 선택하고 마우스로 클릭하면 $\sum_{\blacksquare=\square}^{\square}\square$이 생긴다. ■에 k를 입력하고 마우스 또는 Tab 키로 다음 □으로 이동하여 1, n, k를 차례로 입력한다. k에 위첨자를 넣기 위하여 k를 마우스로 드래그(drag)한 후 팔렛트에서 $\blacksquare^{\square}$를 클릭하고 첨자를 입력한다.

1.10.3 수식 조작하기

(1) 매스매티카의 File메뉴에서 Palettes 서브메뉴를 열고 Algebraic Manipulation을 선택하면 다음과 같은 모양의 수식조작함수 palette가 나타난다.

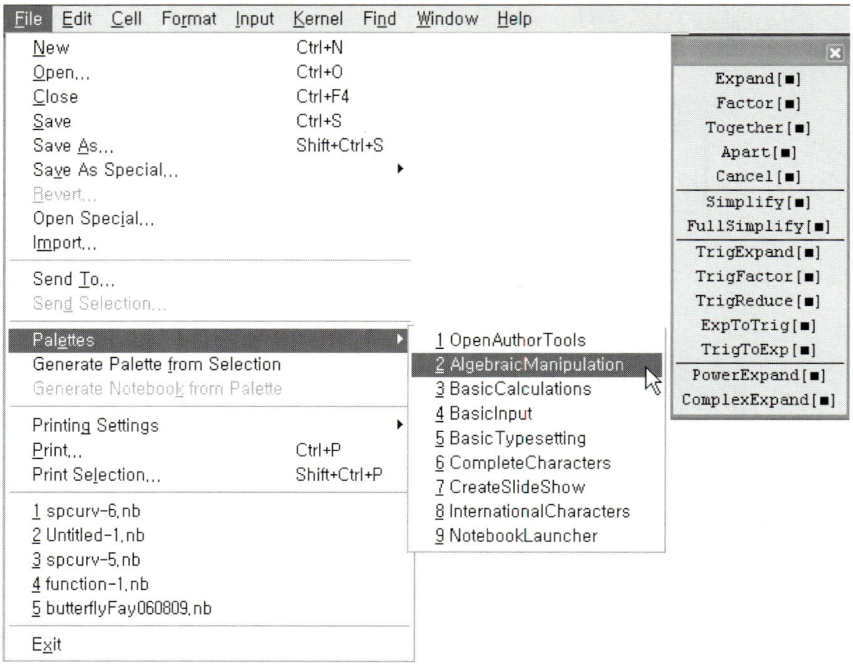

(2) 팔렛트를 활용하여 다음과 같은 적분을 입력하고 Shift Enter 키를 동시에 눌러 실행한 후 출력 -x +Tan[x]를 마우스로 드래그한다.

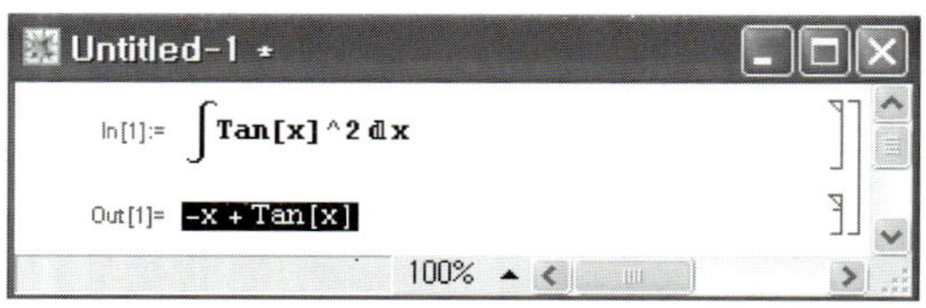

(3) 팔렛트에서 수식조작함수 TrigFactor[■]를 클릭한다.

(4) 출력에 관한 새로운 함수 조작 결과가 별도의 셀에 다음과 같이 나타난다. 이 출력셀에 대응하는 입력셀은 나타나지 않는다.

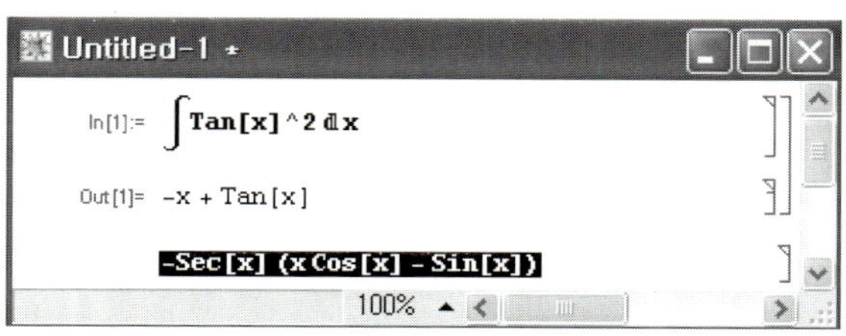

1.10.4 팔렛트 만들기

매스매티카 3.x 이상의 버전에서는 사용자가 원하는 수학기호 및 특수문자 및 수식 조작 함수 버튼 등을 취급할 수 있는 Palette를 만들 수 있다. 다음 예문을 통하여 사용자가 정의하는 Palette를 만들어 보기로 하자.

1. 수학기호 및 특수문자 팔렛트 만들기

(1) File 메뉴에서 New를 열고 Input 메뉴에서 Create Table/Matrix/Palette... 서브메뉴를 선택하면 Create Table/Matrix/Palette 대화상자가 나온다.

(2) 대화상자에서 Palette를 선택하고 행과 열의 개수를 입력한 후 OK를 클릭하면 빈 팔렛트가 노트북 편집화면에 생성된다.

(3) 엔트리를 마우스로 클릭하여 사용자가 원하는 수학기호 및 특수문자를 입력한다(그림 참조). Tab 키 또는 마우스를 사용하여 다음 엔트리로 이동한다.

(4) 위(3)번 과정에서 만든 팔렛트가 포함된 셀을 마우스로 클릭한다.

(5) File 메뉴에서 Generate Palette from Selection를 선택하면 별도의 팔렛트 창이 화면에 나타난다. 사용자가 원하는 수학기호 또는 특수문자 버튼을 클릭하면 현행 노트북에 해당 표현이 입력된다.

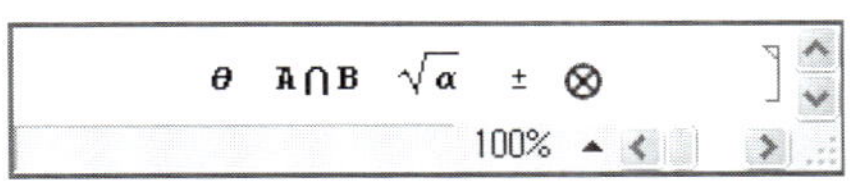

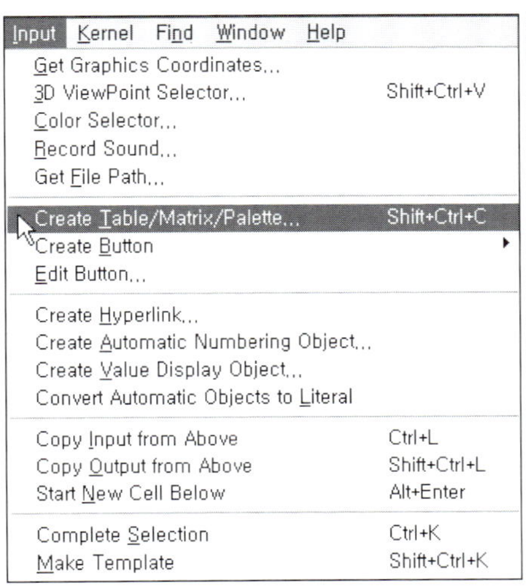

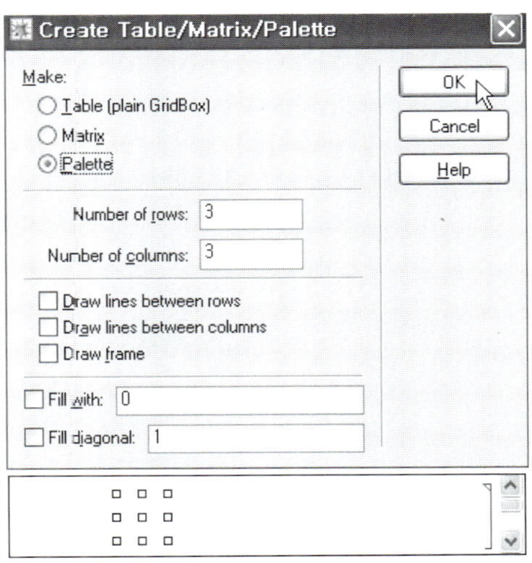

2. 수식조작함수 팔렛트 만들기

(1) 위에서 설명한 방법으로 새로운 빈 팔렛트를 만든다.

(2) 사용자가 입력해야 할 자변수를 의미하는 ■를 포함하는 수식조작함수 엔트리를 입력한다. 기호 ■의 입력 방법은 키보드에서 Esc spl(에스피엘) Esc 키를 순차적으로 누른다. ■ 기호는 마우스로 선택하여 Copy/Paste 가능하다.

(3) 팔렛트를 마우스로 선택하고 Input 메뉴에서 Edit Button...을 선택한다.

(4) 대화상자의 Button Style 중에서 Evaluate을 선택하고 OK를 클릭한다.

(5) File 메뉴에서 Generate Palette from Selection를 선택하면 별도의 팔렛트 창이 화면에 나타난다. 이 팔렛트 창은 별도의 노트북 화일 이름으로 저장하여 필요시 불러 사용할 수 있다.

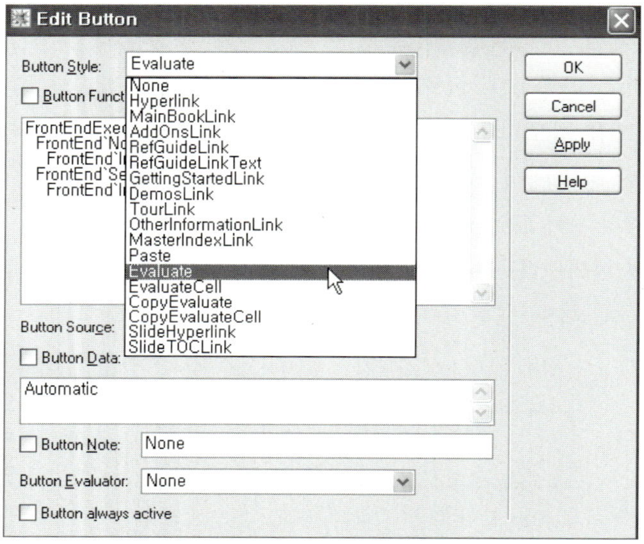

3. 수식조작함수 사용하기

(1) 그림과 같은 수식조작함수 팔렛트를 만든다. 사용자가 원하는 수식 Pi를 입력하고 마우스로 선택한다.

(2) 수식조작함수 팔렛트의 해당 수식조작함수 버튼 N[■,28]을 마우스로 클릭하면 아래와 같은 결과가 얻어진다.

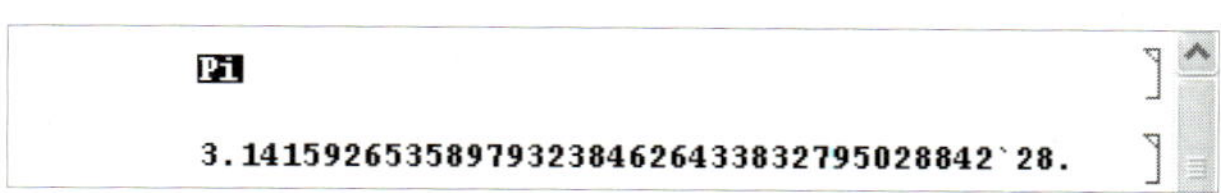

4. 사용자가 정의한 수식조작함수 팔렛트 만들기 및 사용하기

(1) 사용자가 원하는 수식 f[x_,y_]를 정의하고 실행한다.

(2) 위에서 언급한 3. 수식조작함수 사용하기에서와 동일한 방법으로 수식조작 함수 f[■], Plot3D[■, {x,0,3}, {y,0,3}] 버튼을 포함하는 팔렛트를 만든다.

(3) 변수값 Pi/4. , Pi/6.를 입력하고 마우스로 드래그한 다음 f[■] 버튼을 클릭한다.

(4) 수식 f[x^2, y]를 입력하고 실행한다.

(5) 과정(4)의 결과를 마우스로 드래그한 다음 Plot3D[■, {x,0,3}, {y,0,3}] 버튼을 클릭하면 그래프가 얻어진다.

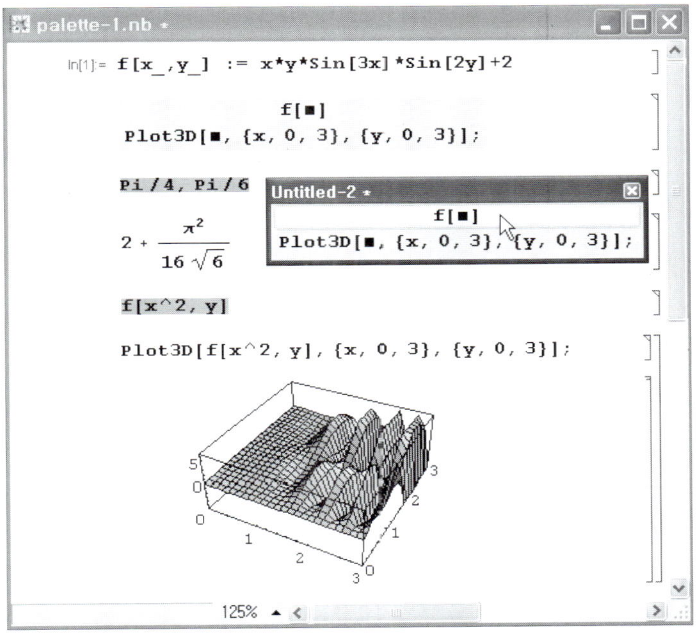

연습문제 1

* 가 표시된 문제는 난이도가 높은 문제임

다음 문제들에 관한 해답을 매스매티카 명령어로 작성하시오.

01 오른쪽 그림과 같이 중심이 (0, 0)이고 반지름이 1인 원에 $\sqrt{|x|} + \sqrt{|y|} = 1$으로 주어지는 곡선이 내접한다. 1.6.2절에 설명된 FilledPlot 구문을 활용하여 원과 곡선 및 x-축으로 둘러싸인 내부 영역을 서로 다른 색으로 채색하시오. 도형의 가로 대 세로 눈금 축척 비를 1로 정하도록 선택사항 AspectRatio -> Automatic을 사용하시오. 또한 축이 표시되지 않도록 선택사항 Axes -> None을 사용하시오.

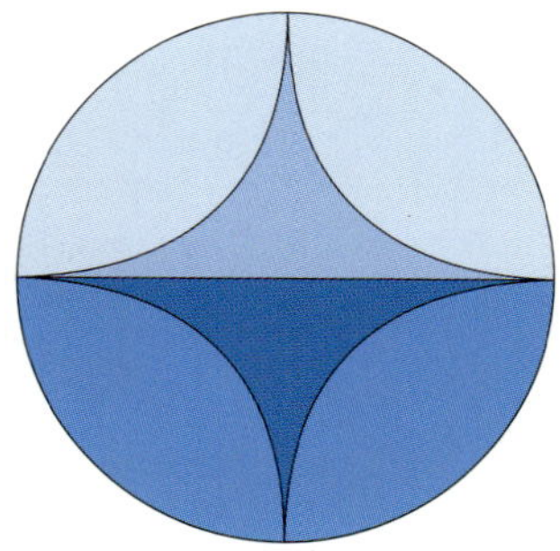

02 다음 명령어를 실행한 후 셀 브래킷의 형태를 관측하고 브래킷을 이중 클릭하여 실행하시오.

Play [Sin [440 2 Pi t], {t,0,2}]

03 다음 명령어를 실행하시오.

(1) **Plot3D [1/3-(2x^2+y^2)/19, {x,-3,3},{y,-3,3}]**

(2) **Plot3D [1/ Sqrt [(x+2)^2 +(y+3)^2], {x,-2, 2},{y,-2, 2}]**

04 다음 수식값을 계산하는 매스매티카 명령어를 작성하시오.

(1) $\int_{-\infty}^{\infty} \frac{1}{1+x^2}\,dx$

(2) $\sum_{i=1}^{10} i(i+1)(i+2)$

(3) $\frac{d}{dx}\left(e^{-(x^2+1)\sin x}\right)$

(4) $\lim_{x \to 0} \frac{\sin^2 x}{x^2}$

(5) $\begin{vmatrix} 1 & 2 & 3 \\ 4 & 5 & 7 \\ 8 & 5 & 9 \end{vmatrix}$

05 함수 $g(x,y)=\sin xy+e^{-x+y}+1$를 정의하고 매스매티카 명령어

Plot3D [g[x,y], {x,0,Pi},{y,0,Pi}]

를 이용하여 그래프를 그리시오.

06 함수 $\sin x$를 $x=0$에서 x의 4차 항까지 티일러급수로 전개하시오.

07* 성분이 (a, b, c)인 벡터의 길이를 구하는 명령어를 작성하시오.

08* 성분이 (1, 2, 3)과 (6, 7, 8)로 주어지는 두 벡터를 정의하고 그 사이각을 t라 할 때 t를 각도 단위로 표기하는 매스매티카 명령어를 작성하시오.

09 612, 720, 1024, 48의 최대 공약수 및 최소 공배수를 구하시오.

10 함수 $\sin(\log x)$의 x에 관한 3계 도함수를 구하시오.

11 100부터 1000까지의 자연수 중에서 7로 나누어 4가 남는 자연수의 모든 합을 구하시오.

12 $\left(\frac{x+1}{x}\right)^{10}$을 전개하고 x^{-5}의 계수를 구하시오.

13 $x=1.4$를 시작값으로 하여 이 근방에서 함수 x^2-3x+4의 극소값을 구하시오.

14 $\sum_{k=1}^{m} k^3$을 계산하는 매스매티카 명령어를 작성하시오.

15 다음의 적분값을 구하되 매스매티카의 N 함수를 사용하여 유효숫자 16자리의 정밀도로 계산하고 이론적인 값과 비교하시오.

(1) $\int_0^1 \sqrt{1-x^2}\,dx$ (2) $\int_0^1 e^x \sin x\,dx$

16* $\left(x+\dfrac{k}{x}-y+\dfrac{1}{y}\right)^3$을 전개하고 $\dfrac{1}{x^2y}$의 계수를 구하고 k가 상수일 때 이 계수가 100이 되도록 k의 값을 구하는 매스매티카 명령어를 작성하시오.

☞ Solve 구문을 활용

17 $\lim\limits_{x\to 0}\dfrac{1-\cos 3x}{x^2}$을 이론적으로 구하고 매스매티카로 구하는 명령어를 작성하시오.

18 $f(x)=\dfrac{1}{x}$의 Taylor 급수를 $x=1$에서 x의 7차 항까지 전개하는 매스매티카 명령어를 작성하시오.

19 유리함수 $\dfrac{x^2+6x-1}{(x-3)^2(x-1)}$을 부분분수로 분해하는 매스매티카 명령어를 작성하시오.

20 함수 $\log(1+x)/x$의 값을 $x=2^{-10},\ 2^{-12},\ 2^{-14},\ 2^{-16}$에서 한꺼번에 수치계산하여 4개의 수치 결과를 원소로 하는 목록을 만들고 그 값이 1에 수렴하는지 관찰하시오.

21 함수 x^4, $e^x\sin x$, $\dfrac{1}{x^2+1}$, $\cos^2 x$의 그래프를 구간 [-5, 5]에서 그리되 각 그래프 사이의 영역을 서로 다른 색상으로 채색하는 매스매티카 명령문을 작성하시오.

22 다음 수열의 일반항을 구하는 매스매티카 명령어를 작성하시오.

(1) $x_{n+2}-x_{n+1}-2x_n=2^n$

(2) $x_{n+2}-4x_{n+1}+4x_n=n\cdot 2^n$

23* 다음 수열의 제 100항까지의 합의 정수부분을 구하는 매스매티카 명령어를 작성하시오.

$$1,\quad \frac{1}{\sqrt{2}},\quad \frac{1}{\sqrt{3}},\quad \frac{1}{\sqrt{4}},\quad \cdots$$

24 이변수 함수 $f(x,y)=\dfrac{xy}{\log(x^2+y^2-1)}$을 정의하고 $\dfrac{\partial^2 f}{\partial x^2}$, $\dfrac{\partial^2 f}{\partial y^2}$, $\dfrac{\partial^2 f}{\partial x\,\partial y}$, $\dfrac{\partial^2 f}{\partial y\,\partial x}$를 각각 구하는 매스매티카 명령어를 작성하시오.

25 1부터 1000까지의 홀수 중에서 소수(prime number)의 합을 구하시오.

26* 반경이 a인 원에 내접하는 정n각형이 있다.

(1) 내부 면적을 S라 할 때 S를 n의 함수로 구하시오.

(2) $n\to\infty$일 때 이 값의 극한값을 구하여 T라고 놓으시오.

(3) T를 단순화한 후 πa^2과 비교하여 같으면 "원의 면적 $=\pi a^2$"이라 인쇄하고 아니면 "원의 면적$\neq\pi a^2$"이라 인쇄하시오.

27 다음 물음에 답하시오.

(1) $f(x)=k\sin^2\pi x$를(k는 상수) 정의하시오.

(2) $\int_0^1 f(x)\,dx=1$이 되도록 k를 정하시오.

(3) $\int_0^1 (x-t)^2 f(x)dx$이 최소가 되도록 t의 값을 정하시오.

28* 아래에 주어진 함수 $f(x)$와 $g(x)$를 정의하고 $f(x)$, $g(x)$ 및 x축으로 둘러싸인 도형의 사이 영역을 서로 다른 색으로 채색하시오. 또한 가로 세로 눈금비를 1:1이 되도록 하시오.

$$f(x)=\sqrt{1-(x-1)^2},\quad g(x)=\begin{cases}\sqrt{1/4-(x-1/2)^2}, & 0\le x\le 1\\ \sqrt{1/4-(x-3/2)^2}, & 1\le x\le 2\end{cases}$$

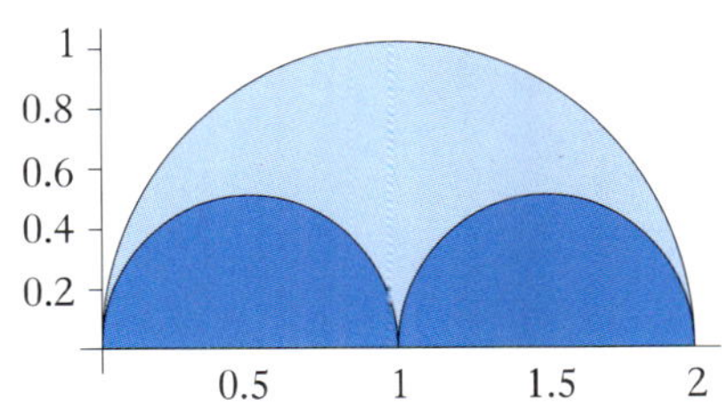

[제 2 장]
목 록

이 장에서는 수열, 벡터 및 집합 등과 같이 여러 개의 원소가 나열되어 있는 일반적인 수학적 대상물을 표시하는 방법으로 매스매티카에서 사용하고 있는 목록(list)을 설명하기로 한다. 이 목록은 매스매티카의 사용 중 여러 분야에서 빈번하게 등장하므로 그 용법을 잘 습득하는 것이 매우 중요하다.

2.1 목록의 정의

수학적 계산을 수행할 때 다수의 수학적 대상물을 모아서 한꺼번에 취급하는 것이 편리한 경우가 많다. 매스매티카에서는 다수의 일반적인 수학적 대상물을 { } 또는 List[ ] 내에 쉼표로 구분하여 나열한 수학적 요소를 목록(list)이라고 정의한다. 목록은 개별적인 원소의 순서를 보존한다. 이런 점에서는 목록이 수열의 특성을 지닌다고 간주할 수 있다. 매스매티카가 출력을 목록으로 제시할 때에는 원소가 숫자인 경우 그 순서를 작은 수에서 시작하여 큰 수로, 음수에서 양수로 정렬한다. 문자 원소인 경우에는 영어의 알파벳순으로 정렬하며 문자와 숫자가 혼합된 경우에는 숫자부터 먼저 정렬한다.

예제 1 | 목록의 예

1) 목록의 이름은 list1. 숫자 5개를 하나의 수학적 요소로 취급

```
list1 = {10, 20, 30, 40, 50}
{10, 20, 30, 40, 50}
```

2) 원소를 목록화하는 2번째 방법 List : 함수명

```
list2 = List [10, 20, 30, 40, 50]

{10, 20, 30, 40, 50}
```

3) x=1,2,...,10에 관하여 수식 2x-1를 계산 수열과 유사함

```
t1 = Table [2x - 1, {x, 1, 10}]
{1, 3, 5, 7, 9, 11, 13, 15, 17, 19}
```

4) 방정식의 모든 해를 목록으로 구해줌

```
Solve [ x^2 - 4 == 0, x]
{{x -> -2}, {x -> 2}}
```

5) 근사해를 x=1.5 근방에서 구함

```
FindRoot[ x^2 - 4 == 0, {x,1.5}]
{x -> 2.}
```

6) x = 3 및 x = 2를 수식에 대입하여 결과를 목록화 함

```
x^2 + x - 1 /. {{x -> 3}, {x -> 2}}
{11, 5}
```

7) 목록 내에 수식을 쉼표로 구분하여 일괄 계산

```
{ 3*5-7.5/22, Sin [0.5Pi]//N, N[E^2,18] }
{14.6591, 1., 7.38905609893065023}
```

8) 행렬 m을 정의함 행렬 m의 고유치

```
m = {{1,2},{3,4}};
Eigenvalues[m]
```

$$\left\{\frac{1}{2}(5+\sqrt{33}),\quad \frac{1}{2}(5-\sqrt{33})\right\}$$

9) 문자열 t2를 인쇄하고 목록 t2를 구함

t2의 최대 및 최소

```
Print ["t2 = ",
        t2 = Table[Sin[x],{x,0,2Pi,Pi/4}]//N ];
Print ["Maximum and Mininum of t2 =
                          ",{Max[t2], Min[t2]}];

t2 = {0, 0.707107, 1., 0.707107, 0, -0.707107,
      -1., -0.707107, 0}
Maximum and Mininum of t2 = {1., -1.}
```

10) p의 최소 및 최대 원소

```
p = {{1,120},{3,49}}; {Min[p], Max[p]}
{1, 120}
```

11) 목록의 순서

```
Sort[{a,d,b,1,9,2,90,-40}]
{-40, 1, 2, 9, 90, a, b, d}
```

2.2 목록의 생성

이 절에서는 Table 명령어를 사용한 목록을 형성하는 방법을 살펴보기로 한다. 다차원 목록은 '중첩된 목록(nested list)'이라고도 불리며, 2차원 이상의 목록은 텐서(tensor)를 나타낸다. 다음 명령문에서 expr은 수학적 표현을 뜻한다.

명 령 어	설 명
Table [expr, { i }]	expr을 i번 반복 계산하여 1차원 도표를 만듦
Table [expr, {i, imax}]	expr을 i = 1부터 imax 까지 1씩 증가시키면서 반복 계산하여 1차원 도표를 만듦
Table [expr, { i, imin, imax }]	expr을 i = imin부터 imax 까지 1씩 증가시키면서 반복 계산하여 1차원 도표를 만듦
Table [expr, { i, imin, imax, dx}]	expr을 i = imin브터 imax 까지 dx씩 증가시키면서 반복 계산하여 1차원 도표를 만듦
Table [expr, { i, imin, imax }, { j, jmin, jmax}, ...]	expr을 i = imin부터 imax 까지, j = jmin부터 jmax까지 .... 반복 계산하여 다차원 도표를 만듦
TableForm [list]	list를 도표 형식으로 보여줌

예제 1 |

풀이

1) 표현 < Sin x를 4번 반복

```
c1 = Table [ "< Sin x ", { 4 } ]
{"< Sin x ", "< Sin x ", "< Sin x ", "< Sin x "}
```

2) 1차원 목록

```
imax = 5; c2 = Table [ i*2 + 1, {i, imax} ]
{3, 5, 7, 9, 11}
```

3) 2개의 Sin 값을 목록화 2차원 목록

```
c3 = Table [ {Sin[k], Sin[k]//N},{k, -1, 2} ]
{{-Sin[1], -0.841471}, {0, 0}, {Sin[1], 0.841471},
    {Sin[2], 0.909297}}
```

4) 1차원 목록

```
c4 = Table [Cos[k*Pi]//N, {k, 0, 3/2, 1/4} ]
{1., 0.707107, 0, -0.707107, -1., -0.707107, 0}
```

5) 2차원 목록

```
c5 = Table [ 2*k + j, {k, 0, 2}, {j, -1, 2} ]
{{-1, 0, 1, 2}, {1, 2, 3, 4}, {3, 4, 5, 6}}
```

6) 3차원 목록 생성

```
c6 = Table [ i+2j+3k, {i,1,2}, {j,1,3}, {k,1,4}]
{{{6, 9, 12, 15}, {8, 11, 14, 17}, {10, 13, 16, 19}},
   {{7, 10, 13, 16}, {9, 12, 15, 18}, {11, 14, 17, 20}}}
```

7) 2차원 목록의 도표화

```
TableForm [c5]

-1   0   1   2
 1   2   3   4
 3   4   5   6
```

8) 3차원 목록의 도표화 **TableForm [c6]**

6	8	10
9	11	13
12	14	16
15	17	19

7	9	11
10	12	14
13	15	17
16	18	20

2.3 목록의 연산

이 절에서는 목록의 산술적 연산 및 대입에 관하여 살펴보기로 한다.

2.3.1 숫자와 목록의 연산

예제 1 |

1) 숫자와 목록의 덧셈 **5 + {10,20,30,40}** Shift Enter↵

{15, 25, 35, 45}

2) 숫자와 목록의 뺄셈 **5 - {10,20,30,40}**

{-5, -15, -25, -35}

3) 목록 - 숫자 **{10,20,30,40}- 5**

{5, 15, 25, 35}

4) 숫자와 목록의 곱셈 **5 * {10,20,30,40}**

{50, 100, 150, 200}

5) 숫자와 목록의 곱셈 **5 {10,20,30,40}**

{50, 100, 150, 200}

6) 숫자와 목록의 곱셈

{10,20,30,40} 5

{50, 100, 150, 200}

7) 숫자 · 목록 · 숫자

5 {10,20,30,40} 5

{250, 500, 750, 1000}

8) 숫자 / 목록

5 / {10,20,30,40}

$$\left\{\frac{1}{2}, \frac{1}{4}, \frac{1}{6}, \frac{1}{8}\right\}$$

9) 목록 / 숫자

{10,20,30,40} / 5

{2, 4, 6, 8}

2.3.2 목록과 목록의 연산

목록과 목록의 연산에서는 각 목록의 원소의 개수가 일치하여야 한다.

예제 2 |

1) 덧셈

{10,20,30,40} + {5,6,7,8} Shift Enter

{15, 26, 37, 48}

2) 뺄셈

{10,20,30,40} - {1.5a,6b,7c,8d}

{10 - 1.5 a, 20 - 6 b, 30 - 7 c, 40 - 8 d}

3) 목록 v1 및 v2
목록 · 목록
목록 / 목록
의 계산 및 인쇄

```
v1 = {10,20,30,40}; v2 = {6,3,7,2};
Print["v1 * v2 = ", v1 * v2]; Print[" "]
Print["v1 / v2 = ", v1 / v2]
```

v1 ∗ v2 = {60, 60, 210, 80}

$$v1\ /\ v2 = \left\{\frac{5}{3}, \frac{20}{3}, \frac{30}{7}, 20\right\}$$

2.3.3 벡터와 행렬의 연산

다음은 벡터와 행렬을 표시하고 곱셈 연산 (기호는 .을 사용)을 수행하는 명령어를 살펴보기로 한다.

명 령 어	설 명
{ a, b, c }	벡터 (a, b, c)
{{a, b}, {c, d}}	행렬 $\begin{bmatrix} a & b \\ c & d \end{bmatrix}$
{a, b} . {c, d}	벡터 {a, b}와 {c, d}의 내적
{{a, b}, {c, d}} . {x, y}	행렬 {{a, b}, {c, d}} · 벡터 {x, y}
{{a, b}, {c, d}} . {{p, q}, {r, s}}	행렬 {{a, b}, {c, d}} · 행렬 {{p, q}, {r, s}}
{x, y} . {{a, b}, {c, d}}	벡터 {x, y} · 행렬 {{a, b}, {c, d}}

예제 3 |

1) 벡터 v1, v2를 정의 **v1 = {1, 2, a, b }; v2 = {1,2,3,4};**
행렬 m1을 정의 **m1 = {{1,2,3,4},{2,3,4,5},{11,12,13,14},{8,9,10,1}};**
행렬 m2를 정의 **m2 = {{2,3,1,4},{4,1,3,2},{3,1,2,1},{2,3,2,1}};**
내적 계산 **c = v1 . v2**
결과 5 + 3 a + 4 b

2) 행렬 · 행렬 **m3 = m1 . m2**
{{27, 20, 21, 15}, {38, 28, 29, 23},
{137, 100, 101, 95}, {84, 46, 57, 61}}

3) 행렬 · 벡터 **m4 = m1 . v1**
{5 + 3 a + 4 b, 8 + 4 a + 5 b,
35 + 13 a + 14 b, 26 + 10 a + b}

4) 벡터 · 행렬 **v3 = v1 . m1**
{5 + 11 a + 8 b, 8 + 12 a + 9 b,
11 + 13 a + 10 b, 14 + 14 a + b}

2.3.4 목록 원소의 연산

다음 도표는 목록 t의 원소에 관한 덧셈 및 곱셈을 수행하는 명령어이다.

명 령 어	설 명
Apply [Plus, t] 또는 Plus @@ t	t의 모든 원소를 더함
Apply [Times, t] 또는 Times @@ t	t의 모든 원소를 곱함

예제 4

1) 목록 t1을 정의

```
t1 = {1, 2, 3, 4, 5};
```

t1의 모든 원소의 합

```
Apply [ Plus, t1 ]
15
```

t1의 모든 원소의 곱

```
Apply [ Times, t1 ]
120
```

2) 4원소의 합

```
Apply [ Plus, {1, x, Sin [x], Cos[x]}]
1 + x + Cos[x] + Sin[x]
```

3) 2차원 목록 t2를 정의

```
t2 = Table [ i+j, {i, 2}, {j, 2} ]
{{2, 3}, {3, 4}}
```

t2의 2번째 원소인 목록 {3, 4} 원소의 합

```
Apply [ Plus, t2 ]
{5, 7}
```

t2의 두 원소 {1, 2}와 {3, 4}의 곱

```
Apply [ Times, t2 ]
{6, 12}
```

4) 숫자와 목록의 합

```
Apply [ Plus, {1,2,3,{4,5}}]
{10, 11}
```

5) 원소의 개수가 다르므로 연산 불가

```
Apply [ Plus, {{1,2,3},{4,5}}]
```

매스매티카의 경고 메시지

```
Thread::tdlen:
    Objects of unequal length in {1, 2, 3} + {4, 5}
    cannot be combined.
{4, 5} + {1, 2, 3}
```

2.3.5 목록 원소의 값 대입

매스매티카의 수학적 표현에 사용된 기호 대신에 새로운 기호를 대입하면 원래의 수학적 표현은 새로운 이름이나 변수로 대치된다. 이를 위해서는 1.4절에서 설명한 대입 연산자 /. 및 반복 대입 연산자 //. 와 변환 규칙 연산자 -> 를 함께 사용한다. 다음 예문을 통하여 대입 연산을 상세히 알아보기로 한다.

명 령 어	설 명
expr /. x -> v 또는 {x -> v}	expr의 x값에 v를 대입
expr /. {x1 -> v1, x2 -> v2, x3 -> v3, ...}	동시에 여러 개의 값 대입
expr /. {{x -> v1}, {x -> v2}, ...}	x값에 v1과 v2, ...를 대입하여 각 결과를 목록의 원소로 출력함
expr //. {x -> v1, y -> v2...}	x값에 v1과 y값에 v2, ...를 반복적으로 대입

예제 5 |

1) 변수 x에 3Pi-2 대입

x^2 + y^2 - x*y /. x -> 3Pi - 2

$(-2 + 3\ \mathrm{Pi})^2 - (-2 + 3\ \mathrm{Pi})\ y + y^2$

2) x, y에 각각 3Pi-2, 1.2를 대입

x^2 + y^2 - x*y /. {x -> 3Pi - 2, y -> 1.2}

$1.44 - 1.2\ (-2 + 3\ \mathrm{Pi}) + (-2 + 3\ \mathrm{Pi})^2$

3) 문자 대입

**x^2 + y^2 + Sqrt[2] + Log[3] + Pi /.
{x -> x-y, y -> Sin[y]}**

$\mathrm{Sqrt}[2] + \mathrm{Pi} + (x - y)^2 + \mathrm{Log}[3] + \mathrm{Sin}[y]^2$

4) 표현을 단순화 함

Simplify[(a+Pi)^2-(a-Pi)^2]

4 a Pi

5) x에 두 개의 값을 대입하여 목록으로 출력

x^2 - 1 /. {{x -> 5}, {x -> 6}}

{24, 35}

6) 두 개의 값 동시에 대입(2번 적용)

**x^2 + y^3 - 1 /. {{x -> 5,y -> 4},
{x -> 6, y -> 2}}**

{88, 43}

7) 로그 덧셈

**Log[a] + Log[b] /. Log[x_] + Log[y_] ->
Log[x y]**

Log[a b]

8) 반각 공식

```
1 + Cos[a] /. 1+Cos[x_] -> 2 Cos[x/2]^2
```

$$2\ \mathrm{Cos}\left[\frac{a}{2}\right]^2$$

9) 합을 곱으로 변환

```
Cos[A] + Cos[B] /. Cos[x_] + Cos[y_] ->
                    2 Cos[(x+y)/2]*Cos[ (x-y)/2]
```

$$2\ \mathrm{Cos}\left[\frac{A-B}{2}\right]\ \mathrm{Cos}\left[\frac{A+B}{2}\right]$$

10) 진수의 거듭제곱

```
Log[A^k] /. Log[x_^n_] -> n Log[x]
```

k Log[A]

11) 진수의 곱 (1번 적용)

```
Log[A B C D]  /. Log[x_ y_] -> Log[x] + Log[y]
```

Log[A] + Log[B C D]

12) 진수의 곱 반복 적용

```
Log[A B C D] //. Log[x_ y_] -> Log[x] + Log[y]
```

Log[A] + Log[B] + Log[C] + Log[D]

13) 지수법칙

```
a^p a^q /. x_^m_ x_^n_ -> x^(m+n)
```

a^{p+q}

14) de Moivre의 정리

```
(Cos[x] + I Sin [x])^7 /. (Cos[t_] + I Sin[t_])^m_
                          -> Cos[m t] + I Sin[m t]
```

Cos[7 x] + I Sin[7 x]

2.3.6 수학 공식의 유도

다음의 예문을 통하여 목록을 활용해서 간단한 수학 공식을 유도하는 방법을 알아보기로 한다.

예제 6 | 그림과 같이 원에 내접하는 사각형 ABCD의 면적 $S = \sqrt{(p-a)(p-b)(p-c)(p-d)}$ 를 구하는 공식을 매스매티카 명령문으로 유도하시오.

단, AB = a, BC = b, CD = c, DA = d이고
$p = (a + b + c + d) / 2$ 이다.

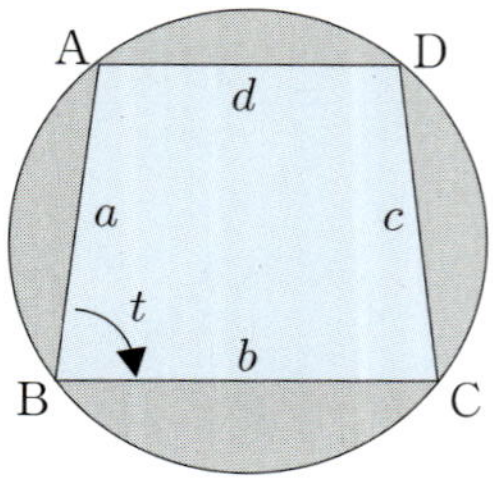

힌트 $\angle ABC=t$라 하자. 구하는 면적 S는 $\triangle ABC$와 $\triangle ADC$의 면적의 합이다.

$S=\frac{1}{2}\ ab\ \sin t+\frac{1}{2}\ cd\ \sin(\pi-t)$에서 $\sin(\pi-t)=\sin t$이므로,
$S=\frac{1}{2}(ab+cd)\ \sin t$이다. $AC=f$라 하면

$$\cos\ t=\frac{1}{2}\ (a^2+b^2-f^2)/\,ab,$$
$$\cos\ t=-\frac{1}{2}\ (c^2+d^2-f^2)\ /\ cd$$

이므로 f를 소거하여

$\cos t=\frac{1}{2}\ (a^2+b^2-c^2-d^2)\ /\ (ab+cd).$

☞ $d=0$이면 삼각형에서 성립하는 Heron의 공식이다.

풀이

매스매티카 명령문을 사용하여 유도하면 다음과 같다.

$x=\cos t$
$h=\sin^2 t$

```
x = (a^2+b^2 - (c^2+d^2) ) / (2*(a*b + c*d));
h = Factor[1 - x^2]
```

$$-((a-b-c-d)\,(a+b+c-d)\,(a+b-c+d)\,(a-b+c+d))\,/\,(4\,(ab+cd)^2)$$

면적

```
S = (1/2) * Sqrt [(a*b + c*d)^2*h]
```

$$\frac{1}{4}\sqrt{(-(a-b-c-d)\,(a+b+c-d)\,(a+b-c+d)\,(a-b+c+d))}$$

$p=(a+b+c+d)/2$ 대입

```
S = S /. {b-> 2p - a-c-d, a+c+d -> 2p-b}
```

$$\frac{1}{4}\sqrt{(-(2a-2p)\,(-2b+2p)\,(-2c+2p)\,(-2d+2p))}$$

결과를 수학 표현으로

```
Simplify[S]//TraditionalForm
```

$$\sqrt{-(a-p)\,(p-b)\,(p-c)\,(p-d)}$$

2.4 목록의 결합 및 집합적 성질

이 절에서는 목록의 수열 및 집합적 성질과 그 연산에 관하여 살펴보기로 한다. 원소가 없는 목록은 공집합의 개념과 유사하고 { }와 같이 표기하고 빈 목록이라 부른다. 매스매티카는 집합적 연산의 결과(합집합, 교집합 및 여집합)로 얻어진 원소를 적절히 재배열한다.

명 령 어	설 명
Join [t1,t2,...]	목록 t1, t2, ... 를 결합
Union [t1,t2,...]	목록 t1, t2, ... 의 합집합
Intersection [t1,t2,...]	목록 t1, t2, ... 의 교집합
Complement [t,{x1,x2,...}]	목록 t의 { x1, x2, ...}에 관한 여집합

2.4.1 목록의 결합

예제 1

1) 목록을 붙임

```
Join [{10,20,30,40}, {10,21,40},{a,b,c,d,e,f,g}]
{10, 20, 30, 40, 10, 21, 40, a, b, c, d, e, f, g}
```

2) 목록 tt를 정의
원소를 비워두면
Null 원소임

```
tt = Table[i, {i,2,8,1.4}];
Join [tt,{10,21,35,40}, {a,b,c, }]
{2, 3.4, 4.8, 6.2, 7.6, 10, 21, 35, 40, a, b, c, Null}
```

3) 1차원 목록
{ }를 원소로 가짐

```
tt = Table[i,{i,2,8,1.4}];
Join [tt,{10,21,35,{ }}, {e,d,a,b,c,1,2}]
{2, 3.4, 4.8, 6.2, 7.6, 10, 21, 35, {}, e, d, a, b, c, 1, 2}
```

2.4.2 목록의 합집합

예제 2

1) 목록의 동일 원소를 제거하고 합침

```
Union [{10, 20, 30, 40}, {10,21,35,40},
                              {a,b,c,d,e,f}]
```

{10, 20, 21, 30, 35, 40, a, b, c, d, e, f}

2) 목록 vv를 정의 vv와 목록 합침

```
vv = Table[Sin[x], {x, 0, 2Pi, Pi/4}]//N;
Union[vv,{1,2,3},{x,y,10,20,3}]
```

{-1., -0.707107, 0, 0.707107, 1, 1., 2, 3, 10, 20, x, y}

2.4.3 목록의 교집합

예제 3

1) 공통원소를 목록화 함, 4번째 원소는 비어 있음 공통부분이 없음

```
Intersection [{10, 20, 30, 40},{10,21,35,40},
                              {a,b,c, }]
```

{ }

2) 4번째 부분 목록의 4번째 원소는 빈 목록임

```
Intersection [{10, 20, 30, 40},{10,21,35,40},
                              {a,b,c,{ }}]
```

{ }

3) 공통원소를 목록화 함

```
Intersection [{10, 20, 30, 40},{10,21,35,40},
                              {a,b,c}]
```

{ }

4) 공통원소를 목록화 함

```
Intersection [{10, 20, 30, 40},{10,20,35,40},
                              {20,10,c,d}]
```

{10, 20}

2.4.4 목록의 여집합

예제 4

1) 목록 {10, 20, 30, 40}의 원소 10에 대한 여집합	**Complement [{10, 20, 30, 40},{10}]** {20, 30, 40}
2) 목록 {10, 20, 30, 40}의 전체에 대한 여집합	**Complement [{10, 20, 30, 40},{10,20,30,40}]** { }

2.5 목록의 특정 원소 취급

이 절에서는 목록의 특정 원소(부분목록(sublist)일 수 있음)를 취급하는 명령어를 살펴보기로 한다. 다음 명령문에서 *t*는 목록 이름이다.

명 령 어	설 명
t [[n]] 또는 Part [t, n]	t의 n번째 원소 또는 부분 목록
t [[{ n1, n2, ...}]] 또는 Part [t, { n1, n2, ... }]	t의 n1, n2, ... 번째 원소를 목록화 함
t [[{i1, i2,...}, {j1,j2,...},...]] 또는 Part[t, {i1, i2,...}, {j1,j2,...},...]	t의 i1, i2,... 번째 원소에 관하여 각각 j1, j2,... 번째 원소를 묶어서 목록화 함
t [[i, j, ...]] 또는 Part [t, i, j, ...]	t의 i, j, .. 번째 원소(다차원)

명 령 어	설 명
First [t]	t의 첫 번째 원소
Last [t]	t의 마지막 번째 원소
Max [t]	t의 최대 원소
Min [t]	t의 최소 원소
Length [t]	t의 원소의 개수
Take [t, n]	t의 최초 n개의 원소
Take [t, -n]	t의 최종 n개의 원소
Take [t, {m, n}]	t의 m번째에서 n번째까지의 원소
Rest [t]	t의 첫 번째 원소를 제외한 목록
Drop [t, n]	t의 최초 n개의 원소를 제외한 목록
Drop [t, -n]	t의 최후 n개의 원소를 제외한 목록
Drop [t, {m, n}]	t의 m번째에서 n번째까지의 원소를 제외한 목록

예제 1

1) 목록 t를 정의

t의 첫 번째 원소를 지정

결과

```
t = {{10,20,30,40},{10,21,40},{a,b,c,d,e,f,g}};
ff = t[[1]]
{10, 20, 30, 40}
Part [t,1]
{10, 20, 30, 40}
```

2) 첫 번째 원소 및 두 번째 원소를 목록화

```
t[[{1,2}]]
{{10, 20, 30, 40}, {10, 21, 40}}
```

첫 번째 원소의 제 2원소

```
Part [t,1,2]
20
```

1, 2번째 원소에 대하여 각각 3, 1, 2 번째 원소를 묶어서 목록화 함

```
t [ [ {1, 2}, {3,1,2} ] ]
{{30, 10, 20}, {40, 10, 21}}
```

3) t의 마지막 원소

```
Last[t]
{a, b, c, d, e, f, g}
```

Last[t]의 3번째 원소

```
Last [t][[3]]
c
```

제 1원소의 첫 번째 원소

```
First [ t[[1]] ]
10
```

4) t의 최대 원소

```
Max [t]
Max[{40, {a, b, c, d, e, f, g}}]
w1 = Max [First[t]]
40
w2 = Min[ {w1, Min[First [t]]}]
10
w3 = Length [ Last[t]]
7
```

5) t의 최초 2 원소만 택함

```
Take [t,2]
{{10, 20, 30, 40}, {10, 21, 40}}
```

t의 최종 2 원소만 택함

```
Take [t,-2]
{{10, 21, 40}, {a, b, c, d, e, f, g}}
Take [Last [t], {2, 4}]
{b, c, d}
```

Last[t]의 최초 원소를 제외한 나머지 원소를 택함

```
Rest [Last [t]]
{b, c, d, e, f, g}
```

6) t의 최초 원소를 삭제

```
Drop[t,1]
{{10, 21, 40}, {a, b, c, d, e, f. g}}
```

t의 최종 원소를 삭제

```
Drop[t,-1]
{{10, 20, 30, 40}, {10, 21, 40}}
```

t의 최초 1~2번째 원소를 삭제

```
Drop[t,{1,2}]
{{a, b, c, d, e, f, g}}
```

예제 2 | 방정식 $x^2+ax+1=0$이 두 개의 실근을 가지며 두 근의 차이가 1이라고 한다. a값을 구하는 매스매티카 명령어를 작성하시오.

풀이

방정식의 해를 구하고 해의 목록을 sol이라 함

```
sol = Solve [x^2 + a*x + 1 == 0, x]
```

sol은 두 개의 목록 원소를 갖음. 실근을 가지려면 $-4+a^2 \geq 0$

$$\{\{x \to \frac{1}{2}(-a-\sqrt{-4+a^2})\},\ \{x \to \frac{1}{2}(-a+\sqrt{-4+a^2})\}\}$$

/. 와 Part 구문으로 두 근을 각각 x1, x2라 함

```
{ x1 = x /. sol[[1]], x2 = x /. Part[sol, 2] }
(* 또는 { x1 = sol[[1,1,2]], x2 = sol[[2,1,2]] } *)
```

$$\left\{\frac{1}{2}(-a-\sqrt{-4+a^2}),\ \frac{1}{2}(-a+\sqrt{-4+a^2})\right\}$$

두 근의 차이를 y라 함

```
y = Simplify[x2 - x1]
```

$$\sqrt{-4+a^2}$$

y=1을 만족하는 a를 구함. 이 값은 실근 조건을 만족하므로 구하고자 하는 답이 됨.

```
Solve[y == 1, a]
```

$$\{\{a \to -\sqrt{5}\},\ \{a \to \sqrt{5}\}\}$$

예제 3 | 어떤 삼각형의 3변의 길이가 등차수열을 이루고 있는데 그 길이의 합은 12이고 면적은 6이다. 3변의 길이를 구하는 매스매티카 구문을 작성하시오.

풀이

3변의 길이: a, a-d, a+d
1변의 길이: a

```
Solve[{a+d+a+a-d==12,
        Sqrt[6(6-a-d)(6-a)(6-a+d)]==6}, {a,d}]
```

공차: d	{{d -> -1, a -> 4}, {d -> 1, a -> 4}}
결과를 대입	**{a+d, a, a-d} /.%**
	{{3, 4, 5}, {5, 4, 3}}

(☞ **Solve[{f1[x,y] == 0, f2[x,y] == 0}, {x,y}]**은 연립방정식: f1 = 0, f2 = 0의 해 {x, y}를 구해준다(4장 참조). 3변의 길이가 a, b, c인 삼각형의 면적 A를 구하는 헤론(Heron)의 공식은 $A=\sqrt{s(s-a)(s-b)(s-c)}$, $s=(a+b+c)/2$ 이다.)

예제 4 | 함수 $\log(1+x)/x$ 의 값을 $x=2^{-10}, 2^{-12}, 2^{-14}, 2^{-16}$에서 한꺼번에 수치로 계산하여 4개의 수치 결과를 원소로 하는 목록을 만들고 그 값이 1에 수렴하는지 관찰하고 다음 도표와 같이 출력되도록 매스매티카 명령문을 작성하시오.

```
--------------------------
x                Log[1+x]/x
----------       ----------
1/1024           0.999512
1/4096           0.999878
1/16384          0.999969
1/65536          0.999992
1/262144         0.999998
1/1048576        1.
--------------------------
```

풀이

목록의 형성	**t=Table[{InputForm[2^(-2i-8)], N[Log[1+x] /x /. x -> 2^(-2i-8)]}, {i,1,6}]**
	{{1/1024, 0.999512}, {1/4096, 0.999878}, {1/16384, 0.999969}, {1/65536, 0.999992}}
1줄 긋기	**Print[" -------------------------------------"];**
세로: 0, 가로: 10 글자 간격	**TableForm[t,TableSpacing ->{0,10},**
\n(줄바꾸기)	**TableHeadings->{None,{"x\n-----------", "Log[1+x]/x \n----------"}}]**
1줄 긋기	**Print[" -------------------------------------"];**
극한값 확인	**Limit[Log[1+x] /x, x-> 0]**
결과	1

2.6 목록 원소의 첨가, 제거 및 대체

이 절에서는 목록의 원소를 첨가하고, 제거하거나 다른 원소로 대체하는 명령어를 살펴보기로 한다. 다음 명령문에서 t는 목록 이름이다.

명령어	설 명
Prepend [t, e]	t에 원소 e를 처음에 첨가
Append [t, e]	t에 원소 e를 끝에 첨가
Insert [t, e, i]	t에 원소 e를 처음에서 i번째 위치에 삽입
Insert [t, e, -i]	t에 원소 e를 끝에서 i번째 위치에 삽입
Insert [t, e, {i, j, ... }]	t에 원소 e를 {i, j, ... }번째 위치에 삽입
Delete [t, i]	t의 i번째 원소를 삭제
Delete [t, {i, j, ... }]	t의 {i, j, ... }번째 원소를 삭제(다차원)
ReplacePart [t, e, i]	t의 처음에서 i번째 원소를 e로 대체
ReplacePart [t, e, -i]	t의 끝에서 i번째 원소를 e로 대체
ReplacePart [t, e, { i, j, ...}]	t의 { i, j, ...}번째 원소를 e로 대체
ReplacePart [t, e, { {i1, j1, ... }, {i2, j2, ... },...}]	t의 처음에서 {i1, j1, ... }번째, {i1, j1, ... }, ...번째의 모든 원소를 e로 대체

예제 1

1) 목록 t를 정의 t에 원소 xy를 처음에 첨가

```
t = {1, 2, a, b, c };
Prepend[ t, xy ]
{xy, 1, 2, a, b, c}
```

t에 원소 w를 마지막에 첨가하여 t2로 지정

```
t2 = Append[ t, w ]
{1, 2, a, b, c, w}
```

2) t에 math를 1번 위치에 삽입

```
Insert[ t, math,1 ]
{math, 1, 2, a, b, c}
```

t에 math를 마지막에서 첫 번째 위치에 삽입

```
Insert[ t, math,-1 ]
{1, 2, a, b, c, math}
```

3) t의 마지막 첫 번째 원소를 삭제

```
Delete[ t, -1 ]
{1, 2, a, b}
```

t의 제1원소를 삭제

```
Delete[ t, 1 ]
{2, a, b, c}
```

제1원소(부분목록)의 3번째 원소를 삭제

```
Delete[ {{1,2,3},{a,b,c,d},{x,y},
        {10,20,30,40}}, {1,3} ]
```

{{1, 2}, {a, b, c, d}, {x, y}, {10, 20, 30, 40}}

4) 목록 z를 정의
z의 6번째 원소를
y로 대체

z = {a,b,c,d,1,2,3};
ReplacePart [z, y, 6]
{a, b, c, d, 1, y, 3}

z의 마지막에서
6번째 원소를 y로
대체

ReplacePart [z, y, -6]
{a, y, c, d, 1, 2, 3}

2차원 배열 zz를
정의

zz = {{a,b},{c,d,1,2},{3}, {10,20,30,40}};

제 1 원소의 2번째
원소를 y로 대체

ReplacePart [zz, y, {1,2}]
{{a, y}, {c, d, 1, 2}, {3}, {10, 20, 30, 40}}

(1,2) 및 (2,3)번째
원소를 y로 대체

ReplacePart [zz, y, {{1,2},{2,3}}]
{{a, y}, {c, d, y, 2}, {3}, {10, 20, 30, 40}}

2.7 목록 원소의 재배열 및 그룹화

이 절에서는 목록의 원소를 재배열하고 그룹화 명령어를 살펴보기로 한다. 다음 명령문에서 t는 목록 이름을 나타낸다.

명 령 어	설 명
Sort [t] Union [t] Reverse [t]	t의 원소를 표준 순서(크기순으로)로 재배열함 t의 원소 중 같은 원소는 하나만 남기고 버림 t의 원소를 역순서로 재배열함
RotateLeft [t, n] RotateLeft [t, {n1, n2, ...}] RotateRight [t, n]	t의 원소를 왼쪽으로 n 자리만큼 회전이동 t의 i번째 수준을 ni 자리만큼 왼쪽으로 회전이동 t의 원소를 왼쪽으로 n 자리만큼 회전이동
Partition [t, n]	t를 n개의 원소 단위로 분할하여 그룹화 하되 남는 원소는 버림
Partition [t, n, d]	t를 n개의 원소 단위로 분할하여 그룹화 하되 분할 그룹의 시작원소가 d 위치만큼 떨어지게 함
Select[expr, test]	expr 중 test가 참인 경우의 원소 또는 항목을 모두 선택함

명 령 어	설 명
Transpose [t]	t의 상위 2수준(level)을 서로 교환함
Tranpsose [t, n]	t의 상위 수준과 n번째 수준을 교환함
Flatten [t]	t의 모든 수준을 평준화하여 1차원 목록화함
Flatten [t, n]	t의 상위 n번째 수즌까지 평준화하여 목록화함
FlattenAt [t, { i, j, ...}]	t의 i, j, ... 번째 부분목록을 평준화함
FlattenAt [t, { {i1, j1, ...}, {i2, j2, ... },...}]	t의 { {i1, j1, ... }, {i2, j2, ... },...}번째 부분목록을 평준화함
ColumnForm [t]	t의 원소를 열(column)로 보여줌
MatrixForm [t]	t의 원소를 행렬로 보여줌

예제 1 |

1) 목록 t를 정의
순서대로 정렬

t = { x, f, k, c, a, m, w, b, a, b, c };
Sort[t]
{a, a, b, b, c, c, f, k, m, w, x}
Sort[{{1,2,3},4,5,{x,y},a,c,b,5,4,b}]
{4, 4, 5, 5, a, b, b, c, {x, y}, {1, 2, 3}}

2) t를 역순으로 재배열

Reverse[t]
{c, b, a, b, w, m, a, c, k, f, x}

3) t의 원소 중 같은 원소는 최초 하나만 남기고 버림

Union[t]
{a, b, c, f, k, m, w, x}

4) 왼쪽으로(반시계 방향)으로 2자리 이동

RotateLeft [t, 2]
{k, c, a, m, w, b, a, b, c, x, f}

오른쪽으로(시계방향)으로 2자리 이동

RotateLeft [t,−2]
{b, c, x, f, k, c, a, m, w, b, a}

5) 오른쪽으로(시계방향)으로 2자리 이동

RotateRight [t, 2]
{b, c, x, f, k, c, a, m, w, b, a}

오른쪽으로(시계방향)으로 1자리 이동

RotateRight [t]
{c, x, f, k, c, a, m, w, b, a, b}

세로로 재배열

ColumnForm [{x, f}]
x
f

6) 행렬 형식으로 재배열

MatrixForm[{{1,2,3},{x,y,z},{a,c,b,5,4,b}}]

$$\begin{pmatrix} \{1, 2, 3\} \\ \{x, \sqrt{-4+a^2}, z\} \\ \{a, c, b, 5, 4, b\} \end{pmatrix}$$

7) 11-원소 목록으로 분할	**Partition[t, 11]** {{x, f, k, c, a, m, w, b, a, b, c}}
12-원소 목록으로 분할(불가능)	**Partition[t, 12]** { }
3-원소 목록으로 분할 부분목록의 시작 원소는 2자리 간격을 유지	**Partition[t, 3, 2]** {{x, f, k}, {k, c, a}, {a, m, w}, {w, b, a}, {a, b, c}}
8) 3개의 부분목록으로 구성	**tt ={{{a,b},{c,d,e}},{{f},{1,2}},{{3,4},{5,6}}};**
1개씩 부분목록으로 분할 부분목록의 시작 원소는 2자리 간격을 유지	**Partition[tt,{1},{2}]** {{{{a, b}, {c, d, e}}}, {{{3, 4}, {5, 6}}}}
9) 양의 원소선택	**Select[{1,2.3,-Pi,3,Log[4]}, Negative]** {$-\pi$}
10) tt의 모든 수준을 평준화하여 1차원 목록화 함	**Flatten[tt]** {a, b, c, d, e, f, 1, 2, 3, 4, 5, 6}
tt의 제 2 수준까지 평준화하여 목록화 함	**Flatten[tt,2]** {a, b, c, d, e, f, 1, 2, 3, 4, 5, 6}
tt의 제 1 수준까지 평준화하여 목록화 함	**Flatten[tt,1]** {{a, b}, {c, d, e}, {f}, {1, 2}, {3, 4}, {5, 6}}
tt의 제 0 수준까지 평준화하여 목록화 함	**Flatten[tt,0]** {{{a, b}, {c, d, e}}, {{f}, {1, 2}}, {{3, 4}, {5, 6}}}
11) 2번째 부분목록을 평준화	**FlattenAt[tt,2]** {{{a, b}, {c, d, e}}, {f}, {1, 2}, {{3, 4}, {5, 6}}}
제1원소의 2번째 원소를 평준화	**FlattenAt[tt,{1,2}]** {{{a, b}, c, d, e}, {{f}, {1, 2}}, {{3, 4}, {5, 6}}}

(1,1) 및 (2,2)번째 원소를 평준화

```
FlattenAt[tt,{{1,2},{2,2}}]
{{{a, b}, c, d, e}, {{f}, 1, 2}, {{3, 4}, {5, 6}}}
```

12) tt를 행렬화 함

```
MatrixForm[tt]
```

$$\begin{pmatrix} \{a, b\} & \{c, d, e\} \\ \{f\} & \{1, 2\} \\ \{3, 4\} & \{5, 6\} \end{pmatrix}$$

13) 행과 열을 교환

```
Transpose [tt]
{{{a, b}, {f}, {3, 4}}, {{c, d, e}, {1, 2}, {5, 6}}}
```

예제 2 | 1차원 빈 목록 p = { }가 주어져 있다. 2.2절에서 배운 Table 구문을 적절히 활용하고 Append 구문을 사용하여

p = { 1, 4, 9, 16, 25, 36, 49, 64, 81, 100 }

으로 변경하고 p의 원소를 3개 단위로 분할한 목록을 원소로 하는 새로운 목록을 만들어 그 이름을 pp라 붙이시오.

풀이

Table 구문은 결과를 목록 내에 보여줌

```
p = {}; Table[ p = Append[p,i^2], {i,1,10}]
{{1}, {1, 4}, {1, 4, 9}, {1, 4, 9, 16},
  {1, 4, 9, 16, 25}, {1, 4, 9, 16, 25, 36},
  {1, 4, 9, 16, 25, 36, 49},
  {1, 4, 9, 16, 25, 36, 49, 64},
  {1, 4, 9, 16, 25, 36, 49, 64, 81},
  {1, 4, 9, 16, 25, 36, 49, 64, 81, 100}}
```

현재 목록 p의 내용

```
p
{1, 4, 9, 16, 25, 36, 49, 64, 81, 100}
```

3개 단위로 분할한 목록
원소 100은 버려짐

```
pp = Partition[p,3]
    {{1, 4, 9}, {16, 25, 36}, {49, 64, 81}}
```

예제 3 | 원소의 개수가 m인 1차원 목록 t가 주어져 있다. Partition 명령어를 이용하여 n(단, m보다 작은 정수)개씩 분할한다. m을 n으로 나눈 나머지를 r이라 하자. t를 2차원 목록으로 변환하되 마지막

행이 r개의 원소를 갖고 나머지 모든 행이 n개의 원소를 갖도록 2차원 목록 tt를 만드시오. $m = 14$, $n = 4$인 경우에 적용하시오.

풀이

주어진 목록

```
t = {1,2,3,4,5,6,7,8,9,10,11,12,13,14};
m = Length[t]; n= 4; r = Mod[m,n];
tt = Partition[t,n];
```

마지막 r개의 원소

```
s = Take[t,-r]
{13, 14}
tt = Append[tt,s]
{{1, 2, 3, 4}, {5, 6, 7, 8}, {9, 10, 11, 12}, {13, 14}}
```

연습문제 2

* 가 표시된 문제는 난이도가 높은 문제임

다음 문제들에 관한 해답을 매스매티카 명령어로 작성하시오.

01 Table 명령어를 사용하여 다음과 같은 유한수열을 작성하시오

(1) { 1/2, 1/6, 1/12, 1/20, 1/30, 1/42, 1/56, /72, 1/90, 1/110, 1/132, 1/156 }

(2) { 0, p, p, 0, -p, -p, 0, p, p, 0 } 단, p = Sqrt [3] /2.

02* 구간 $[0, 2\pi]$에서 정의된 함수 $g(x) = e^{-x/\pi}\sin 5x$에 관하여 다음 물음에 답하시오.

(1) 구간 $[0, 2\pi]$을 16등분하고 각 등분점에서 계산하여 g의 값을 다음과 같이 도표화하시오.

n	x	g(x)
0	0	0
1	Pi / 8	
2	Pi / 8	
.		.
.		.
.		.
15	30 Pi/16	
16	2 Pi	

(2) g의 도표화된 값을 관측하여 최대값을 갖는 x의 좌표값을 구하시오.

The largest value of tabulated results for g(x) occurs at x = ...

(3) 제 1장의 1.5절에 기술된 매스매티카 표기법 FindMaximum [f, {x, x0}]를 활용하여 구간 $[0, 2\pi]$에서 함수 g의 최대값을 구하시오.

03 다음과 같은 출력이 인쇄되는 매스매티카 명령어를 작성하시오. Table과 TableForm 명령문을 혼용하여 열제목 T1, T2, T3와 행제목 A, B, C를 삽입하시오.

	T1	T2	T3
A	1	2	3
B	2	3	4
C	3	4	5

04 2개의 목록 t1과 t2가 다음과 같이 주어진다. t1 * t2의 모든 원소의 합이 t1의 모든 원소의 합의 2배보다 10이 적게 되도록 x값을 구하는 명령문을 Solve, Apply 구문을 활용하여 작성하시오.

```
t1 = { 2x + 1, 2x + 3, 2x + 5, 2x + 7 } ;
t2 = { x - 1, x - 2, x - 3, x - 4 }
```

05* $\sum_{k=1}^{10} \frac{1}{k(k+1)(k+2)}$를 이론적으로 구하고 매스매티카 명령어를 사용하되 2가지 방법으로 구하시오.

06 수식 $2\sin 3x + 3\cos 2x$에 6개의 x값(x = 0.2, 0.4, 0.6, 0.8, 1.0, 1.2)를 대입한 결과에서 최대값과 최소값을 구하시오.

07 2개의 목록 v1과 v2를 다음과 같이 정의한다.

```
v1 = Table [ Sin [ x ], { x, 0, 20 Pi, Pi/4} ]
v2 = Table [ Cos [ x ], { x, 0, 20 Pi, Pi/4} ].
```

(1) v1과 v2의 공통 원소를 갖는 목록 v3를 구하시오.
(2) v3의 총 원소의 개수와 3번째 원소를 구하시오.
(3) v3의 최초 4개의 원소를 구하시오.

08 원소가 없는 목록 tt = { }가 주어져 있다.

(1) 적절한 명령어를 사용하여 tt = { { }, 1, 2, 3, 4, 5, 6, 7, 8, 9, { }, {a, b}, { { p, q }, { r, s } }으로 변경하시오.
(2) tt의 1번째 원소를 { x, y }로 대체하여 tt를 수정하시오.
(3) tt를 평준화하시오.

(4) tt를 우측으로 2자리만큼 이동시키시오.

(5) tt를 원소 2개 단위로 분할 그룹화 하되 그룹간의 간격을 2자리로 유지하시오.

09 w1 = {a, b, c}, w2 = {a^2, c^2, c^2}가 주어져 있다.

w3 = w1 . w2 - 3 Apply [Times, w1]

을 실수 범위에서 인수분해 하시오.

10 행렬 m1 = {{1, 2, 3}, {x, 14, -25}, {7, 7, 9}}, m2 = {{11, 12, 13}, {-1, x, 14}, {3, 4, 6}}가 주어져 있다. 행렬곱 m3 = m1 . m2의 (2, 1), (2, 2), (2, 3) 위치에 있는 원소의 합이 7이 되도록 x값을 정하시오. 또한 이 x값에 대하여 m3의 원소 중 최대 및 최소가 되는 원소값은?

11 행렬 m = { {1, 2, -3}, {-2, 3, 4}, {7, 6, 5} }와 벡터 v = {a, b, c}가 주어져 있을 때,

m . v = v . m

이 성립하도록 a, b, c 사이의 관계식을 정하시오.

12 FactorInteger 구문을 사용하여 $10^6 - 1$을 소인수분해하고 그 인수 중에서 가장 큰 소수, 4번째 소수 및 소수의 총 개수를 구하는 매스매티카 명령문을 작성하시오.

13 두 행렬 $m_1 = \begin{bmatrix} 10 & 11 & 12 \\ x & 7 & 8 \\ 6 & 6 & 3 \end{bmatrix}$, $m_2 = \begin{bmatrix} 1 & 4 & x \\ -1 & x & a \\ x & 2 & 5 \end{bmatrix}$가 주어져 있다. 행렬곱 $m_1 \cdot m_2$의 제2행의 모든 원소의 합이 x보다 1만큼 작도록 x의 값을 a로 표시하고 x가 실수가 되도록 a의 범위를 구하는 매스대티카 명령문을 작성하시오.

14 0부터 10까지의 실수를 무작위로 10개 추출하되 추출횟수를 5번 시행하여 얻은 자료를 2차원 목록이름 t로 저장한다. 각각의 추출에서 추출한 수의 합, 최대값, 최소값 및 평균을 구하여 다음과 같이 인쇄되도록 매스매티카 명령문을 작성하시오. 단, 결과 수치는 실행할 때마다 다를 수 있다.

Table, Random, TableForm, Transpose 구문을 활용하시오.

	n = 1	n = 2	n = 3	n = 4	n = 5
	----------	----------	----------	----------	----------
Sum	49.8946	45.595	49.9626	48.1869	69.3705
Max	7.90408	8.64372	9.08361	9.44952	9.59446
Min	1.32322	0.467254	0.623778	0.686081	3.97441
Avg	4.98946	4.5595	4.99626	4.81869	6.93705

15 Table 문장을 활용하여 목록 t = { 0, 3, 8, 15, 24, 35, 48, ... , 399}를 만들고 Apply 명령어를 사용하여 $3^2 + 8^2 + 15^2 + \cdots + 399^2$을 구하시오.

16* 다음 관계식을 만족하는 양의 a값을 구하시오. 필요하면 Sqrt[p_^2] -> p 규칙을 적용하여 매스매티카 중간 계산과정을 단순화하시오.

$$\int_0^{a\sqrt{3}/2} \sqrt{a^2 - x^2}\ dx = \frac{9\sqrt{3}}{8} + \frac{3\pi}{2}$$

17 $t = \sqrt{3}\cos x + \sin x$에 $x = 0.2, 0.4, 0.5, 0.65, 0.72$를 대입하고 그 결과에서 최대값을 구하여 tmax라는 변수이름으로 저장한다. 구간 [0.2, 0.72]에서 t의 최대값(유효숫자 16자리 사용)을 갖는 실수 x의 값을 구하여 xmax라는 변수명으로 저장한다. 아래 빈칸을 채우시오.

t = N[Sqrt[3], 16]* Cos[x] + Sin[x] ;
t1={{x->0.2}, [　　　　], [　　　　], [　　　　], [　　　　]**}**
{{x -> 0.2}, {x -> 0.4}, {x -> 0.5}, {x -> 0.65}, {x -> 0.72}}
tt = t/. t1
{1.89619, 1.98474, 1.99944, 1.98404, 1.96155}
tmax = [　　　　]
1.99944
Table [If [tmax==tt[[i]], imax=i], {i,5}]; (* tt에서 몇 번째 값이 최대를 주는 값인지 결정 *)
x0 = [　　　　] **(* t1의 값이 최대가 되는 x 값을 x0로 한다. *)**
0.5
tmin=FindMinimum[[　　　　]**, {**[　　　　], [　　　　]**}]**
{0.5, {x -> 0.523599}}
xmax=tmin[[2]]
{x -> 0.523599}
N[t /. [　　　　], [　　　　]**]**
2.

18 Sum 명령어를 활용하여 다음 식을 만족하는 양의 정수 n의 값을 구하시오.

$$1^2+2^2+3^2+\cdots+n^2=(3n+5)(n^2-89)$$

19* 점 $P(x_0, y_0)$를 지나는 직선이 주어진 직선 $ax+by+c=0$에 수직을 이룬다. 두 직선의 교점의 좌표 $Q(x_1, y_1)$를 구하시오. 단, x_0, y_0, a, b, c는 주어진 상수이다. 또한 PQ 간의 거리를 구하는 공식을 유도하시오.

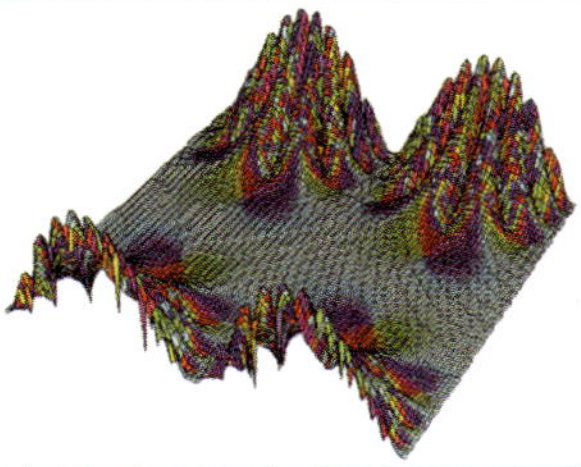

[제 3 장]

그래픽

3.1 그래픽 요소

매스매티카에서 그래픽 객체의 처리는 3단계로 구성되어 있다. 제 1단계는 그래픽 함수 명령문을 수행하여 점, 선, 다각형 및 원 등 일련의 그래픽 요소를 만들어낸다. 제 2단계는 포스트스크립트 페이지 언어를 사용하여 제 1단계에서 만들어진 그래픽 요소를 그래픽 장치와 독립적인 표준 화상으로 변경시킨다. 마지막 단계는 포스트스크립트화된 화상으로 바꾸어 원하는 특정 화상 구현 장치에서 구현시킨다. 그래픽 요소(primitives)란 점, 선, 다각형 및 원과 같은 기본적인 도형을 뜻하며 요소의 특징은 색상, 두께, 점선 등의 속성으로 설명된다. 다음은 매스매티카의 그래픽 요소를 구현하는 명령어이다.

3.1.1 요소의 종류

명 령 어	설 명
Point[{x,y}]	좌표 (x,y) 위치에 있는 점
Line[{{x1,y1},{x2,y2},...}]	좌표 (x1,y1), (x2,y2), ...을 지나는 선분
Rectangle[{x1,y1},{x2,y2}]	좌표 (x1,y1), (x2,y2)을 대각선상의 두 개의 점으로 하는 내부가 채워진 사각형
Polygon[{{x1,y1},{x2,y2},...}]	(x1,y1), (x2,y2), ...을 꼭지점으로 하는 내부가 채워진 다각형
Circle[{x,y},r]	중심이 (x,y)이고 반지름이 r 인 원
Circle[{x,y},r,{t1,t2}]	중심이 (x,y)이고 반지름이 r 인 원 위에서 원주각이 t1에서 t2까지의 호
Circle[{x,y},{r1,r2}]	중심 (x,y)에서 x축, y축의 길이가 r1, r2인 타원
Circle[{x,y},{r1,r2},{t1,t2}]	중심 (x,y)에서 x축, y축의 길이가 r1, r2인 타원 위에서 원주각이 t1에서 t2까지의 호
Disk[{x,y},r]	중심이 (x,y)이고 반지름이 r인 채워진 원판

Disk의 경우도 Circle과 같이 Disk[{x,y},{r1,r2}], Disk[{x,y},{r1,r2},{t1,t2}]을 사용하여 타원형이나 그 일부를 만들 수 있다. 위의 명령어 중 점, 직선, 직사각형, 다각형에 관한 명령어에서 {x,y} 대신에 {x,y,z}로 하면 3차원 그래픽에 사용된다. 단, Rectangle은 Cuboid로 이름을 바꾸어 사용해야 한다. 그래픽 요소는 다음에서 설명하는 명령어 Graphics(3차원

인 경우 Graphics3D)와 함께 사용하여 그래픽 객체를 만들고 명령어 Show로 그래프를 보여준다.

3.1.2 Graphics와 Graphics3D 명령어

Graphics 및 Graphics3D 명령어는 각각 2차원, 3차원 그래픽 요소를 그래픽 객체로 만들어 Show 명령어와 함께 사용하여 화면에 표시한다. 명령어의 형태는

Graphics[{속성, 요소}, 선택사항]
Graphics3D[{속성, 요소}, 선택사항]

이며, 요소가 갖는 속성이 있으면 요소 앞에 이 속성을 표시하고 쉼표(,)로 구분하여 해당 요소와 함께 { }로 묶는다. 만일 속성이 { }으로 묶여져 있지 않으면 속성 뒤에 있는 모든 요소에 적용되며 새로운 속성이 나타나면 이때부터 새로운 속성이 그 뒤에 있는 요소에 적용된다. 자주 사용되는 속성은 다음과 같다.

속 성	설 명
GrayLevel[i]	흑백 명암. 0은 검정, 1은 흰색을 나타냄
RGBColor[r,g,b]	적색, 녹색, 청색의 조합으로 표시한 색상
CMYKColor[c,m,y,k]	청록, 자홍, 황색, 흑색을 혼합한 색상
Hue[h,s,b]	색상, 농도, 밝기를 표시한 휴(hue) 색상
Hue[h] = Hue[h,1,1]	hue색상 조절(농도=1, 밝기=1)
PointSize[r]	점을 반경 r인 원형 점으로 만듦(상대 척도)
AbsolutePointSize[d]	점을 반경 d인 원형 점으로 만듦(절대 척도)
Thickness[r]	선의 두께가 r임(상대 척도)
AbsoluteThickness[d]	선의 두께가 d 포인트 임(절대 척도)
Dashing[{r1,r2,...}]	길이가 r1, r2, ...인 점선(상대 척도)
AbsoluteDashing[{d1,d2,...}]	길이가 d1, d2, ... 포인트인 점선(절대 척도)
EdgeForm[g]	3차원 다각형의 모서리에 속성 g를 부여
FaceForm[gf,gb]	3차원 다각형 전면에 속성 gf, 후면에 gb 부여
SurfaceColor[col]	3차원 표면에 색상 col 부여

EdgeForm의 g에는 Thickness나 색상에 관한 것이 되며 FaceForm에는 색상에 관한 것을 부여할 수 있다. r은 전체 그래프의 크기에 대한 비율을 말하며 d는 절대 크기로 포인트(1/72인치)를 뜻한다. 자변수 i, r, g, b, c, m, y, k, h, s, b는 모두 0과 1 사이에 있는 실수 값을 사용한다.

색상명 직접 사용하기

색상 이름을 직접 사용하기 위해서는 패키지 Graphics`Colors`를 부른 후 다음과 같은 색상 이름(193색상)을 사용한다. Mathematica kernel에 내장된 기본 색상은 아래에 굵은 글씨체로 표시된 13가지 색상이다.

AliceBlue	DarkGoldenrod	Indigo	MediumTurquoise	RosyBrown
AlizarinCrimson	DarkGreen	Ivory	MediumVioletRed	RoyalBlue
Antique	DarkKhaki	IvoryBlack	Melon	SaddleBrown
Apricot	DarkOliveGreen	Khaki	MidnightBlue	Salmon
Aquamarine	DarkOrange	LampBlack	Mint	SandyBrown
AureolineYellow	DarkOrchid	Lavender	MintCream	SapGreen
Azure	DarkSeaGreen	LavenderBlush	MistyRose	SeaGreen
Banana	DarkSlateBlue	LawnGreen	Moccasin	Seashell
Beige	DarkSlateGray	LemonChiffon	Navajo	Sepia
Bisque	DarkTurquoise	LightBeige	Navy	Sienna
Black	DarkViolet	LightBlue	NavyBlue	SkyBlue
BlanchedAlmond	DeepCadmiumRed	LightCadmiumRed	Oak	SlateBlue
Blue	DeepCobaltViolet	LightCadmiumYellow	OldLace	SlateGray
BlueViolet	DeepMadderLake	LightCoral	Olive	Smoke
Brick	DeepNaplesYellow	LightGoldenrod	OliveDrab	Snow
Brown	DeepOchre	LightGray	**Orange**	SpringGreen
BrownMadder	DeepPink	LightPink	OrangeRed	SteelBlue
BrownOchre	DeepSkyBlue	LightSalmon	Orchid	TerreVerte
Burlywood	DimGray	LightSeaGreen	PaleGoldenrod	Thistle
BurntSienna	DogerBlue	LightSkyBlue	PaleGreen	Titanium
BurntUmber	Eggshell	LightSlateBlue	PaleTurquoise	Tomato
CadetBlue	EmeraldGreen	LightSlateGray	PaleVioletRed	Turquoise
CadmiumLemon	EnglishRed	LightSteelBlue	PapayaWhip	TurquoiseBlue
CadmiumOrange	Firebrick	LightViridian	Peach	Ultramarine
CadmiumYellow	Floral	LightYellow	PeachPuff	UltramarineViolet
Carrot	ForestGreen	LimeGreen	Peacock	VanDykeBrown
Cerulean	Gainsboro	Linen	PermanentGreen	VenetianRed
Chartreuse	GeraniumLake	**Magenta**	PermanentRedViolet	Violet
Chocolate	Ghost	ManganeseBlue	Peru	VioletRed
ChromeOxideGreen	Gold	Maroon	**Pink**	WarmGray
CinnabarGreen	Goldenrod	MarsOrange	Plum	Wheat
Cobalt	GoldOchreGray	MarsYellow	PowderBlue	**White**
CobaltGreen	**Gray**	MediumAquamarine	PrussianBlue	**Yellow**
ColdGray	**Green**	MediumBlue	**Purple**	YellowBrown
Coral	GreenishUmber	MediumOrchid	Raspberry	YellowGreen
CornflowerBlue	GreenYellow	MediumPurple	RawSienna	YellowOchre
Cornsilk	Honeydew	MediumSeaGreen	RawUmber	Zinc
Cyan	HotPink	MediumSlateBlue	**Red**	
CyanWhite	IndianRed	MediumSpringGreen	RoseMadder	

Graphics 명령어의 선택사항

선택사항은 아래와 같은 형식으로 나타내며, 선택사항을 택하지 않으면 기본값이 설정된다.

선택사항의 이름 → 선택값

선택값이 두 개 이상이면 중괄호 { } 내에 콤마로 구분하여 나열한다.

선택사항	기 본 값	설 명
AspectRatio	1/GoldenRatio*	그래프의 가로:세로 눈금 비율을 설정
Axes	True	좌표축의 표시
AxesLabel	None	좌표축의 이름을 설정함
AxesOrigin	Automatic	좌표축의 교점을 설정함
AxesStyle	Automatic	축 선에 관한 그래픽스 속성을 설정
Background	Automatic	그래프의 배경색을 설정함
ColorOutput	Automatic	그래프의 출력 색상 설정함
DefaultColor	Automatic	그래프의 초기색을 설정함
DefaultFont	$DefaultFont	그래프 안의 초기 서체를 설정함
DisplayFunction	$DisplayFunction	그래프를 화면에 표시함
Epilog	{ }	그래프 출력 후에 그래프 속성 부여
Frame	False	그래프 주위의 사각형 틀을 설정
FrameLabel	None	그래프 틀의 제목을 설정함
FrameStyle	Automatic	그래프 틀 형식에 관한 그래프 속성 부여
FrameTicks	Automatic	그래프 틀에 눈금선 표시
GridLines	None	격자선의 표시
PlotLabel	None	그래프의 제목 설정
PlotPoints	25	곡선을 표현하기 위한 샘플링 점의 개수
PlotRange	Automatic	그래프의 표시 범위를 설정함
PlotRegion	Automatic	그래프의 표시 영역 설정(축척좌표(0,1)사용)
Prolog	{ }	그래프 출력 이전에 그래프 속성 부여
Ticks	Automatic	좌표축의 눈금 표시

*: $(1+\sqrt{5})/2 \approx 1.618033989$

자세한 선택 사항은 다음과 같은 매스매티카 명령어

??Graphics Shift Enter↵

를 사용하면 알 수 있다.

이 중 자주 사용되는 선택값은 다음과 같다.

AspectRatio -> Automatic	가로:세로의 눈금비를 1로 설정함
AxesLabel -> {"x축", "y축"}	좌표축의 이름을 설정함
AxesOrigin -> {x,y}	두 좌표축의 교점 좌표 설정
DefaultFont -> {"Italic", 12}	기본 서체 = 12포인트 이탤릭체
DisplayFunction -> Identity	그래프를 화면에 출력하지 않음

FrameTicks -> None	그래프 틀에 눈금선 표시하지 않음
GridLines -> Automatic	격자선을 자동으로 표시
PlotLabel -> {"이름"}	그래프의 제목 이름을 설정함
PlotRange -> All	모든 자료 점을 표시함
{{x1, x2},{y1, y2}}	사각형 구역에 그래프를 표시함

Graphics3D 명령어의 선택사항

선택사항	기 본 값	설 명
AmbientLight	GrayLevel[0]	주변 빛의 색상
AxesEdge	Automatic	축으로 사용할 모서리
Boxed	True	곡면 주위에 상자 틀을 설정
BoxRatios	Automatic	상자 틀의 비율
BoxStyle	Automatic	상자 모양에 관한 그래픽 속성 설정
FaceGrids	None	틀 안에 격자선을 넣음
Lighting	True	곡면에 조명 부여
Mesh	True	x, y 격자선을 곡면에 포함
PlotPoints	25*	곡면을 표현하기 위한 각 방향 마디점의 개수
PlotRange	Automatic	좌표의 범위
PolygonIntersections	True	교차하는 다각형을 변화시키지 않음
RenderAll	True	모든 다각형을 표시함
Shading	True	곡면에 명암 부여
SphericalRegion	False	구면 영역 내에 출력함
ViewCenter	Automatic	시점의 중심 좌표
ViewPoint	{1.3,-2.4,2}	곡면을 바라보는 시점의 좌표
ViewVertical	{0, 0, 1}	수직축의 방향

*: PlotPoints -> {nx, ny}   nx, ny : 각각 x, y 방향 마디점의 개수.

이 외에도 Graphics 명령어 중 AspectRatio, Axes, AxesLabel, AxesStyle, Background, ColorOutput, DefaultColor, DefaultFont, DisplayFunction, Epilog, GridLines, PlotLabel, PlotRange, PlotRegion, Prolog, Ticks은 공통으로 쓰인다.

FaceGrids -> All 모든 면에 격자선이 표시됨.
PlotRange -> All[{z1,z2} 또는 {{x1,x2},{y1,y2},{z1,z2}}]

자세한 선택 사항은 다음과 같은 매스매티카 명령어

??Graphics3D Shift Enter↵

를 사용하면 알 수 있다.

이차원 직선의 화살표 속성

이차원 직선에 화살표 속성을 표기하려면 다음과 같은 요소를 사용해야 하는데 패키지 중에서 Graphics`Arrow`를 먼저 불러야 한다. 명령어

Arrow[{x1,y1}, {x2,y2}, 선택사항]

은 좌표 (x1,y1)에서 (x2,y2)에 이르는 선분에 화살표를 선택사항에 따라 그린다. 자주 사용되는 선택사항의 종류는 다음과 같다.

선택사항	기 본 값	설 명
HeadScaling	Automatic	화살표 머리의 축척 Automatic, Absolute, Relative 중 하나 선택
HeadShape HeadLength HeadWidth	Automatic Automatic 0.5	화살표의 모양. 각종 도형을 사용할 수 있음 화살표의 길이 화살표의 폭. 화살표 길이에 대한 배율로 표시
HeadCenter	1	화살표 머리의 밑부분 위치. 화살표 길이에 대한 배율로 표시
ZeroShape	Automatic	점 모양의 화살표

3.1.3 명령어 Show를 이용한 화면 표시

명령어 Show는 Graphics, Graphics3D, SurfaceGraphics, ContourGraphics, GraphicsArray, DensityGraphics 등과 같이 2차원 및 3차원 그래픽 객체를 화면에 표시한다. 두 개 이상의 그래픽 객체를 한 그래프 축에 나타낼 때도 Show 명령어를 사용한다.

Show[Graphics[ ],선택사항]
Show[Graphics3D[ ],선택사항]
Show[{g1, g2, ...},선택사항]

선택사항에는 AspectRatio, Axes, Frame, GridLines, PlotLabel, PlotRange 등이 있는데 그래픽 객체에서 사용하는 선택사항과 같다. Show에서 추가로 선택사항을 설정하면 그래픽 객체에서 이미 설정된 같은 사항은 무시된다. 다음 옵션은 Show와 함께 사용되지 않는다.

예제 1 |

(1)

```
Show[Graphics[{Hue[0.2],
        Polygon[{{-1,-1},{1,1},{1,-1},{-1,1}}]}]];
```

네 점을 잇는 색 다각형

(2)

```
Show[Graphics[{Circle[{0,0},2], Hue[0.4],
      Thickness[0.02],Circle[{1,1},2], Hue[0.9],
      PointSize[0.05], Point[{0,0}],Point[{1,1}]},
      AspectRatio -> Automatic]];
```

두 점과 두 원
Hue[0.4]와 Thickness[0.02]는 2번째 원에만 적용
Hue[0.9], PointSize[0.05]는 Point[{0,0}], Point[{1,1}]에 적용

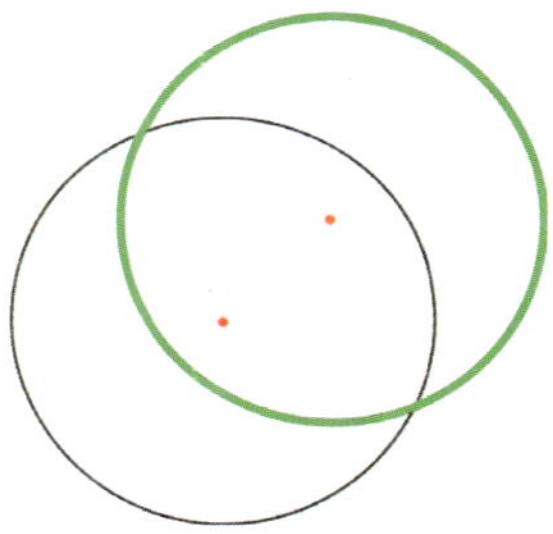

예제 2 |

(1)

```
Show[Graphics[Table[{Hue[n/4],
        Disk[{3n,0},{n/4,2-n/4}]},{n,4}],
        AspectRatio->Automatic]];
```

Table 명령어를 사용하여 여러개의 원판을 중심과 반경을 변경하면서 그림

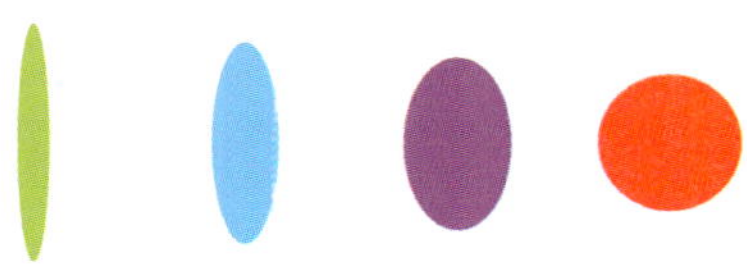

(2)

```
h={{Hue[0.1],Rectangle[{-1,-1},{0,0}]},
   {Hue[0.2],Disk[{0,0},{1.5,1},{-Pi/4,3Pi/4}]}};
Show[Graphics[h]];
```

hue[0.1]의 색상을 갖는 4각형판과 hue[0.2]의 색상을 갖는 타원판의 일부

예제 3 |

(1)

```
pts=Table[{Cos[k*Pi/6],Sin[k*Pi/6]},{k,0,12}];
ptset=Map[Point,pts];
poly1=Polygon[{pts[[2]],pts[[8]],pts[[9]],pts[[3]]}];
poly2=Polygon[{pts[[4]],pts[[5]],pts[[11]],pts[[10]]}];
poly3=Polygon[{pts[[6]],pts[[7]],pts[[13]],pts[[12]]}];
Show[Graphics[{{Hue[0.7],Thickness[0.01],
        Dashing[{0.03}],Circle[{0,0},1]},
        {Hue[0.3],PointSize[0.07],ptset,
        Hue[0],Point[{0,0}]},Hue[0.2],poly1,Hue[0.5],
        poly2,Hue[0.9], poly3}],
        AspectRatio->Automatic,PlotRange->All];
```

다각형, 원, 점선, 점들의 조합으로 구성된 도형

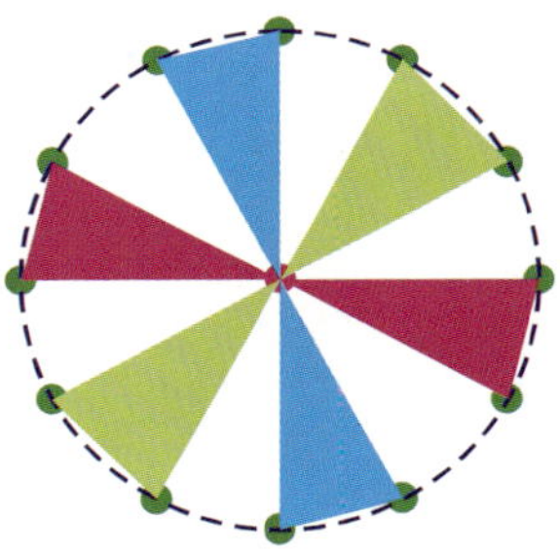

(2)

```
Show[Graphics[Table[{Hue[0.4*k],
      Disk[{Cos[k+Pi/2],Sin[k+Pi/2]},0.2]},
                    {k,0.5/20,2Pi,Pi/8}]],
             AspectRatio->Automatic];
```

예제 4 |

색상있는 반원판을 덧붙여서 태극기를 만듦

```
<<Graphics`Colors`
Graphics[{{Red,Disk[{0,0},1,{0,Pi}]},
          {Blue,Disk[{0,0},1,{Pi,2Pi}]},
          {Blue,Disk[{0.5,0},0.5,{0,Pi}]},
          {Red,Disk[{-0.5,0},0.5,{Pi,2Pi}]}}];
Show[%,AspectRatio->Automatic,
   PlotRange->All];
```

색상명을 직접 사용

예제 5 |

```
<<Graphics`Arrow`
Show[Graphics[{RGBColor[1,0,0],
         Thickness[0.01],Arrow[{0,0},{1,2},
            HeadScaling->Absolute]}],
      Graphics[{RGBColor[0,1,0],Thickness[0.01],
         Dashing[{0.02}],
         Arrow[{0,0},{Sqrt[2],Sqrt[2]},
            HeadScaling->Automatic]}],
      Graphics[{RGBColor[0,0,1],Thickness[0.01],
         Arrow[{0,0},{2,1},
            HeadScaling->Relative]}],
      Graphics[{Hue[0.05],Thickness[0.01],
         Arrow[{0,0},{2,0}]}],Axes->True];
```

3가지의 색상과 화살표 머리를 가진 화살표를 한 그래프 축에서 그림

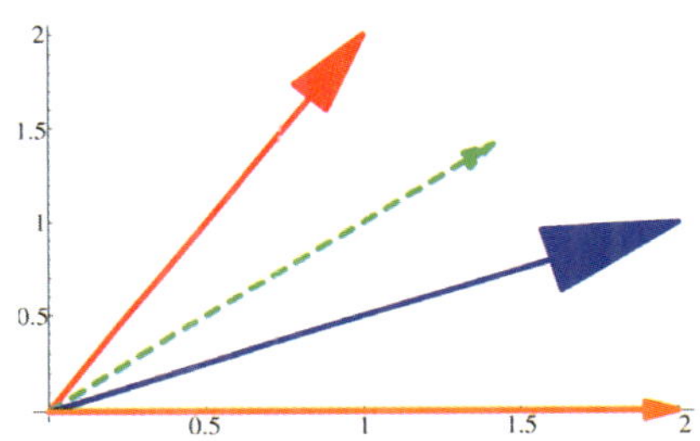

예제 6 |

(1)

```
t=Line[Table[{n,(-1)^n},{n,0,6}]];
saw=Show[Graphics[{RGBColor[0,1,0],
      Thickness[0.01],t}, Axes->True]];
```

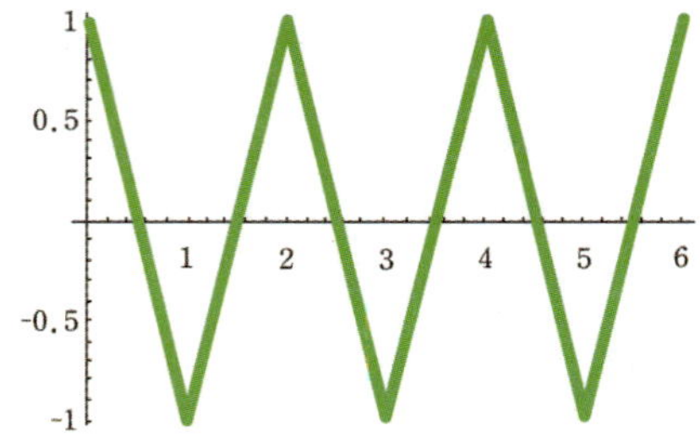

(2)

그림을 숨김

그림을 보여줌

Prolog를 Epilog로 변경가능

```
h=Plot[Sin[Pi*x],{x,0,6},
       Prolog ->{Hue[0.85], Thickness[0.02]},
       DisplayFunction->Identity];
Show[h,saw,
       DisplayFunction->$DisplayFunction];
```

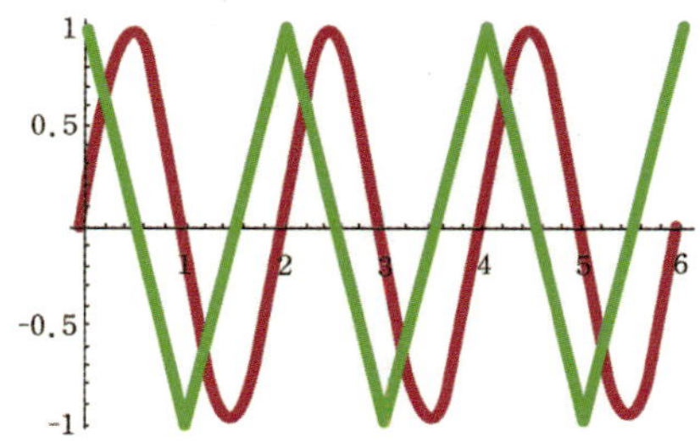

예제 7 |

(1)

```
p1=Plot[Sin[x],{x,-Pi,Pi}, PlotStyle -> Hue[0.7]];
p2=Plot[Sin[2x],{x,-Pi,Pi}, PlotStyle -> Hue[0.9]];
Show[{p1,p2},
    Frame->True, FrameTicks->None];
```

p1과 p2를 함께 그리고 그래프 틀선을 표시하되 눈금표시는 하지 않음

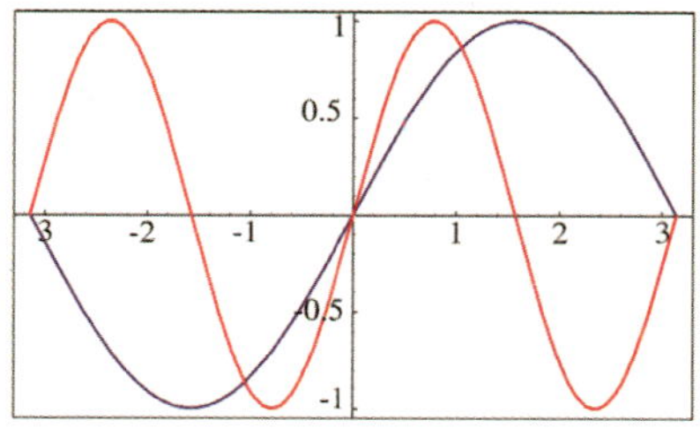

(2)

```
Show[Graphics[Table[{Hue[Random[]],
        Circle[{0,0},{n,3},{0,Pi}]},{n,1,3}]],
    AspectRatio->Automatic, Axes->True];
```

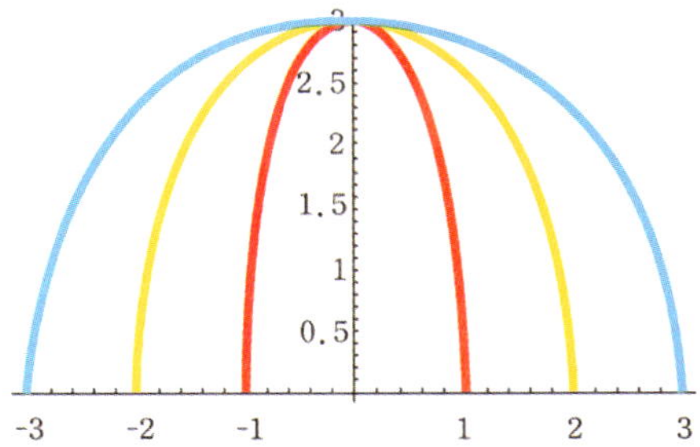

3.2 그래프에 문자 넣기

매스매티카의 그래픽 객체의 출력에 사용된 모든 문자는 서체 이름을 가지고 있는데 전체변수 $DefaultFont에 의해 기본 서체가 할당되어 있다. 이 절에서는 그래프에 문자를 삽입하는 방법을 살펴보기로 하자.

3.2.1 서체 변경하기

명 령 어	설 명
$DefaultFont	현재 사용 중인 서체와 크기를 알려줌
$DefaultFont={"서체",크기}	전체적으로 서체와 크기를 바꾸어 줌
FontForm["text",{"서체",크기}]	특정한 서체와 크기로 text만 바꿈
StyleForm[["text",서체선택사항]	서체 선택사항으로 text를 입력함

문자 크기에서 1포인트는 1/72인치를 나타낸다. 서체는 Courier, Times, Helvetica, Arial, Modern, Palatino, Symbol, System, Terminal, Wingdings (윈도우즈용 서체를 대부분 지원함) 등이 있으며 진한 서체(서체-Bold)와 이탤릭체(서체-Oblique 또는 서체-Italic)가 지원된다. Symbol, Modern, Terminal, System, Wingdings 등은 이탤릭체가 지원되지 않는다. 인쇄 장치에 서체가 없는 경우에는 적절한 서체로 대체된다. 서체 선택사항으로는

FontFamily->“"Times", FontSize->12, FontSlant->"Italic", FontWeight->"Bold", FontColor->RGBColor[0,0,1] 등이 있다.

예제 1 |

$DefaultFont

{Courier, 10.}

기본서체를 변경함

$DefaultFont={"Courier-Italic",20};

Plot[Exp[x]*Sin[2x]^2,{x,0,Pi},

PlotLabel->"$e^x \sin^2 2x$ 함수"];

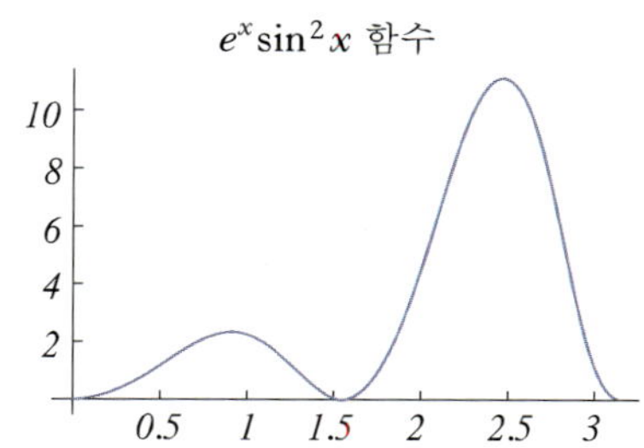

그래프에 사용된 서체를 부분적으로 변경하는 예문을 살펴보자.

예제 2 |

(1) **Plot[Exp[x]*Sin[2x]^2,{x,0,Pi}, PlotLabel->StyleForm ["$e^x \sin^2 2x$ 함수", FontColor->RGBColor[0,0,1]];**

StyleForm에 의하여 함수 이름의 서체만 변경

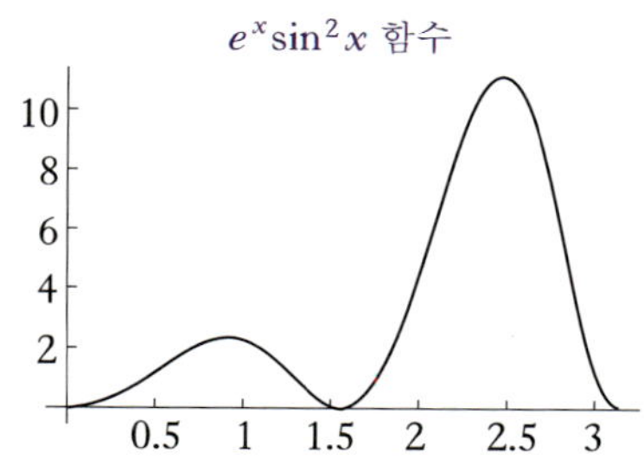

(2) **Plot[Cos[Cos[x]],{x,0,Pi}, PlotStyle -> Hue[0.9],**

PlotLabel->"Cos[Cos[x]]", Axes->None];

축이 표시되지 않음

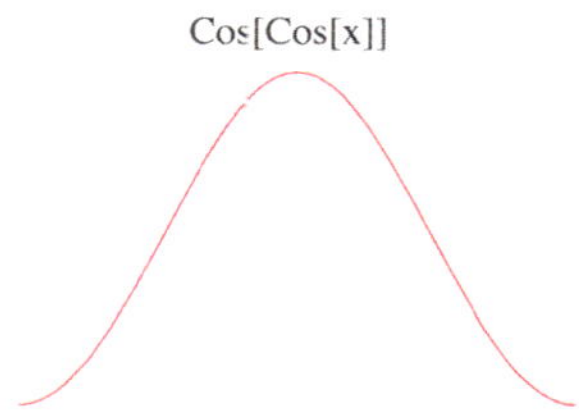

(3)

```
h=Plot3D[{Cos[Cos[x+y]], Hue[(x*y)/(Pi^2)]},
        {x,0,Pi},{y,0,Pi},
          DefaultFont->{"Times-Italic",9},
  PlotLabel->"Cos[Cos[x+y]]", Axes->None];
```

기본서체를 타임스 - 이탤릭 9호로 변경

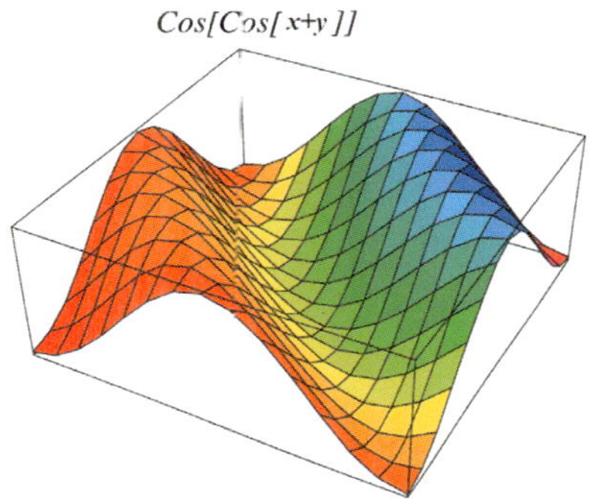

(4)

```
Show[h, PlotLabel->FontForm["Cos(Cos(x+y)",
                   {"Helvetica-Bold-Italic",9}],
   Axes->None, ColorFunction->Hue];
```

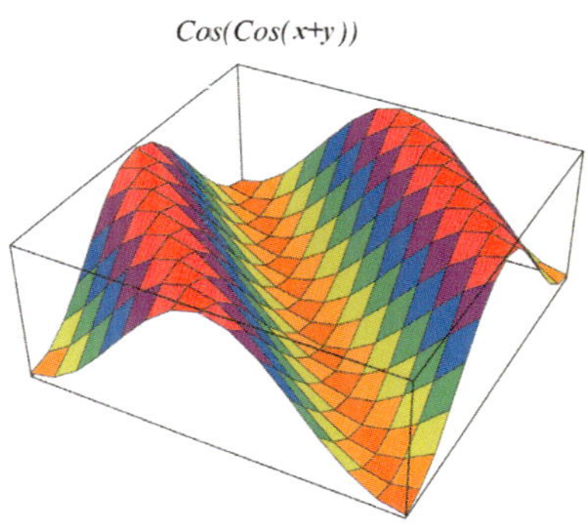

제목 서체 변경
색상에 Hue 함수 사용

3.2.2 그래프에 문자 넣는 Text 명령어

명 령 어	설 명
Text["exp",{x,y}]	exp를 (x,y)가 중심이 되게 함
Text["exp",{x,y},{-1,0}]	exp이 (x,y)에서 시작함(좌측정렬)
Text["exp",{x,y},{1,0}]	exp이 (x,y)에서 끝나게 함(우측정렬)
Text["exp",{x,y},{0,-1}]	exp이 (x,y) 바로 위가 중심이 되게 함
Text["exp",{x,y},{0,1}]	exp이 (x,y) 바로 아래가 중심이 되게 함
Text["exp",{x,y},{dx,dy}]	좌표 (x,y)가 exp을 둘러싼 틀 내에서 상대좌표 (dx,dy)를 나타냄
Text["exp",{x,y},{dx,dy},{0,1}]	밑에서 위로 읽을 수 있도록 수직 정렬
Text["exp",{x,y},{dx,dy},{0,-1}]	위에서 밑으로 읽을 수 있도록 수직 정렬
Text["exp",{x,y},{dx,dy},{-1,0}]	exp을 거꾸로 위치시킴
Text["exp",{x,y,z}]	exp를 (x,y,z)가 중심이 되게 함

예제 3 |

반경 4인 원판 중앙에 hue[0.75] 색상으로 "태양"이라는 글자 새김

```
g1=Graphics[{{Hue[0.01],Disk[{0,0},4]},
Circle[{0,0},8],{Hue[0.75],Text["태양",{0,0}]}},
          AspectRatio->Automatic];
g2=Graphics[{{Hue[0.75],
          Table[Disk[6{Cos[k*Pi/4],Sin[k*Pi/4]}, 2,
          {k*Pi/4,(4+k)*Pi/4}],{k,1,8}]}},
          AspectRatio->Automatic];
          Show[g1,g2,DefaultFont->{"Times",10}];
```

기본 글씨체를 Times 10호로 설정

예제 4

(1)

문자열의 위치를 보여주는 Text 구문 예

```
pt={Hue[0.88],Point[{0,0}],Point[{0,1}],Point[{1,0}],
    Point[{1,1}],Point[{0.5,0.5}]};
Show[Graphics[{ {PointSize[0.1], pt},
    Text["center",{0,0}],Text["left",{0,1},{-1,0}],
    Text["right",{1,1},{1,0}],
    Text["below",{0.5,0.5},{0,1}],
    Text["above",{0.5,0.5},{0,-1}],
    Text["Korea",{1,0},{-4,0.5},{-1,0}] }
    ],PlotRange->All];
```

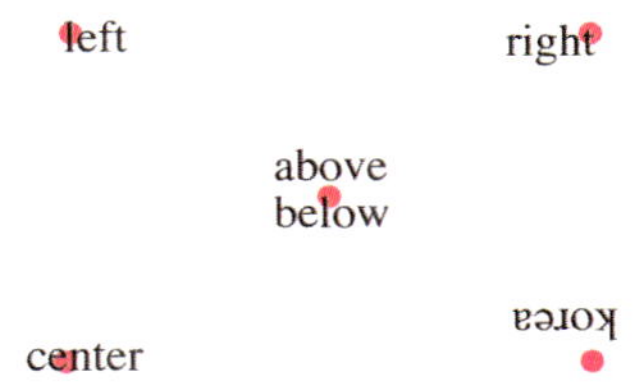

(2)

```
Show[Graphics3D[{Text["CENTER",{0,0,0}],
        {PointSize[0.03],RGBColor[1,0,0],
        Point[{0,0,0}]}}]];
```

점 (0,0,0)을 중심으로 CENTER가 놓임

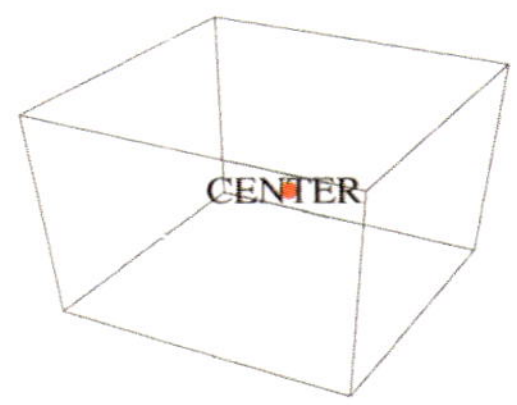

(3)

Epilog 대신 Prolog를 사용해보시오

```
<<Graphics`Arrow`
Show[Graphics[{Hue[0.8], Line[{{0,0},{1,Sin[1]},
    {Pi/2,Sin[Pi/2]},{2,Sin[2]},{Pi,0},{4,Sin[4]},
    {1.5Pi,Sin[1.5Pi]},{5,Sin[5]}}] }],
    Epilog->{Hue[0.7],Arrow[{4,0.4},{Pi/2,1},
      HeadScaling->Absolute,HeadLength->8],
      Text[FontForm["최대값 here",
        {"Helvetica-Bold",10}],{4,.05},{0,-1}]}];
```

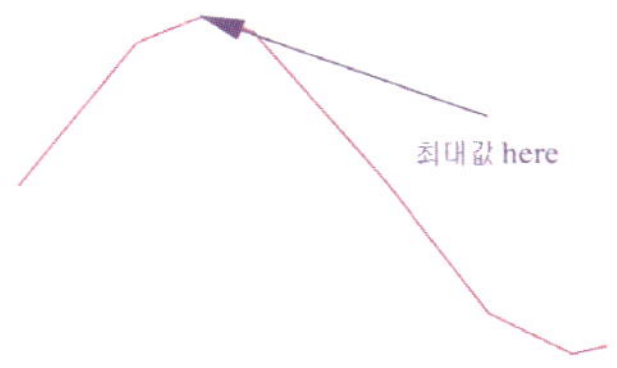

예제 5 |

(1)

```
$DefaultFont={"Times-Bold",15};
<<Graphics`Arrow`
Show[Graphics[{{Thickness[0.05],
   {Hue[0.7],Disk[{0,0},6]}},
   {Hue[0.17],Text["12",{0,5}],Text["3",{5,0}],
   Text["6",{0,-5}],Text["9",{-5,0}]},
   {Thickness[0.01],
     {Hue[0.85],Arrow[{0,0},{3.4,0}]},
     {Hue[0.3],Arrow[{0,0},{0,3.5}, HeadWidth->1]}},
   Disk[{0,0},0.4], Hue[0.16],
   Text["Ω",{0,-2}]}], AspectRatio->Automatic];
```

문자 Ω는 팔렛트 또는 1장의 특수문자 삽입법을 활용

(2)

```
cf=Graphics[{RGBColor[1,0,0],Circle[{0,0},{8,6}],
Hue[0.2],Disk[{1,4},0.25],Disk[{0.5,3.5},0.125],
Disk[{-1,3},0.0625],Disk[{-0.5,3.3},0.0925],Hue[0.75],
Thickness[0.02],Line[{{-1.5,4},{-1,2}}], Hue[0.15],
Polygon[{{-2,2},{-2,-2},{-1.5,-3},{1.5,-3},{2,-2},{2,2}}],
Thickness[0.03],Circle[{2,0},1.5,{-Pi/2,Pi/2}],
RGBColor[0,1,0], Text["Coffee",{0,-4}]}];
Show[cf, AspectRatio->Automatic,
PlotRange->All, DefaultFont->{"Times",20}]
```

3.3 그래프의 표현

매스매티카에서는 모든 그래프의 출력 정보가 저장되어 필요시에 재작도가 가능하다. 재작도할 때에는 몇 가지 선택사항을 변경할 수 있다. 또한 이미 작도되어 있는 여러 개의 그래프를 한꺼번에 표현할 수 있다. 이 절에서는 그래프의 결합과 재작도에 대하여 살펴보기로 한다. 다음 명령문에서 g, gi는 그래픽 객체를 뜻한다.

3.3.1 그래프의 결합과 재작도

명 령 어	설 명
Show[g,선택사항]	g를 새로운 선택사항으로 재작도
Show[g1, g2, ...]	g1, g2, ... 를 한 그래프 축에 재작도
InputForm[g]	g에 관한 입력 정보를 알아냄

Chebyshev 다항식으로 그래프의 예를 들어보자. Chebyshev 다항식 $T_n(x)$는 다음과 같이 재귀적으로 정의되는 함수이다. 명령어 **ChebyshevT[n,x]**를 이용하여 이 다항식을 여러 가지 선택사항으로 그려보자.

$$T_0(x) = 1,\ \ T_1(x) = x,\ \ T_{n+2}(x) = 2x\,T_{n+1}(x) - T_n(x),\ \ n \geq 0$$

예제 1 | $n = 7$일 때 Chebyshev 다항식을 구간$[-1, 1]$에서 그리되 사용되는 모든 문자의 서체는 Arial 9호로 설정하고 재작도하시오.

풀이

(1)

```
g1=Plot[ChebyshevT[7,x],{x,-1,1},
PlotStyle -> {{Thickness[0.02],Hue[0.33]}},
DefaultFont->{"Arial",9} ];
```

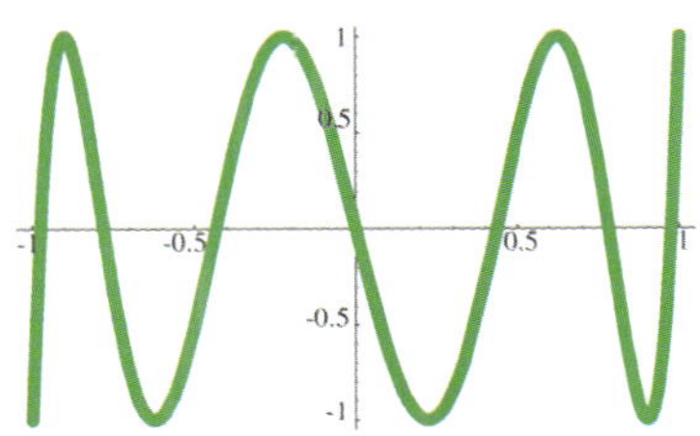

(2)

FontForm구문으로 글씨체를 변경하고 y 값의 범위를 [-1.5,1.5]로 함

```
g2=Show[g1, PlotRange->{-1.5,1.5},
  PlotLabel->FontForm[
          "A Chebyshev Polynomial",
          {"Helvetica-Bold",10}]];
```

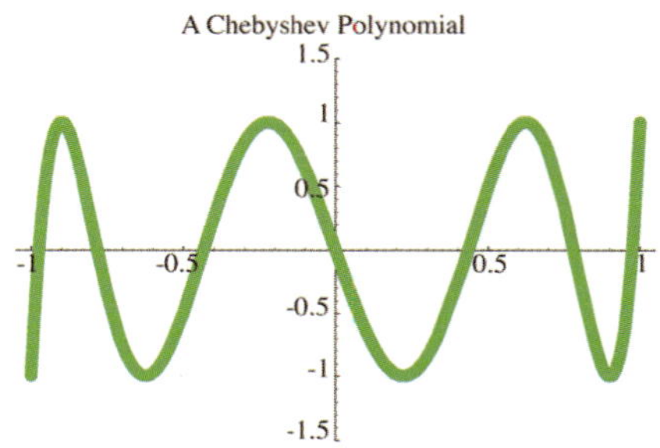

(3)

```
g3=Show[g2,GridLines->Automatic];
```

격자선 삽입

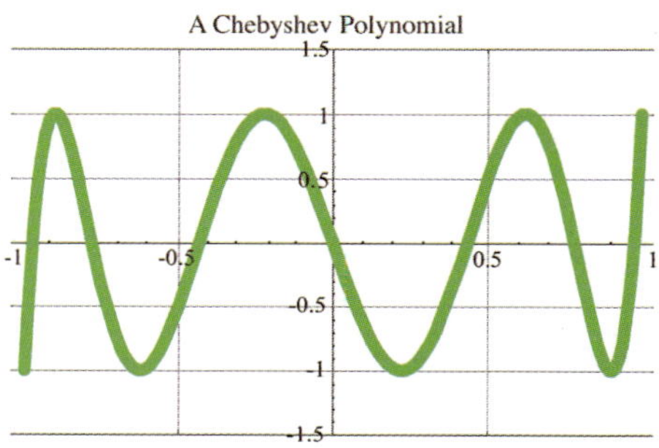

(4)

```
g4=Show[g3, AxesLabel->{"x-축","y-축"},
   Frame->True];
```

x-축 y-축명을 표기하고 4각형 테두리를 침

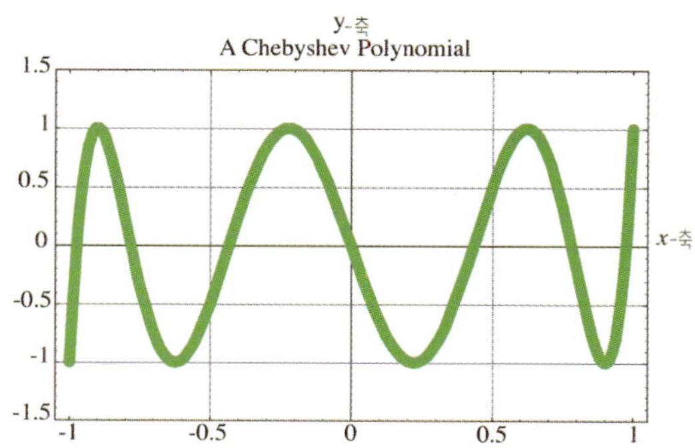

(5)

```
g5=Show[g5, FrameLabel->{"s","w","n","e"},
   AxesLabel->None];
```

시계 방향 테두리 이름을 붙임

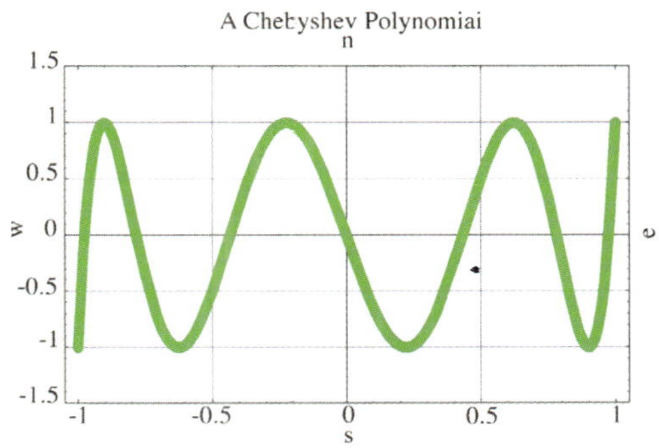

(6)

```
InputForm[%]
Graphics[{{Line[{{-1., -1.},
      {-0.9895833333333333, -0.5308084748727913},
      {-0.979166666666667, -0.1389835550188732},
      {-0.96875, 0.1827603001147508},
.......................................................
      {-0.2395833333333332, 0.992474411110791},
.......................................................
      {0.96875, -0.182760300114748},
      {0.979166666666667, 0.1389835550188772}, {1., 1.}}]
    }}, {FrameLabel -> {"s", "w", "n", "e"},
   AxesLabel -> None, AxesLabel -> {"x-축", "y-축"},
   Frame -> True, DefaultFont -> {"Arial", 7},
   AxesLabel -> {"x-축", "y-축"}, Frame -> True,
   GridLines -> Automatic, PlotRange -> {-1.5, 1.5},
   PlotLabel ->
    FontForm["A Chebyshev Polynomial",
     {"Helvetica-Bold", 7}], PlotRange -> Automatic,
   AspectRatio -> GoldenRatio^(-1),
   DisplayFunction :> $DisplayFunction,
   ColorOutput -> Automatic, Axes -> Automatic,
   AxesOrigin -> Automatic, PlotLabel -> None,
   AxesLabel -> None, Ticks -> Automatic,
   GridLines -> None, Prolog -> {}, Epilog -> {},
   AxesStyle -> Automatic, Background -> Automatic,
   DefaultColor -> Automatic,
   DefaultFont :> {"Arial", 12}, RotateLabel -> True,
   Frame -> False, FrameStyle -> Automatic,
   FrameTicks -> Automatic FrameLabel -> None,
   PlotRegion -> Automatic}]
```

일부 생략함

일부 생략함

3.3.2 그래프에 범례 넣기

여러 그래프를 한 개의 축 위에 표시할 때 각각의 그래프에 사용된 기호, 색상 및 문자가 무엇을 뜻하는지 그래프 안에 나타내 주는 것이 필요하다. 이러한 범례를 넣기 위해서 **Graphics'Legend'** 패키지를 먼저 부른다. 범례를 넣는 방법에는 두 가지가 있는데, 첫 번째 방법은 함수 **Plot**의 선택사항 **PlotLegend**를 사용하는 것이고, 다른 하나는 **ShowLegend** 명령문을 사용하는 것이다.

ShowLegend[g, 선택사항]

여기서 **g**는 이차원 그래픽이다. 명령어 **Plot**의 범례상자에 관한 선택사항은 다음과 같으며 그래프의 좌표는 x축 및 y축 방향으로 -1부터 1까지 사용한다.

선택사항	기본값	설 명
PlotLegend	{}	상자를 Plot의 선택사항으로 삽입
LegendPosition	{-1, -1}	상자의 좌측 하단 위치(상대좌표) 중심위치는 {0,0}
LegendSize	Automatic	상자 길이(상대척도) 또는 {x,y} 크기
LegendShadow	Automatic	None : 상자 그림자 제거 {x,y} : 상자 그림자의 offset 좌표
LegendOrientation	Vertical	상자의 방향. Horizontal : 수평방향
LegendLabel	None	상자 제목. String, FontForm, None
LegendTextDirection	Automatic	상자 옆의 문자열의 방향 {x,y}
LegendTextOffset	Automatic	상자 옆의 문자열의 Offset좌표 {x,y}
LegendSpacing	Automatic	상자 주위의 여백 비율
LegendTextSpace	Automatic	상자 내의 문자열 여백 비율
LegendLabelSpace	Automatic	상자 내의 제목 여백 비율
LegendBorderSapce	Automatic	상자 내의 전체 문자열과 가장자리 여백
LegendBorder	Automatic	상자 선의 형태 LegendShadow는 None 이외의 값
LegendBackground	Automatic	상자 배경의 형태 LegendShadow는 None 이외의 값

여백 비율에서는 글자 크기를 1로 간주한다.

예제 2 | 두 함수 $\sin(x)$와 $x(x-1)(x+1)$을 그리고 범례상자 안에 Sin과 Pol이라는 글자를 넣으시오.

풀이

범례 그래픽 패키지 호출

범례 글자 서체

```
Needs["Graphics`Legend`"];
Plot [{Sin[x],x(x-1)(x+1)},{x,-2Pi,2Pi},
   PlotStyle->{{Thickness[0.02],Hue[3/4]},
              {GrayLevel[0],Dashing[{0.03}]}},
DefaultFont->{"Times", 9},
PlotLegend->{"Sin","Pol"}];
```

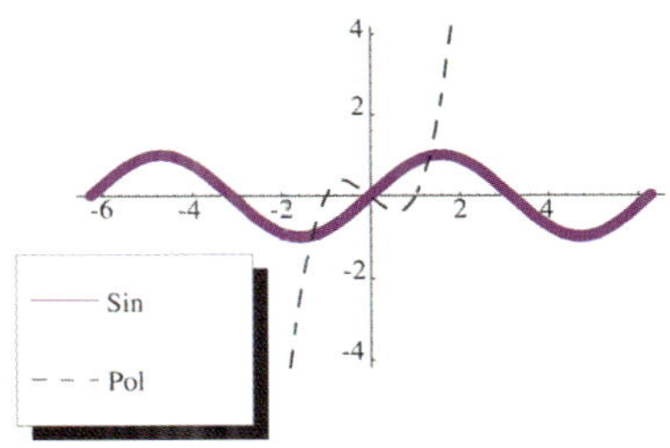

예제 3 |

색상명 그래픽 패키지 호출

축척 좌표 사용

범례상자 크기와 제목

범례 글자와 가장자리 간격

```
Needs["Graphics`Colors`"]
Needs["Graphics`Legend`"]
Plot[{Sin[x],Cos[x]}, {x,0,2Pi},
   PlotStyle->{{Blue, Dashing[{0.02}]},Red},
   LegendPosition -> {1.5,-0.5},
   DefaultFont -> {"Times",9},
   PlotLegend->{
      FontForm["Sin",{"Arial-Bold",7}],
      FontForm["Cos",{"Arial-Bold",7}],},
   LegendSize->{2,1},LegendLabel->"Trig",
   LegendBorderSpace->0.25,
   LegendOrientation->Vertical,
   LegendTextSpace->5,
   LegendLabelSpace->0.5];
```

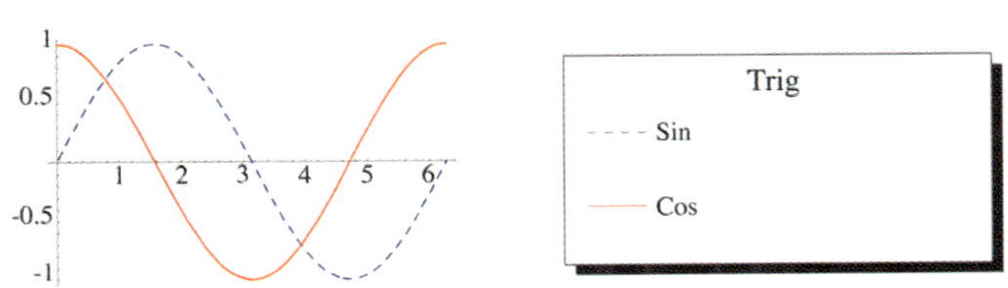

범례상자 선택사항은 다음 표에서 보는 바와 같이 색상, 문자열 등의 속성을 앞에 추가할 수 있다.

사용 구문	설 명
{colorfunction, m, "end_1", "end_2", opts}	m개의 칸으로 이루어진 범례상자의 각 칸은 colorfunction에 의해 서로 다른 색상을 갖는데 첫째 칸에 "end_1" 마지막 칸에 "end_2" 라는 문자열을 표시하고, 선택사항 opts을 사용한다.

예제 4 | 다음 구문을 실행하고 관찰하시오.

범례 함수 호출 / 격자선 감춤 / 색상함수는 Hue를 사용 / 그림 감춤 / ☞10칸 범례상자 / 범례위치

```
Needs["Graphics`Legend`"];
ShowLegend[
   DensityPlot[Sin[x*y], {x,0,Pi}, {y,0,Pi},
      Mesh -> False, PlotPoints -> 30,
      ColorFunction -> Hue,
      DefaultFont -> {"Times",9},
      DisplayFunction -> Identity],
   { Hue[1 - #]&, 10, "1", "0",
         LegendPosition -> {1.1,-0.4} } ];
```

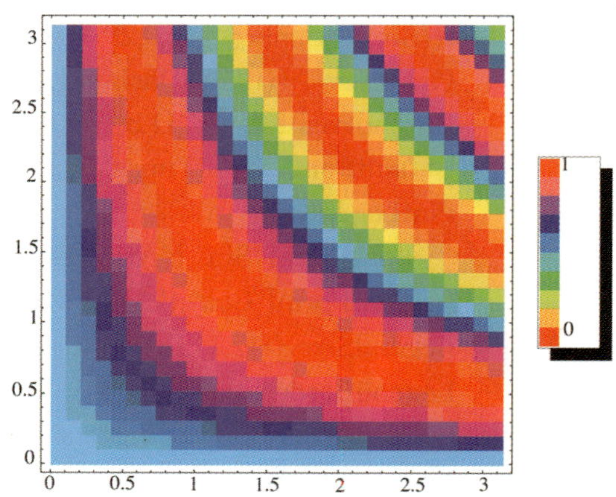

(☞ Hue[1-#] &, m, "1", "0," LegendPosition -> {1.1,-0.4})는 m개의 칸에 m개의 서로 다른 Hue 색상을 차례로 부여하는 색상함수이고, 첫째 칸에 "1", 마지막 칸에 "0" 이라는 문자열을 표시하도록 선택사항 LegendPosition -> {1.1,-0.4}에 추가한다는 뜻이다. Hue 색상은 일반적으로 원형 띠를 10개로 등분하여 다음과 같이 사용한다.

3.4 이차원 그래픽

이 절에서는 직교 좌표함수 $y=f(x)$, 매개함수 $x=f(t)$, $y=g(t)$ 및 극좌표함수 $r=f(\theta)$의 그래프와 음함수의 그래프 등에 대하여 조사하기로 한다.

3.4.1 $y=f(x)$의 그래프

명령어	설명
Plot[f[x], {x,xmin,xmax}]	x의 범위가 [xmin, xmax]일 때, 함수 f(x)의 그래프를 표시함
Plot[{f1[x],f2[x], ...}, {x,xmin,xmax}, 선택사항]	x의 범위가 [xmin, xmax]일 때, 함수 f1(x), f2(x), ...의 그래프를 선택사항을 첨가하여 모두 한 좌표축에 표시함

예제 1 |

(1) **Plot[Sin[x^2], {x,0,Pi}];**

x의 범위가 $[0, \pi]$일 때 $\sin x^2$의 그래프를 그림

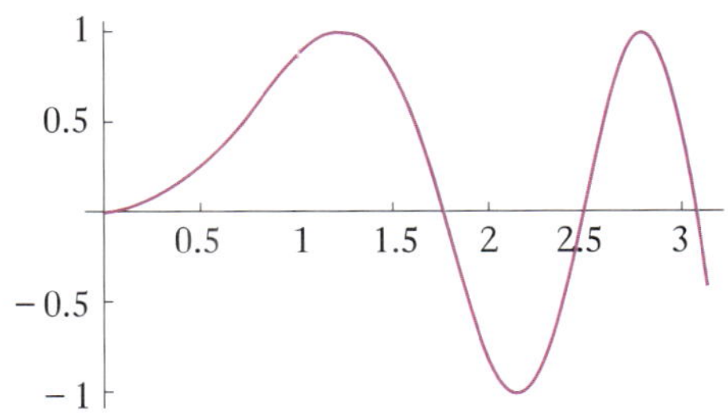

(2)

```
Plot[{Sin[x^2],Cos[x^2]},{x,0,Pi},
PlotStyle->{{Hue[0.8],Thickness[0.01]},
{Hue[0.4],Thickness[0.01]}},
Prolog->{{Hue[0.8], Text["sin x^2",{2,0.9}],
Hue[0.4], Text["cos x^2", {Pi/2,.5}]}}];
```

x의 범위가 $[0, \pi]$일 때 $\sin x^2$와 $\cos x^2$의 그래프를 한 개의 좌표축에 그림

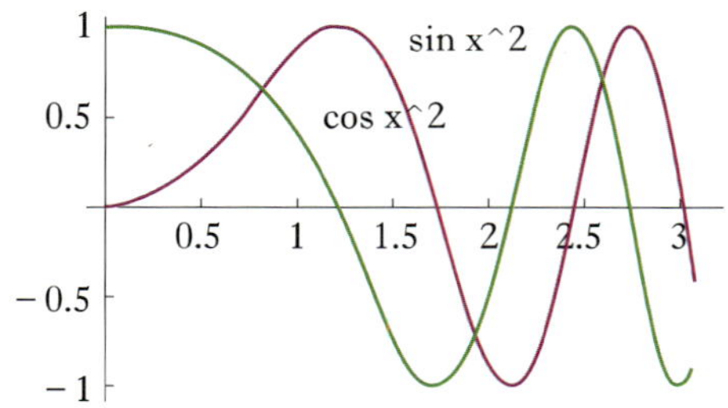

그래프를 그리는 명령어 뒤에 ;을 붙이지 않으면

Out[3]=

- Graphics -

라는 결과가 항상 나온다. Out[3]는 입력 In[3]의 결과이며 입력할 때마다 번호가 하나씩 증가한다. 편의상 그래프를 그리는 명령어 뒤에 ;을 붙인다. Options[명령어]를 입력하면 그 명령어의 선택사항에 어떠한 종류가 있는지 알 수 있다. 예를 들면 **Options[Plot]**을 입력하고 [Shift] 키와 함께 [Enter↵] 키를 누르면 Plot에 관한 선택사항과 기본값이 무엇인지 알려준다.

다음은 **Plot**의 선택사항이 어떤 것이 있는지 알아보자. 선택사항을 명시하지 않으면 선택값으로 기본값이 택하여진다. 선택사항을 표현하는 방법은 다음과 같다.

선택사항의 이름 -> 선택값

선택값이 두 개 이상이면 중괄호 { }내에 콤마로 구분하여 나열한다.

사용되는 선택사항은 Graphics의 것과 같으나 추가로 다음 사항을 더 사용할 수 있다.

선택사항	기본값	설 명
Compiled	True	그래프 대상함수의 컴파일 여부
MaxBend	10	선분 사이의 꺾인 부분의 최대 허용 개수
PlotDivision	30	부드러운 곡선을 만들기 위해 추가 분할점의 개수
PlotPoints	25	곡선을 표현하기 위한 마디점의 개수
PlotStyle	Automatic	곡선의 형태에 관한 것(색상, 두께)

3.1.2절에서 설명한 것 외에 자주 사용하는 선택사항의 선택값을 알아보자.

AspectRatio -> r	가로:세로의 비율을 r로 설정함
DefaultFont -> {"Times", 10}	기본 서체를 9포인트 Times 서체로 설정함
Axes -> True	x축, y축을 모두 표시함
AxesLabel -> {"x축","y축"}	x축, y축에 label을 표시함
GridLines -> {{x1,x2,...}, {y1,y2,...}}	x축의 x1,x2,...위치에 y축의 y1,y2,... 위치에 격자선을 표시
Ticks -> {{x1,x2,...}, {y1,y2,...}}	x축의 x1,x2,...위치 및 y축의 y1,y2,... 위치에 눈금과 위치를 표시함

예제 2

(1)

```
Plot[Abs[Cos[x]],{x,0,2Pi},Axes->False];
```

Axes -> False: 좌표축을 표시하지 않음

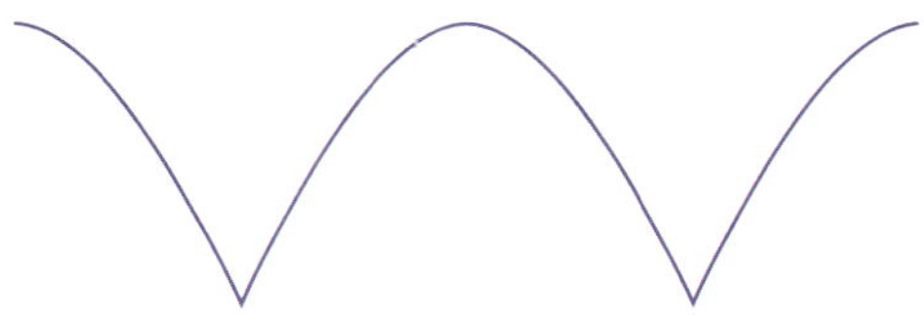

(2)

```
Plot[Abs[Cos[x]], {x,0,2Pi},
        AspectRatio->Automatic,
        AxesLabel->{"x축",None}];
```

AspectRatio -> Automatic는 가로와 세로의 눈금비를 1로 만들고 Axeslabel -> {{"x축"}, None} 은 x축 이름만 사용함

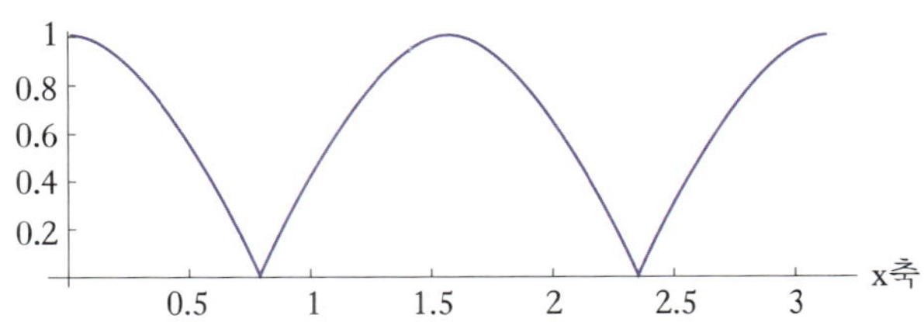

(3)

```
Plot[x Sin[2x],{x,0,Pi},
        Ticks->{{Pi/4,3Pi/4},Automatic},
        PlotLabel->"x sin 2x 함수",
        AxesOrigin->{Pi/2,0},
        DefaultFont->{"Bold-Italic",12}];
```

Ticks: 눈금과 좌표표시 (y축은 자동설정)
PlotLabel -> "x sin 2x 함수" : 그래프 제목
AxesOrigin -> {Pi/2,0} : 좌표축의 교점 이동

DefaultFont -> {"BoldItalic",12}
는 서체를 12포인트
Bold-italic 체로 바꿈

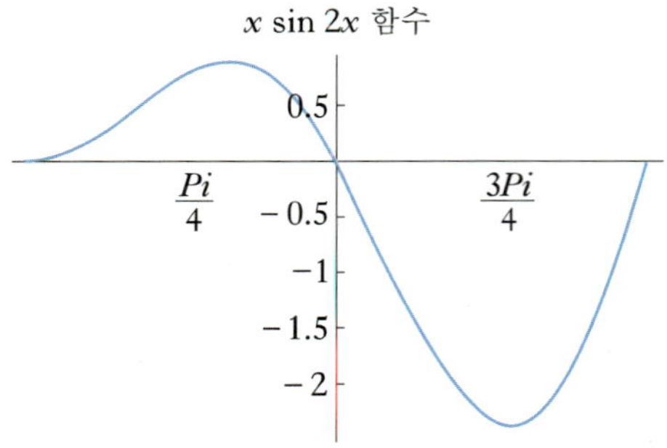

예제 3 |

(1)

PlotRange -> {0, 2}
$0 \le y \le 2$

GridLines ->
{{x1,x2,...},{y1,y2,...}}는
x축의 x1,x2,.. 위치와
y축의 y1,y2,.. 위치에
격자선을 표시함
{x1,{style1}}은 x1위치의
격자선 속성을 표시

```
Plot[Log[x] + Sin[x + Sqrt[2]*Sin[x]],
          {x, 0.5, 2Pi},
          PlotRange -> {0, 2},
          PlotStyle -> Thickness[0.007],
GridLines -> {{0, {Pi/2, {Hue[0.1],
Thickness[0.01]}}, Pi, 3Pi/2, 2Pi},
 {0.5, {0.75, {RGBColor[0, 1, 0],
Thickness[0.01], Dashing[{0.05}]}},
            1, 1.5, 1.75}}];
```

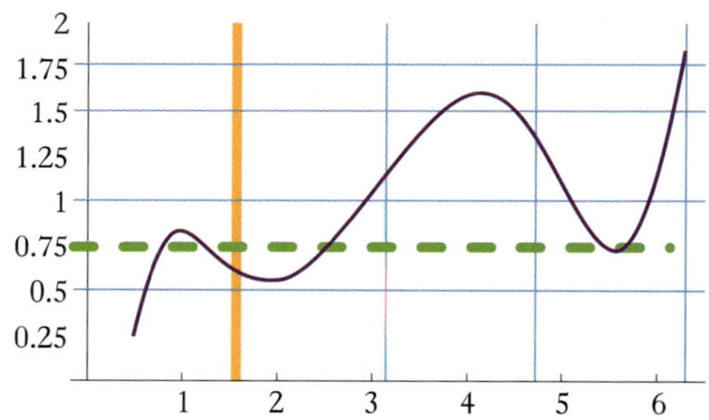

(2)

PlotStyle: 대상 함수의
그래프속성
Frame -> True
: 그래프 틀을 표시
Background ->
Graylevel[0.8]: 배경색
DefaultColor : 기본색상
FrameLabel
-> {"sin 함수",None}
: 그래프 틀의 이름

```
Plot[Sin[3x-Log[1+x],{x,0,2Pi},
PlotStyle->{Hue[0.65],Thickness[0.007]},

   Frame->True,

   Background->GrayLevel[0.88],

   DefaultColor->CMYKColor[0,1,0,0],
   FrameLabel->{"Sin[3x-Log[1+x]",
                              10/14/07}];
```

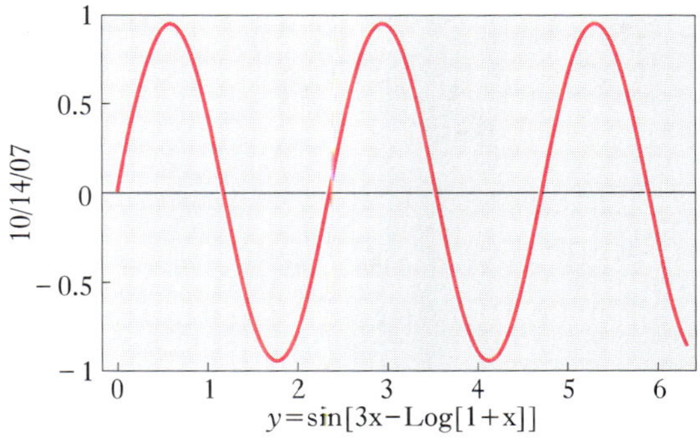

예제 4 |

(1)

두 함수를 각각 Hue[2/3], Hue[1/3]의 색으로 채색함

```
Plot[{Sin[x],x-x^3/6},{x,-7,7},
     PlotStyle -> {Hue[2/3],Hue[1/3]}];
```

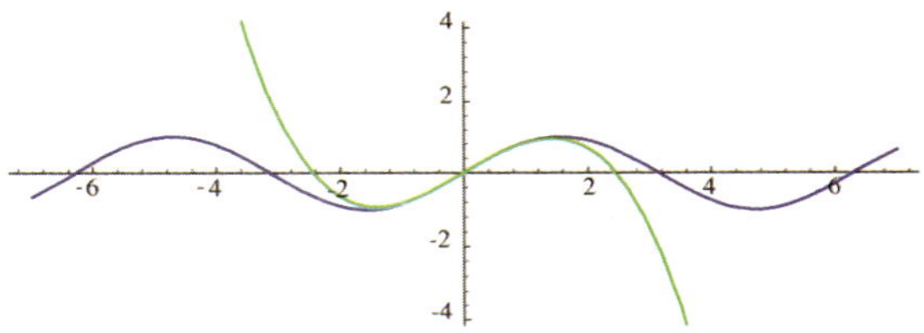

(2)

```
Plot[{Sin[x],x-x^3/6},{x,-7,7},
PlotStyle->{{Thickness[0.02],Hue[2/3]},
        {Dashing[{0.01}],Hue[1/3]}}];
```

다중함수에 대한 PlotStyle의 선택값은 이중 중괄호로 묶음

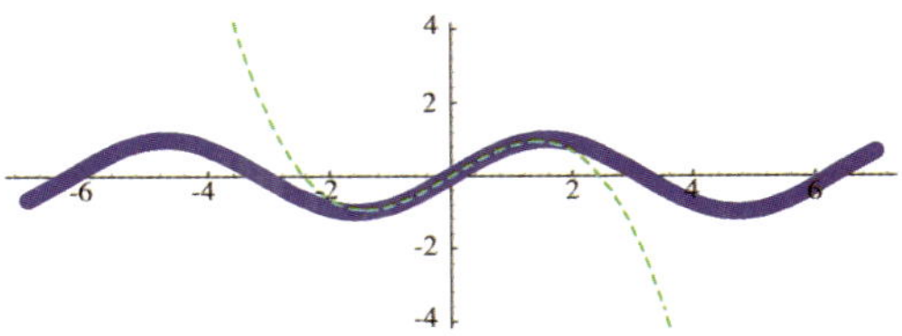

(3)

```
Plot[Sin[x],{x,0,2 Pi}, Frame->False,
AspectRatio->Automatic,
GridLines->Automatic,
        AxesLabel->{"x","Sin[x]"},
PlotLabel->"The Sine Function",
DefaultFont->{"Helvetica-Bold", 10},
PlotStyle->{{Thickness[0.01],Hue[0.85]}}];
```

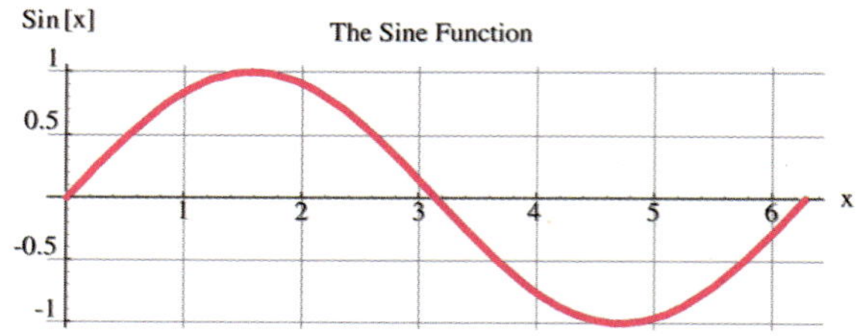

곡선의 모양을 주는 PlotStyle의 다양한 선택값에 대한 그래프를 알아보자. 이 선택값은 3.1.2절에 있는 Graphics의 선택값과 같다.

GrayLevel[i],	RGBColor[r,g,b],	CMYKColor[c,m,y,k],	Hue[h,s,b],
Hue[h] = Hue[h,1,1],	PointSize[r],	AbsolutePointSize[d],	Thickness[r],
AbsoluteThickness[d],	Dashing[{r1,r2,...}],	AbsoluteDashing[{d1,d2,...}]	

여기서 **Hue[h]**의 **h**값은 0과 1 사이의 실수로서 1보다 크면 소수 부분만 사용된다.

예제 5 |

(1)

```
Plot[Cos[x^3],{x,0,2.5},
        DefaultFont->{"Courier",16},
PlotStyle->{RGBColor[0,0,1],Thickness[0.007]}];;
```

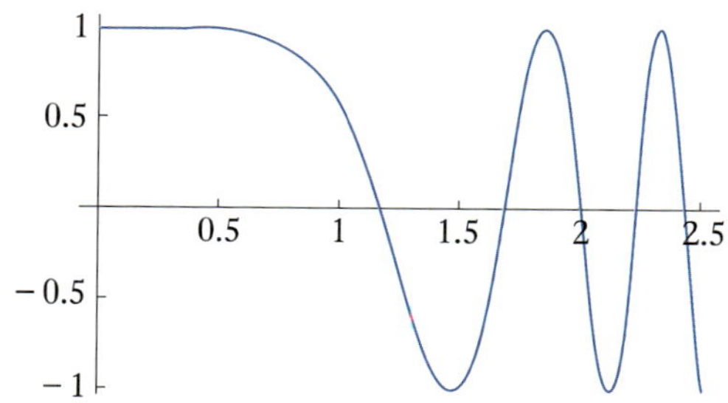

점의 그래프 속성

```
Plot[Cos[x^3],{x,0,2.5}, DefaultFont->{"Courier",16},
PlotStyle->{CMYKColor[1,0,0,0],Thickness[0.007]},
Prolog-> {Hue[0.08],PointSize[0.05],Point[{0.5,0.5}]}];
```

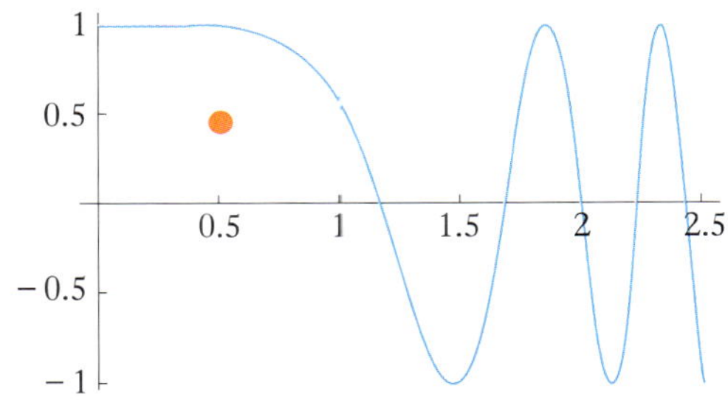

선택사항의 속성을 표현하는 데 단 하나의 선택값만 있을 때는 중괄호를 생략할 수 있다. 그러나 둘 이상의 선택요소가 있으면 이중 중괄호 {{⋯}}로 묶는다.

예제 6 |

```
Plot[{Sin[x],Cos[x]},{x,0,2Pi},
     PlotStyle->{
     {Dashing[{0.02,0.03}],Hue[0.2,1,0.8],
Thickness[0.01]}, {Hue[0.9],Thickness[0.01]}}];
```

첫 번째 괄호 {Dashing[{0.02,0.03}], Hue[0.2,1,0.8],Thickness[0.01]}는 $\sin x$에 관한 것이고, 두 번째 괄호 {Hue[0.9],Thickness[0.01]}는 $\cos x$에 관한 것이다.

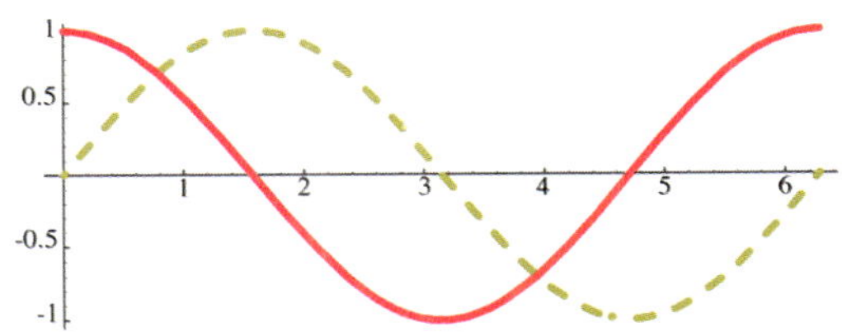

3.4.2 매개함수 $x = f(t),\ y = g(t)$의 그래프

명 령 어	설 명
ParametricPlot[{f[t],g[t]},{t,t1,t2}, 선택사항];	t의 범위 [t1,t2]에서 매개함수 x=f(t), y=g(t)의 그래프
ParametricPlot[{{f1[t],g1[t]},{f2[t],g2[t]},...}, {t,t1,t2},선택사항];	t의 범위 [t1,t2]에서 매개함수 x=f1(t), y=g1(t),x=f2(t), y=g2(t),... 등을 모두 함께 그림

예제 7 |

(1)

```
ParametricPlot[{Cos[t],Sin[t]},{t,0,2Pi}];
```

기본값으로 AspectRatio는 1/GoldenRatio가 택하여지므로 타원형으로 보인다. AspectRatio -> Automatic으로 선택하면 정상적으로 원이 된다.

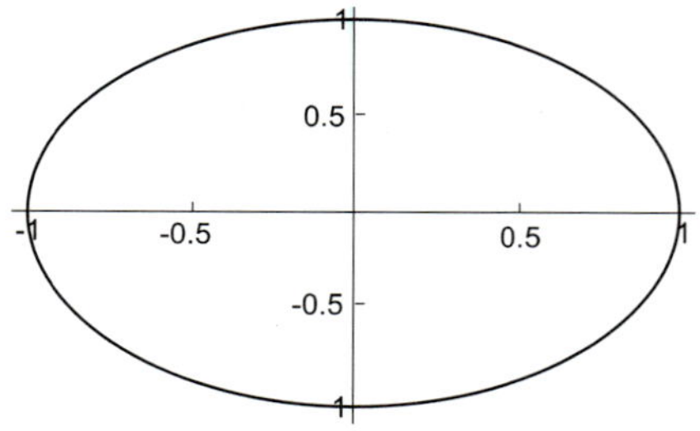

(2)

```
ParametricPlot[{Cos[t],Sin[t]},{t,0,2Pi},
    PlotStyle->Hue[0.9],
    AspectRatio->Automatic];
```

$x = \cos t$, $y = \sin t$

$0 \le t \le 2\pi$의 그래프

AspectRatio -> Automatic으로 선택하여 원이 된다.

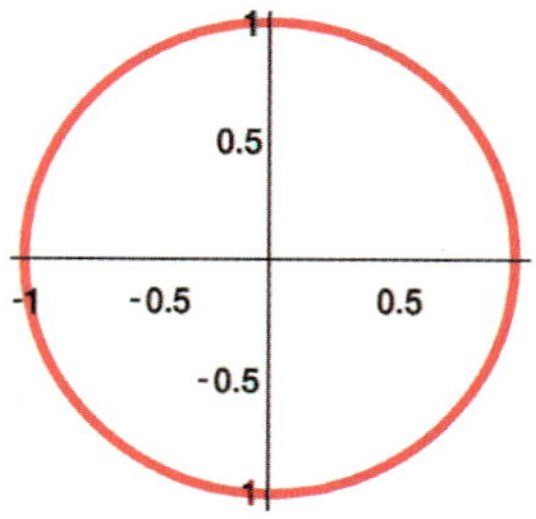

(3)

```
ParametricPlot[{Sin[t],Sin[4t]},{t,0,2Pi},
    PlotStyle->Hue[0.5]];
```

$x = \sin t$, $y = \sin 4t$

$0 \le t \le 2\pi$의 그래프

Lissajous 곡선

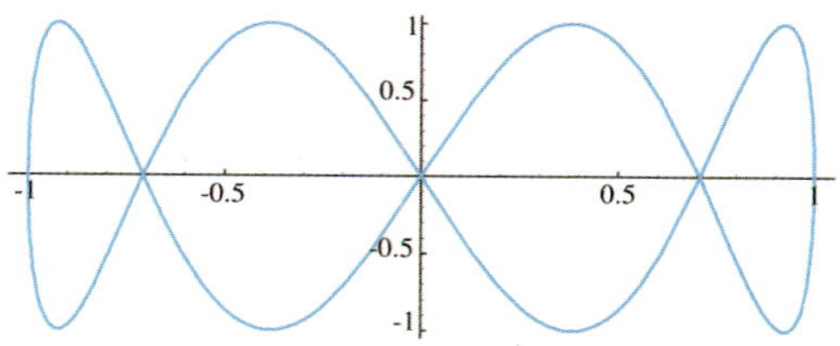

예제 8 |

(1)

3개의 매개함수를 동시에 그림

```
ParametricPlot[{
    {9Cos[t]-Cos[9t],9Sin[t]-Sin[9t]},
    {4Cos[t]+2Cos[4t],4Sin[t]-2Sin[4t]},
    {Cos[t]+3Cos[3t],4Cos[t]-3Sin[3t]}},{t,0,2Pi},
```

```
PlotStyle->{
    {Dashing[{0.02,0.02}],RGBColor[1,0,0]},
    {Thickness[0.01],RGBColor[0,1,0]},
    {RGBColor[0,0,1]}},
AspectRatio->Automatic];
```

AspectRatio -> Automatic 이므로 가로 : 세로 비율이 같다.
PlotStyle이 지정한대로 곡선이 나타남

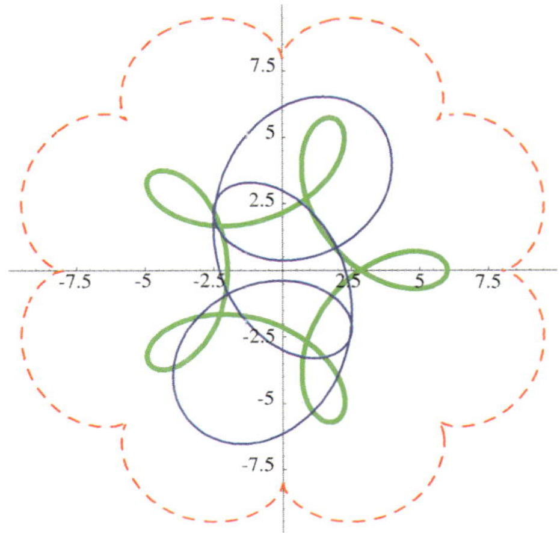

(2)

```
x1[t_]:= 3t/(1+t^3); y1[t_]:= 3t^2/(1+t^3);
ParametricPlot[{x1[t],y1[t]},{t,-40,40},
        PlotRange -> {-2,2},
        AspectRatio->Automatic];
```

이 그림을 Folium of Descartes 라고 함

$\lim_{t \to \infty}(x(t),\ y(t)) = (0,0)$

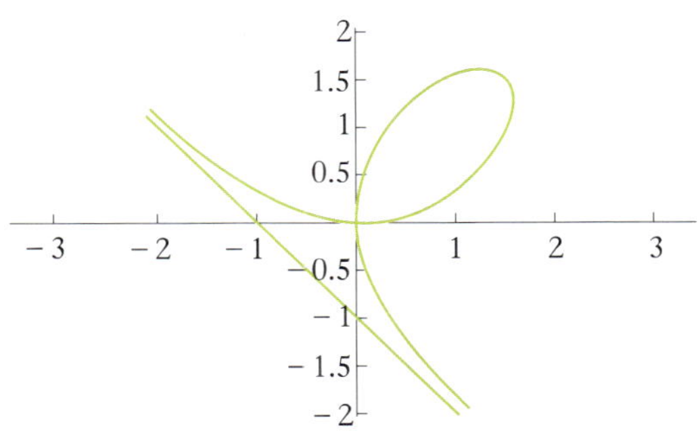

다음은 평면 곡선중 하나인 외파선(epicycloid)을 매개함수로 기술하고 매스매티카의 ParametricPlot 명령어로 그려보기로 하자. 반지름이 R인 고정원의 위를 반지름이 $r \le R$인 작은 원이 그림과 같이 고정원 위를 미끄럼 없이 구를 때, 작은 원의 한 점 P가 그리는 자취를 외파선(epicycloid)이라고 부른다. 이 곡선의 방정식을 매개함수로 표

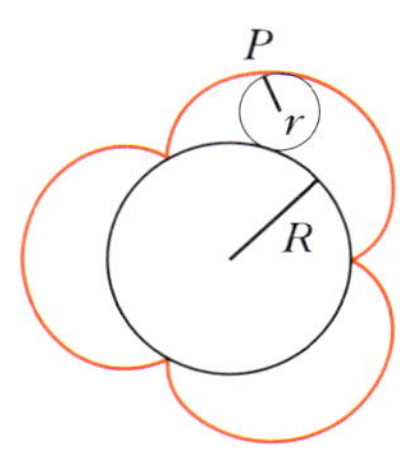

시하면 다음과 같다. 매개변수 t는 점 P가 고정원 위를 움직인 각도(래디안 단위)이다.

$$x(t) = (k+1)r\cos t - r\cos(k+1)t,$$
$$y(t) = (k+1)r\sin t - r\sin(k+1)t.$$

단, $k = R/r$는 반경비이다. 만일 k가 무리수이면 외파선은 폐곡선이 되지 않는다. 즉, k가 유리수일 때만 폐곡선을 이룬다.

(3)

t는 매개변수

ToString[i]를 사용하여 각 m 값을 표현함

GraphicsArray는 3.4.7절에서 설명함

```
Clear[x,y,m]; (* 변수 x, y, m 할당을 해제한 후 새로 정의 *)
x[m_]:= m Cos[t] - Cos[m*t];     (* m=k+1 *)
        y[m_]:= m Sin[t] - Sin[m*t];
Table[T[i]=ParametricPlot[{x[i],y[i]},{t,0,2Pi},
        AspectRatio->Automatic,
        PlotLabel->"Epicycloid, m="<>ToString[i],
        DisplayFunction->Identity],{i,2,4} ];
        Show[GraphicsArray[{T[2],T[3],T[4]},
        DisplayFunction->$DisplayFunction]]
```

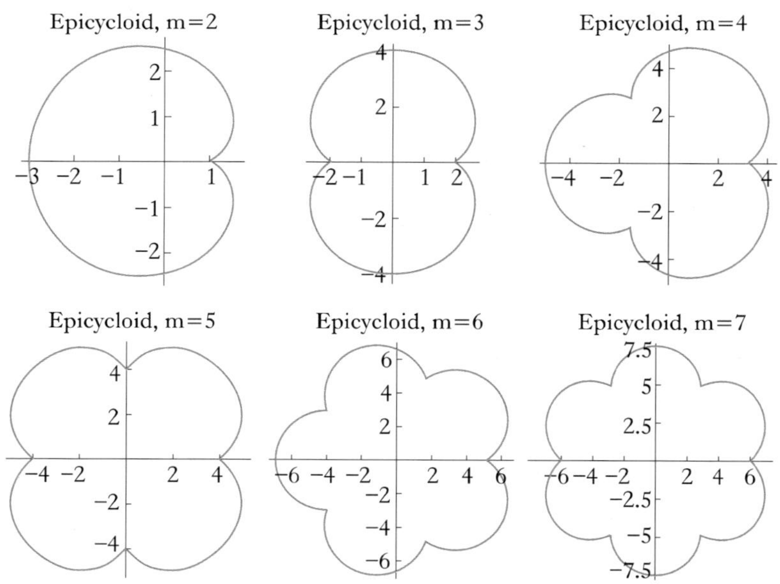

3.4.3 극좌표함수 $r=f(\theta)$의 그래프

명 령 어	설 명
PolarPlot[f[t],{t,tmin, tmax}]]	각도 t의 범위 [tmin, tmax]에서 극좌표 함수 r=f(t)의 그래프
PolarPlot[{f1[t],f2[t],...}, {t,tmin,tmax}]]	각도 t의 범위 [tmin, tmax]에서 극좌표 함수 r=f1(t), r=f2(t),...을 함께 그림

PolarPlot는 패키지 Graphics'Graphics'를 먼저 부른 다음 사용한다.

예제 9

(1)

```
<<Graphics'Graphics'
PolarPlot[Sin[3t],{t,0,Pi},
   PlotStyle->RGBColor[0,1,0]];
```

$r=\sin 3\theta$
$0 \le t \le \pi$의 그래프

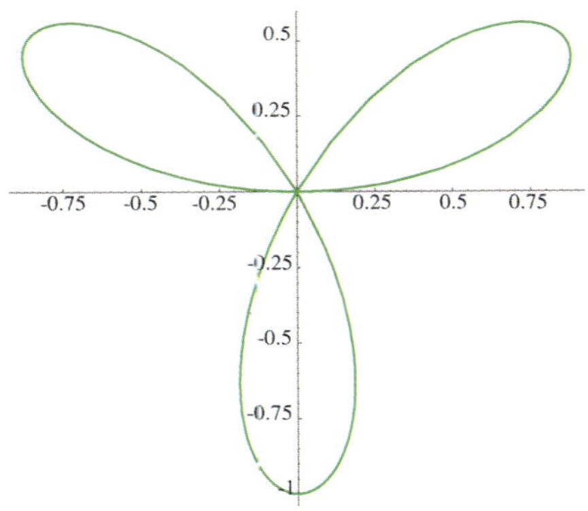

(2)

```
PolarPlot[{2*Cos[t/3]+1,2*Sin[t/2]+0.5}, {t,0,6*Pi},
   DefaultFont->{"Helvetica",8},
   PlotStyle->{
         {Thickness[0.02],Hue[0.4]},Hue[0.7]},
   PlotLabel->FontForm["The Polar Graphs",
         {"Times-ItalicBold",10}]];
```

$r_1 = 2\cos t/3 + 1$
$r_2 = 2\sin t/2 + 0.5$
$0 \le t \le 6\pi$의 그래프

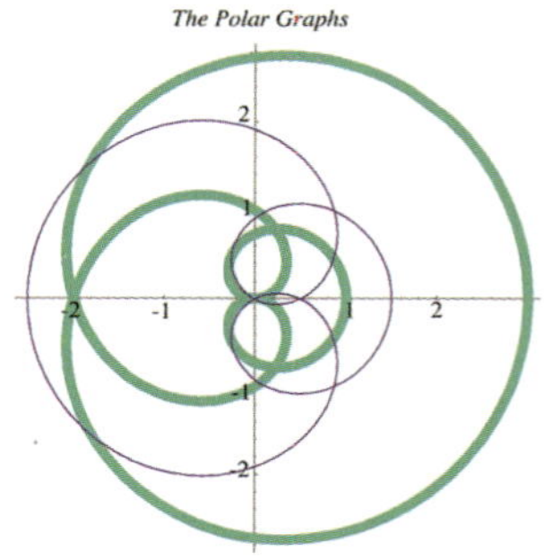

다음 극좌표 도형(방정식: $r = \cos 5t + n\cos t$)은 Chamberlain이 The College Mathematics Journal라는 학술지에 제출한 논문(Michael W. Chamberlain, U.S. Naval Academy, Annapolis, MD, "Heart to Bell", The College Mathematics Journal, Vol. 25, No. 1, January 1994)을 참조로 작성하였고, 도형의 모습이 심장형 모양에서 종 모양까지 변하는 모습을 보여주고 있다.

예제 10 |

그래픽 객체 h를 저장

Random[ ] : 무작위 수

```
<<Graphics`Graphics`
h=Table[PolarPlot[Cos[5t]+n Cos[t],{t,0,Pi},
   PlotStyle->{{Thickness[0.01*Abs[n]/10],
   Hue[Random[]]}}, DisplayFunction->Identity,
   Ticks->None], {n,-5,5}]
Show[h, DisplayFunction->$DisplayFunction];
```

n이 -5에서 5까지 변할 때 cos 5t + n cos t를 연속적으로 그리고 한 좌표축에 그림

Table 대신 Do 사용은 4장 참조함

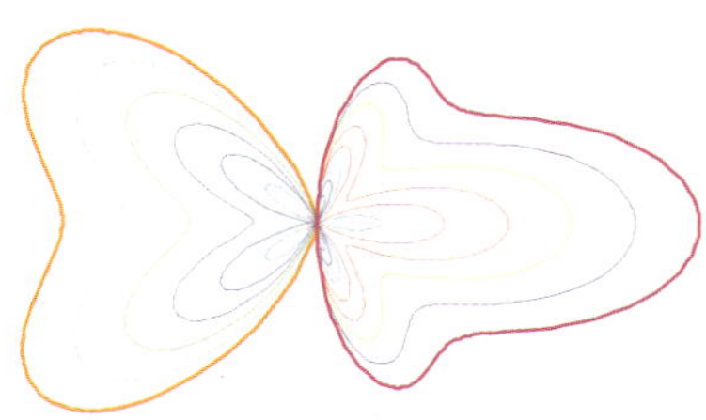

다음 나비곡선은 1989년 Temple H. Fay가 학술지 American Mathematics Monthly에 제시한 것으로, 여기서는 반시계 방향으로 90도 회전하여 작성하였다.

예제 11 |

```
Needs["Graphics`Graphics`"]
r = Exp[Sin[q]] - 2Cos[4q] + Sin[(q-Pi/2)/12]^5;
PolarPlot[r, {q, 0,24*Pi}, Axes->None,
PlotRange -> {{-4,4},{-2.6,4}}, PlotPoints->1000,
AspectRatio -> Automatic]
```

Butterfly curve

예제 12 | 주어진 실수 $a < b$에 대하여 극좌표계에서 편각 t가 $0 \leq t \leq 2\pi$일 때, 방정식

$$r^4 - 2a^2 r^2 \cos 2t + a^4 - b^4 = 0$$

으로 주어지는 곡선을 매스매티카 명령문으로 작성하시오.
(단, $a = 1$, $b = a + 0.025$으로 정함)

풀이

주어진 상수값 설정

```
a =.; b =.; p =.; pp =.; t =.;
```

p = r^2 > 0으로 정의
pp : 방정식의 해 목록

```
pp = Solve[p^2 - 2*a^2*p*Cos[2*t] + a^4 - b^4
          == 0, p]
```

해에 -> 연산자 사용

$$\{\{p \to a^2 \text{Cos}[2t] - \sqrt{-a^4 + b^4 + a^4 \text{Cos}[2t]^2}\},$$
$$\{p \to a^2 \text{Cos}[2t] + \sqrt{-a^4 + b^4 + a^4 \text{Cos}[2t]^2}\}\}$$

pp의 2번째 요소
pp[[2]] > 0를 p로 택함

```
p = Simplify [p /. pp[[2]]]  (* -> 연산자 제거 *)
```

$$a^2 \text{Cos}[2t] + \sqrt{-a^4 + b^4 + \varepsilon^4 \text{Cos}[2t]^2}$$

상수값 할당
r에 관한 해: r1, r2

```
a = 1; b = a + 0.025;
r1 = Sqrt[p]; r2 = -r1;
```

```
Needs["Graphics`Graphics`"]
PolarPlot[{r1,r2},{t,0,Pi}, PlotStyle->Hue[0.95],
        DefaultFont -> {"Times",9},
        PlotLabel-> "Cassinian Ovals"];
```

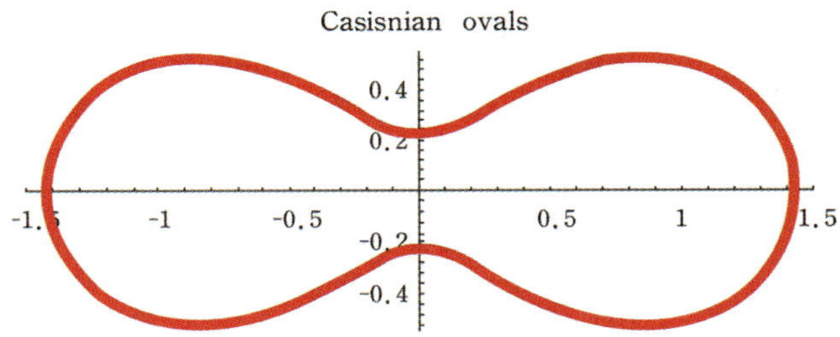

3.4.4 음함수의 그래프

음함수 $f(x,y)=0$을 그리기 위해서는 먼저 패키지 Graphics`ImplicitPlot`을 불러야 한다.

명 령 어	설 명
ImplicitPlot[f(x,y)==c, {x,xmin,xmax},{y,ymin,ymax}, 선택사항];	f(x,y)=c 형태의 그래프를 선택사항에 따라 그림
ImplicitPlot[{f1(x,y)==c1, f2(x,y)==c2,...}, {x,xmin,xmax},{y,ymin,ymax}, 선택사항];	f1(x,y)==c1, f2(x,y)==c2,...형태의 여러 그래프를 동시에 한 개의 그래프 축에 선택사항에 따라 그림

예제 13 |

```
Needs["Graphics`ImplicitPlot`"]
   ImplicitPlot[{x^2+y^2/2==1.5, x^2+y^2==3},
   {x,-2,2},{y, -2, 2}, AspectRatio->Automatic,
   PlotStyle->{{Thickness[0.02], Hue[0.4]},
               {Thickness[0.01],Hue[0.1]}},
```

```
PlotLabel->StyleForm["Circle & Ellipse",
     FontFamily->"Helvetica",
     FontWeight->"Bold", FontSize->"10"]];
```

$x^2 + \frac{y^2}{2} = 1.5$
$x^2 + y^2 = 3$
의 그래프

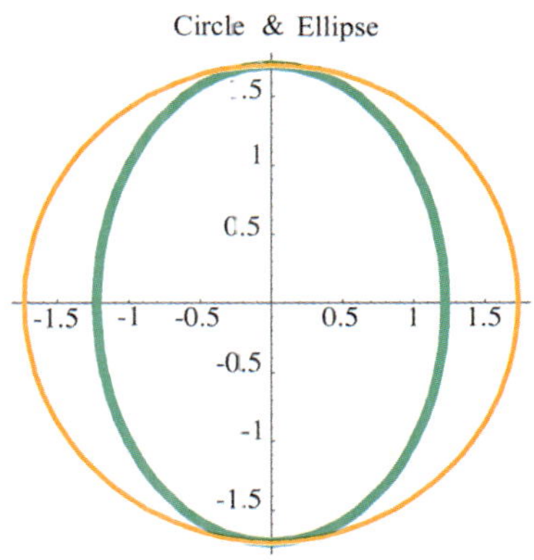

예제 14 |

(1)

```
Needs["Graphics`ImplicitPlot`"]
ImplicitPlot[{x^2+y^2==1,
        -Sqrt[x^2+y^2]==2*x^2/(x^2+y^2)-1,
         Sqrt[x^2+y^2]==2*x^2/(x^2+y^2)-1},
   {x,-2,2},{y,-2, 2}, AspectRatio ->Automatic,
   PlotPoints ->100, Axes -> None,
   PlotStyle->{{Thickness[0.02],Hue[0.4]},
              {Thickness[0.01],Hue[0.1]},
              {Thickness[0.01],Hue[0.1]}},
   PlotLabel->FontForm["Flower",
              {"Helvetica-Bold",10}]];
```

$x^2 + y^2 = 1$
$-\sqrt{x^2+y^2} = \frac{2x^2}{x^2+y^2} - 1$
$\sqrt{x^2+y^2} = \frac{2x^2}{x^2+y^2} - 1$
의 그래프

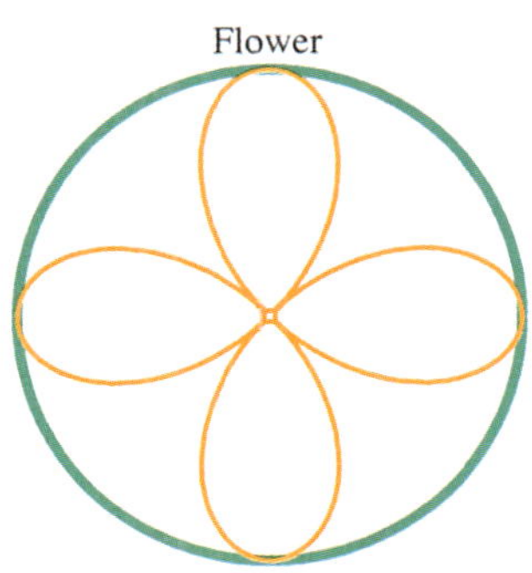

(2)

$r^4 = r^2 \cos 2\theta$

$r^4 = r^2 \sin 2\theta$

```
ImplicitPlot[{(x^2+y^2)^2==(x^2-y^2),
                  (x^2+y^2)^2==2x*y},
   {x,-2,2},{y, -2, 2},
   PlotPoints ->100,
   PlotStyle->{{Thickness[0.02],Hue[0.8]},
               {Thickness[0.01],Dashing[{0.05}],
                Hue[0.1]}},
   PlotLabel->FontForm["Lemniscate",
               {"Helvetica-Bold",10}]];
```

연주형 곡선

$(x^2+y^2)^2 = x^2 - y^2$
$(x^2+y^2)^2 = 2xy$
의 그래프

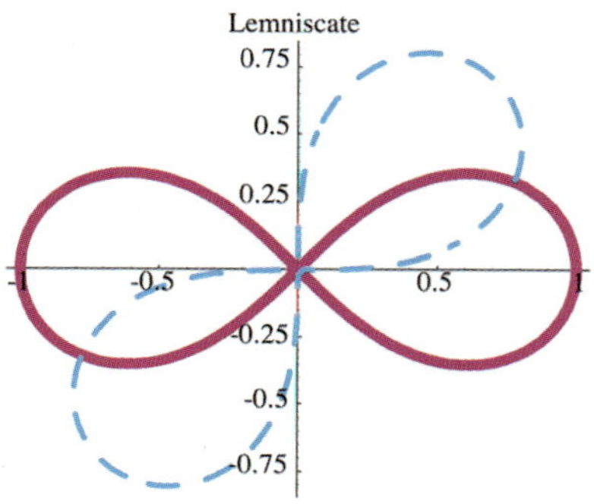

예제 15 |

(1)

```
Needs["Graphics`ImplicitPlot`"]
ImplicitPlot[x^y == y^x,
   {x, 0.001, 5}, {y, 0.001, 5},
   DefaultFont-> {"Times",9},
   PlotPoints-> 100,
   PlotStyle-> {{Thickness[0.01],
               Dashing[{0.05}], Hue[0.1]}},
   PlotLabel-> FontForm["x^y = y^x",
               {"Helvetica-Bold",10}]];
```

$x^y = y^x$
의 그래프

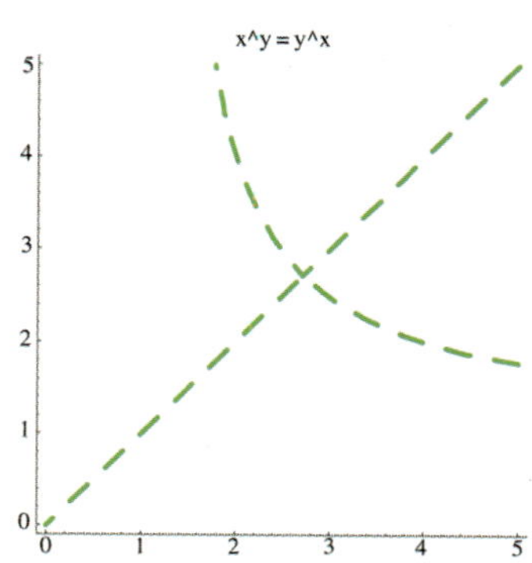

(2)

```
ImplicitPlot[Abs[x]+Abs[y]==2,
   {x, -3, 3}, {y, -3, 3},
   DefaultFont->{"Times",9},
   PlotStyle->{{Thickness[0.02],Hue[0.1]}},
   PlotLabel->FontForm["Diamond",
                 {"Helvetica-Bold",10}]];
```

$|x|+|y|=2$ 의 그래프

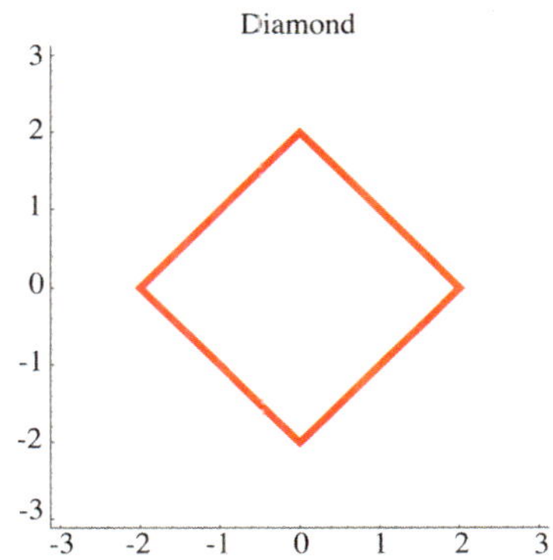

3.4.5 이차원 자료의 그래프

실험을 하거나 자료조사를 하면 다음과 같은 2차원 자료를 얻는다.

$$\{(x_i, y_i) \mid i = 1, 2, \cdots, n\}$$

이 자료의 분포를 알기 위하여 2차원 좌표에 각 자료를 점으로 열거하거나 그 점을 연결하는 것이 필요하다. 이에 필요한 명령어와 선택사항을 알아본다. ListPlot은 아래의 선택사항과 함께 Plot의 선택사항을 사용할 수 있다.

명 령 어	설 명
ListPlot[{y1,y2,...},선택사항];	좌표 (1,y1),(2,y2),...에 대응하는 점을 도시함
ListPlot[{{x1,y1},{x2,y2},...}, 선택사항];	좌표 (x1,y1),(x2,y2),...에 대응하는 점을 도시함

선택사항	기본값	설 명
PlotJoined	False	True로 택하면 점을 모두 직선으로 연결시킴
Prolog	{ }	기본그래프 출력 전에 그래프 요소, 속성 부여

예제 16

(1)

```
data1=Table[{x,Sin[x]},{x,0,Pi,Pi/10}];
ListPlot[data1, PlotLabel->"Data_1",
         Prolog->PointSize[0.02]];
```

x가 0에서 π까지 $\pi/10$ 간격으로 되어 있을 때 순서쌍 $(x, \sin x)$의 점을 0.02의 크기로 찍음

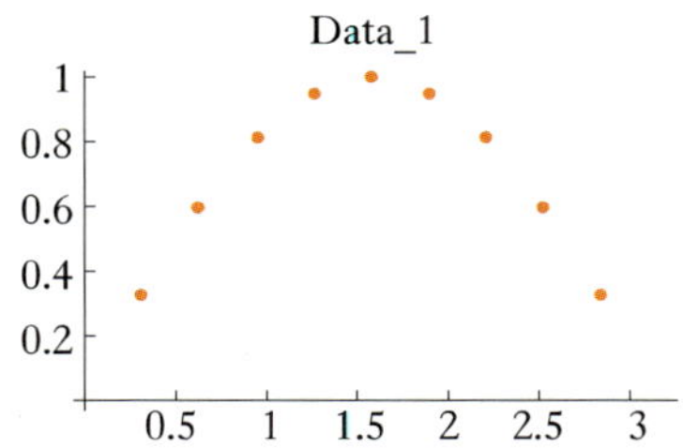

(2)

```
ListPlot[data1, PlotJoined->True];
```

PlotJoined -> True는 각 점을 직선으로 연결시킴

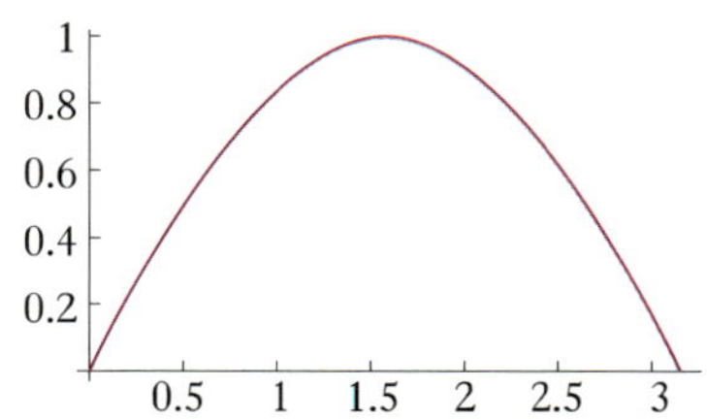

3.4.6 여러 개 자료의 그래프

한 개의 그래프 축에 여러 개의 자료를 서로 다른 기호와 선 모양을 가진 그래프로 표현하려면 먼저 패키지 Graphics`MultipleListPlot`를 부른다. Graphics의 선택사항을 모두 사용할 수 있다.

명령어	설 명
MultipleListPlot[list1, list2,...,선택사항]	한 개의 그래프 축에 list1, list2, ...를 그림
RegularPolygon [n,r,c,t,k]	중심좌표 c, 반경 r인 원에 내접하고 시계반대방향의 회전각이 t래디안이고 꼭지점을 k개마다 연결하는 정 n각형임
MakeSymbol[RP]	그래픽스 속성 RP(위의 RegularPolygon만 허용)를 그래프를 나타내는 기호로 만듦
PlotSymbol[Type, Opts]	Type (Box, Diamond, Triangle, Star) 중 하나 선택 Opts으로는 Filled -> False를 사용하면 기호의 외곽선만 보인다.

RegularPolygon에서 k의 값이 1보다 크면 꼭지점을 k개마다 연결하며, r, c, t, k의 값이 생략되면 기본값은 각각 1, {0,0}, 0, 1이다.

선택사항	설 명
SymbolShape->{sym1,sym2,...}	각 그래프에 대하여 서로 다른 기호 sym1, sym2, ...을 지정함
SymbolStyle	각 그래프에 대한 기호의 모양, 색상 등을 지정
SymbolLabel	각각의 기호에 명칭을 붙임
PlotStyles->{sty1,sty2,...}	각 그래프의 곡선 모양, 색상, 두께 등을 형식 sty1, sty2, ...으로 지정함
PlotLegend	각 그래프의 범례를 지정함

기호나 선, 색상, 모양 등 선택사항이 자료 개수보다 많으면 순환적으로 사용된다. SymbolShape의 기본 설정값으로 5종류의 정다각형 기호(Diamond, Star, Box, Triangle, 원형 다각형)를 순환적으로 사용하며, PlotStyles의 기본 설정값으로 5종류의 선 모양(실선, 점선 4종류)을 순환적으로 사용한다.

예제 17 | 구간 [0,1]의 10등분한 점에서 함수 $x^n \sin nx$의 좌표를 연결하는 그래프를 그리고자 한다. 양수 n에 대하여 자료를 형성(Table 구문 활용)하고 이 자료 그래프를 함께 그리시오.

풀이

패키지 호출

```
<<Graphics`MultipleListPlot`
p[n_] := Table[{x,x^n * Sin[n*x]},{x,0,1,0.1}];
MultipleListPlot[
        {p[0.2],p[0.5],p[1], p[2],p[3], p[4],p[6]},
  PlotLegend->
    {"n=0.2","n=0.5","n=1","n=2","n=3","n=4","n=6"},
  PlotJoined->True];
```

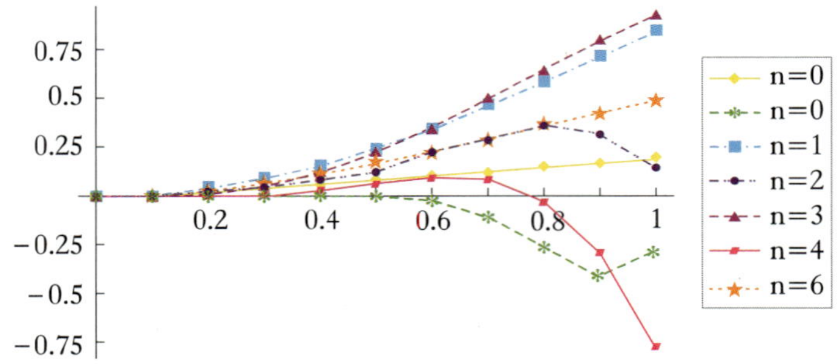

예제 18 | 다음 자료

```
data1=Table[{1.25*n,1- 1*(-1)^n},{n,0,8}];
data2=Table[{x,Sqrt[25-(x-5)^2]},{x,0,10,0.5}];
data3=Table[{x,x^2/25},{x,0,10,1}];
```

의 그래프를 그리되 PlotStyle(선모양), SymbolShape(기호), SymbolStyle(기호모양)을 활용하시오.

풀이

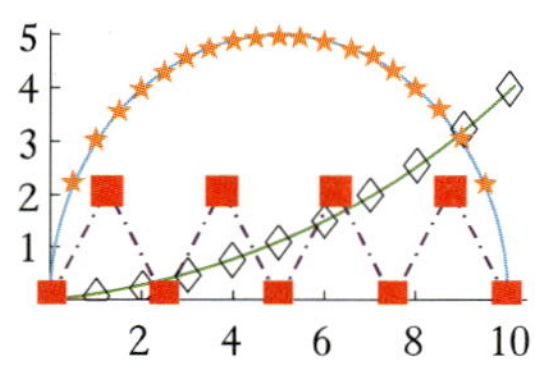


```
MultipleListPlot[data1,data2,data3,
     SymbolStyle->{Hue[0],Hue[0.1],GrayLevel[0.1],
                    Hue[0.3],Hue[0.6],Hue[0.8]},
     PlotStyle->{{Hue[0.7],Dashing[{Dot,Dash}]},
            {Hue[0.5]},{Hue[0.3],Dashing[{0.01}]}},
     SymbolShape->{PlotSymbol[Box],
                    PlotSymbol[Star],
       PlotSymbol[Diamond, Filled->False],
       PlotSymbol[Triangle]}, PlotJoined->True];
```

예제 19 | 다음 자료를 사용하여 사용자가 지정한 기호를 그래프 위에 표시하시오.

```
list1 = Table[{x, Sin[2Pi*x]}, {x,0,1,0.1}];
list2 = Table[{x, Cos[2Pi*x]}, {x,0,1,0.1}];
list3 = Table[{x, Sin[Pi*x]}, {x,0,1,0.1}];
list4 = Table[{x, x}, {x,0,1,0.1}];
list5 = Table[{x, x^3}, {x,0,1,0.1}];
```

을 사용하시오. 사용자가 지정한 그래프 기호로는

RegularPolygon[6,2], RegularPolygon[4,2],
RegularPolygon[3, 2],
RegularPolygon [5,2,{0,0},0,2]

를 사용하되 기호를 순환적으로 사용하고, 또한 각 자료의 자료점을 잇는 선분의 색상과 모양을 다양하게 변경하시오.

풀이

```
star=RegularPolygon[5,2,{0,0},0,2];
diamond=RegularPolygon[4, 2];
hexa=RegularPolygon[6, 2];
triangle=RegularPolygon[3, 2];
MultipleListPlot[list1,list2,list3,list4,list5,
   DefaultFont->{"Times",12},
   SymbolShape->{MakeSymbol[star],
        MakeSymbol[hexa],
        MakeSymbol[diamond],
        MakeSymbol[triangle]},
   PlotStyle->{{Dashing[{0.01}],Hue[0]},
        {Thickness[0.005], Hue[0.2]},
        {Dashing[{0.01}],Hue[0.4]},
        {Dashing[{0.01}], Hue[0.6]},
        {Dashing[{0.01,0.02,0.04}],Hue[0.8]}},
   PlotJoined->True];
```

기호를 순환적으로 사용함

각 점을 선분으로 연결

자료점을 여러 가지 도형으로 표시

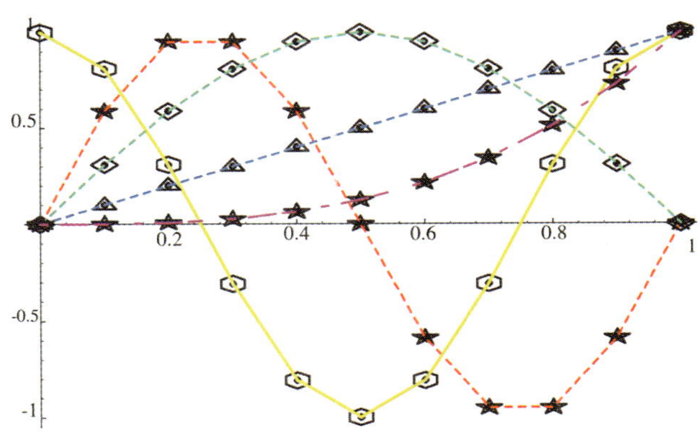

3.4.7 그래프의 배열

명령어 Show[{g1,g2,...}]은 여러 개의 그래프를 한 개의 그래프 축에 보여준다. 그러나 경우에 따라서는 여러 개의 그래프를 한 개의 셀 내에 행렬과 같은 형태로 배열할 필요가 있는데 이때 필요한 명령어는 GraphicsArray이다. 이 절에서는 이미 나온 그래프를 선택사항을 첨가하여 다시 보여주고, 여러 개의 그래프를 일차원, 이차원 배열을 이용하여 보여주는 방법에 대하여 살펴보기로 한다.

명령어	설 명
Show[GraphicsArray[{p1,p2,...}]]	그래프 p1, p2,...을 한 행으로 나열함
Show[GraphicsArray[{{p1},{p2},...}]]	그래프 p1, p2,...을 한 열로 나열함
Show[GraphicsArray[{{p1,p2,...},...}]]	그래프 p1, p2,...을 행과 열로 나열함

예제 20 | 다음 예문은 2차원 배열로 그래픽 객체를 보여준다.

풀이

포인트 그래픽 객체

```
pts1={{-1,2},{-2,1},{-2,-1},{-1,-2},{0,-1},{1,-2},
  {2,-1},{2,1},{1,2},{0,1},{-1,2},{-1,4},{0,5},{1,4},{1,2}};
pts2={{0,4},{-1,3},{3,-1},{4,0},{3,1},{-1,-3},{0,-4},
  {1,-3},{-3,1},{-4,0},{-3,-1},{1,3},{0,4}};
Honeycomb={RGBColor[1,0,0],Line[pts1],
                    Line[{{0,-1},{0,1}}]};
Carpet={GrayLevel[0.8],Polygon[pts2]};
Target={RGBColor[0,0,1],Circle[{0,0},0.5],
          CMYKColor[1,0,0,0],Circle[{0,0},1],
          CMYKColor[0,1,0,0],Circle[{0,0},1.5],
          CMYKColor[1,0,1,0],Circle[{0,0},2]};
Flower={Hue[0.2],Disk[{0,3},{1,3}],
          Hue[0.4],Disk[{0,-3},{1,3}],
Hue[0.6],Disk[{3,0},{3,1}],Hue[0.8],Disk[{-3,0},{3,1}]};
t1=Show[Graphics[Honeycomb],Axes->None,
          Ticks->None, DisplayFunction->Identity];
t2=Show[Graphics[Target,AspectRatio->Automatic],
   Graphics[{Hue[0.01], PointSize[0.1],Point[{0,0}]}],
                    DisplayFunction->Identity];
```

객체의 2차원 배열

```
result=Show[GraphicsArray[{{t1,Graphics[Carpet]},
    {Graphics[Flower,AspectRatio->Automatic],t2}}],
              DisplayFunction->$DisplayFunction];
```

예제 21 | 앞의 예제 20의 결과로 얻어진 그래픽 객체 result에 그래프 틀을 표시하되 눈금은 표시하지 않고, 남쪽 틀에서 시작하여 틀의 4변에 각각 시계방향으로 제목을 "1, 2, 그래픽 객체의 2차원 배열, 4"이라고 넣으시오. 글자의 크기는 "Times 20호"를 사용하시오

풀이

```
myplot=Show[result,
        DisplayFunction->$DisplayFunction,
        Frame->True, FrameTicks->None,
        DefaultFont->{"Times",18},
        FrameLabel->{"1", "2",
              "그래픽 객체의 2차원 배열", "4"}];
```

2행 2열의 그래프 배열

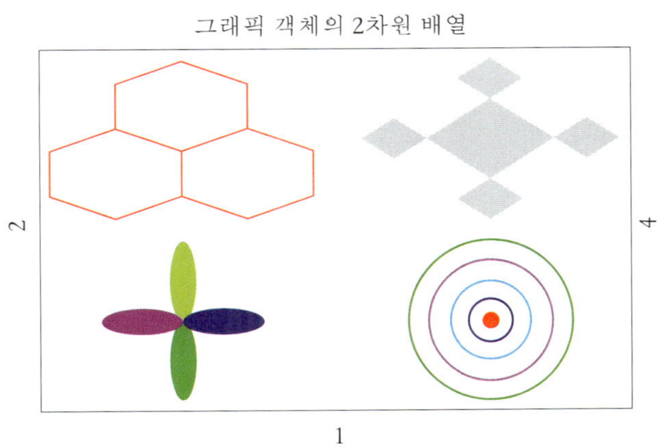

선택사항 FrameLabel->{...}은 남쪽방향에서부터 시계방향으로 이름이 붙여진다. 선택사항 GraphicsSpacing->{h,v}을 이용하면 그래프간의 간격을 수평과 수직으로 각각 h, v(전체 폭과 높이에 대한 비율)만큼 각각 넓힐 수 있다.

예제 22 | 앞의 예제 21의 객체 myplot에 선택사항 GraphicsSpacing을 활용하여 배열 내의 각 그래픽 객체의 수직 및 수평 간격을 조절하여 보시오.

풀이 Show[myplot, GraphicsSpacing->{0.4,0.3}];

GraphicsSpacing -> {0.4,0.3}은 그 결과를 수평으로 그래프 가로 길이의 0.4배만큼, 세로 길이의 0.3배만큼, 간격을 줌

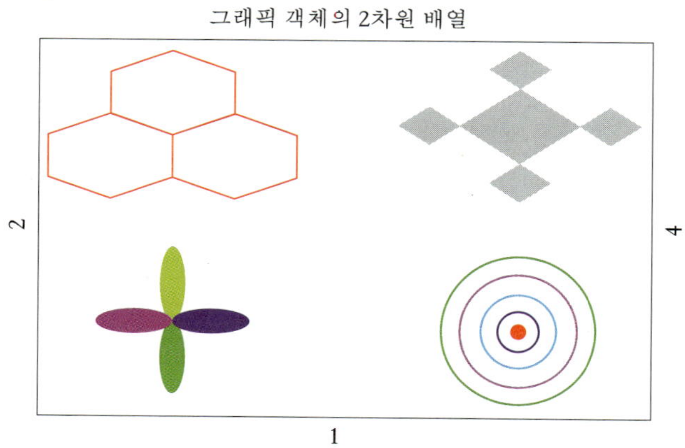

예제 23 | 다음 그래픽스 객체 g1, g2, g3, g4를 적절히 1차원 및 2차원으로 배열하시오.

풀이

```
h1=Plot[Sin[x],{x, -5, 5},
        PlotStyle->{Thickness[0.02],Hue[3/4]},
        DisplayFunction->Identity,
        AspectRatio->Automatic];
h2=Plot[{-Sqrt[9-x^2],Sqrt[9-x^2]},{x,-3, 3},
        PlotStyle->{{Dashing[{0.05}],
            Thickness[0.02],Hue[1/8]},
            {Thickness[0.02],Hue[2/4]}},
        DisplayFunction->Identity,
        AspectRatio->Automatic];
g1=Show[{h1,h2},DefaultFont->{"Times",11},
```

```
DisplayFunction->$DisplayFunction,
PlotLabel->FontForm["Circle & Sine",
    {"Helvetica-Bold",8}]];
```

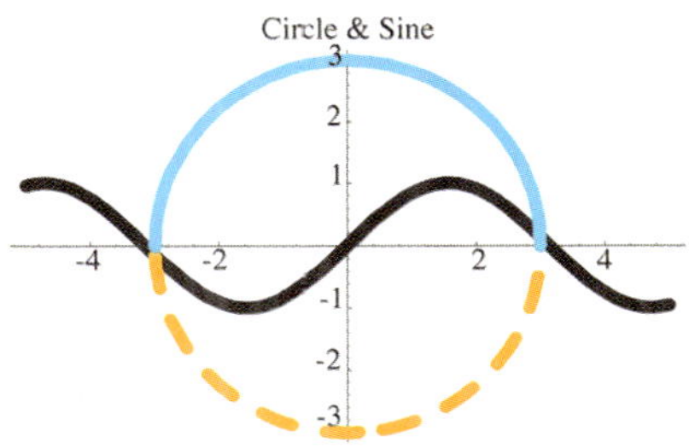

Plot3D: 3.5절 참조

```
g2=Plot3D[{Sin[x^2+y^2],Hue[x/3]},
   {x,0,3},{y,0,3},DefaultFont->{"Times",7},
   PlotLabel->FontForm["Earth Wave",
                {"Helvetica-Bold",8}]];
```

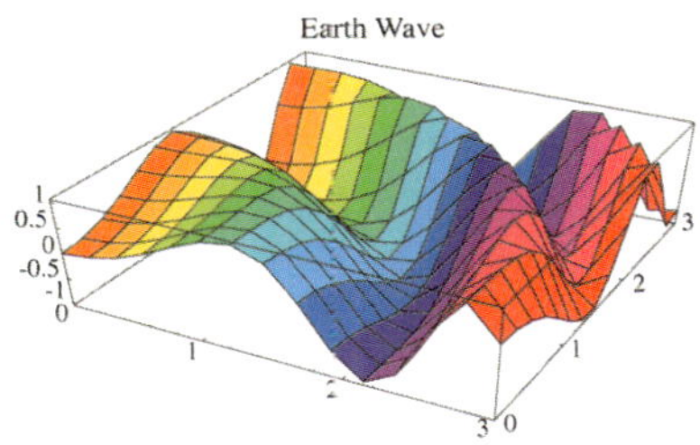


```
g3=Plot[Cos[4x],{x,0,2Pi},
   GridLines->Automatic,Ticks->Automatic,
   PlotStyle->{{Thickness[0.02],Hue[0.05]}},
   DefaultFont->{"Times",9},Frame->True,
   PlotLabel->FontForm["Cosine 파동",
      {"Helvetica-Bold",9}]];
```

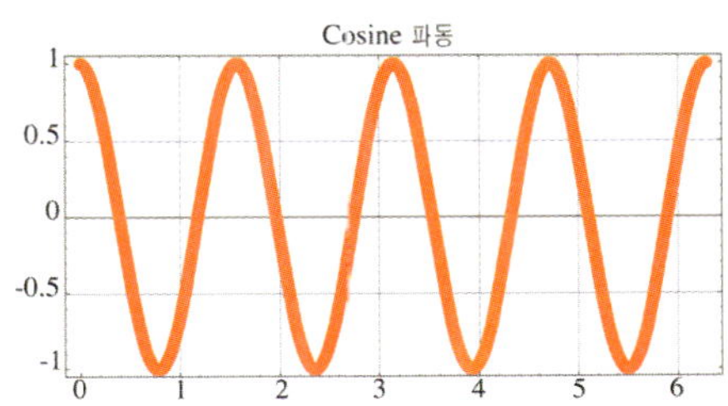

```
g4=Plot[Sin[2x]^4*Exp[-x],{x,0,3},
     PlotRange->{0,0.5}, AspectRatio -> 1/3,
     PlotStyle->{{Thickness[0.01],Hue[0.01]}},
     PlotLabel->FontForm["바람",
                    {"Times-Italic-Bold",12}],
     Frame->True, DefaultColor->Hue[0.7],
     FrameLabel->{FontForm["봄",
          {"Arial-Bold",10}],"여름","가을","겨울"}];
```

봄: Arial-Bold 10호

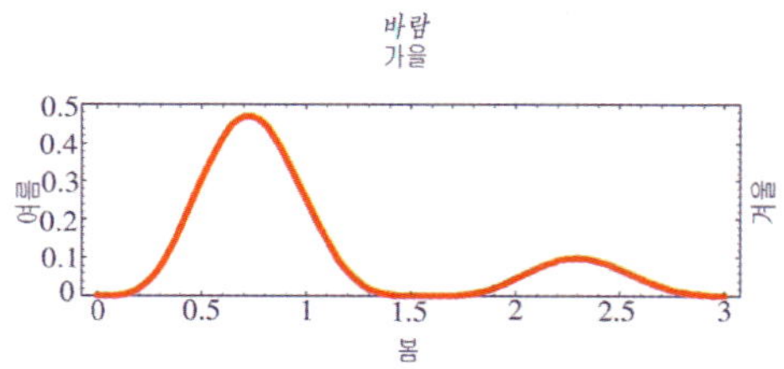


```
Show[GraphicsArray[{g1,g2,g3,g4}],
    PlotRange->{-0.3,1}, GraphicsSpacing->{0,0}];
```

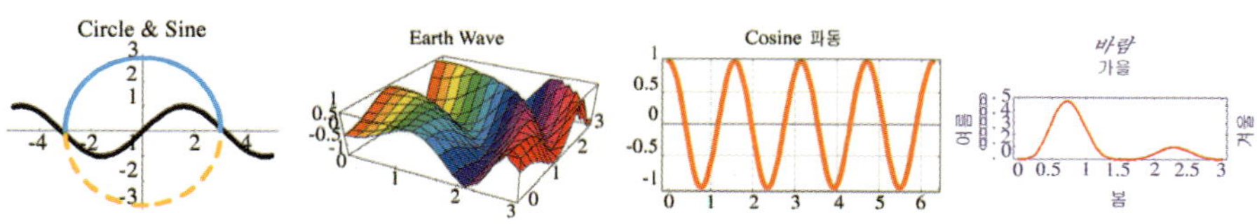


```
Show[GraphicsArray[{{g1,g2},{g3,g4}}],
    PlotRange->All, GraphicsSpacing->{0,0.1}];
```

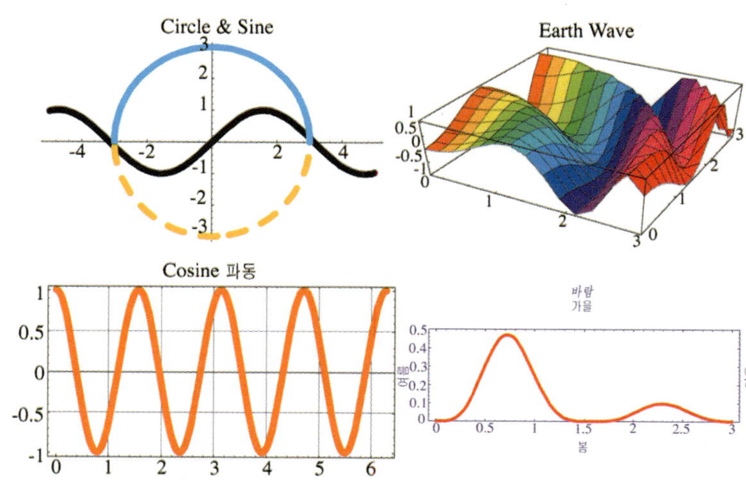

예제 24 | 극좌표 방정식이 다음과 같이 주어져 있다.

$$r = a\sin\left(\frac{qt}{p}\right) + b$$

단, $a = 100$, $b = 15$, $p = 2, 3, 4$이고 $q = 8, 9, 10, 11$으로 선택하고, Table[PloarPlot[eqn,선택사항],{p,2,4},{q,8,11}]; 을 사용하여 2차원 그래픽 객체의 목록 tt를 생성하되 선택사항 DisplayFunction -> Identity를 넣어 그래프가 출력되지 않도록 하시오. Axes, PlotPoints, PlotLabel, PlotStyle 등의 선택사항을 추가하고, 명령어 GraphicsArray를 활용하여 위에서 얻은 목록을 배열로 출력하시오.

풀이

함수 패키지 호출

```
Needs["Graphics`Graphics`"]
a = 100; b = 15;
tt = Table[PolarPlot[a*Sin[q*t/p]+b,{t,0,4p*Pi},
          PlotStyle->Hue[Random[ ]],
          PlotPoints-> 50,
          DisplayFunction->Identity,
          Axes->None,
     PlotLabel->FontForm["PolarGraphs",
                    {"Times-Italic-Bold",7}]],
     {p,2,4}, {q,8,11}];
```

그림을 감춤 (DisplayFunction->Identity)

축을 없앰 (Axes->None)

2차원 배열로 보여줌

```
Show[GraphicsArray[tt]];
```

☞ 위의 *Hue[Random[ ]]*은 RGBColor[Random[ ],Randcm[ ],Random[ ]]으로 변경가능.

3.4.8 함수 사이의 영역 채색하기

이 절에서는 직교좌표계에서 표현된 함수 사이의 영역을 채색하는 방법을 알아보기로 한다. 함수 사이의 영역을 채색하려면 Graphics`FilledPlot`을 먼저 호출하여야 한다.

명 령 어	설 명
FilledPlot[f,{x,xmin,xmax}, 선택사항];	함수 f(x)와 x축 사이의 영역을 구간 안에서 선택사항으로 채색
FilledPlot[{f,Axis}, {x,xmin,xmax},선택사항];	함수 f(x)와 x축 사이의 영역을 구간 안에서 선택사항으로 채색
FilledPlot[{f1,f2,...,fn}, {x,xmin,xmax},선택사항];	여러 개의 함수 f1,f2,...,fn 사이의 영역 및 fn과 x축 사이의 영역을 구간 내에서 선택사항으로 채색
ListFilledPlot[{{x1,y1},{x2,y2},...},선택사항];	곡선과 x축 사이의 영역을 선택사항으로 채색
ListFilledPlot[data1,data2,...,선택사항];	data1, data2, ... 사이의 영역을 선택사항으로 채색

FilledPlot 명령어에 사용되는 선택사항과 기본값을 알아보자.

```
AspectRatio->GoldenRatio^(-1),      Axes->Automatic,
AxesFront->True,                    AxesLabel->None,
AxesOrigin->Automatic,              AxesStyle->Automatic,
Background->Automatic,              ColorOutput->Automatic,
Compiled->True,                     Curves->Back,
DefaultColor->Automatic,            DefaultFont:>$DefaultFont,
DisplayFunction:>$DisplayFunction   Epilog->{ },
Fills->Automatic,                   Frame->False,
FrameLabel->None,                   FrameStyle->Automatic,
FrameTicks->Automatic,              GridLines->None,
MaxBend->10.,                       PlotDivision->20.,
PlotLabel->None,                    PlotPoints->25,
PlotRange->Automatic,               PlotRegion->Automatic,
PlotStyle->Automatic,               Prolog->{},
RotateLabel->True,                  Ticks->Automatic
```

이 외의 선택사항은 다음 표와 같다.

선택사항	설 명
Fills->{...,{{k,k+1},색상},...}	k번째 함수와 k+1번째 함수 사이의 영역을 주어진 색상으로 채색
Curves->Back Curves->Front Curves->None	곡선을 뒤로 숨김(기본 설정값) 곡선을 앞면에 보이게 함 곡선을 그리지 않음

예제 25 | 3개의 함수 $\sin x$, $\frac{x}{4}$, $\log(1+\cos^2 x)$ 및 x축 사이의 영역을 $[0, 3\pi]$에서 각각 색상 Hue[0.1], Hue[0.2]와 Hue[0.3]으로 채색하고 그래프의 제목을 "채색 영역"으로 붙이시오. 단, $\sin x$ 함수는 점선 폭 0.02(절대단위), 색상 Hue[0.01]로, $\frac{x}{4}$ 함수는 점선 폭 0.01(절대단위), 색상 Hue[0.7]로, $\log(1+\cos^2 x)$ 함수는 실선폭 0.02(절대단위), 색상 Hue[0.5]로 채색하시오.

풀이

영역 채색함수 패키지 호출

Axis: x축

곡선을 앞면에 보임

그림제목: 채색영역

제 1 그래프는 두께 0.02, 색상 Hue[0.7]으로 그림

```
Needs["Graphics`FilledPlot`"]
FilledPlot[{Sin[x],x/4,Log[1+Cos[x]^2]},{x,0,3Pi},
   Fills->{{{1,2},Hue[0.1]},{{2,3},Hue[0.2]},
           {{3,Axis},Hue[0.3]}},
   Curves->Front,DefaultFont->{"Helvetica",9},
   AspectRatio->Automatic,
   PlotLabel->FontForm["채색 영역",
                     {"Helvetica-Bold",9}],
   PlotStyle->{{Dashing[{0.02}],Hue[0.01]},
               {Dashing[{0.01}], Hue[0.7]},
               {Thickness[0.02], Hue[0.5]}}];
```

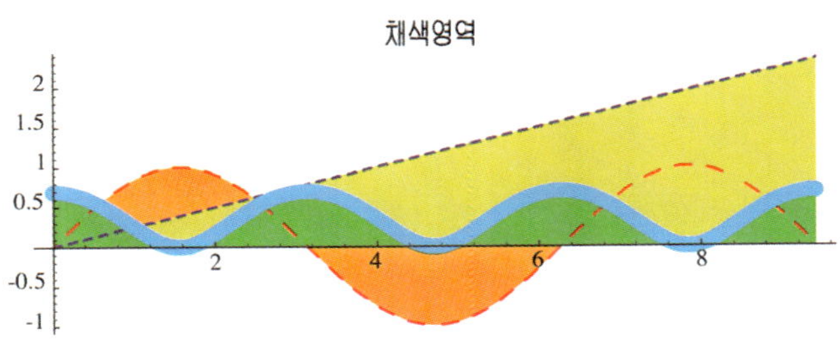

예제 26 | 2개의 자료

data1={{1.1,2},{2.5,1},{4.5,3},{5.2,1}}
data2={{1.1,sin1.1},{2, $\sqrt{2}$ },{5,cos3},{5.2,e}}

의 사이 영역을 색상 Hue[0.5]로 채색하고 그래프의 제목을 "Data 채색"으로 붙이시오. data1은 점선 폭 0.02(절대치), 색상 Hue[0.01]으로 채색하시오. data2는 실선 폭 0.02(절대치), 색상 Hue[0.7]로 채색하시오.

풀이

내부 채움
색상 번호: Hue[0.5]

```
Needs["Graphics`FilledPlot`"];
data1={{0.5,1},{1.5,2},{2.5,1},{3.5,3},{4.5,1}};
data2={{1.1,Sin[1.1]},{2,Sqrt[3]},
        {4,Cos[0.2Pi]},{5.2,Exp[1]}};
ListFilledPlot[data1,data2,
   Fills->Hue[0.5], Curves->Front,
   DefaultFont->{"Helvetica",10},
   AspectRatio->Automatic,
   PlotLabel->FontForm["Data 채색",
                       {"Helvetica-Bold",10}],
   PlotStyle->{{Dashing[{0.02}],Hue[0.01]},
               {Thickness[0.02],Hue[0.7]}} ];
```

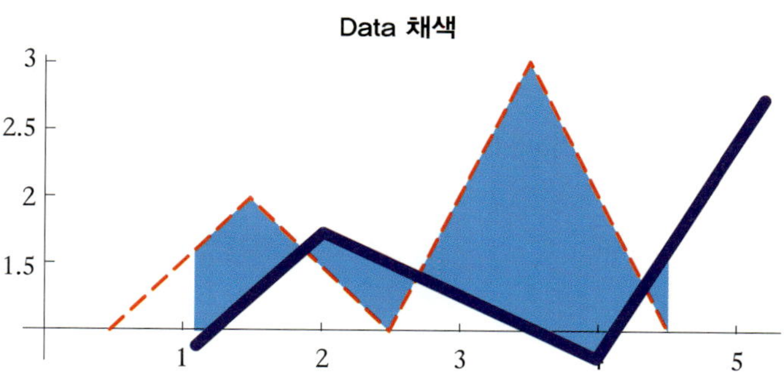

예제 27 | $(0 \le t \le 2\pi)$에 대하여 연주형 곡선

$$r^2 = a^2 \cos 2t = a^2 (\cos^2 t - \sin^2 t)$$

과 $y=0$ 및 $-a \le x \le a$으로 나누어지는 다음 그림과 같은 4개의 영역을 FilledPlot 구문을 사용하여 서로 다른 색상으로 채색하시오.

단, y1과 y2는 직교좌표계에서 각각 연주형 곡선의 상반부 및 하반부를 표시한다.

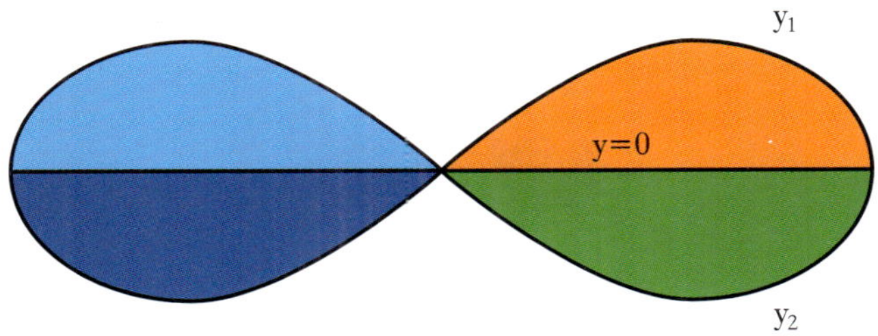

풀이

(* **FilledPlot** 구문을 사용하려면 연주형 곡선을 직교좌표계에서 표현하는 것이 중요하다. *)

r을 x, y로 표시

```
r = Sqrt[x^2+y^2];
```

준식의 좌우변을 x, y로 표시하여 그 결과를 h

```
h = a^2 * (Cos[t]^2-Sin[t]^2) /.
        {Cos[t] -> x/r, Sin[t] -> y/r}
```

$$a^2\left(\frac{x^2}{x^2+y^2}-\frac{y^2}{x^2+y^2}\right)$$

r^2=h의 좌우변에 y^2=p를 대입. 이 식에서 p를 x,y의 함수로 구하여 그 결과를 k

```
k = Solve[ (r^2 /. y^2 -> p) ==
           (h /. y^2 -> p), p ]
```

$$\{\{p\to\frac{1}{2}\left(-a^2-2x^2-a\sqrt{a^2+8x^2}\right)\},$$
$$\{p\to\frac{1}{2}\left(-a^2-2x^2+a\sqrt{a^2+8x^2}\right)\}\}$$

p≥0을 선택하여 pp라 함

```
pp = p /. Simplify[k[[2]]]
```

$$\frac{1}{2}\left(-a^2-2x^2+a\sqrt{a^2+8x^2}\right)$$

```
y1 = Sqrt[pp]; y2 = -y1;
```

FilledPlot 호출 (내부 채색)

```
Needs["Graphics`FilledPlot`"];
```

a값 할당

그래픽 객체

```
a  = 10;
g1 = FilledPlot[{y1,0,y2},{x,0,a},
  Axes -> None,
```

```
          DisplayFunction -> Identity,
          Fills->{{{1,2},Hue[0.1]},{{2,3},Hue[0.28]}}];
```
내부채색

```
g2 = FilledPlot[{y1,0,y2},{x,-a,0},
     Axes -> None,
     DisplayFunction -> Identity,
     Fills->{{{1,2},Hue[0.48]},{{2,3},Hue[0.55]}}];
```

그래픽 객체(문자)

```
g3 = Graphics[Text["y1",{8,4}]];

g4 = Graphics[Text["y2",{8,-4}]];

g5 = Graphics[Text["y=0",{4,0.5}]];

Show[{g1,g2,g3,g4,g5},
         AspectRatio -> Automatic,
         DisplayFunction -> $DisplayFunction,
         PlotRange -> {-5,5}];
```
그림 보이기

3.4.9 외부 자료의 그래픽 처리

외부 자료(1.5e-05, 4.99E+03 등의 수치 표현도 포함)를 사용하여 그래프를 그릴 수 있다. 예를 들어 아래와 같은 data1.txt와 data2.txt라는 text 화일이 디렉토리 c:\data에 저장되어 있다고 하자. Text 화일 내의 자료는 하나 이상의 공백으로 구분된다.

data1.txt

0.	0.	0.3141	0.3090	0.6283	0.5877	0.9424	0.8090
1.2566	0.9510	1.5708	1.	1.8849	0.9510	2.1991	0.8090
2.5132	0.5877	0.28274e+01		0.3090	31.415E-01		0.

data2.txt

0.25	0.	0.311188	0.0195783	0.364659	0.0460671	0.404509	0.0771643
0.426381	0.109476	0.427975	0.139058	0.409298	0.162053	0.372611	0.175337
0.322093	0.177072	0.263264	0.167073	0.202254	0.146946	0.145008	0.119961
0.0965468	0.0906634	0.0603747	0.0642926	0.0381107	0.046068	0.0293893	0.0404508

0.0320364	0.0504813	0.042489	0.0772873	0.0563915	0.119838	0.0692798	0.174981
0.0772542	0.237764	0.0775424	0.302008	0.0688733	0.361047	0.0516127	0.408556
0.0276411	0.439343	0.	0.45	-0.0276411	0.439343	-0.0516127	0.408556
-0.0688733	0.361047	-0.0775424	0.302008	-0.0772542	0.237764	-0.0692798	0.174981
-0.0563915	0.119838	-0.042489	0.0772873	-0.0320364	0.0504813	-0.0293893	0.0404508
-0.0381107	0.046068	-0.0603747	0.0642926	-0.0965468	0.0906634	-0.145008	0.119961
-0.202254	0.146946	-0.263264	0.167073	-0.322093	0.177072	-0.372611	0.175337
-0.409298	0.162053	-0.427975	0.139058	-0.426381	0.109476	-0.404509	0.0771643
-0.364659	0.0460671	-0.311188	0.0195783	-0.25	0.	-0.187825	-0.011817
-0.131399	-0.0165995	-0.0866344	-0.0165264	-0.0579103	-0.0148688	-0.0475528	-0.0154508
-0.0555901	-0.0220097	-0.0798027	-0.0375523	-0.116061	-0.0638049	-0.1589	-0.100841
-0.202254	-0.146946	-0.240249	-0.198751	-0.267938	-0.25161	-0.281899	-0.300192
-0.280601	-0.339189	-0.264503	-0.364058	-0.235877	-0.371683	-0.198388	-0.360866
-0.156498	-0.332576	-0.114782	-0.289907	-0.0772542	-0.237764	-0.0468026	-0.182284
-0.0248173	-0.130097	-0.011054	-0.0875011	-0.00375416	-0.0596707	0.	-0.05
0.00375416	-0.0596707	0.011054	-0.0875011	0.0248173	-0.130097	0.0468026	-0.182284
0.0772542	-0.237764	0.114782	-0.289907	0.156498	-0.332576	0.198388	-0.360866
0.235877	-0.371683	0.264503	-0.364058	0.280601	-0.339189	0.281899	-0.300192
0.267938	-0.25161	0.240249	-0.198751	0.202254	-0.146946	0.1589	-0.100841
0.116061	-0.0638049	0.0798027	-0.0375523	0.0555901	-0.0220097	0.0475528	-0.0154508
0.0579103	-0.0148688	0.0866344	-0.0165264	0.131399	-0.0165995	0.187825	-0.011817

각각의 자료 data1.txt과 data2.txt에서 첫 번째 수치부터 시작하여 한 쌍씩 직교좌표상의 좌표 값을 나타낸다고 한다. 이 자료의 그래프를 나타내어 보자.

예제 28 | data1.txt를 나타내는 그래프를 그리시오.

풀이

{Real,Real}은 데이터를 두 개씩 실수 값의 순서쌍으로 나타냄

```
mydata1=ReadList["c:\data\data1.txt",{Real,Real}]
{{0., 0.}, {0.3141, 0.309}, {0.6283, 0.5877},
          {0.9424, 0.809}, {1.2566, 0.951}, {1.5708, 1.},
 {1.8849, 0.951}, {2.1991, 0.809}, {2.5132, 0.5877},
 {2.8274, 0.309}, {3.1415, 0.}}
myplot1 = ListPlot[mydata1,
                    PlotJoined->True];
```

자료점을 선으로 연결

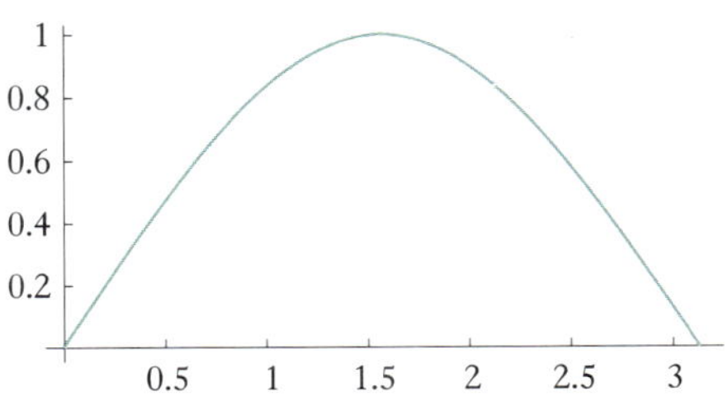

예제 29 | 자료 data2.txt를 나타내는 그래프를 그리시오.

풀이

```
mydata2=ReadList["c:\data\data2.txt",{Real,Real}]
```

{{0.25,0.},{0.311188,0.0195783},{0.364659,0.0460671},{0.404509,0.0771643},{0.426381,0.109476},{0.427975,0.139058},{0.409298,0.162053},{0.372611,0.175337},{0.322093,0.177072},{0.263264,0.167073},{0.202254,0.146946},{0.145008,0.119961},{0.0965468,0.0906634},{0.0603747,0.0642926},{0.0381107,0.046068},{0.0293893,0.0404508},{0.0320364,0.0504813},{0.042489,0.0772873},{0.0563915,0.119838},{0.0692798,0.174981},{0.0772542,0.237764},{0.0775424,0.302008},{0.0688733,0.361047},{0.0516127,0.408556},{0.0276411,0.439343},{0.,0.45},{-0.0276411,0.439343},{-0.0516127,0.408556},{-0.0688733,0.361047},{-0.0775424,0.302008},{-0.0772542,0.237764},{-0.0692798,0.174981},{-0.0563915,0.119838},{-0.042489,0.0772873},{-0.0320364,0.0504813},{-0.0293893,0.0404508},{-0.0381107,0.046068},{-0.0603747,0.0642926},{-0.0965468,0.0906634},{-0.145008,0.119961},{-0.202254,0.146946},{-0.263264,0.167073},{-0.322093,0.177072},{-0.372611,0.175337},{-0.409298,0.162053},{-0.427975,0.139058},{-0.426381,0.109476},{-0.404509,0.0771643},{-0.364659,0.0460671},{-0.311188,0.0195783},{-0.25,0.},{-0.187825,-0.011817},{-0.131399,-0.0165995},{-0.0866344,-0.0165264},{-0.0579103,-0.0148688},{-0.0475528,-0.0154508},{-0.0555901,-0.0220097},{-0.0798027,-0.0375523},{-0.116061,-0.0638049},{-0.1589,-0.100841},{-0.202254,-0.146946},{-0.240249,-0.198751},{-0.267938,-0.25161},{-0.281899,-0.300192},{-0.280601,-0.339189},{-0.264503,-0.364058},{-0.235877,-0.371683},{-0.198388,-0.360866},{-0.156498,-0.332576},{-0.114782,-0.289907},{-0.0772542,-0.237764},{-0.0468026,-0.182284},{-0.0248173,-0.130097},{-0.011054,-0.0875011},{-0.00375416,-0.0596707},{0.,-0.05},{0.00375416,-0.0596707},{0.011054,-0.0875011},{0.0248173,-0.130097},{0.0468026,-0.182284},{0.0772542,-0.237764},{0.114782,-0.289907},{0.156498,-0.332576},{0.198388,-0.360866},{0.235877,-0.371683},{0.264503,-0.364058},{0.280601,-0.339189},{0.281899,-0.300192},{0.267938,-0.25161},{0.240249,-0.198751},{0.202254,-0.146946},{0.1589,-0.100841},{0.116061,-0.0638049},{0.0798027,-0.0375523},{0.0555901,-0.0220097},{0.0475528,-0.0154508},{0.0579103,-0.0148688},{0.0866344,-0.0165264},{0.131399,-0.0165995},{0.187825,-0.011817}}

Graphics의 선택사항 사용가능

```
myplot2=
ListPlot[mydata2, AspectRatio->Automatic,
        PlotStyle->{Hue[0.9],PointSize[0.02]}];
```

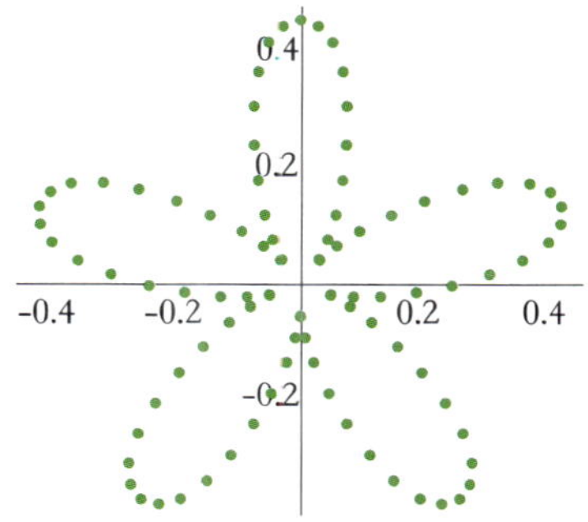

(☞ 외부자료의 파일 이름을 사용할 때는 그 이름의 첫 글자가 b, f, n, t 로 시작하지 않는 것이 좋다. 이 글자들은 파일의 경로를 표기하는 과정에서 \b, \f, \t, \n 등의 제어 문자와 혼동하여 파일 이름을 불러오지 못하게 된다.)

예제 30 | 위 예제 29에서 얻은 그래픽 객체 **myplot1**과 **myplot2**를 한 개 축의 좌표축에 표시하고, 다음과 같은 제목

$$\text{"From Curves } \frac{1}{3} + \frac{\sin 5x}{5} \text{ and } \sin x\text{"}$$

을 색상을 넣어 표시하여 보시오.

풀이

문자열 변수	**ff=**
문자열에 속성을 지정함	**StyleForm["From Curves** $\frac{1}{3} + \frac{\sin 5x}{5}$ **and Sin[x]",**
서체 종류	**FontFamily->"Times",**
글씨 크기, 진한 글씨	**FontSize->14, FontWeight->"Bold",**
글씨 색상	**FontColor->Hue[0.0333]];**
	Show[myplot1,myplot2, PlotRange->All,
	Axes->None, Ticks->None, PlotLabel->ff];

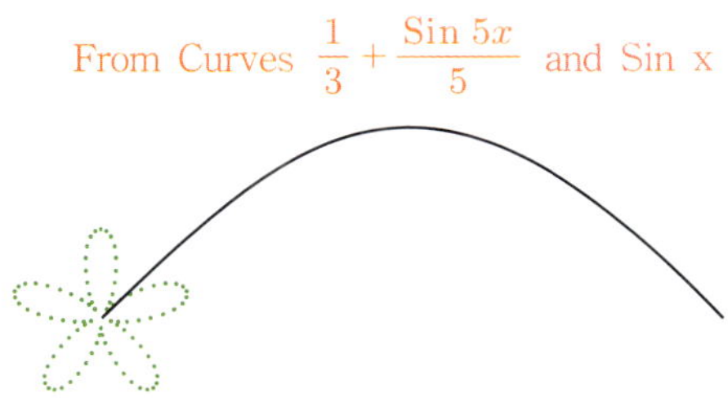

다음은 경로 C:\data\data3.txt에 수록된 외부 수치자료 파일이다. 각각의 수치는 공백으로 분리되어 있다.

data3.txt

0.	0.	0.392699	0.5	0.785398	0.	1.1781	0.5	1.5708	0.	1.9635	0.5
2.35619	0.	2.74889	0.5	3.14159	0.	2.74889	0.25	2.35619	0.	1.9635	0.25
1.5708	0.	1.1781	0.25	0.785398	0.	0.392699	0.25	0.	0.		

예제 31 | data3.txt 화일을 처음부터 한 쌍씩 실수로 읽어들여 **ListPlot** 명령어로 그래프를 그리되 다음 선택 사항을 사용하고 그래프 객체이름을 **mydata3**으로 정하시오.

```
PlotStyle->{PointSize[0.02], Thickness[0.01],
            Dashing[{0.02}], Hue[0]},
PlotJoined->True
```

풀이

```
mydata3=ReadList["c:\data\data3.txt",{Real,Real}]
myplot3=ListPlot[mydata3,
PlotStyle->{PointSize[0.02],Thickness[0.01],
          Dashing[{0.02}],Hue[0]},
PlotJoined->True];
```

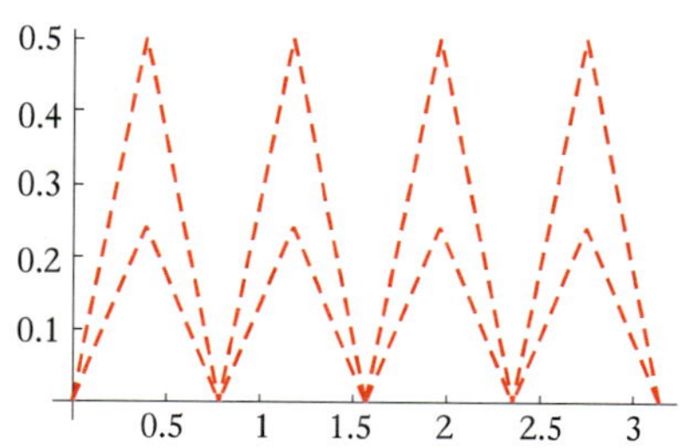

다음은 위의 예제 28, 29, 31에서 얻은 3자료의 그래프를 한 개의 좌표축에 그리고 범례상자를 삽입하는 내용이다. 이를 위해서 이미 3.3.2절에서 설명한 바 있는 명령어

ShowLegend[graphic, legend1, legend2, ...]

를 사용하되 다음과 같은 새로운 선택사항을 넣어서 활용하는 방법을 알아보기로 하자.

{{{box1,text1},{box2,text2}, ...}, legend_opts}

이 선택사항은 수직으로 배열한 작은 범례 상자 {box1,text1},{box2,text2},..., 들을 범례옵션 **legend_opts**에 맞게 배치하여 준다. 범례상자를 둘러싸는 틀(음영 있음)을 제거하려면 **LegendShadow->None**을 사용한다. 기타 범례옵션은 3.3.2절을 참고한다. 각 자료의 범례상자 **box1, box2, ..., box$_i$, ...** 는 각각 그래픽 속성을 부여할 수 있다. **text1, text2, ..., text$_i$, ...** 는 각 자료의 범례상자를 설명하는 텍스트 문자열이다. 다음 예제를 통하여 사용법을 살펴보자.

예제 32 | 위 예제 28, 29, 31에서 얻은 3자료의 그래프 **myplot1, myplot2, myplot3** 를 한 개의 좌표축에 그리고 범례상자를 삽입하시오. 각각의 자료를 설명하는 범례상자(**box$_i$**)의 색상은 자료의 색상과 일치시키고 범례상자 옆에는 자료를 설명하는 텍스트 문자열(**text$_i$**)를 "Flower", "Sine Curve", "Sawteeth"를 넣으시오.

풀이

```
myfinalplot=Show[myplot1,myplot2,myplot3,
PlotRange->All, Axes->]None,Ticks->None];
```

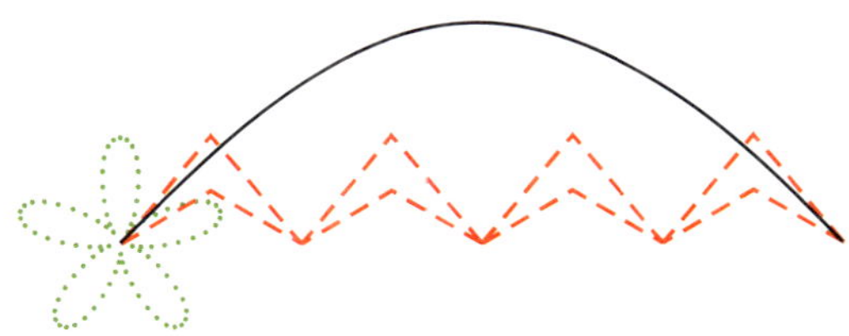

```
ShowLegend[myfinalplot,
{{{Hue[1/3],"Flower"},{CMYKColor[0,0,0,1],
        "Sin Curve"},{Hue[0],"Sawteeth"}},
        LegendShadow->None,
        LegendSize->{1,0.4},
        LegendPosition -> {1.1, -.3}}]
```

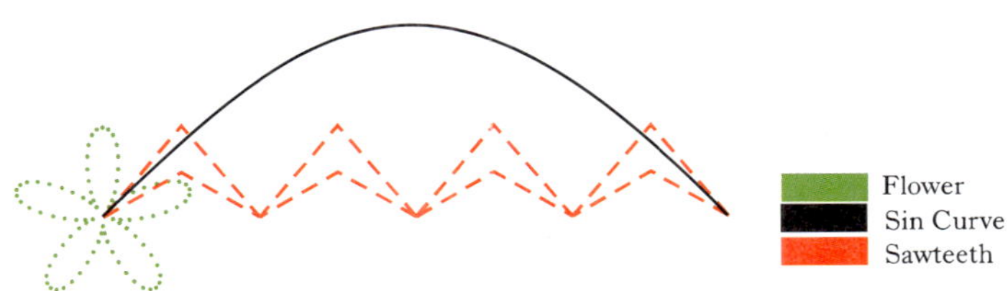

3.4.10 통계 그래픽

다음은 통계에서 사용하는 막대 그래프와 부채꼴 그래프에 관하여 알아본다.

명 령 어	설 명
BarChart[자료,선택사항]	주어진 자료를 막대그래프로 그림
PieChart[자료,선택사항]	주어진 자료를 부채꼴 그래프로 그림

위 함수를 사용하기 위하여 패키지 Graphics`Graphics`을 먼저 부른다.

예제 33 |

(1)

```
Needs["Graphics`Graphics`"]
p=Table[Prime[n],{n,10}]
{2, 3, 5, 7, 11, 13, 17, 19, 23, 29}
BarChart[p,
   DefaultColor->Hue[0.7],
   DefaultFont->{"Times",11}];
```

막대 그래프

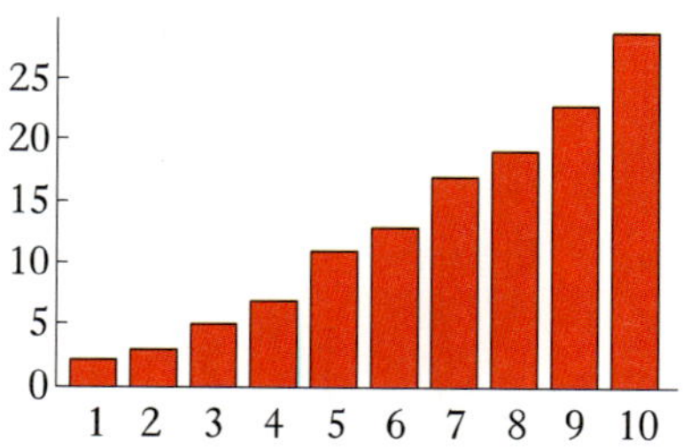

(2)

```
PieChart[p,
   DefaultFont->{"Times",11}];
```

부채꼴 그래프

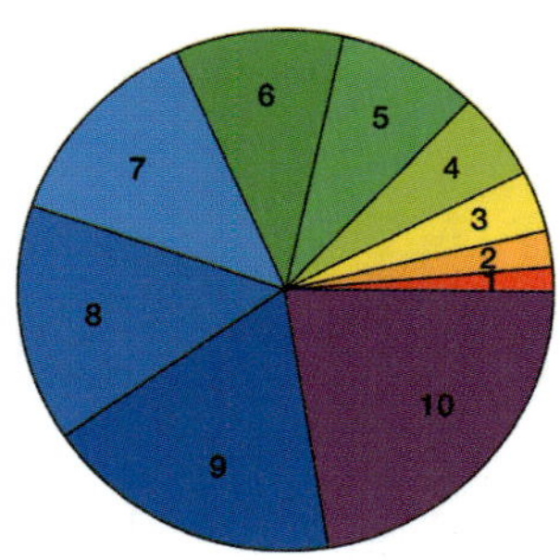

3.4.11 일반 곡선 그리기

일반 곡선을 그리기 위해서는 수치해석학에서 사용하는 Spline 함수를 사용한다. 이를 위해서는 먼저 패키지 Graphics`Spline`을 부른다. 스플라인 곡선의 형성은 수많은 Line 그래프 속성을 사용하여 이루어지므로 스플라인 곡선은 그래프 속성으로 취급되어 Line 또는 Polygon 등의 자변수로 사용할 수 있다.

명 령 어	설 명
Spline(points, type, 선택사항)	주어진 점을 type(CompositeBezier,Cubic, Bezier, 중 택일)로 그리는 스플라인 곡선의 그래프 속성

선택사항의 종류는 다음과 같다.

선택사항	기 본 값	설 명
SplineDots	None	보간점(조절점)을 보여주지 않음 Automatic : 보간점을 붉은색으로 보여줌
SplinePoints	25	보간점의 초기 개수
MaxBend	10	이웃하는 선분 사이의 각도
SplineDivision	20	부드러운 곡선을 만들기 위한 최대 나눔 횟수

예제 34 | 점 (0,0), (1,2), (−1,3), (0,1), (3,0)에서 각각의 점을 색상 GrayLevel[0]인 직선으로 연결하고, 동시에 이 점을 Cubic 색상 Hue[0]의 스플라인 곡선으로 그려서 한 개의 그래프 축에 표시하시오.

풀이

스플라인 그래픽 패키지 호출

```
<<Graphics`Spline`
```

좌표목록

```
pts={{0,0},{1,2},{-1,3},{0,1},{3,0}};
Show[Graphics[{{Hue[0],Line[pts]},
        {GrayLevel[0],Spline[pts,Cubic]}}],
    PlotRange->All];
```

그래프의 전 범위를 표시

5개의 점을 직선 및 삼차 스플라인 곡선으로 그림

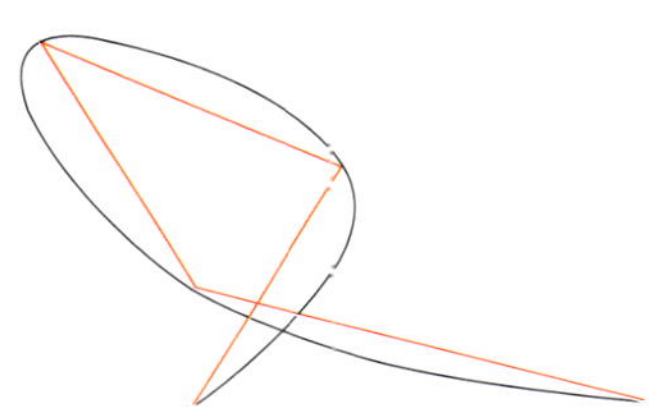

```
Show[Graphics[{{Hue[0.6],Line[pts]},
        {GrayLevel[0],
            Spline[pts,CompositeBezier,
                SplineDots->Automatic]}}],
 PlotRange->All];
```

5개의 점을 직선 및 CompositeBezier 스플라인 곡선으로 그림

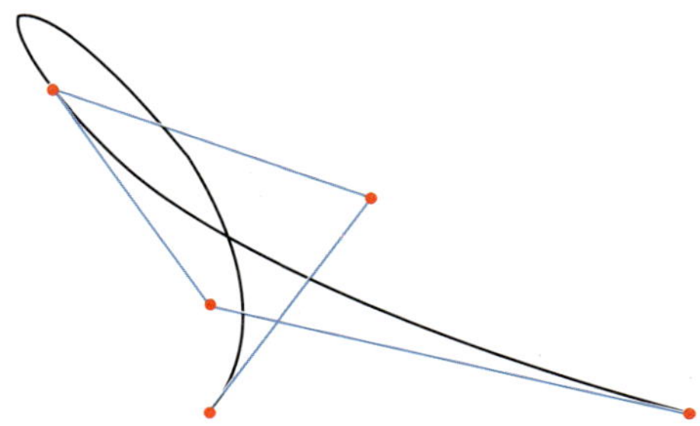

예제 35 | 점 (1,0)에서 (0,1)에 이르는 곡선을 다음과 같이 Bezier 형식의 스플라인 곡선으로 정의한다.

```
mycurve=Spline[{{1,0},{1.5,0},{1.5,0.5},{2,3},
                {0.7,1.6},{0,1.5},{0,1}},Bezier]
```

이 곡선을 3개의 꼭지점 (0,1), (0,0), (1,0)과 함께 Polygon 및 Line의 4번째 자변수로 사용하고 이 다각형을 Show[Graphics[ ]] 구문으로 표시하시오.

풀이

곡선으로 그림

```
<<Graphics`Spline`
mycurve=Spline[{{1,0},{1.5,0},{1.5,0.5},{2,3},
        {0.7,1.6},{0,1.5},{0,1}},Bezier ];
Show[Graphics[{Hue[0.5],
          Polygon[{{0,1},{0,0},{1,0},mycurve}]}]];
```

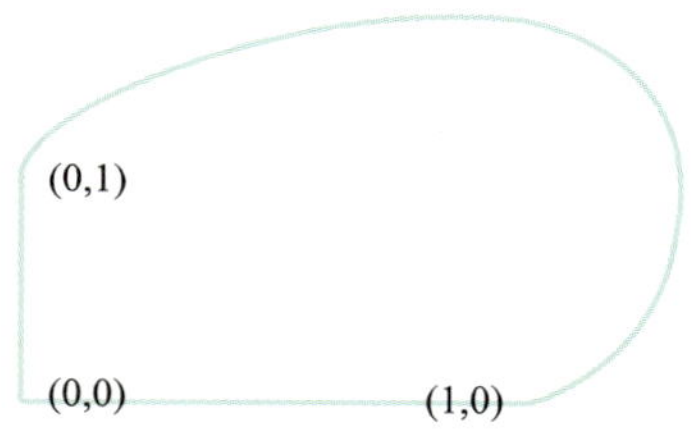

```
txt={Text["(0,1)",{0,1}], Text["(0,0)",{0,0}],
     Text["(1,0)",{1,0}]};
Show[Graphics[{txt,{Hue[0.5],
        Line[{{0,1},{0,0},{1,0},mycurve}]}}] ];
```

3.5 삼차원 그래픽

이 절에서는 삼차원 공간에서의 그래픽 요소, 이변수 함수 $z=f(x,y)$, 매개함수 $x=f(t)$, $y=g(t)$, $z=h(t)$ 또는 $x=f(s,t)$, $y=g(s,t)$, $z=h(s,t)$의 그래프, 삼차원 자료의 그래프 및 원주좌표계와 구면좌표계에서의 그래프를 사용하는 방법에 대하여 알아보기로 한다.

3.5.1 삼차원 그래픽 요소

삼차원 그래픽 요소는 평면 좌표를 갖는 이차원 그래픽 요소를 확장하여 공간 좌표를 갖는 요소로 이루어 있으며 주요 그래픽 요소는 다음과 같다.

명 령 어	설 명
Point[{x,y,z}]	점(x,y,z)
Line[{{x1,y1,z1},{x2,y2,z2},...}]	(x1,y1,z1), (x2,y2,z2)을 통과하는 직선
Cuboid[{x1,y1,z1},{x2,y2,z2}] *	(x1,y1,z1), (x2,y2,z2)을 정점으로 하는 직육면체
Polygon[{{x1,y1,z1}, {x2,y2,z2},...}]	(x1,y1,z1), (x2,y2,z2),...을 꼭지점으로 갖는 다각형
Text[expr,{x,y,z}]	좌표 (x,y,z)를 중심으로 expr을 씀

☞ * 2차원 요소이름은 Rectangle 이다.

예제 1 |

Cuboid[{x,y,z}]는 Cuboid[{x,y,z}, {x+1,y+1,z+1}]과 같다.

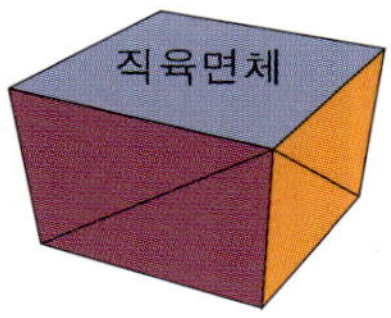

3차원 그래픽 요소는 Graphics3D로 나타낸다.

```
cb3=Graphics3D[Cuboid[{0,0,0}],Boxed->False];
pt3=Graphics3D[{PointSize[0.02],
      Point[{0,0,0}],Point[{0,1,0}],Point[{1,0,0}],
      Point[{1,1,0}],Point[{0,0,1}],Point[{0,1,1}],
      Point[{1,0,1}],Point[{1,1,1}]}];
ln3=Graphics3D[Line[{{0,0,0},{1,0,1},{1,1,0}}]];
tx=Graphics3D[Text[FontForm["직육면체",
          {"Helvetica-Bold",10}], {0.5,0.5,1}]  ]
Show[cb3,pt3,ln3,tx];
```

3.5.2 $z=f(x,y)$의 그래프

명령어	설 명
Plot3D[f[x,y], {x,xmin,xmax}, {y,ymin,ymax},선택사항]	x, y에 관한 함수 f의 x 범위가 [xmin, xmax], y 범위가 [ymin, ymax]일 때, 함수 $z=f(x,y)$의 그래프를 그림
Plot3D[{f[x,y], s}, {x,xmin,xmax}, {y,ymin,ymax},선택사항]	x, y에 관한 함수 f의 x 범위가 [xmin, xmax], y 범위가 [ymin, ymax]일 때, 함수 $z=f(x,y)$의 그래프를 빗금 색상 s를 사용하여 그림

예제 2 |

(1)

```
Plot3D[Sin[x y],{x,0,Pi},{y,0,Pi}];
```

$z=\sin(xy)$의 그래프를 $0\le x,\ y\le\pi$에서 그림

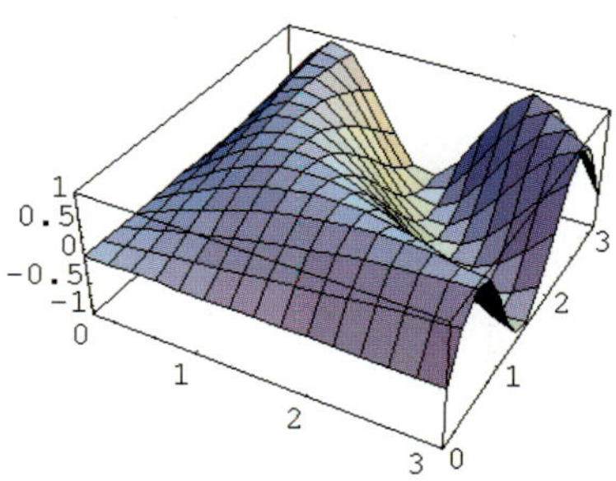

(2) **Plot3D[Cos[x y],{x,0,Pi},{y,0,Pi},
Boxed->False];**

Boxed -> False는 위 예에서 본 테두리를 없앰

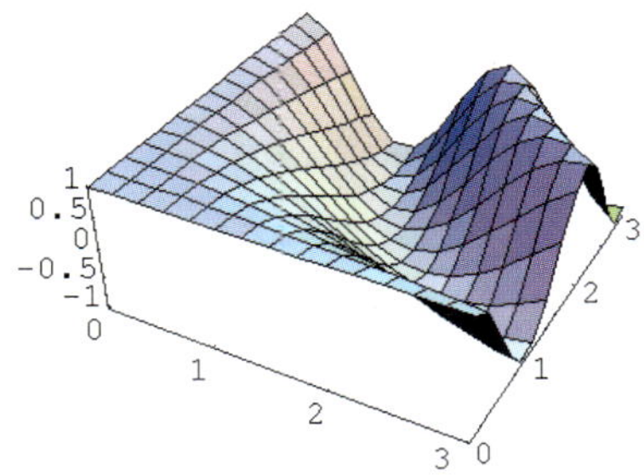

Sin[x y], Cos[x y]에서 같이 x와 y 사이에 반드시 빈칸을 주거나 x*y로 해야 한다. 만일 xy와 같이 빈칸이 없으면 xy를 하나의 변수로 생각하여 일변수 함수가 된다. 선택사항에 대하여 알아보자. 이미 설명된 선택사항은 생략한다.

이 름	기 본 값	설 명
AxesLabel	None	좌표축의 이름을 부여함 {"x축", "y축", "z축"}과 같이 택함
Boxed	True	입체감을 주기 위한 좌표 상자 틀을 설정함
ColorFunction	Automatic	높이 z값에 따른 색상 구분함수
FaceGrids	None	좌표 틀 안에 격자선을 표시 All을 택하면 모든 면에 격자선이 표시됨
HiddenSurface	True	보이지 않는 면을 설정
Lighting	True	빛이 곡면에 조사되도록 설정
Mesh	True	곡면에 격자선을 부여함
MeshRange	Automatic	{{xmin,xmax},{ymin,ymax}} 격자선이 표시될 x, y 좌표의 범위 설정
MeshStyle	Automatic	격자선에 그래픽스 속성 부여
PlotRange	Automatic	그래프의 좌표 범위. All, {zmin, zmax}, {{xmin,xmax},{ymin,ymax},{zmin, zmax}}
Shading	True	곡면에 명암을 부여함
ViewPoint	{1.3,-2.4,2}	곡면을 바라보는 시점의 위치 (x, y, z)
PlotPoints	25	곡선을 표현하기 위한 표본점의 개수
ColorOutput	Automatic	출력 색상의 종류

Plot3D 명령어에 ViewPoint를 설정하려면 우선 Plot3D[ ] 안에 ViewPoint가 삽입될 곳에 쉼표(,)를 입력하고 Input 메뉴에서 3D ViewPoint Selector... 를 마우스로 클릭하면 다음과 같은 대화상자가 나타난다.

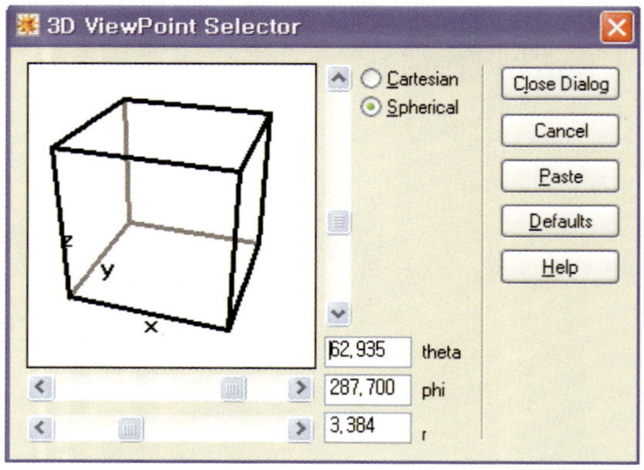

위 상자에서 스크롤바 ◀ ▶ ▲ ▼ 을 마우스를 이용하여 적당하게 조절한 후 [Paste]를 누르면 Plot3D[ ] 안의 콤마 옆에 설정된 값이 삽입된다.

예제 3 |

(1) **Plot3D[Sin[x y],{x,0,Pi},{y,0,Pi},**
AxesLabel->{"x","y","z"}, FaceGrids->All];

AxesLabel -> {"x","y","z"}은 좌표축의 이름을 x,y,z로 표기,
FaceGrids -> All은 좌표 상자 틀 표면에 격자선을 표시

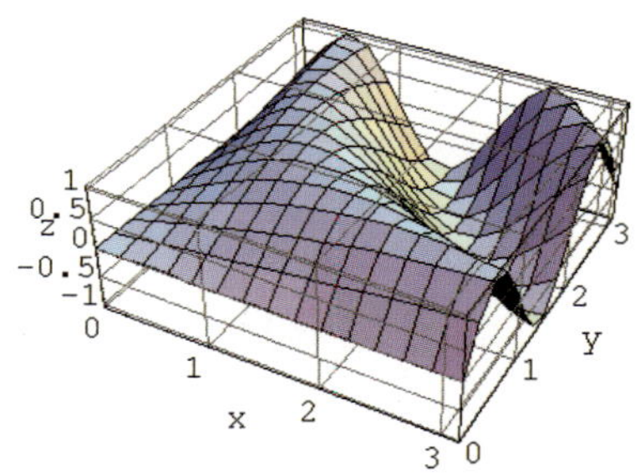

(2) **Plot3D[Sin[x y],{x,0,Pi},{y,0,Pi},**
ViewPoint->{0,0,2}];

ViewPoint -> {0,0,2}은 위에서 본 그래프

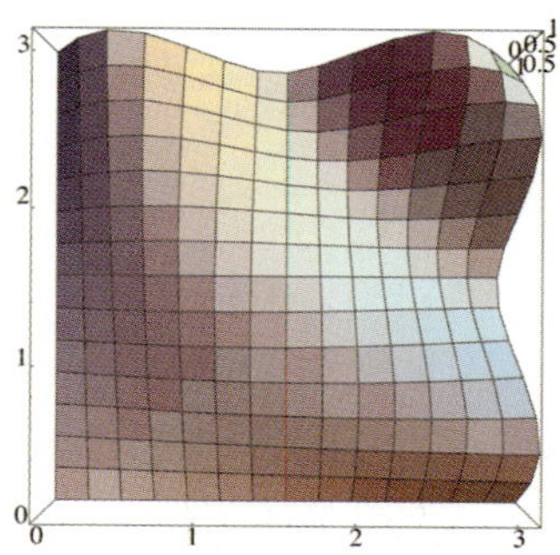

(3) 격자선의 그래픽 속성

```
Plot3D[Sin[x y],{x,0,Pi},{y,0,Pi},
      ViewPoint->{0,0,2},
      MeshStyle->{Thickness[0.01], Hue[0.2]}];
```

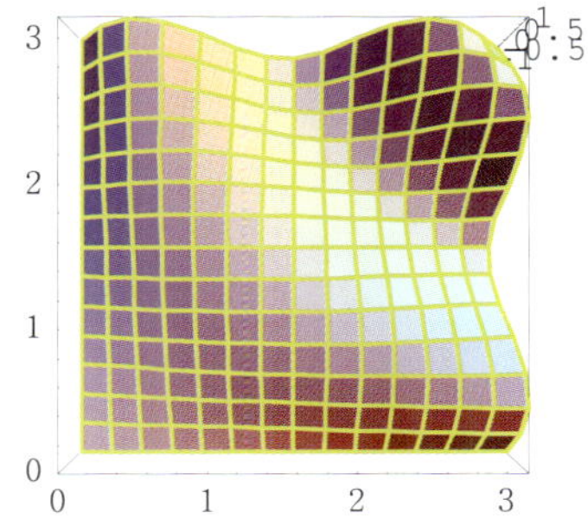

예제 4 |

(1) Mesh -> False는 격자선을 곡면에 표시하지 않음

```
Plot3D[Sin[x y],{x,0,Pi},{y,0,Pi}, Mesh->False];
```

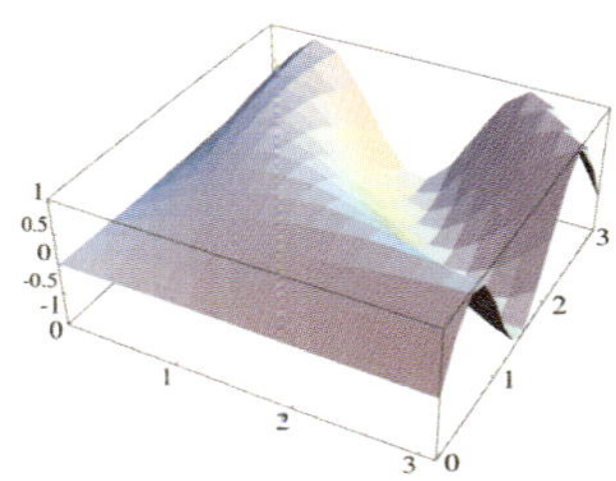

(2) Shading -> False는 명암을 제거함

```
Show[%, Shading->False, Mesh->True];
```

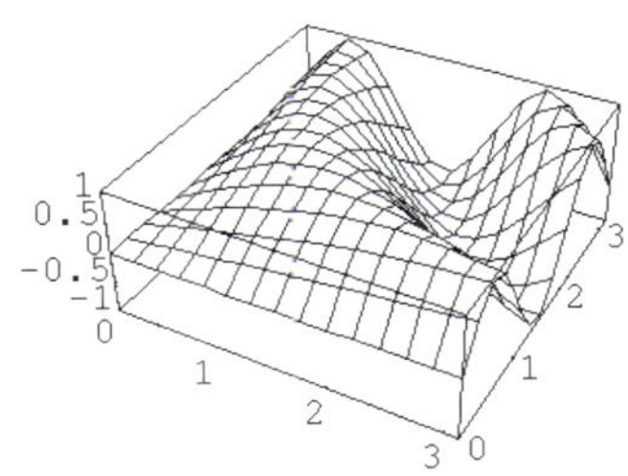

(3) Lighting -> False는 빛을 제거

```
Plot3D[Sin[x y],{x,0,Pi},{y,0,Pi}, Lighting->False];
```

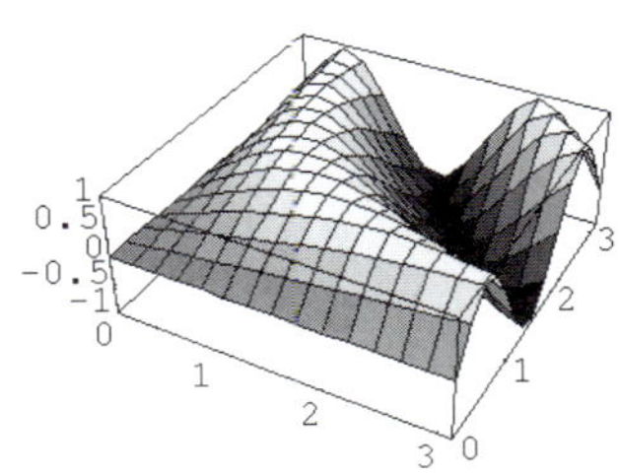

예제 5 |

(1) Plot3D[{Sin[x y],GrayLevel[x/Pi]},{x,0,Pi},{y,0,Pi}];

GrayLevel[x/Pi]은 x가 0에서 π까지 변함에 따라 x축을 따라 명암이 짙은 쪽에서 옅은 쪽으로 나타난다.

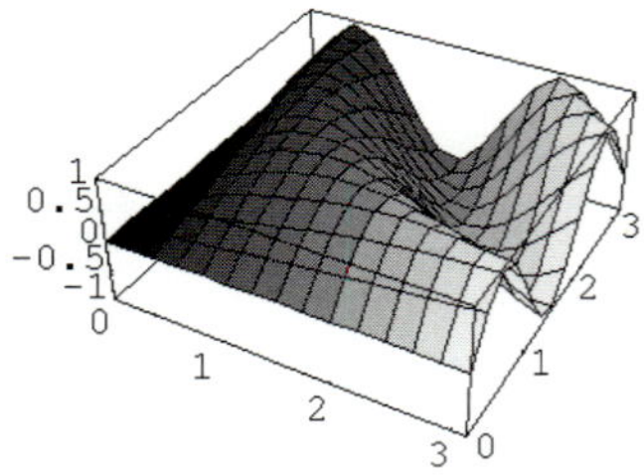

(2) Plot3D[{Sin[x y],Hue[x/Pi y/Pi]},{x,0,Pi},{y,0,Pi}];

Hue[x/Pi y/Pi]는 x, y가 0에서 π까지 변함에 따라 x=y를 따라 적색에서 적자색으로 색상이 변함

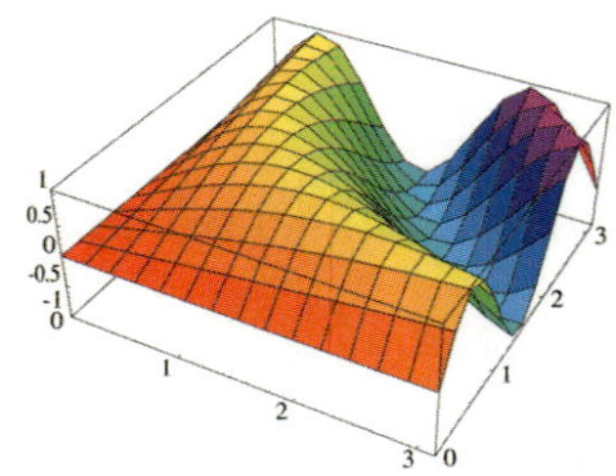

예제 6 |

(1) g=Plot3D[Exp[-(x^2 + y^2)],{x,-2,2},{y,-2,2}];

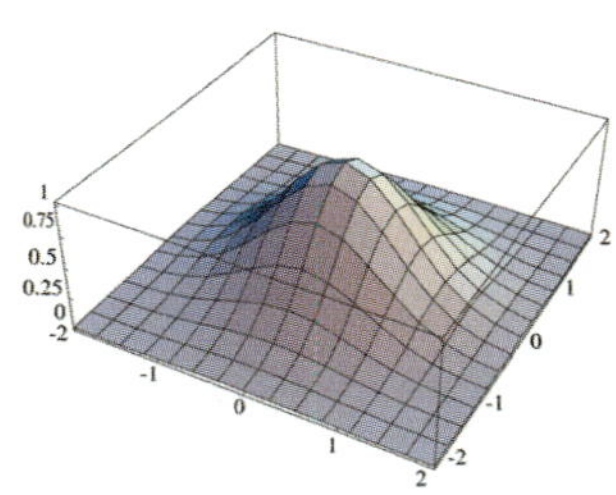

(2) Show[ContourGraphics[g], ColorFunction -> Hue];

ContourGraphics[g]은 g의 등고선을 그려줌 이 명령어는 많은 선택 사항을 가짐

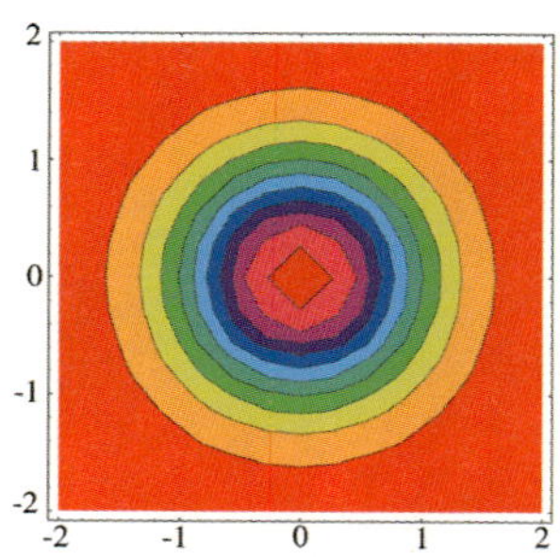

(3)

```
Show[Graphics3D[g],
ColorOutput -> CMYKColor, Boxed -> False,
Axes -> None, AspectRatio -> 0.6];
```

Graphics3D[g]은 그래프를 Show를 통하여 다시 보여줌

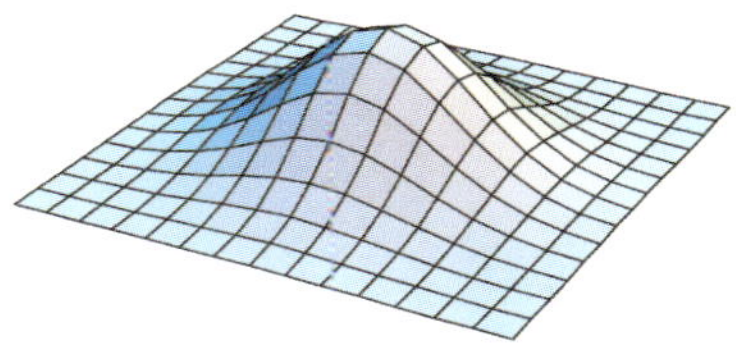

예제 7 |

```
g=Plot3D[Exp[-(x^2 + y^2)],{x,-2,2},{y,-2,2},
                Axes->None];
g1=Show[ContourGraphics[g],
                ColorFunction -> Hue];
g2=Show[Graphics3D[g]];
Show[GraphicsArray[{g2, g1}]];
```

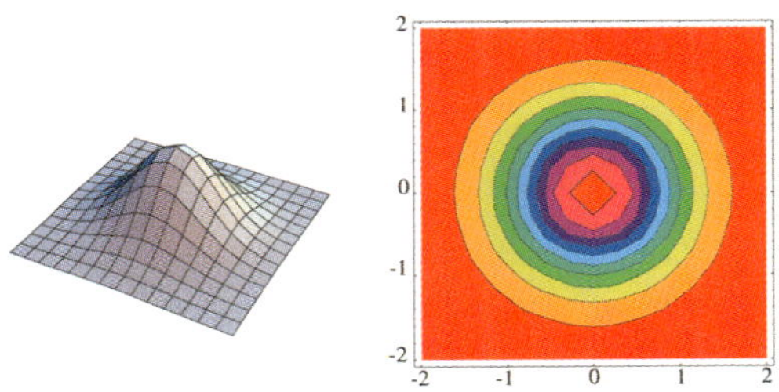

예제 8 |

k: 그래픽 객체 배열
함수 $z = \sin(nx)\sin(ny)$의 그래프를 n이 1에서 2까지 0.2의 간격으로 움직일 때 그래프를 연속적으로 그림
2차원으로 배열함

```
Table[k[Round[(n-1)/0.2]]=
  Plot3D[{Sin[n x] Sin[n y], Hue[x/(2Pi)*y/(2Pi)]},
    {x,0,2Pi},{y,0,2Pi}, DisplayFunction -> Identity,
                        Boxed->False, Axes->False],
{n,1,2,0.2}];
Show[GraphicsArray
            [{{k[0],k[1],k[2]}, {k[3],k[4],k[5]}}]];
```

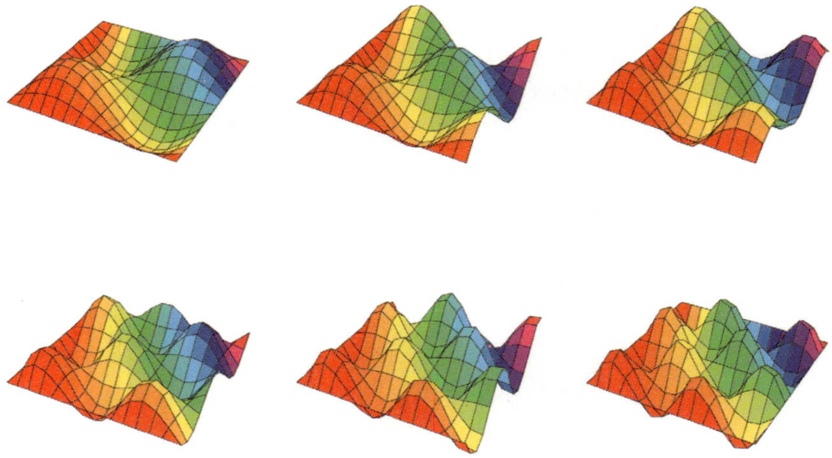

예제 9 | (곡면의 교차)

(1)

```
g1=Plot3D[
   {Cos[Sqrt[x^2+3y^2]]/(1+x^2/8),Hue[0.5]},
   {x,-3,3},{y,-3,3},
   Mesh->True,PlotPoints->30];
```

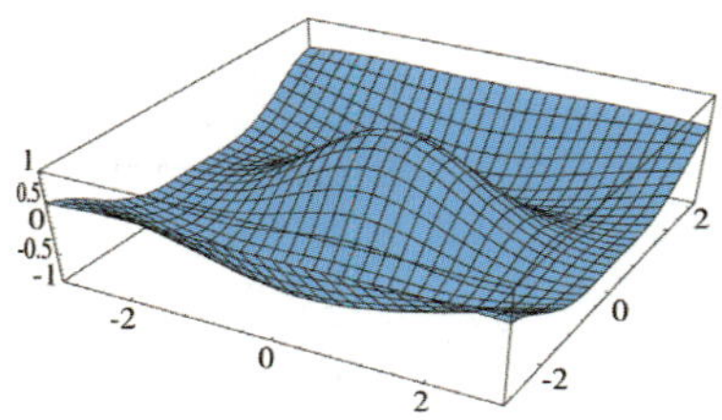

(2)

```
g2=Plot3D[{1/3-(2x^2+y^2)/19,Hue[0.15]},
   {x,-3,3},{y,-3,3},
   Mesh->True,PlotPoints->30];
```

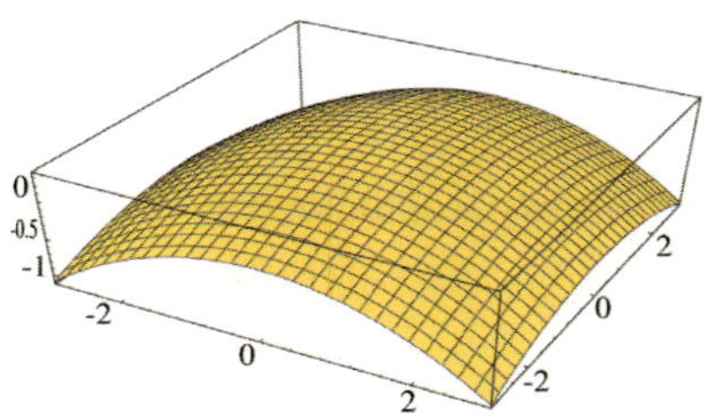

(3)

```
Show[g1,g2,ViewPoint->{2.724,-1.879,0.706},
   AspectRatio->Automatic,
   PlotLabel->"교차하는 곡면",
   DefaultFont->{"Times",9}];
```

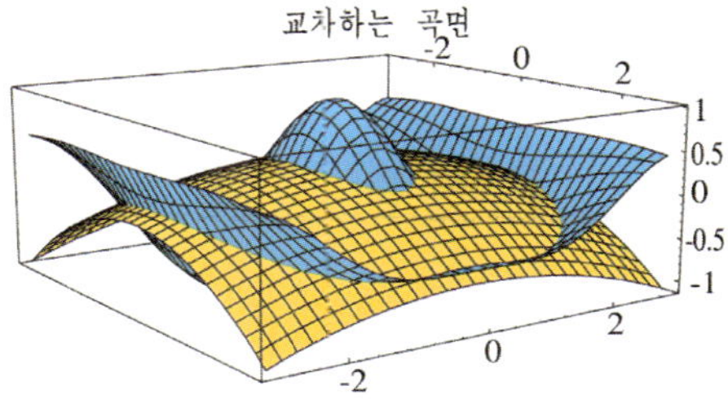

3.5.3 매개함수 $x=f(s,t)$, $y=g(s,t)$, $z=h(s,t)$의 그래프

공간에서의 매개함수 $x=f(s,t)$, $y=g(s,t)$, $z=h(s,t)$와 $x=f(s)$, $y=g(s)$, $z=h(s)$의 그래프에 관한 명령어에 관하여 알아보기로 하자.

명령어	설명
ParametricPlot3D[{f[t],g[t],h[t]},{t,tmin,tmax}];	범위 tmin $\le t \le$ tmax에서 매개함수의 $x=f(t)$, $y=g(t)$, $z=h(t)$그래프
ParametricPlot3D[{f[s,t],g[s,t],h[s,t]}, {s,s1,s2},{t,t1,t2}];	범위 s1 $\le s \le$ s2, t1 $\le t \le$ t2에서 매개함수 $x=f(s,t)$, $y=g(s,t)$, $z=h(s,t)$의 그래프
ParametricPlot3D[{{f1,g1,h1},{f2,g2,h2},...}];	매개함수 {f1,g1,h1},{f2,g2,h2},...을 함께 그림

다음 도표는 잘 알려진 곡면에 대하여 직교함수 표현과 매개함수 표현을 제시한다.

직교함수	매개함수
타원면 : $\frac{x^2}{a^2}+\frac{y^2}{b^2}+\frac{z^2}{c^2}=1$	$x=a\cos s\cos t$ $y=b\cos s\sin t$ $z=c\sin s$ $-\frac{\pi}{2}\le s\le\frac{\pi}{2},\ -\pi\le t\le\pi$

쌍곡면 : $\frac{x^2}{a^2}+\frac{y^2}{b^2}-\frac{z^2}{c^2}=1$ (단일면)	$x=a\sec s\cos t$ $y=b\sec s\sin t$ $z=c\tan s$ $-\frac{\pi}{2}\le s\le\frac{\pi}{2},\quad -\pi\le t\le\pi$
쌍곡면 : $\frac{x^2}{a^2}-\frac{y^2}{b^2}-\frac{z^2}{c^2}=1$ (이중면)	$x=a\sec s$ $y=b\tan s\cos t$ $z=c\tan s\sin t$ $-\frac{\pi}{2}\le s\le\frac{\pi}{2},\quad -\pi\le t\le\pi$
포물면 : $\frac{x^2}{a^2}+\frac{y^2}{b^2}-z=0$	$x=a\sqrt{s}\cos t$ $y=b\sqrt{s}\sin t$ $z=s$ $s_1\le s\le s_2,\quad -\pi\le t\le\pi$

예제 10 |

(1)

```
ParametricPlot3D[{Cos[s]*Cos[t],Cos[s]*Sin[t],
        Sin[s]},{s, -Pi/2, Pi/2},{t, -Pi, Pi}];
```

$x=\cos s\cos t$,
$y=\cos s\sin t$,
$z=\sin s$,
$-\frac{\pi}{2}\le s\le\frac{\pi}{2}$,
$-\pi\le t\le\pi$.

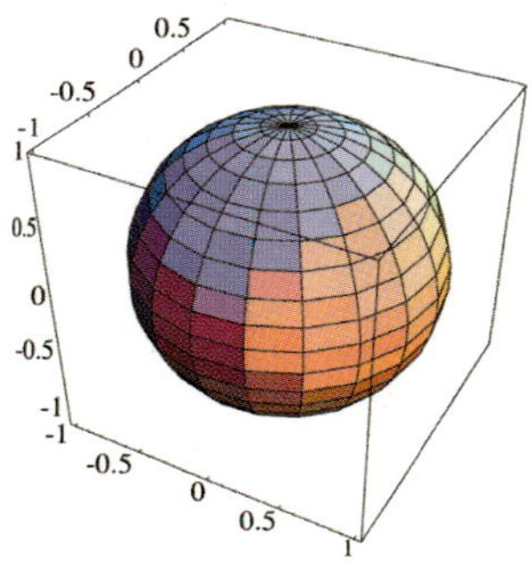

(2)

```
ParametricPlot3D[{Sec[s] Cos[t],
        Sec[s]Sin[t], Tan[s]},
        {s, -Pi/2, Pi/2}, {t, -Pi, Pi}];
```

$x=\sec s\cos t$,
$y=\sec s\sin t$,
$z=\tan s$,
$-\frac{\pi}{2}\le s\le\frac{\pi}{2}$,
$-\pi\le t\le\pi$.

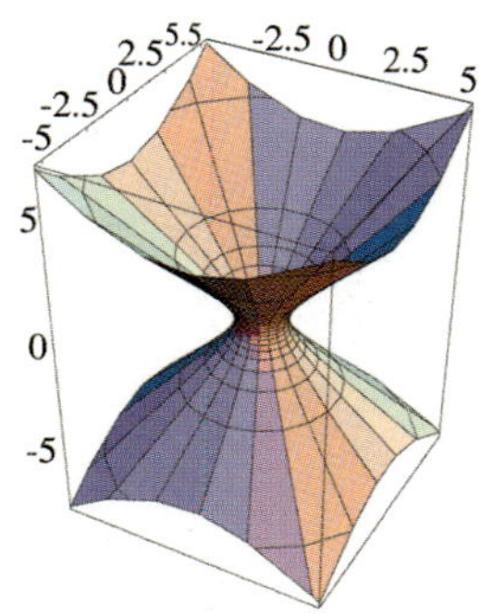

(3)

```
ParametricPlot3D[{Sec[s], Tan[s]Cos[t],
  Tan[s]Sin[t]}, {s, -Pi/2, Pi/2},{t, -Pi, Pi}];
```

$x = \sec s$,
$y = \tan s \cos t$,
$z = \tan s \sin t$,
$-\frac{\pi}{2} \le s \le \frac{\pi}{2}$,
$-\pi \le t \le \pi$.

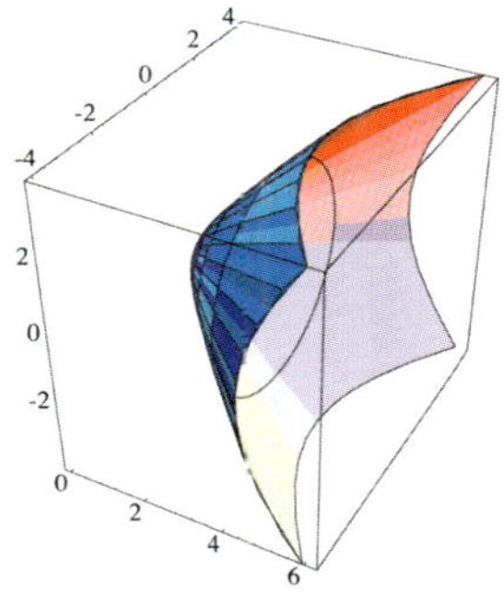

예제 11

(1) $\{x(t), y(t), z(t), s\}$
s: 선의 그래픽 속성
(1변수 매개함수만 가능)

```
ParametricPlot3D[{{Sin[t],Cos[t],t/5,Hue[t/20]},
{0,0,t/5, Hue[0.99]}}, {t,0,20}, AspectRatio->0.7];
```

t가 0에서 20까지 변할 때 두 매개함수 $x = \sin t,\ y = \cos t,\ z = \frac{t}{5}$와 $x = 0,\ y = 0,\ z = \frac{t}{5}$를 함께 그림

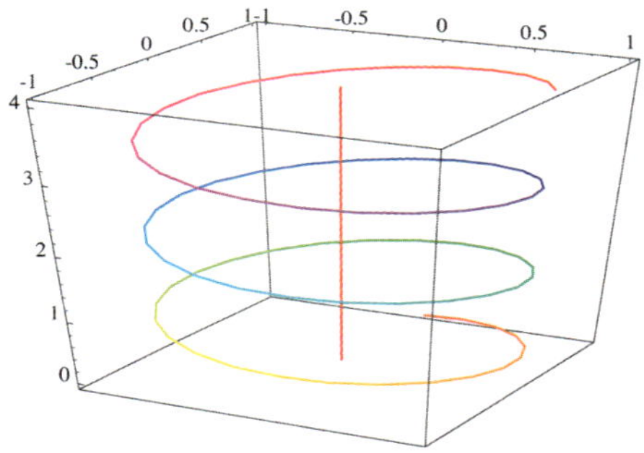

(2)

```
x[s_,t_]:=(3+t Cos[s])Cos[2s]
y[s_,t_]:=(3+t Cos[s])Sin[2s]
z[s_,t_]:= t Sin[s]
ParametricPlot3D[{x[s,t],y[s,t],z[s,t]},
  {s,0,Pi},{t,-1,1}, Boxed->False, Axes->False];
```

Moebius 띠

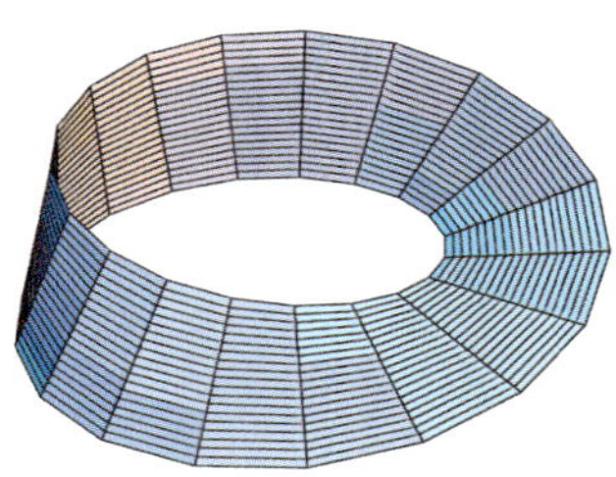

(3) 주변 빛 색상

```
ff = ParametricPlot3D[{t,u,Sin[t u]},{t,0,3},{u,0,3},
    AmbientLight -> Hue[0.025]];
```

$x=t,$
$y=u,$
$z=\sin tu,$
$0 \le t \le 3,$
$0 \le u \le 3$

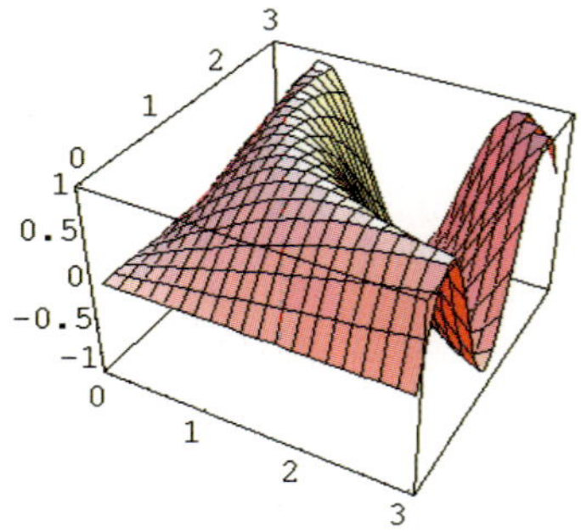

예제 12 |

(1)

```
ParametricPlot3D[{u*Sin[t], u*Cos[t], t/3},
    {t,0,10},{u,-1,1}, PlotPoints -> {30,30}];
```

$x=u\sin t,$
$y=u\cos t,$
$z=\dfrac{t}{3},$
$0 \le t \le 10,$
$-1 \le u \le 1$

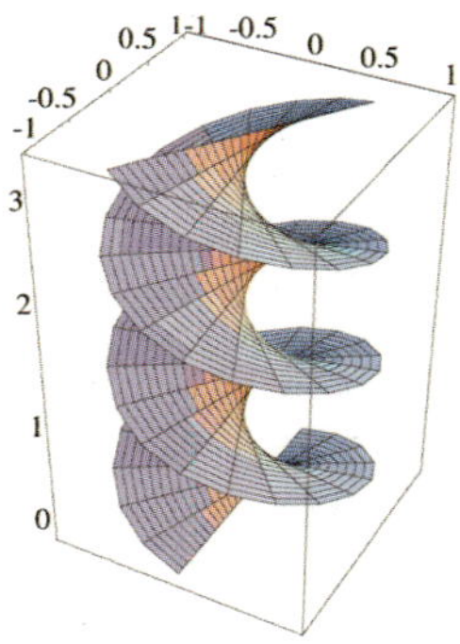

(2)

```
ParametricPlot3D[{Sin[t], Cos[t], u},
    {t,0,2Pi},{u,0,4}, ColorOutput -> GrayLevel];
```

$x=\sin t,$
$y=\cos t,$
$z=u,$
$0 \le t \le 2\pi,$
$0 \le u \le 4$

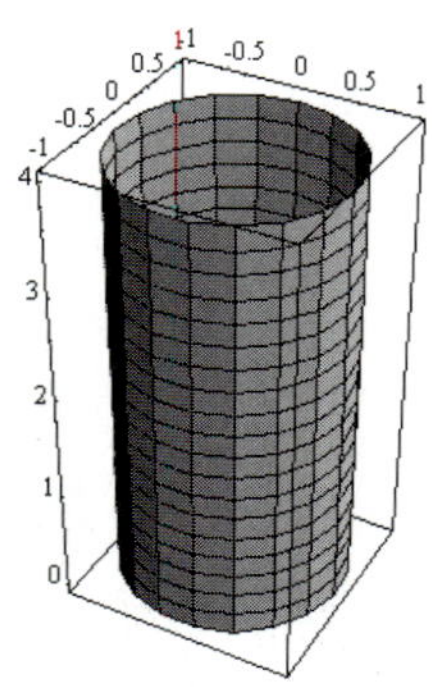

(3)

```
ParametricPlot3D[{Sin[t], Cos[t]+u, u},
    {t,0,2Pi}, {u,0,4}, AmbientLight -> Hue[0.3],
    Boxed -> False, Axes -> None,
    ViewPoint -> {2.632,-1.554,1.452}];
```

$x = \sin t$,
$y = \cos t + u$,
$z = u$,
$0 \le t \le 2\pi$,
$0 \le u \le 4$

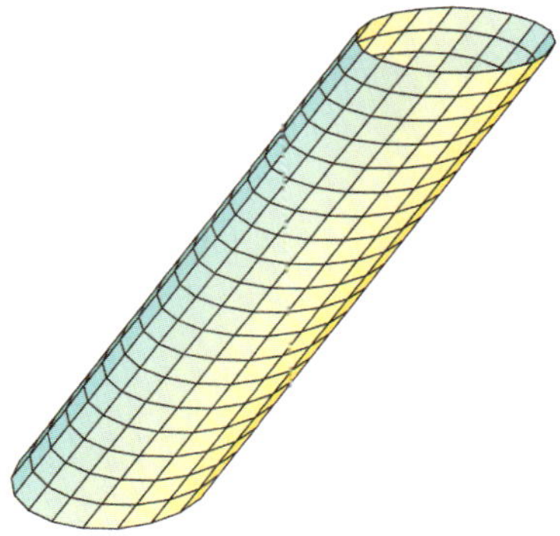

(4)

```
ParametricPlot3D [{Sin[t], Cos[t]+0.5 Sin[3u], u},
        {t,0,2Pi},{u,0,4}, PlotPoints->{25,50},
        ColorOutput -> CMYKColor,
        ViewPoint->{1.743,-2.667,1.140} ];
```

$x = \sin t$,
$y = \cos t + 0.5 \sin 3u$,
$z = u$,
$0 \le t \le 2\pi$,
$0 \le u \le 4$

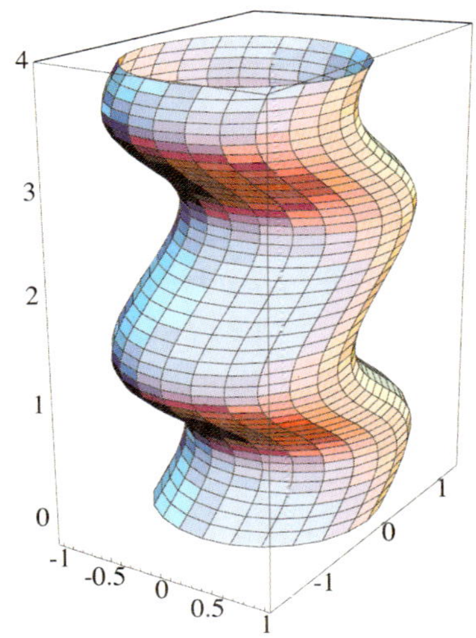

(5)

```
ParametricPlot3D[{Cos[t]*(3+Cos[u]),
    Sin[t]*(3+Cos[u]),Sin[u]},
    {t,0,2Pi},{u,0,2Pi}, Boxed -> False,
    Axes -> None, AmbientLight -> Hue[0.0125]];
```

$x = \cos t\,(3+\cos u)$,
$y = \sin t\,(3+\cos u)$,
$z = \sin u$,
$0 \le t \le 2\pi$,
$0 \le u \le 2\pi$

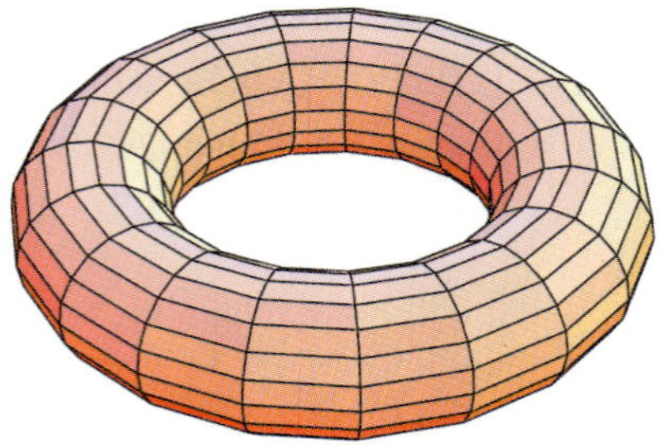

예제 13 | 안, 밖의 구별이 없는 Klein 병을 그리시오.

풀이

클라인의 병

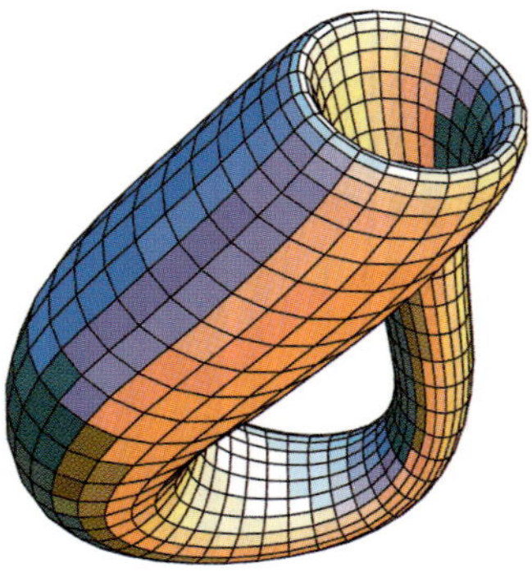

PlotPoints -> {48,12}
: x,y 방향으로 각각 48개, 12개의 표본점 사용함

```
bx=6 Cos[u] (1 + Sin[u]);
by=16 Sin[u];
rad=4(1 - Cos[u]/2);
X=If [Pi<u<=2Pi,
      bx+rad Cos[v+Pi],
      bx+rad Cos[u] Cos[v]];
Y=If [Pi<u<=2Pi,
      by,by+rad Sin[u] Cos[v]];
Z=rad Sin[v];
ParametricPlot3D[{X,Y,Z},
      {u,0,2Pi}, {v,0,2Pi},
PlotPoints->{48,12},
Axes->False, Boxed->False,
AmbientLight ->
CMYKColor[0.85,0.05,0.5,0.025],
ViewPoint->{-0.25,-1.23,-0.86},
PlotLabel -> "클라인의 병"];
```

3.5.4 삼차원 자료의 그래프

3차원 자료의 그래프를 그리는 명령어에 대하여 알아본다.

명 령 어	설 명
ListPlot3D[{{$z_{11}, z_{12}, \cdots$}, {$z_{21}, z_{22}, \cdots$}, …}, 선택사항];	(x, y, z_{yx})에 대응하는 좌표를 표시함
ListDensityPlot[array]	array(행렬)로 주어지는 높이를 밀도 그래프로 그림
ListContourPlot[array]	array(행렬)로 주어지는 높이를 등고선 그래프로 그림

예제 14 |

```
s3=Table[-(x^2+y^2),{x,-5,5},{y,-5,5}];
ListPlot3D[s3];
```

x, y가 -5에서 5까지 각각 변할 때 그에 대응하는 $z=-(x^2+y^2)$의 값을 목록으로 만들고 그 점을 평면으로 연결

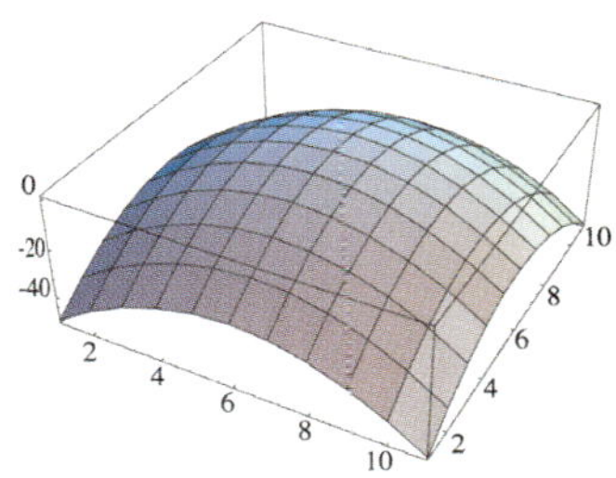

Mod[y,x]는 y를 x로 나눈 나머지임

```
t3=Table[Mod[y,x],{x,20},{y,20}];
dd=ListPlot3D[t3,DefaultFont->{"Times",6}];
```

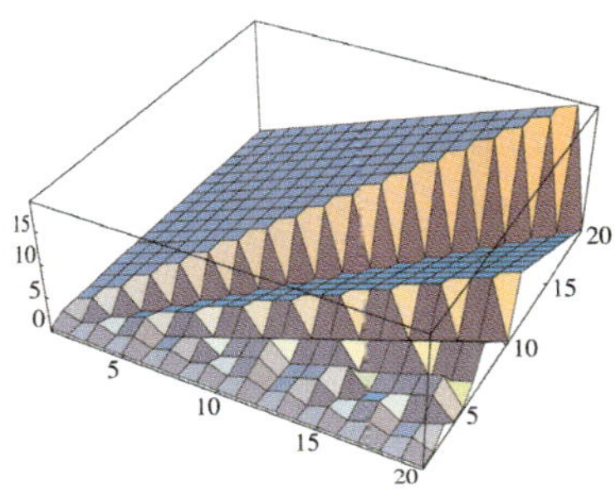

ListDensityPlot[t3, ColorFunction -> Hue];

밀도 그래프

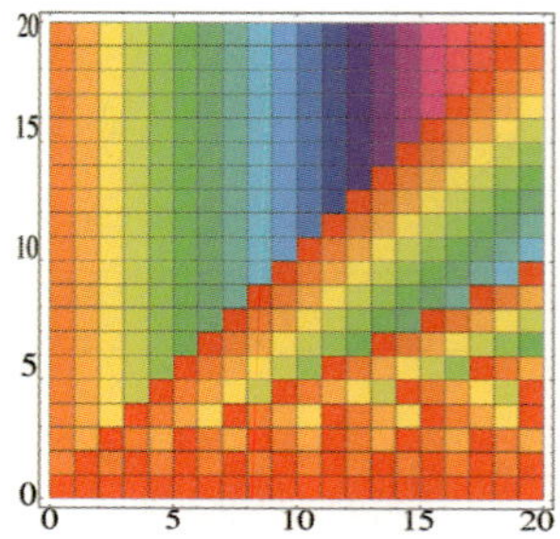

ListContourPlot[t3, ColorFunction -> Hue];

등고선 그래프

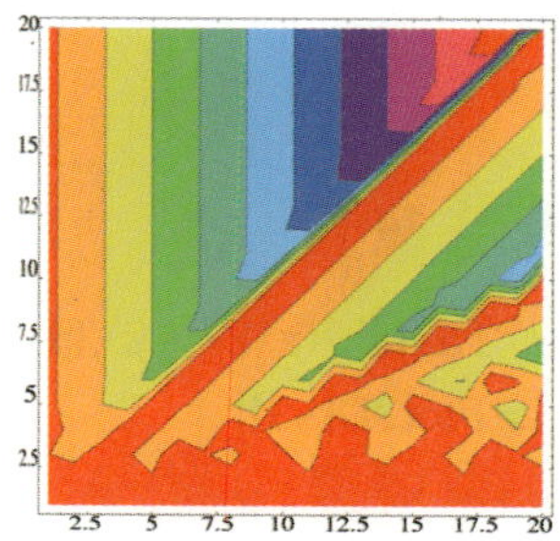

3.5.5 등고선 $f(x,y)=c$의 그래프

3차원 곡면 $z=f(x,y)$의 일정한 높이에 있는 점의 자취인 등고선에 대하여 알아보자.

명 령 어	설 명
ContourPlot[f[x,y],{x,xmin,xmax}, {y,ymin,ymax},선택사항];	$xmin \le x \le xmax$, $ymin \le y \le ymax$ 범위에서 z=f(x,y)의 등고선을 그림

예제 15 |

ContourPlot[Sqrt[Abs[x]] + Abs[y], {x,-3,3},{y,-3,3}];

$z=\sqrt{|x|}+|y|$
$-3 \le x \le 3,\ -3 \le y \le 3$
의 등고선

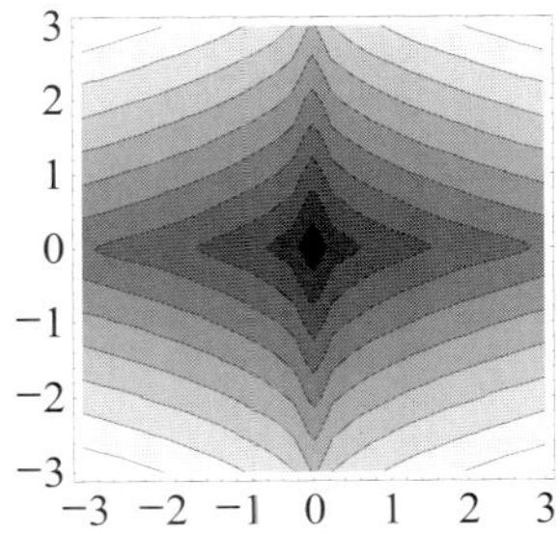

```
ContourPlot[Sin[Abs[x] + Abs[y], {x,-3,3},{y,-3,3}];
```

$z=\sin|x|+|y|$
$-3 \le x \le 3,\ -3 \le y \le 3$
의 등고선

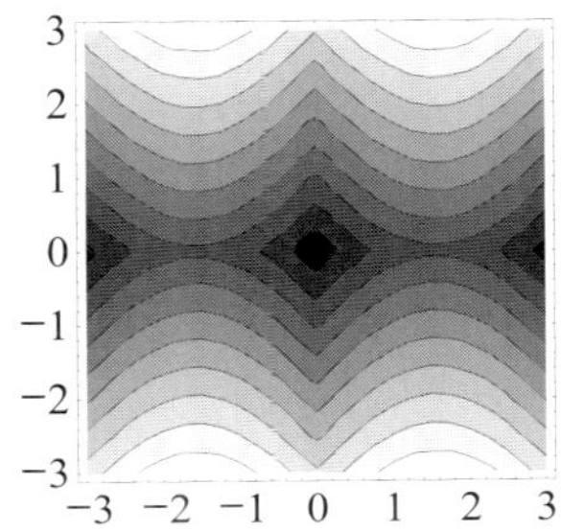

함수 $z=f(x,y)$의 등고선은 그 함수의 그래프인 3차원 곡면에서 높이 z가 일정할 때의 점(x,y)의 자취를 뜻하며 z의 값이 클수록 농도가 약해진다. 따라서 그래프의 농도로 보아 위 예제는 z의 값이 원점에서 멀어질수록 커짐을 알 수 있다.

ContourPlot의 선택사항 중 다음에 열거되는 사항은 Graphics와 일치하며 그 외는 다음 도표에서 설명한다.

AspectRatio,	Axes,	AxesLabel,	AxesOrigin,	AxesStyle,
Background,	ColorOutput,	DefaultColor,	DefaultFont,	DisplayFunction,
Epilog,	Frame,	FrameLabel,	FrameStyle,	FrameTicks,
PlotLabel,	PlotRange,	PlotRegion,	Prolog,	RotateLabel,
Ticks				

선택사항	기본값	설 명
ColorFunction	Automatic	등고선 사이의 영역 색을 선정 Automatic은 흑백의 명암, Hue는 Hue 색상으로 선정
ContourLines	True	등고선을 표시
Contours	10	등고선 전체의 개수(즉, z값의 개수) n으로 설정하면 n개의 일정한 간격으로 등고선을 그림. $\{z_1, z_2, \cdots\}$으로 설정하면 $z_1, z_2, \cdots$ 값에서 등고선을 그림
ContourShading ContourSmoothing	True None	명암을 표시, False이면 등고선만 그려짐 Automatic이면 곡선이 더욱 매끄러워짐
ContourStyle	Automatic	등고선 모양(선의 속성 지정할 수 있음) PlotStyle의 속성 Thickness[0.01], Hue[0.5], Dashing[{0.01,...}] 등을 사용할 수 있음

예제 16 |

$z=\sin|x|+|y|$
등고선 높이
: -1/2, 1/2, -1, 1, -2, 2
등고선 사이 영역색상
: hue 등고선 모양
등고선을 더욱
매끄럽게 그림

```
ContourPlot[Sin[Abs[x] + Abs[y], {x,-3,3},{y,-3,3}];
  Contours->{-1/2,1/2,-1,1,-2,2,},
  ContourFunction->Hue,
  ContourStyle-> {Hue[0.3],Thickness[{0.02}]},
        ContourSmoothing->Automatic];
```

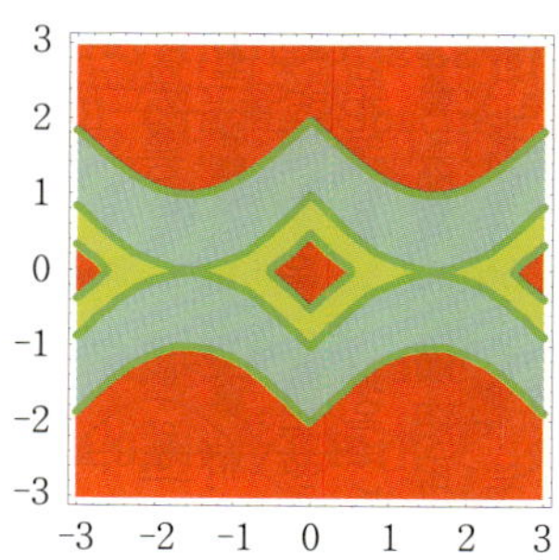

예제 17 |

명암없이 등고선만 표시

```
aa=ContourPlot[Sin[x y],{x,-2,2},{y,-2,2},
          ContourShading->False];
```

$z = \sin xy$
$-2 \le x \le 2,$
$-2 \le y \le 2$
의 등고선

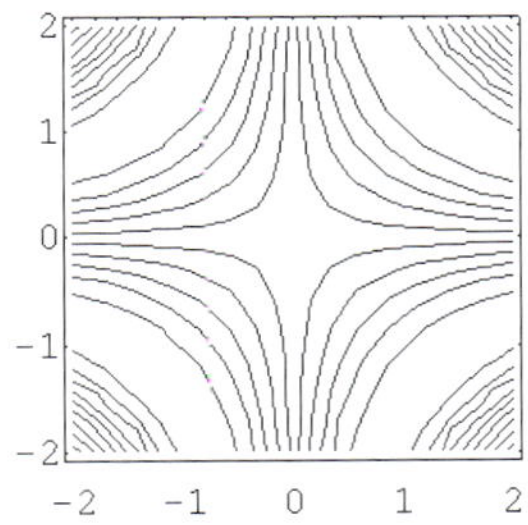

ContourPlot[Sin[x y],{x,-2,2},{y,-2,2},
    Contours->30, ContourShading->False];

contours -> 30으로
등고선이 30개 생김

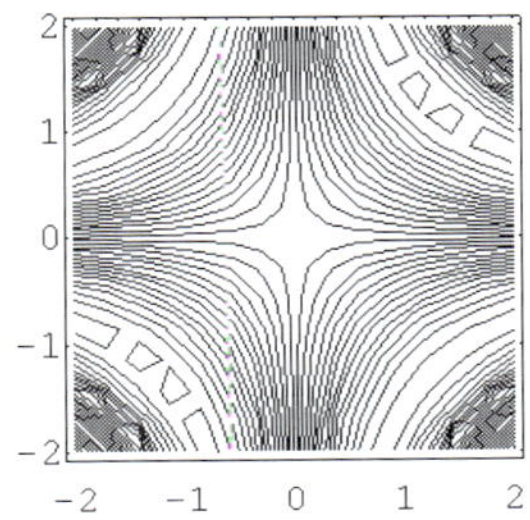

Show[aa, ContourShading->True];

명암 설정

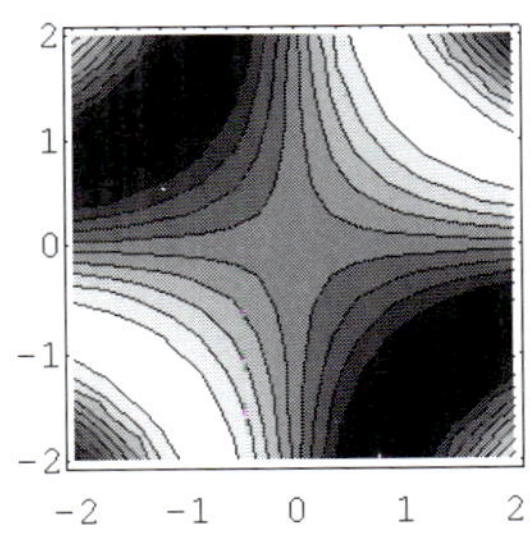

Show[aa, ContourShading->True,
    ColorFunction->Hue];

명암 설정 및
색상함수 Hue 사용

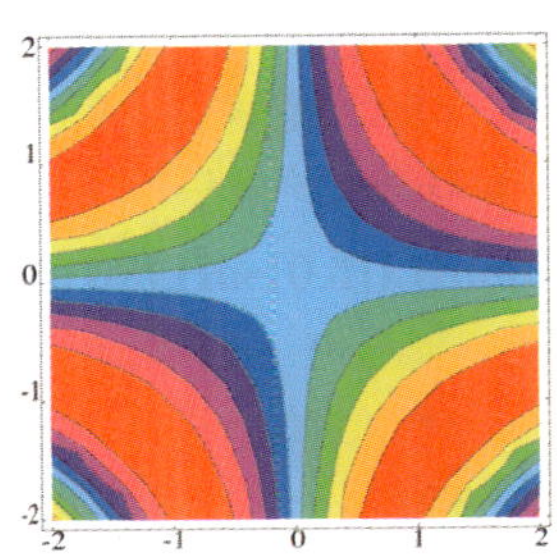

3.5.6 밀도 그래프 함수

함수 $z = f(x, y)$의 그래프를 그 높이에 따른 명암 또는 색상으로 평면에 나타내 주는 명령어와 그 선택사항에 대하여 알아본다.

명 령 어	설 명
DensityPlot[f,{x,xmin,xmax}, {y,ymin,ymax}, 선택사항]	높이가 f(x,y)로 주어지는 배열에 대하여 밀도 그래프를 선택사항에 따라 그림

DensityPlot의 선택사항 중 다음은 Graphics 선택사항과 일치되며 그 외는 아래 도표에서 설명한다.

AspectRatio,	Axes,	AxesLabel,	AxesStyle,	Background,
ColorFunction,	DefaultColor,	DefaultFont,	DisplayFunction,	Epilog,
Frame,	FrameLabel,	FrameStyle,	FrameTicks,	PlotLabel,
PlotPoints,	PlotRange,	PlotRegion,	Prolog,	RotateLabel,
Ticks				

선택사항	기 본 값	설 명
Mesh	True	곡면 표면에 격자선 표시
MeshRange	Automatic	{{xmin,xmax},{ymin,ymax}} 격자선이 표시될 x, y 좌표의 범위 설정
MeshStyle	Automatic	격자선에 선의 그래픽스 속성부여 PlotStyle의 선택사항 활용

예제 18 | 함수 $f(x,y) = \sin(xy)$의 그래프를 그리고 그 함수의 밀도 그래프를 그려 비교하시오.

풀이

```
Plot3D[Sin[x y],{x,-2,2},{y,-2,2}];
```

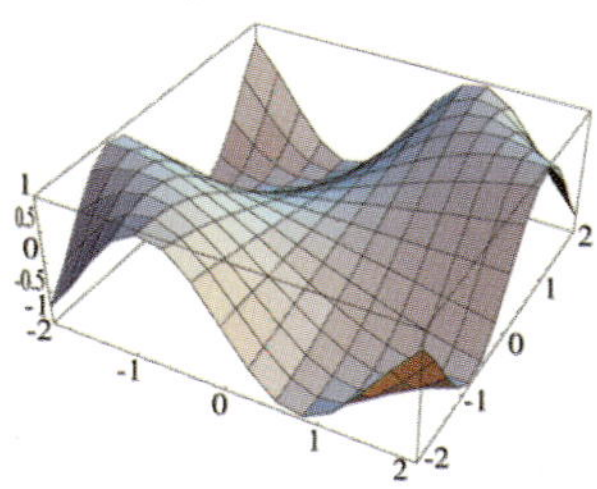

```
aa=DensityPlot[Sin[x y],{x,-2,2},{y,-2,2},
ColorFunction -> Hue];
```

$z=\sin xy$
$-2\le x\le 2,$
$-2\le y\le 2$
의 밀도 그래프

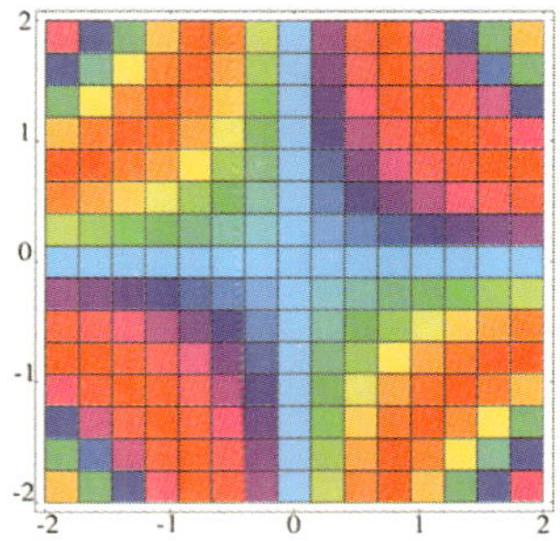

```
bb=DensityPlot[Sin[x y],{x,-2,2},{y,-2,2},
ColorFunction -> Hue,
MeshStyle->{Hue[0.15]}];
```

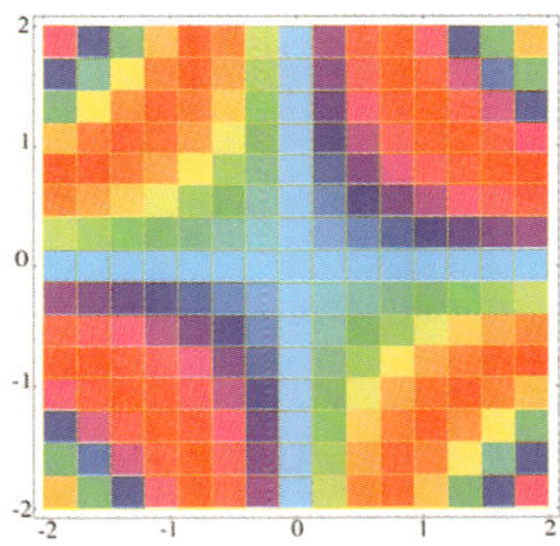

```
DensityPlot[Sin[x y],{x,-2,2},{y,-2,2},
ColorFunction -> Hue, PlotPoints -> 45
MeshStyle->{Hue[0.15]}];
```

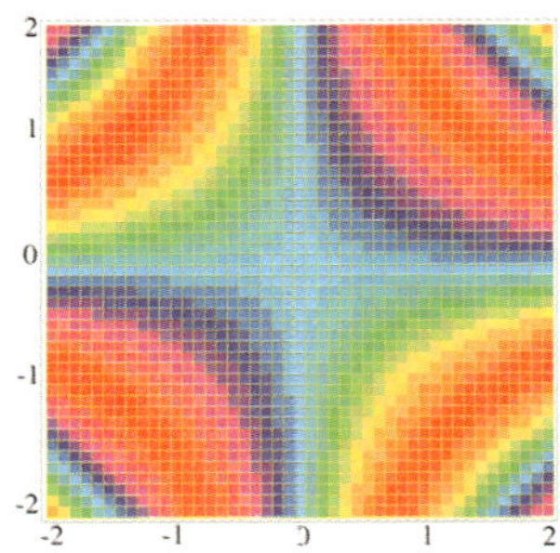

밀도 그래프를 이용하면 높이 z값에 따라 그래프의 농도를 다르게 나타내므로 원래의 함수의 모양을 추정할 수 있다.

3.5.7 원주 및 구면좌표계의 그래프

직교좌표계 (x, y, z)와 원주좌표계(cylindrical coordinate) (r, θ, z)의 관계는

$$x = r\cos\theta,\ r = \sqrt{x^2+y^2},\ y = r\sin\theta,\ \tan\theta = \frac{y}{x},\ z = z$$

으로 주어지고, 구면좌표계(spherical coordinate) (r, θ, ϕ)와의 관계는

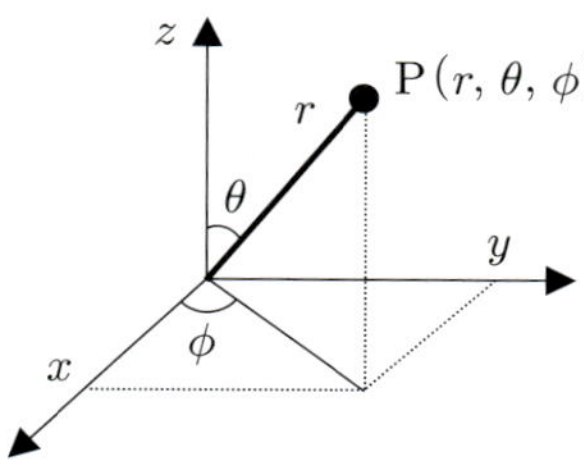

$$\rho = r\sin\theta,\ x = \rho\cos\phi = r\cos\phi\sin\theta$$

$$z = r\cos\theta,\ y = \rho\sin\phi = r\sin\phi\sin\theta$$

$$r = \sqrt{x^2+y^2+z^2} = \sqrt{\rho^2+z^2}$$

으로 주어진다. 원주좌표계와 구면좌표계에서의 그래프의 명령어를 알아보자. 이 명령어를 사용하려면 패키지 Graphics`ParametricPlot3D`을 먼저 불러야 한다.

명 령 어	설 명
CylindricalPlot3D[z,{r,r1,r2}, {theta,theta1,theta2}];	z=f(r,theta)를 원주좌표계에서 그림
SphericalPlot3D[r,{theta,theta1, theta2},{phi,phi1,phi2}];	r=f(theta,phi)를 구면좌표계에서 그림

예제 19

3차원 매개함수 그래프
원주좌표계 3차원 매개함수

```
<<Graphics`ParametricPlot3D`
CylindricalPlot3D[r^2*Sin[2 theta]/2,{r,0,1},
                                    {theta,0,2Pi}];
```

원주좌표계에서 $z = \frac{1}{2}r^2\sin 2\theta$ $0 \le r \le 1,$ $0 \le \theta \le 2\pi$ 을 그림

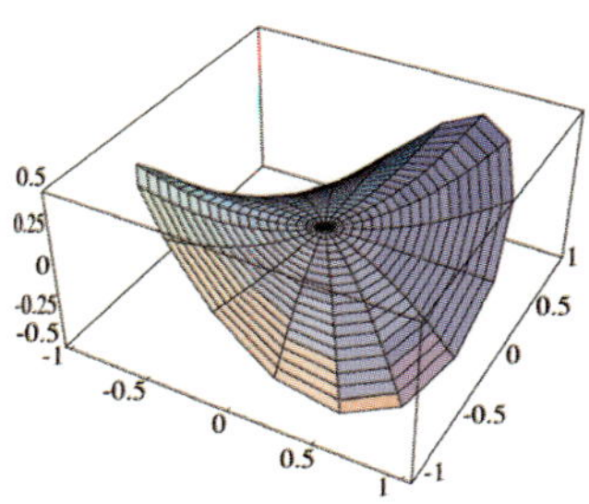

구면좌표계 3차원 매개함수

```
SphericalPlot3D[2+Sin[3*theta]*Sin[3*phi],
  {theta, 0, Pi},{phi, 0, 2Pi}, PlotPoints -> 45,
  ColorOutput -> CMYKColor];
```

구면좌표계에서 $r = 2+\sin 3\theta \sin 3\phi$ $0 \le \theta \le \pi$, $0 \le \phi \le 2\pi$ 을 그림

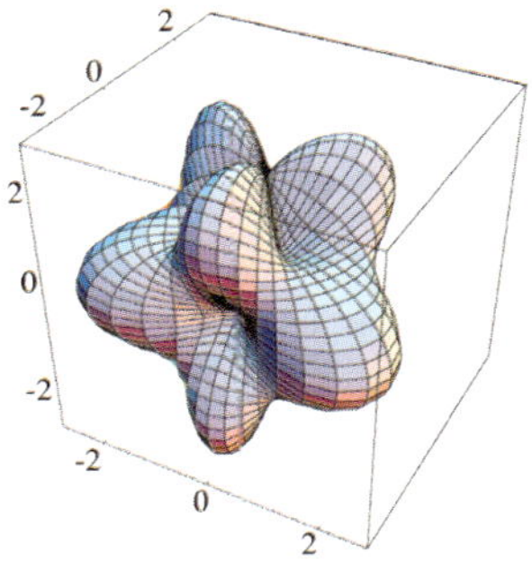


```
CylindricalPlot3D[2*Cos[r]+Cos[theta]^2,
  {r,0,Pi},{theta,0,1.7Pi}];
```

원주좌표계에서 $z = 2\cos r + \cos^2\theta$ $0 \le r \le \pi$, $0 \le \theta \le 1.7\pi$ 을 그림

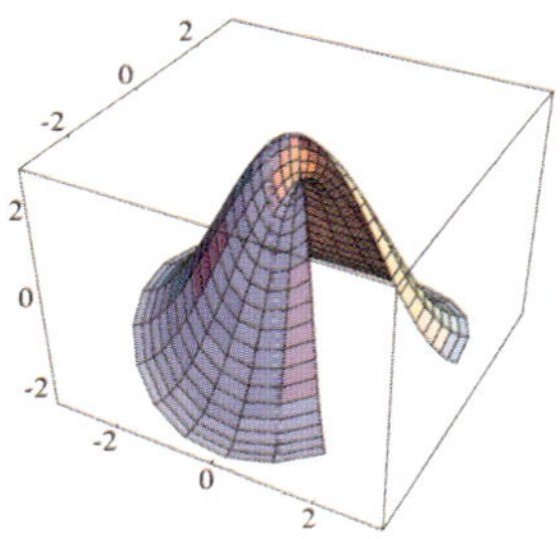


```
SphericalPlot3D[Sin[theta ]^2 Cos[phi]^2,
  {theta,0,2Pi},{phi,0,Pi/2}, PlotPoints -> 45,
  Axes -> None, Boxed -> False,
  AmbientLight -> Hue[0.125]];
```

주변의 빛 색상

3.6 특수 그래픽

3.6.1 회전체의 곡면 그리기

x, z 평면에서 정의된 함수 $z = f(x)$를 y축 주위로 회전시켜 얻은 곡면을 그리려면 먼저 패키지 Graphics`SurfaceOfRevolution`를 불러야 하며 세부 명령어를 알아보자. ParametricPlot3D의 선택사항을 모두 사용할 수 있다.

명 령 어	설 명
SurfaceOfRevolution[f[x],{x,xmin,xmax}];	z = f(x)를 [xmin, xmax] 범위에서 y축을 중심으로 회전
SurfaceOfRevolution[{x[t],z[t]},{t,tmin,tmax}];	매개함수 (x(t), z(t))를 [tmin, tmax] 범위에서 y축을 중심으로 회전

다음 선택사항을 이용하여 원점과 한 점을 잇는 직선을 축으로 회전할 수 있다.

RevolutionAxis->{x,y}(또는 {x,y,z})

예제 1 | 함수 $z = \sin x$, $0 \le x \le 2\pi$를 y축 주위로 회전시킨 곡면을 그리시오.

풀이

회전체의 곡면 그래프 패키지 호출

```
<<Graphics`SurfaceOfRevolution`;
SurfaceOfRevolution[Sin[x],{x,0,2Pi}];
```

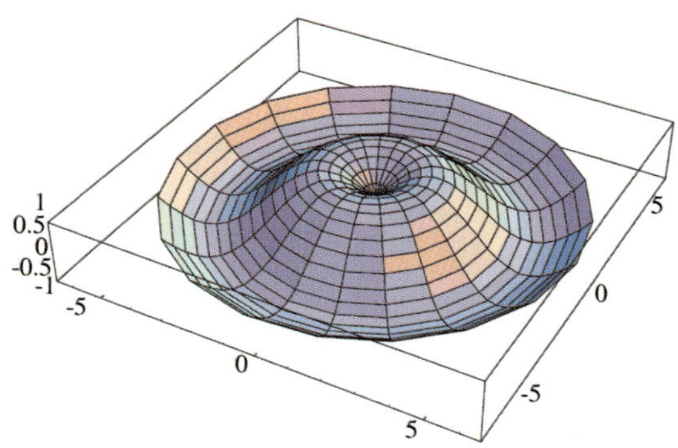

예제 2 | 예제 1을 반복 수행하되 명령문에 선택사항 Ticks -> {Automatic,Automatic, {-1.0,0,1.0}}]과 ViewVertical -> {1,0,0}를 첨가하시오.

풀이

```
<<Graphics`SurfaceOfRevolution`;
$DefaultFont={"Times",6};
SurfaceOfRevolution[Sin[x],{x,0,2Pi},
   ViewVertical->{1,0,0},
   Ticks->{Automatic,Automatic,{-1.0,0,1.0}}];
```

예제 1의 그림을 다른 시각에서 본 그림

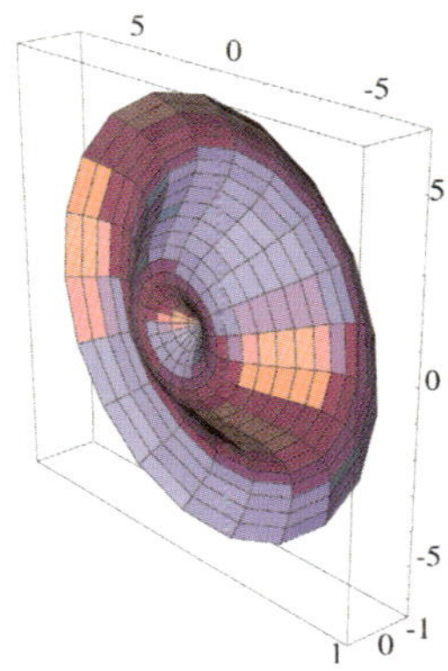

예제 3 | 매개함수 $x(t) = \sin t$, $z(t) = \sqrt{t}$ 를 회전시킨 곡면을 그리되, BoxRatios -> {1,2,2}를 활용하시오.

풀이

```
<<Graphics`SurfaceOfRevolution`;
SurfaceOfRevolution[{Sin[t],Sqrt [t]},{t,0,3Pi/2}];
```

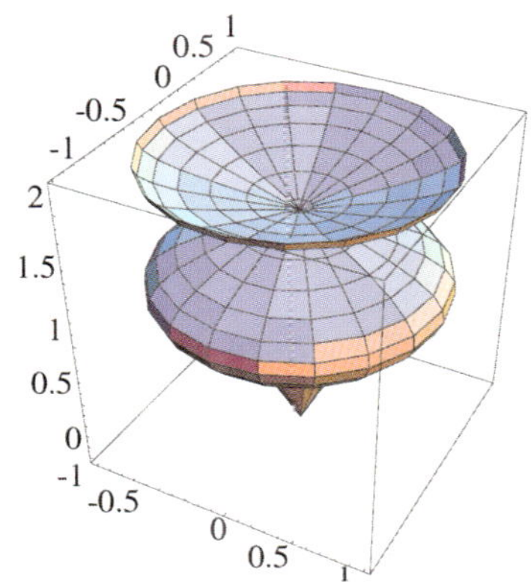

예제 4 | 예제 3을 반복하되 매개변수를 $0 \le t \le 3\pi/4$으로 제한하시오.

풀이

```
<<Graphics`SurfaceOfRevolution`;
SurfaceOfRevolution[{Sin[t],Sqrt[t]},{t,0,3Pi/4}];
```

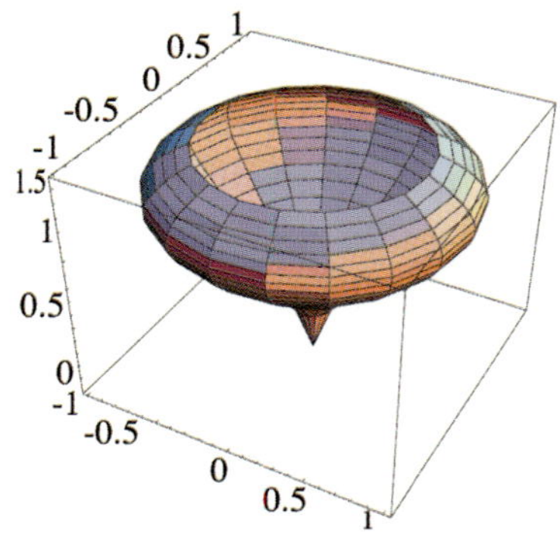

예제 5 | 구간 [0,1]에서 정의된 함수 $f(x) = x^3$을 원점과 점 (1,1,1)을 잇는 축 주위로 회전시킨 곡면을 구하시오.

풀이

```
<<Graphics`SurfaceOfRevolution`;
SurfaceOfRevolution[x^3,{x,0,1},
                    RevolutionAxis->{1,1,1}];
```

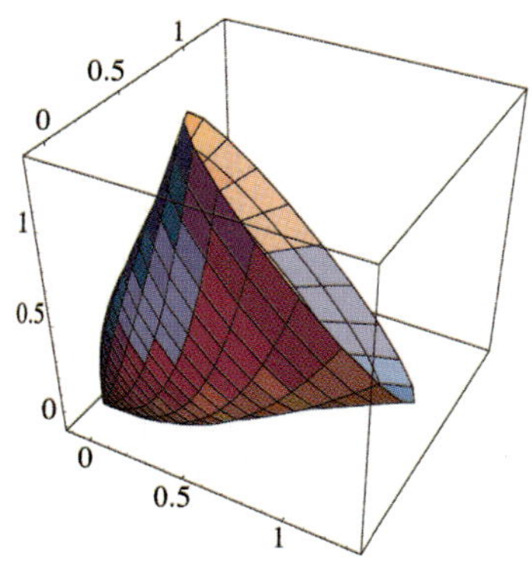

3.6.2 다면체 그리기

다면체를 그리려면 먼저 패키지 Graphics`Polyhedra`을 불러야 한다.

명 령 어	설 명
Show[Polyhedron[polyname]]	이름이 polyname인 다면체를 원점에 그림 원점에서 모서리 중점까지의 거리는 1임
Show[Polyhedron[polyname, {x,y,z},배율]]	이름이 polyname인 다면체를 위치 {x,y,z}에 배율로 그림

다면체 이름의 명령어를 알아보자.

Tetrahedron	4면체
Cube, Hexahedron	6면체
Octahedron	8면체
Dodecahedron	12면체
GreatDodecahedron	별장식 12면체
GreatStellatedDodecahedron	큰 별고양 12면체
SmallStellatedDodecahedron	작은 별모양 12면체
Icosahedron	20면체
GreatIcosahedron	별장식 20면체

예제 6 | 12면체를 그리시오.

풀이

다면체 그래픽 패키지 호출

```
Needs["Graphics`Polyhedra`"];
Show[Polyhedron[Dodecahedron]];
```

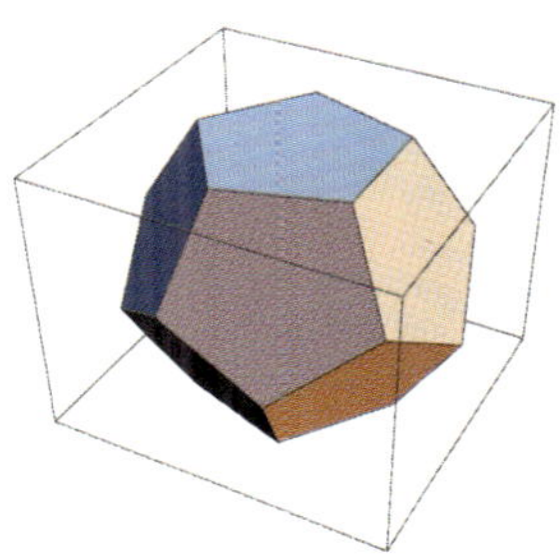

예제 7 | 20면체와 큰 별모양 12면체를 그리시오. 한 개의 그래프 축에 표시하되 20면체의 중심 좌표와 배율은 각각 {3,3,3} 및 0.7로 설정하시오.

풀이

```
Needs["Graphics`Polyhedra`"];
Show[Polyhedron[GreatStellatedDodecahedron],
     Polyhedron[Icosahedron,{3,3,3},0.7]];
```

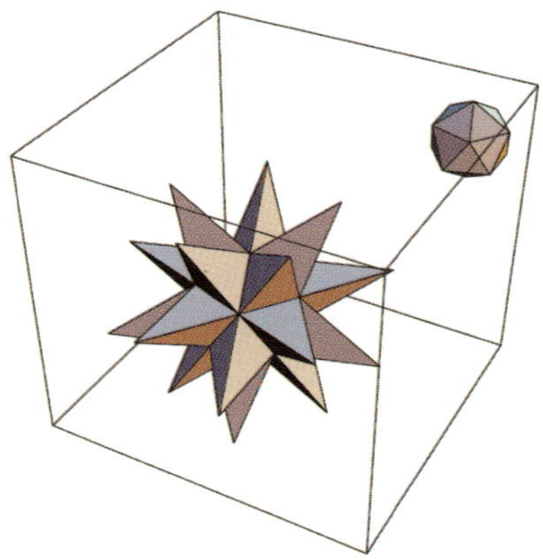

3.6.3 여러 가지 삼차원 곡면 그리기

삼차원 곡면을 그리기 위해서는 먼저 패키지 Graphics`Shapes`를 부른다.

명 령 어	설 명
RotateShape[g,phi,theta,psi]	그래픽스 객체 g를 오일러 각도만큼 회전 psi, theta, phi는 각각 z, x, z-축(반복) 주위의 순차적인 회전각
TranslateShape[g,{x,y,z}]	그래픽스 객체 g를 {x,y,z} 만큼 이동시킴
AffineShape[g, {scale_x,scale_y,scale_z}]	그래픽스 객체 g를 x, y, z축 방향으로 각각 scale_x, scale_y, scale_z배로 확대
WireFrame[객체]	객체를 선으로 연결

삼차원 그래픽 객체의 종류는 다음과 같다.

종 류	설 명
Cylinder[r,h,n]	반경 r, 높이 h의 실린더를 n개의 다각형으로 그림
Cone[r,h,n]	반경 r, 높이 h의 원추를 n개의 다각형으로 그림
Sphere[r,n,m]	반경 r의 구를 n(m-1)+2개의 다각형으로 그림
Torus[r1,r2,n,m]	단면반경 r1, 회전반경 r2의 토러스를 n x m 그물망으로 그림
MoebiusStrip[r1,r2,n]	z-축 사영 반경이 r1, r2인 뫼비우스띠를 2n개의 다각형으로 그림
Helix[r,h,m,n]	반경 r, 높이 h, 회전수 m의 나선형을 n x m 그물망으로 그림
DoubleHelix[r,h,m,n]	반경 r, 높이 h, 회전수 m의 이중나선형을 n x m 그물망으로 그림

변수가 생략되면 기본 설정값을 사용하는데 이 값은 ?shape 이름을 입력하면 알 수 있다.

예제 8 |

3차원 특수곡면 그래픽 패키지 호출

```
<<Graphics`Shapes`
?MoebiusStrip
MoebiusStrip[(r1:1, r2:0.5, (n:20r1))] is a list of
2n polygons approximating a moebius strip centered
around the z-axis with radii r1 and r2.

Show[Graphics3D[MoebiusStrip[2,1,80]],
   ViewPoint->{0,0,2}];
```

뫼비우스띠

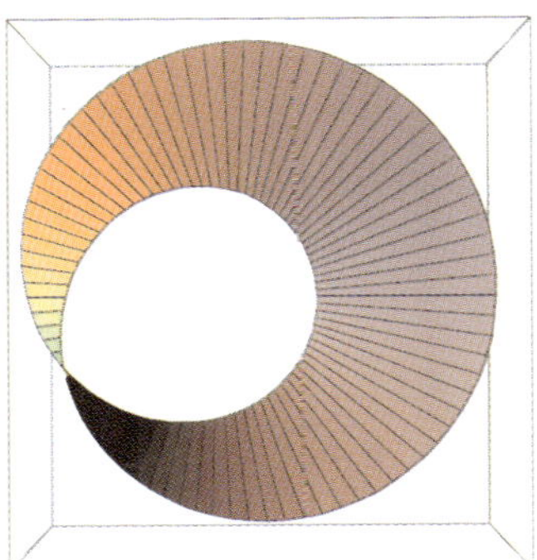

예제 9 |

```
Show[RotateShape[Graphics3D[MoebiusStrip[]],
        Pi/4,Pi/3,Pi/2]];
```

뫼비우스띠를 각각 오일러 각도 $\phi=\pi/4$, $\theta=\pi/3$, $\psi=\pi/2$ 만큼 회전시킴

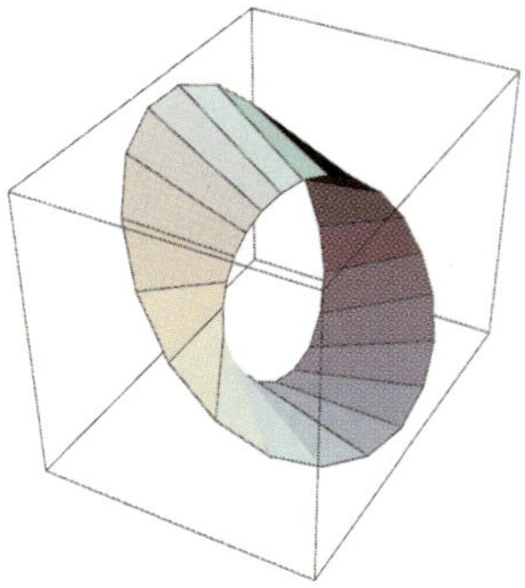

```
Show[RotateShape[Graphics3D[MoebiusStrip[]],
                Pi/4,Pi/3,Pi/2],
     TranslateShape[Graphics3D[
                Helix[1,0.5,4,20]],{3,0,0}]];
```

회전 및 평행이동

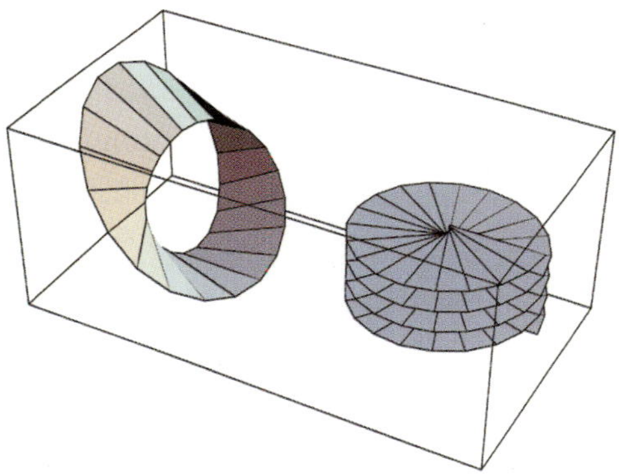

```
Show[WireFrame[Graphics3D[
        {Hue[0.6],Cone[]}]],Boxed->False];
```

원뿔을 선으로 연결

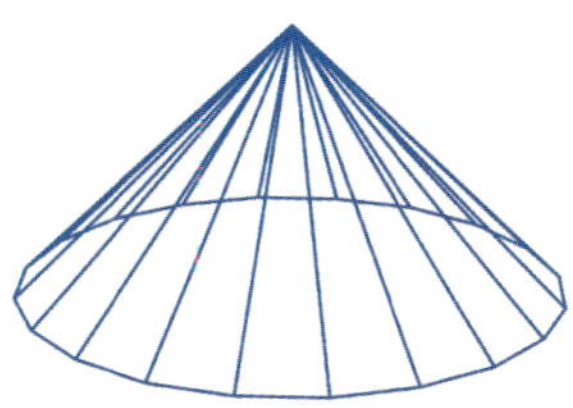

3.6.4 사각형 내에 그래픽 객체 그리기

이 절에서는 사각형 그래픽의 요소를 사용하여 사각형 구역 내에 그래픽 객체를 표현하는 방법에 대해서 알아보기로 한다.

명 령 어	설 명
Rectangle[{xmin,ymin}, {xmax,ymax},그래픽 객체]	사각형 안에 그래픽 객체를 그림. 서체의 절대크기는 사각형 크기에 영향을 받지 않음.

예제 10 | 다음의 그래픽 객체 k1, k2, k3를 적절한 사각형 구역내에 표현하고 Show로 결합하시오.

풀이

```
k1=Plot[Sin[2x]*Log[x],{x,1,9},
    DefaultFont->{"Arial-Bold",9},
    AspectRatio->Automatic];
```

$y = \sin 2x \ln x$ 의 그래픽

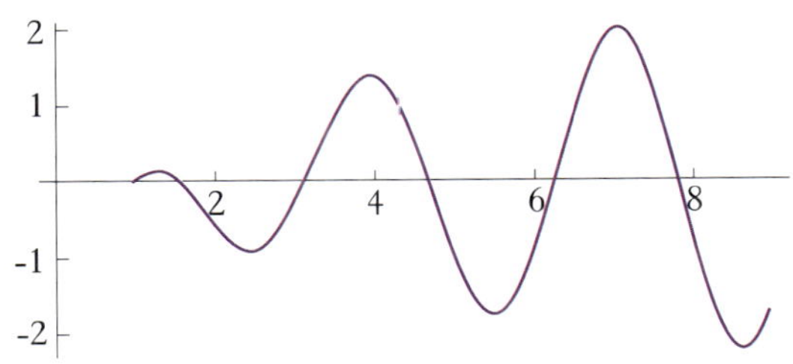

```
k2=Plot3D[Sin[2x]*Log[y], {x,0,3Pi},{y,1,9},
    ViewPoint->{1.300,-2.400,2.000},
    AspectRatio->Automatic];
```

$z = \sin 2x \ln y$ 의 그래프

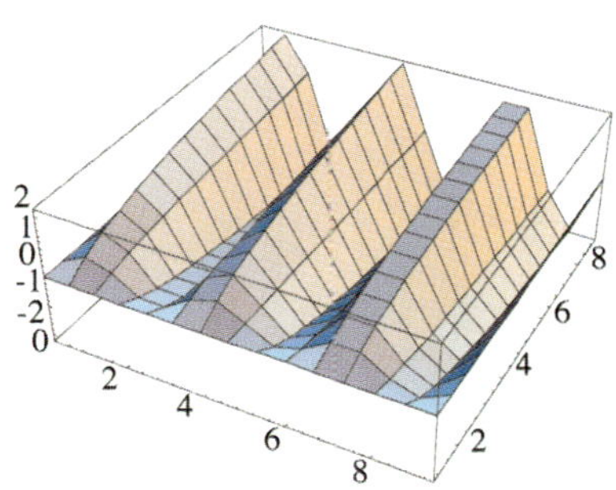

```
k3=Show[Graphics[
            Table[{Hue[k/6],
                Disk[{k/3,0},0.2/k]},{k,1,3}]],
   AspectRatio->Automatic];
```

```
Show[Graphics[{Rectangle[{0,0},{1.5,1.5},k1],
                Rectangle[{0.9,0.9},{2,2},k2],
                Rectangle[{-0.5,-0.5},{1,1},k3]}],
   AspectRatio->Automatic];
```

대각선 방향으로 배열한 3개의 사각형 구역 내에 그래픽 객체 k1, k2, k3를 그림

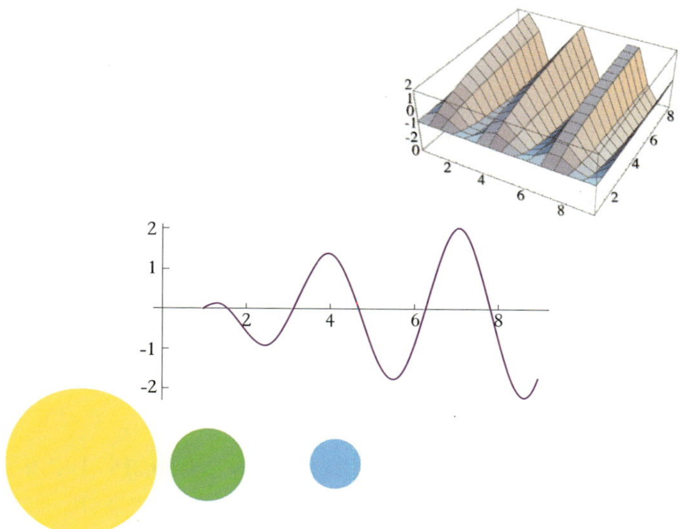

3.6.5 벡터장 그래프

벡터장 그래프의 명령어는 다음과 같고 이 명령어를 사용하려면 패키지 Graphics'PlotField'을 먼저 호출한다.

명령어	설　명
PlotVectorField[{1,y[x]}, {x,xmin,xmax}, {y,ymin,ymax}]	일계 상미분방정식의 기울기장을 그림
PlotGradientField[f, {x,xmin,xmax}, {y,ymin,ymax}]	함수 f(x,y)의 기울기장(gradient)을 그림

예제 11 |

벡터장 그래프 함수 호출

```
<<Graphics`PlotField`
PlotVectorField[{1,9.8-1.6y}, {x,0,10}, {y,0,25},
   AspectRatio->1/GoldenRatio];
```

$\frac{dy}{dx} = f(x,y)$
$= 9.8 - 1.6\,y$

벡터장 $= (1 = \frac{dx}{dx}, \frac{dy}{dx})$

기울기장 그래프 함수 호출

```
PlotGradientField[x^2*E^y, {x,-2,2}, {y,-2,2},
   AspectRatio->1/GoldenRatio];
```

$f(x,y) = x^2 e^y$,
기울기 장
$\nabla f = (\frac{\partial f}{\partial x}, \frac{\partial f}{\partial y})$

3.7 그래픽 애니메이션

동영상 그래픽(animation)을 만들기 위해서 패키지 Graphics`Animation`을 먼저 호출하고 그래픽 객체를 만든다. 동영상을 보기 위해서는 그림이 있는 모든 cell을 선택하고(마우스로 main group cell을 클릭), Ctrl-Y를 동시에 누른다. 하단에 animation 조절 아이콘이 나타나는데 이 아이콘으로 움직임을 조절한다. 다음은 자주 사용되는 애니메이션 명령어 함수이다.

명 령 어	설 명
Animate [f[t,...], {t, tmin, tmax}]	그래픽함수 f(t, ...)를 실행하되 그림 변수 t가 [tmin, tmax] 범위에서 변할 때 모든 그림을 순차적으로 보여줌으로써 동영상으로 보이게 함
ShowAnimation [{g1, g2, ... }]	그래픽 객체 g1,g2, ...를 동시에 동영상으로 보이게 함
SpinShow [g]	3차원 그래픽 객체 g를 동영상으로 보이게 함

다음은 SpinShow에 사용되는 선택사항이다. 이 명령어는 원점 주위로 3차원 좌표축의 회전을 표시하기 위해 오일러 각(7.5절 참조) α, β, γ를 활용한다.

선택사항	기본값	설 명
SpinOrigin	{0, 0, 1.5}	SpinDistance와 함께 사용하며 시점을 선택
SpinDistance	2	SpinOrigin과 함께 사용하며 시점을 선택
SpinTilt	{0,0}	오일러 각 β와 γ(회전경사각)
SpinRange	{0 Degree, 360 Degree}	오일러 각 α의 범위, 아래 그림(**N**: XY 평면과 xy 평면의 교선) 참조
Frames	24	그림 틀의 갯수

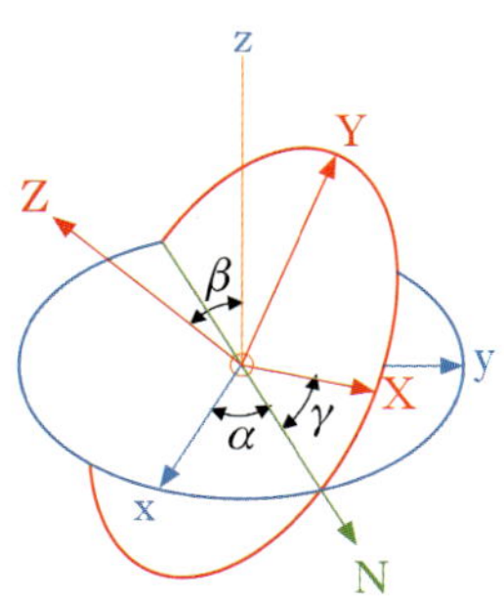

오일러 각

왼편 그림과 같이 **xyz** 축이 회전하여 **XYZ**축으로 이동하였을 때 **xy**평면과 **XY**평면의 교선을 **N**, α를 x축과 **N**과의 반시계향 사이각, β를 **z**축과 **Z**축과의 반시계향 사이각, γ를 **N**과 **X**축과의 반시계향 사이각이라고 하자. 여기서 α, β, γ를 오일러 각(Euler angle)이라고 부른다. 회전변환 행렬 A는 다음으로 표현된다.

$$
A = \begin{pmatrix} a_{11} & a_{12} & a_{13} \\ a_{21} & a_{22} & a_{23} \\ a_{31} & a_{32} & a_{33} \end{pmatrix} \tag{3.1}
$$

$$
\begin{aligned}
&a_{11} = \cos\gamma\cos\alpha - \cos\beta\sin\alpha\sin\gamma, \quad a_{12} = \cos\gamma\sin\alpha + \cos\beta\cos\alpha\sin\gamma, \\
&a_{13} = \sin\gamma\sin\beta, \quad a_{21} = -\sin\gamma\cos\alpha - \cos\beta\sin\alpha\cos\gamma, \\
&a_{22} = -\sin\gamma\sin\alpha + \cos\beta\cos\alpha\cos\gamma, \quad a_{23} = \cos\gamma\sin\beta, \\
&a_{31} = \sin\beta\sin\alpha, \quad a_{32} = -\sin\beta\cos\alpha, \quad a_{33} = \cos\beta.
\end{aligned} \tag{3.2}
$$

예제 1 |

```
Needs["Graphics`Animation`"];
g = ParametricPlot3D[ {x, Cos[t] Sin[x],
        Sin[t] Sin[x]}, {x,-Pi,Pi}, {t,0,2Pi},
        Axes -> False,
        Boxed-> False];
p = SpinShow[g, Frames ->8,
        SpinRange->{0 Degree, 180 Degree}];
```

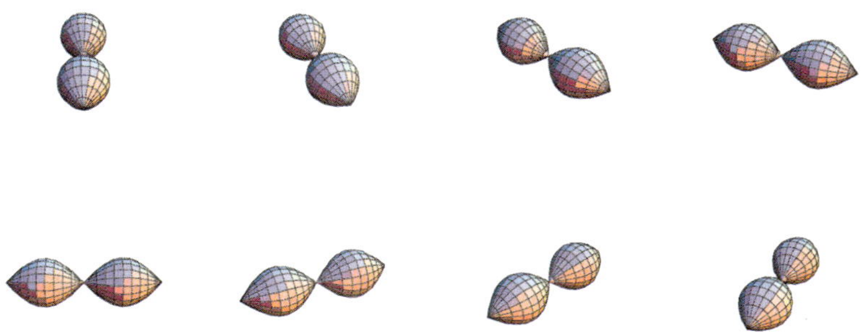

예제 2 |

원판, 반원판, 다각형 등을 조합하여 동영상 프레임을 만듦

```
g1=Graphics[{{Hue[0.01],Disk[{0,0},2]},
      Text["풍차",{0,0}],{Thickness[0.03], Line[
      {{0,-2},{0,-5}}]},{Hue[0.2], Polygon[ {{-1,-5},
      {-2,-15}, {2,-15},{1,-5},{-1,-5}}]}},
      AspectRatio->Automatic];
Table[Show[g1,Graphics[{{Hue[0.75],
      Table[Disk[3.5{Cos[k*Pi/4+j*Pi/32],
                        Sin[k*P/4+j*Pi/32]},1.5,
                {k*Pi/4+j*Pi/32,(4+k)*Pi/4+j*Pi/32}],
      {k,1,8}]}}, AspectRatio->Automatic]],
{j,1,4}];
```

예제 3| 다음은 $z = \sin nx \sin ny$의 3차원 곡면을 n 값에 따라 변화하는 모습을 보여준다.

```
Needs["Graphics`Animation`"];
Animate[  Plot3D[{Sin[n x]* Sin[n y],
               Hue[x/(2Pi) * y /(2Pi)]},
     {x,0,2Pi},{y,0,2Pi},
     PlotRange -> {-1,1}, Axes -> None,
     PlotPoints-> 30,
     PlotLabel->FontForm["Animation",
     {"Helvetica-Bold",7}] ],
                 {n, 1, 2, 0.2}];
```

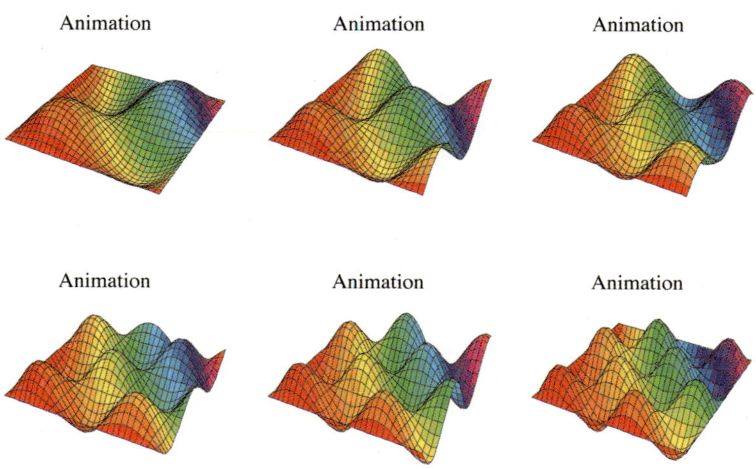

예제 4 |

$x = u\sin nt$,
$y = u\cos nt$
$z = nt/3$
$0 \le t \le 15$,
$-1 \le u \le 1$
의 매개함수 곡면을 n에 따라 변화시키고 움직이는 모습을 보여줌

```
Animate [
    ParametricPlot3D[
            {u*Sin[n*t],u*Cos[n*t],n*t/3},
                    {t,0,15},{u,-1,1},
      PlotPoints -> 45,
      PlotRange ->{0,5},
      Boxed-> False, Axes -> None],
{n,1,1.675,0.125} ];
```

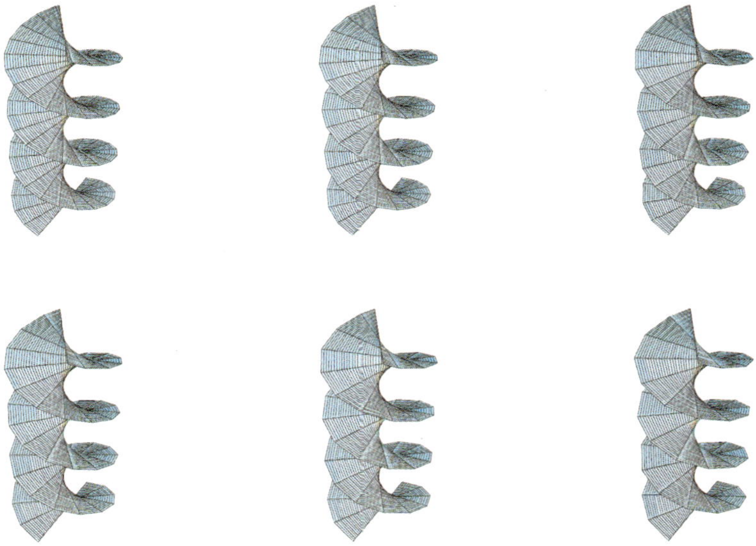

연습문제 3

* 가 표시된 문제는 난이도가 높은 문제임

01 다음과 같이 반지름이 1과 2인 동심원의 둘레를 각각 8등분한 원 둘레 위의 점 16개와 중심점 (0,0)을 각각 적절한 색으로 채색하고 선분을 그림과 같이 연결하시오. 단, 외부 원 위의 점들은 크기를 **PointSize[0.04]**, 내부 원 위의 점들은 크기를 **PointSize[0.02]**, 중심점은 크기를 **PointSize[0.03]**으로 설정하시오.

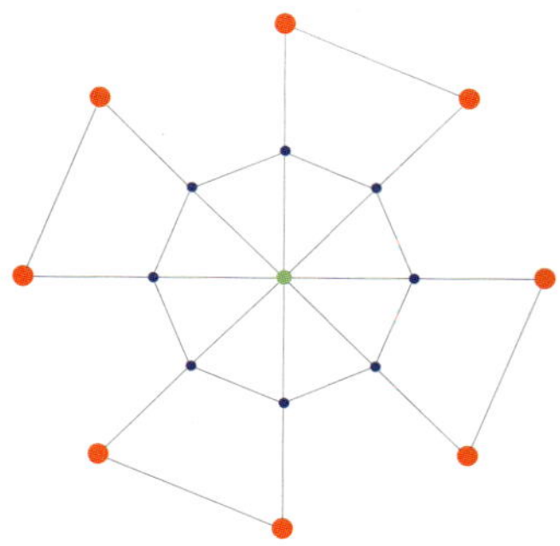

02 문제 1에서 얻은 점들의 좌표를 활용하여 다음과 같은 다각형을 만드시오. 단, 내부 색상은 서로 다르게 채색하시오. 또한 그림의 제목을 **"Colorful Polygons"** 붉은색으로 채색하고 2행으로 표시하시오. 선택사항으로 **StyleForm** 구문을 활용하여 글자를 채색하시오.

03 다음 함수 $h(x)$, 1계 및 2계 도함수 $h'(x)$, $h''(x)$을 한 개의 그래프 축에 그리되, 아래와 같이 범례를 넣으시오. 선택사항 **LegendSize**, **LegendPosition** 등을 활용하시오.

$$h(x) = (\cos x)^3 + \ln(1 + x^2)$$

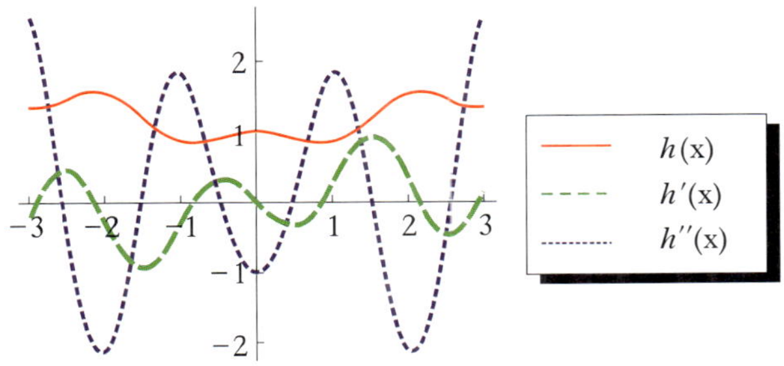

04 다음과 같이 그래프 내에 문자와 화살표를 넣으시오. **Text**, **StyleForm**, **DefaultFont** 등의 구문을 활용하시오.

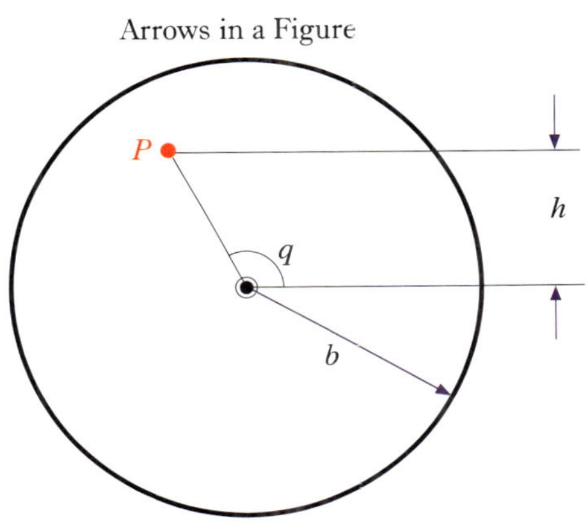

05 다음 곡선(epicycloid)을 다양한 a, b에 대하여 구간 $0 \le t \le 2b\pi$에서 그리시오.

$$x = b(m\cos t - \cos mt)$$
$$y = b(m\sin t - \sin mt)$$

단, $m = 1 + \frac{a}{b}$이다.

06 다음 곡선(hypocycloid)을 다양한 a, b에 대하여 구간 $0 \le t \le 2b\pi$에서 그리시오.

$$x = b(m\cos t + \cos mt)$$
$$y = b(m\sin t - \sin mt)$$

단, $m = \dfrac{a}{b} - 1$이다.

07 다음 매개함수 곡선을 그리시오.

(1) $x = \cos^3 t, \quad y = \sin^3 t$

(2) $x = (1+\cos t)\cos t, \quad y = (1+\cos t)\sin t$

08 다음 함수의 그래프를 다양한 a, b, n에 대하여 극좌표계에서 그리시오.

(1) $r = a + b\sin n\theta$

(2) $r = a e^{\sin\theta} + b\cos 4\theta + n\sin^5\left(\dfrac{\theta - \pi/2}{12}\right)$. 단, $0 \le \theta \le 24\pi$.

특히, $a=1$, $b=-2$, $n=1$일 때 그래프를 관찰해 보시오.

09 다음 음함수의 그래프를 그리시오.

(1) $(x^2+y^2-1)^3 - x^2y^3 = 0$

(2) $x^2 + \left(y - \dfrac{2(x^2+|x|-6)}{3(x^2+|x|+2)}\right)^2 = 36$

10 매스매티카 명령어 **Plot3D**를 사용하여 다음 함수

$$\frac{\ln(x^2+y^2)\sin(x^2+y^2)}{(1+x^2+y^2)}$$

의 그래프를 그리고 또한 등고선 그래프와 밀도 그래프도 그리시오.

11 구간 $[-1, 1]$를 40등분한 점에서 다음 3개의 함수 값을 각각 계산하여 자료를 만들고, 각 자료의 그래프를 **MultipleListPlot**을 이용하여 그리되 다양한 선택사항을 사용하여 자료를 구별하시오.

$$x^2 + y^2 = 1,$$
$$\sqrt{|x|} + \sqrt{|y|} = 1,$$
$$|x|^{2/3} + |y|^{2/3} = 1.$$

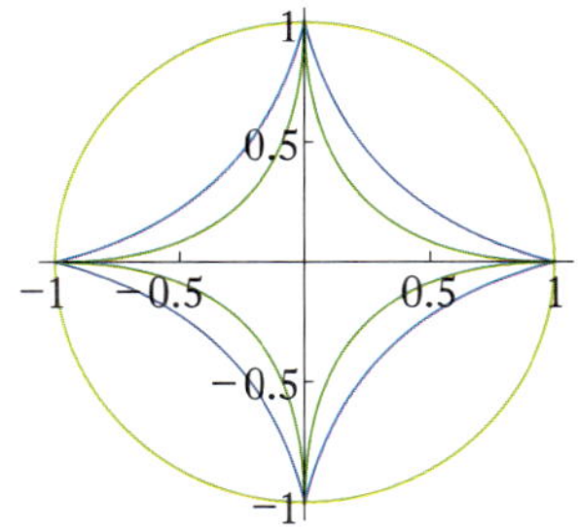

12* 직교좌표축에서 타원의 방정식 $\dfrac{x^2}{a^2} + \dfrac{y^2}{b^2} = 1$이 주어져 있다. 다음 물음에 대하여 매스매티카 명령어로 답하시오.

(1) 시계반대방향으로 t(래디안)만큼 회전하였을 때의 변환

$$x = cx + sy, \quad y = -sx + cy$$
$$(\text{단}, c = \cos t, \ s = \sin t \text{ 임})$$

을 타원의 방정식의 좌변에 대입한 결과를 eqn이라 정하시오.

(2) Solve로 방정식 eqn=1을 y에 관하여 풀어 x의 함수로 구한 결과를 kk로 정하시오. kk는 리스트를 형성함을 주목하시오.

(3) y에 kk의 첫 번째 원소와 두 번째 원소를 대입한 결과를 각각 soln1과 soln2로 정하시오.

(4) soln1과 soln2의 값이 실수가 되는 x의 범우를 구하되 최대하계를 x0, 최소상계를 x1이라 정하시오.

(5) FilledPlot 명령어를 사용하여 $t = \pi/6$, $a = 3$, $b = 1$일 때 사이의 영역을 적절한 RGB 색상으로 채색하고, 타원은 Hue[0.1]의 색상과 두께 0.02(절대 단위)의 점선으로 채색하고, 그래프의 제목을 "회전과 채색"이라고 표기하되, 기본서체를 "Times" 12호로 설정하시오. 구간 [x0, x1]에서 soln1과 soln2는 이론적으로 실수가 되지만 x0와 x1이 수치적으로 구한 근사 값이므로 이들 값의 작은 근방에서 실수를 만족하지 않을 수도 있다. 실수를 보장하여 원하는 그래프를 얻기 위해서 작은 양수 eps에 대하여 구간[x0+eps, x1-eps]를 생각하기로 한다. eps = 0.0001(x1-x0)으로 설정하여 그래프를 완성하시오.

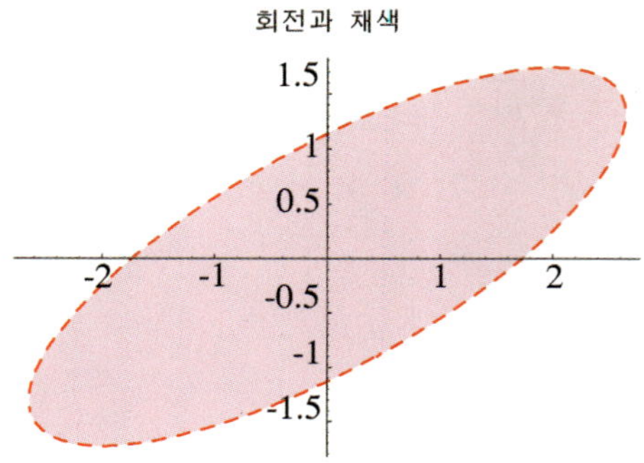

13 다음 물음에 답하시오.

(1) 제 1장에서 설명한 특수 그래픽 문자를 삽입하는 방법으로 한글 자음 ㅁ을 눌러서 다음과 같은 그래픽 문자표를 만들고 매스매티카 화일명을 **charmap.nb** 으로 저장하시오.

§※☆★○●◎◇◆□■△▲▽▼→←↑↓↔〓 ◁◀▷▶♤♠♡♥♧♣⊙◈▣◐◑▒▤▥▨▧▦▩ ♨☏☎☜☞¶†‡↕↗↙↖↘♭♩♪♬

(2) 매스매티카의 편집화면에서 키보드의 모든 대소 영문자를 선택하고 윈도우즈 그래픽 폰트 Wingdings로 바꾸어서 다음과 같은 그림 문자표를 만드시오.

(3) 그래픽스 원시요소만을 사용하여 다음과 같은 로고를 제작하시오.

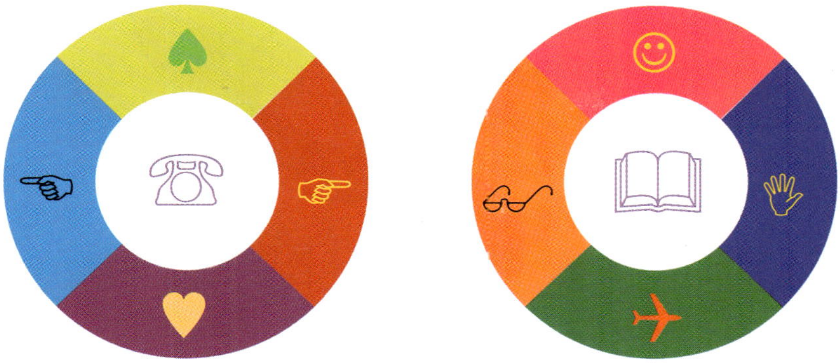

14 그래픽 요소를 활용하여 다음 그림과 같은 엘리베이터 승강 조절 단추를 제작하시오. **Table, Line, Disk, Hue, Text**를 반드시 사용하시오.

15 다음과 같이 반원을 이용하여 함수를 정의하자.

```
f1[x_]:= Which[x≤0, Sqrt[1-(x+1)^2], 0≤x≤2,
              Sqrt[1-(x-1)^2], x≥2, Sqrt[1-(x-3)^2], True, 0];
f2[x_]:= Which[x≤1,1-Sqrt[1-x^2], 1≤x≤3,1-Sqrt[1-(x-2)^2], True, 0];
f3[x_]:= -f2[x];
f4[x_]:= -f1[x];
```

그래픽 패키지 <<**Graphics`FilledPlot`**;를 호출하고 **FilledPlot** 함수를 사용하여 다음 그림과 같이 도형을 채색하여 보시오.

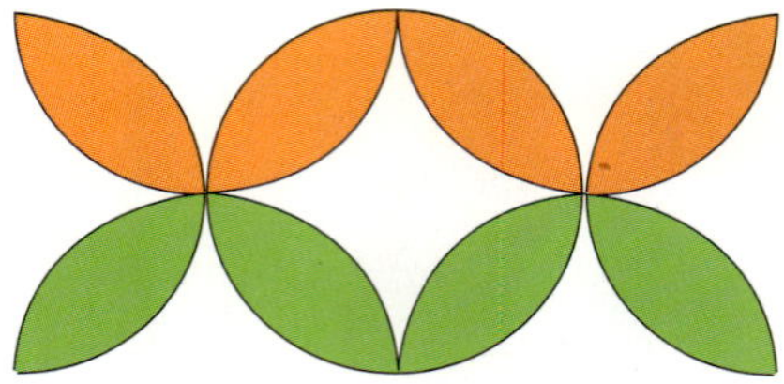

16 그래픽스 원시 요소를 활용하여 다음 그림과 같은 달력을 제작하시오. Table, Line, Hue, Text를 반드시 사용하시오. 단, 일요일은 빨간색으로, 토요일은 파란색으로 채색하시오. 한자 입력은 한글을 타자한 후 글자를 한 글자씩 마우스로 선택하여 다음 그림과 같이 한자 부분을 마우스로 클릭하면 한자 상자가 나온다. 해당 한자의 번호를 타자하면 한자가 입력된다.

17* 아래 그림과 같이 내부가 채워진 정삼각형이 1층에 n개, 2층에 n-1개, 3층에 n-2개, ... j층에 n-j+1, ..., n층에 한 개가 차례로 쌓여 있다. a=20, n=8일 때, 그래픽스 원시 요소를 활용하여 이 도형을 제작하시오. Table, Line, Polygon, Hue, Text를 반드시 사용하시오. 단, 각 층마다 다른 색상으로 채색하시오.

18* 함수 $a\sin\pi x+b$와 $\sqrt{R^2-(x-p)^2}$를 구간 $0\le x\le n$에서 그리고 **FilledPlot** 구문을 활용하여 그림과 같은 우산을 만들어 보시오. 단, $n=5$, $p=n/2$, $a=0.25$, $t=\pi/6$, $R=p/\cos t$, $b=R\sin t$, $c=0.3$으로 한다.
Epilog 선택사항을 이용하여 직선, 원 등의 그래픽 원시요소를 활용하시오.

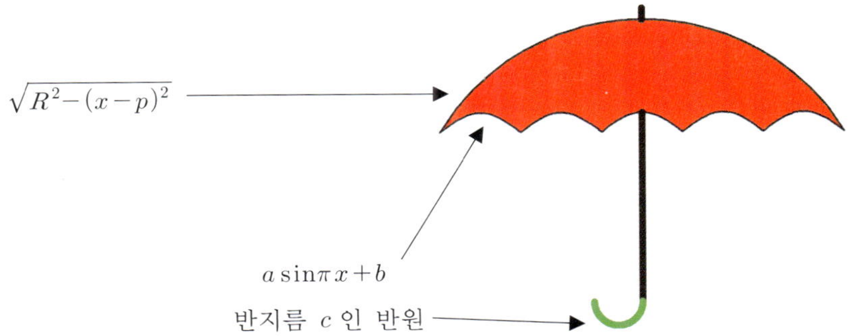

19 중심이 (0,0)이고 반경이 3인 하반원의 내부 곡선을 따라 반경이 0.5인 원판이 움직이고 있다. 적절한 선택사항을 사용하여 10번의 연속 동작을 작도하고 마우스로 그룹 셀을 선택하여 Ctrl + Y키를 동시에 누르면 애니메이션이 시작된다. 하단 창에 있는 애니메이션 조절 아이콘 단추를 눌러 동작의 빠르기를 조절하시오.

20 매스매티카의 그래픽 요소를 사용하여 다음 그림과 같은 3엽 태극기를 작도하시오. 원판의 색상은 Hue[0], Hue[0.2], Hue[0.5]를 사용하여 서로 다른 색상으로 채색하시오. Disk를 활용하고 덧칠하여 문제를 해결하시오.

21 **ParametricPlot3D**를 이용하여 다음 매개함수의 그래프를 그리시오.

$$x = e^{t/30}\,\mathrm{sin}t,\ \ y = 2\cos t,\ \ z = t/4, (0 \le t \le 30).$$

선택사항 **ViewPoint ->** {**1, 1, 1.3**}, **PlotPoints -> 250**을 활용하시오.

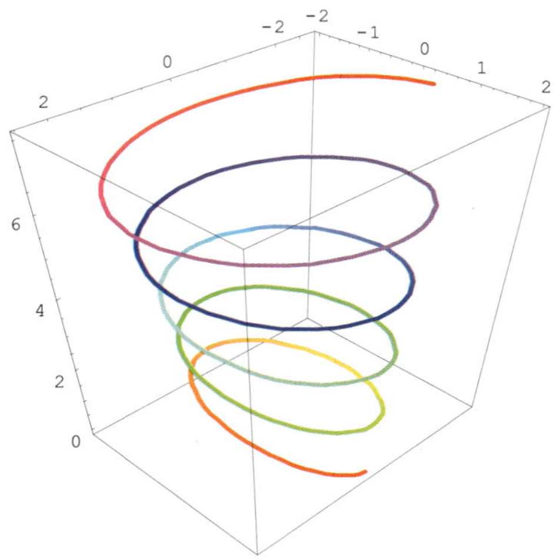

22 반지름이 1이고 중심이 (0,0,0)인 구의 그래프를 CylindriclaPlot3D와 SphericalPlot3D을 이용하여 그리시오.

23 그림과 같이 타원 $\dfrac{x^2}{a^2}+\dfrac{y^2}{b^2}=1$의 둘레 위에 반경 $\dfrac{a}{8}$인 구슬이 8개 붙어 있다. k번째 구슬의 중심 위치는 그 편각과 동경이 각각

$$\theta_k = \frac{(k-1)\pi}{4},\quad k=1,2,\ldots 8,$$

$$r = \frac{\sqrt{2}\,ab}{\sqrt{a^2+b^2+(b^2-a^2)\cos 2\theta_k}},\ \ k=1,\ 2,\ \cdots,\ 8$$

으로 주어진다. $[-1-a,\ 1+a]$에서 $a=3$, $b=2$일 때, ImplicitPlot 명령어로 그래프를 그리시오. Epilog 옵션을 사용하여 글자와 구슬을 넣으시오.

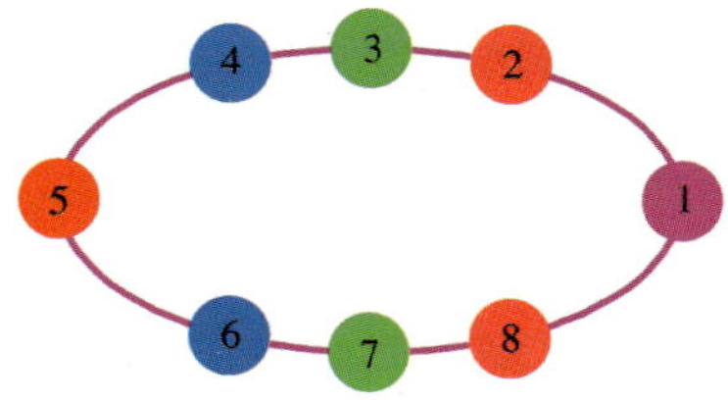

24 문제 23의 타원과 구슬을 $t = \pi/10$만큼 시계반대방향으로 회전시킨 도형을 그리는 매스매티카 명령어를 작성하시오.

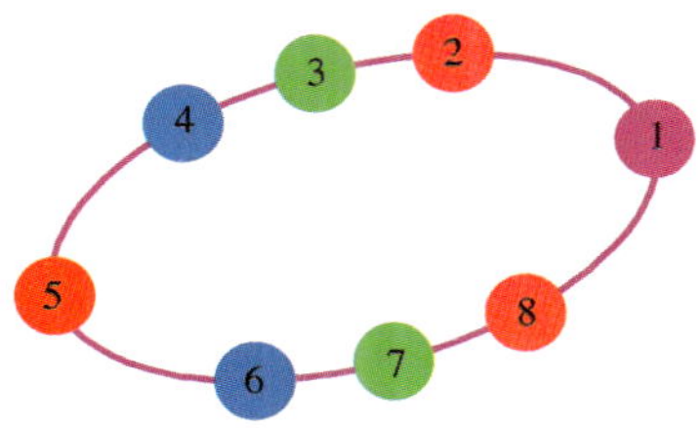

25 그래픽스 원시 요소를 활용하여 다음과 같은 시계를 제작하시오. Table, Arrow, Hue, Text를 반드시 사용하시오. 단, 두 시계 바늘은 서로 다른 색으로 채색하시오.

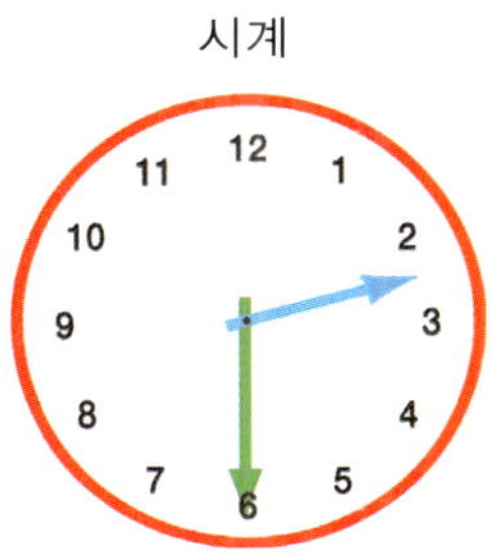

26 그래픽스 원시 요소를 활용하여 다음과 같은 무지개를 제작하시오. Table, Hue를 반드시 사용하시오.

27 Polygon 명령어를 활용하여 다음 그림과 같은 도형을 제작하시오.

28* 다음 프로그램에서 함수 **lotus**는 4개의 반원판의 그래픽 객체를 생성한다. 이를 활용하여 다음과 같이 프로그램을 작성하였다. **layer** 값을 변화시키고 관찰하여 보시오. 또한 **Disk** 대신에 **Circle**로 변경하고 결과를 관찰하시오.

※ 4모서리 점의 좌표는 p1, p2, p3, p4으로 설정하였고, 반복을 위하여 임시점 p5 = p1으로 설정하였다.

```
{p1,p2,p3,p4}={{-4,-4},{4,-4},{4,4},{-4,4}}; p5=p1;
lotus:=
    Table[
      If [n==1, {x1,y1}=p1; {x2,y2}=p2];
      If [n==2, {x1,y1}=p2; {x2,y2}=p3];
      If [n==3, {x1,y1}=p3; {x2,y2}=p4];
      If [n==4, {x1,y1}=p4; {x2,y2}=p5;
  p1=(p1+p2)/2;p2=(p2+p3)/2;p3=(p3+p4)/2;p4=(p4+p5)/2;p5=p1];
      (* Update 4 corners *)
      x = (x1+x2)/2; y = (y1+y2)/2;
      t1 = ArcTan[x1-x,y1-y]; t2 = t1 + Pi;
      r = Sqrt[(x1-x)^2 +(y1-y)^2];
      Graphics[{Hue[Random[]],Disk[{x,y},r,{t1,t2}]},
AspectRatio->Automatic],{n,1,4}];
layer=6; Show[Table[lotus,{j,1,layer}]];
```

29* 다음 프로그램을 실행하면 주름잡힌 관과 말안장의 모습이 나온다.
각각 정수 **n**과 **k**의 값을 1과 10 사이에서 변경하여 그 결과를 관찰하시오.

(1)

```
n=7; ParametricPlot3D[{n*Sin[t] - Sin[n*t] - 3Cos[u] + Cos[3u],
n*Cos[t] - Cos[n*t] + 3Sin[u] - Sin[3u], u}, {t, 0, 2Pi},
{u, 0, 2Pi}, PlotPoints -> {80, 80}, DefaultFont -> {"Times", 18}];
```

```
(2) << Graphics`ParametricPlot3D`;
    Clear[r]; k=4; CylindricalPlot3D[r^3*Sin[k*theta]/2, {r, 0, 2},
    {theta, 0, 2Pi}, PlotPoints -> 50, DefaultFont -> {"Times", 18}];
```

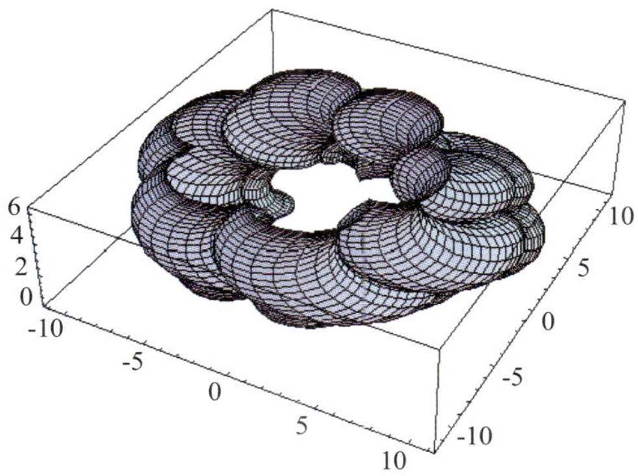

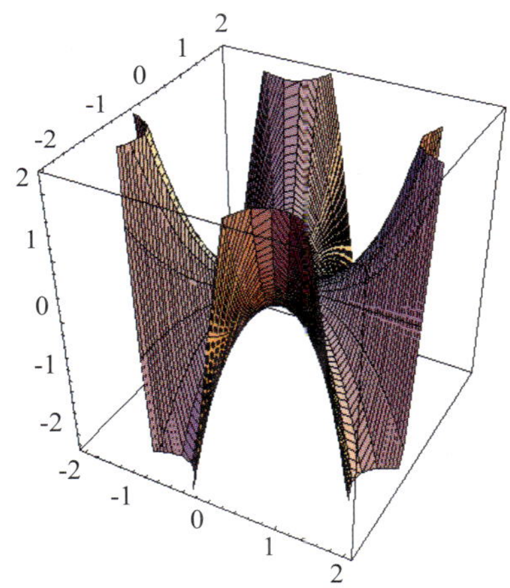

30 (1) 3.5.3절의 예제 11-(1)번에서 선의 그래픽 속성을 다음과 같이

```
ParametricPlot3D[{{Sin[t], Cos[t], t/5,
        {Thickness[0.01], Dashing[{0.03}],Hue[t/20]}},
        {0,0,t/5, Hue[0.99]}},
                {t,0,20}, AspectRatio->0.7];
```

변경하여 실행하고 그 결과를 관찰하시오. 실험 결과 나선의 모양이 두꺼운 점선으로 표시된다. (다음 오른쪽 그림 참조).

(2) 3.5.3절의 예제 12-(3)번에서 사용한 2변수 매개함수와 선택사항을 다음과 같이

$$x(t,u) = \sin t,\ \ y(t,u) = \cos t + u,\ \ z(t,u) = t u^2$$

ViewPoint -> {-4.132, 0.554, -9.452}

변경하고 $0 \le t \le 1.7\pi$, $0 \le u \le 1$의 범위에서 실행하여 그 결과를 관찰하시오.

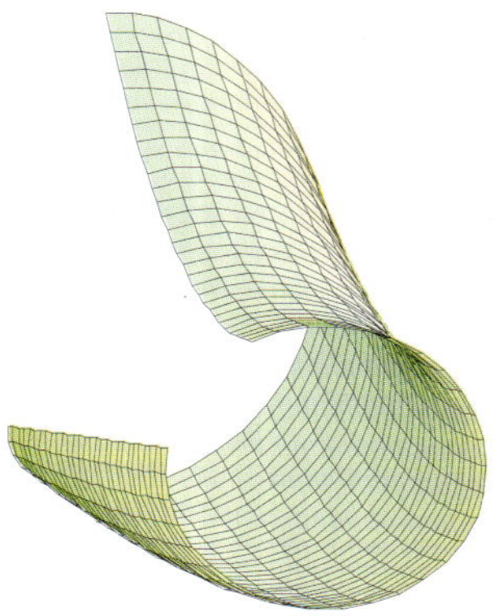

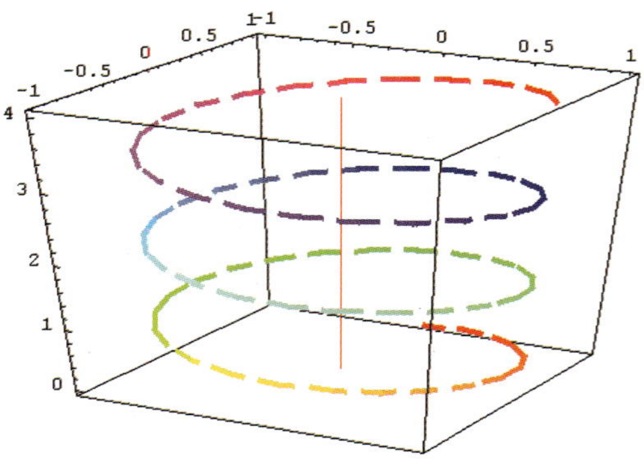

31 소라 껍데기의 방정식은 다음과 같은 매개함수로 주어진다.

$$y(t,u) = \sin t - a t(0.514496 \cos t \sin u + \sin t \cos u),$$
$$z(t,u) = t(b \sin u + 0.6) - 5,$$
$$x(t,u) = \cos t + a t(0.514496 \sin t \sin u - \cos t \cos u),$$
$$\pi/4 \le t \le 5\pi,\ \ 0 \le u \le \pi.$$

$a = 0.1$, $b = 0.0857493$ 일 때, **ParametricPlot3D** 구문을 사용하여 소라 모양을 그려보시오(다음 오른쪽 그림 참조). a, b의 값을 변경하여 실행하고 결과를 관찰하시오.

32 그래픽스 패키지 함수

```
<<Graphics`SurfaceOfRevolution`;
SurfaceOfRevolution [{x, y, z}, {t, tmin, tmax}]
```

은 매개함수 x, y, z로 주어지는 3차원 곡선을 매개변수 t에 관하여 tmin 부터 tmax까지 변화시키면서 회전시켜 얻은 곡면을 표시한다. 다음 매개함수에 관하여

$0 \le t \le 2\pi$의 범위에서 회전시킨 곡면을 그리시오.

$$x(t,u) = \cos^2 t + \sin^2 u,\ y(t,u) = \sin t \sin u,\ z(t,u) = \sinh u,$$
$$0 \le t \le 2\pi,\ 0 \le u \le \pi.$$

또한 $z(t,u) = u$일 때 실행하고 그 결과를 관찰하시오.

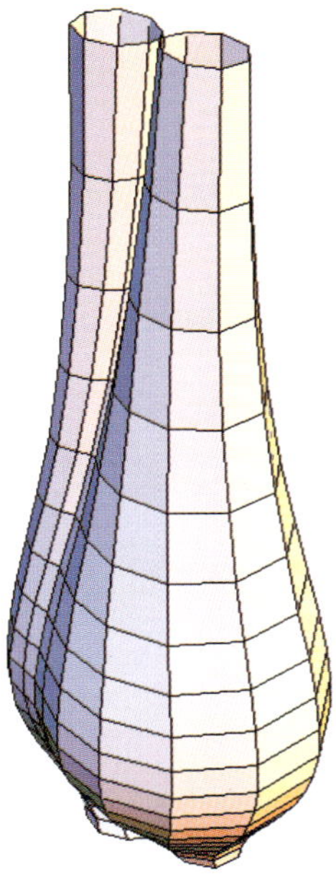

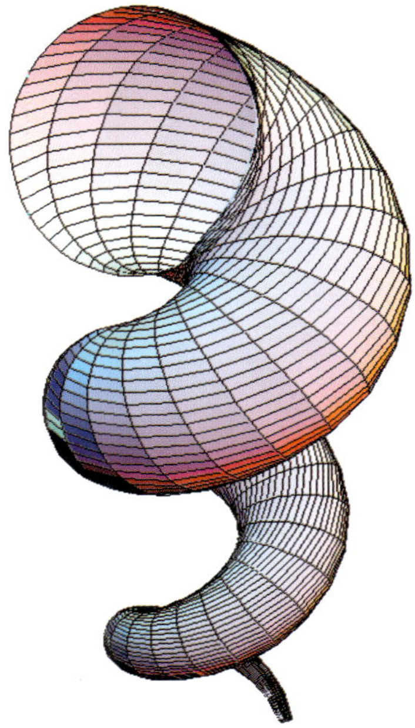

[제 4 장]

프로그래밍과 응용

이 장에서는 사용자가 원하는 함수 및 프로시져의 모듈을 정의하고 활용하는 방법을 살펴보기로 한다. 매스매티카는 대부분의 프로그래밍 언어와 마찬가지로 제어문과 순환문을 사용할 수 있으며, 그 용법을 꾸준히 연마하여 내장함수 및 사용자가 정의한 함수를 함께 사용하여 응용문제를 해결하는 프로그래밍 능력을 배양하기로 한다.

4.1 함수의 정의

사용자가 원하는 함수를 정의할 때에는 함수 정의 기호로 좌변에 := 을 사용한다. 함수 정의의 우변에는 수식, 내장함수 및 사용자가 이미 정의한 사용자함수 등을 사용할 수 있다. 함수의 정의는 실행 후 출력되지 않는다.

4.1.1 일반적인 함수 정의

용법 : f [x1_, x2_, x3_, ...   ] := F[x1, x2, ...]
설명 : 변수 다음에 _ (underline)을 붙이고 쉼표로 구분한다.

예제 1 |

1) 이변수 함수의 정의

```
f[x_, y_] := x + y + Sin[x * y] Shift Enter
f[3, Pi/2]
```

$$2+\frac{\text{Pi}}{2}$$

```
f[1+x, 1+Pi/2]
```

$$2+\frac{\text{Pi}}{2}+x+\text{Sin}\left[\left(1+\frac{\text{Pi}}{2}\right)(1+x)\right]$$

2) Part[list, i] 또는 list[[i]]는 list의 i번째 원소

```
lis:={x,y}; g[lis_]:= Part[lis,1]^Part[lis,2]
h[{x_,y_}]:= x^y
{h[{x,y}], g[lis]}
```

$\{x^y,\ x^y\}$

예제 2 | FilledPlot 구문을 사용하여 다음 그림과 같은 태극기를 그려 보시오. 함수 f1은 중심이 (0,0)이고 반지름이 10인 상반원이고, 함수 f2는 중심이 (0,0)이고 반지름이 10인 하반원이다. 함수 f3는 중심이 (5,0)이고 반지름이 5인 상반원과 중심이 (-5,0)이고 반지름이 5인 하반원의 조합으로 이루어져 있다. 함수 f3를 If 문장을 활용하여 수식함수로 정의하고 함수 f1, f2, f3를 활용하되 그림의 제목을 "Korean Flag"라고 Times-BoldItalic 9호 서체로 붙이고 가로 및 세로축의 축척비를 같게 하고 좌표축은 표시되지 않도록 하시오. 또한 f1과 f3, f3와 f2의 사이 영역을 각각 Hue[0.04] 및 Hue[0.5]로 정하시오. Text 그래픽 요소를 활용하여 그림에 문자 f1, f2, f3를 서체 Arial 10호로 삽입하되 Show 구문을 활용하시오.

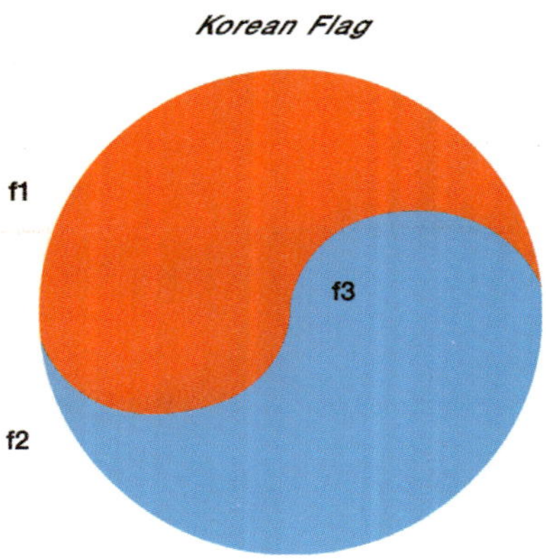

풀이

FilledPlot 호출 (내부채색)
함수 f1를 정의
함수 f3를 정의
f3 정의 끝
그래픽 객체
f1, f3, f2 사이영역 채색
그림 감추기
제목: Korean Flag
서체
그래픽 객체(문자)
4개의 객체 보이기
그림 보이기

```
Needs["Graphics`FilledPlot`"]

f1 = Sqrt[100-x^2]; f2 = -f1;
f3[x_]:=
  If [ Abs[x] <= 10,
      If [ x < 0,  -Sqrt[25-(x+5)^2],
                    Sqrt[25-(x-5)^2]],
     0 ];
g1 = FilledPlot[{f1, f3[x], f2}, {x,-10.,10.},
    Fills -> {{{1,2},Hue[0.04]}, {{2,3},Hue[0.5]}},
    AspectRatio -> Automatic, Axes -> None,
    DisplayFunction -> Identity,
    PlotLabel -> FontForm["Korean Flag",
    {"Times-BoldItalic",9}]];
g2 = Graphics[Text["f1",{10,6.5}]];
g3 = Graphics[Text["f2",{10,-6.5}]];
g4 = Graphics[Text["f3",{2,1}]];
Show[{g1, g2, g3, g4},
        DisplayFunction -> $DisplayFunction,
DefaultFont -> {"Arial",10}];
```

4.1.2 변수의 자료를 표시하는 함수 정의

용법 : f [x1_Integer, x2_Real, x3_Complex, x4_List,x5_...] :=
F [x1:integer, x2:real, x3:complex, ...]

설명 : 자변수 x1, x2, x3, x4, ...의 자료형이 각각 정수(integer), 실수(real), 복소수(complex), 리스트(list)형으로 우변과 같이 주어지는 함수를 정의한다.

예제 3 |

1) 자변수가 정수

```
gam[n_Integer] := (n-1)!
gam[5]+ gam[x]
24 + gam[x]
gam[5.]
gam[5.]
```

2) 함수의 정의
d가 정의되지 않음

```
d[x_^n_Integer] := n x^(n-1);
d[x^4] + d [(a+b)^3] + d[ x^(1/2)]
```

$3(a+b)^2 + 4x^3 + d[\sqrt{x}]$

4.1.3 조건부 변수를 갖는 함수 정의

용법 : f [x1_/; condition, x2_, ...] := F[x1, x2, ...]

설명 : 변수 x1의 조건이 참일 때 우변과 같이 주어지는 함수를 정의한다.

예제 4 |

n>0일 때 함수를 정의
함수값 계산

```
fac[n_Integer/; n>0] := n!
fac[6]+fac[-4]
720 + fac[-4]
```

4.1.4 조건적 함수 정의

용법: f [x1_, x2_, ...] := F[x1, x2, ...] /; condition

설명: condition이 참일 때 (모든 변수에 대하여 무관하게 성립) 우변과 같이 주어지는 함수를 정의한다.

예제 5 |

1행에 여러 개의 text 출력을 제시

```
w[x_, y_]:= p[x] /; y == 1-x
{w[4,-3],  w[4,-2]}
{p[4], w[4, -2]}
```

4.1.5 재귀 함수의 정의

용법: f[x_] := f [a[x]]

설명: 재귀(되풀이) 함수를 정의한다. 단, a[x] < x.

예제 6 |

C나 Pascal 언어처럼 반복적 정의 가능 피보나치 수열

```
f[n_] := f[n-2]+  f[n-1];
f[0]=1; f[1]=1;
      f[5]
8
```

예제 7 | $n \geq 2$일 때 점화식

$$J_n = \tan^{n-1} x \,/\, (n-1) - J_{n-2},$$

$$J_0 = x,\ J_1 = -\log(\cos x)$$

를 정의하고 J_5를 구하시오.

조건부 함수의 정의
$J_n = \int \tan^n x \, dx$

```
J[n_] := Tan[x]^(n-1)/(n-1) - J[n-2] /; n >= 2;
J[0] = x; J[1] = -Log[Cos[x]];
J[5]
```

$$-\text{Log}[\text{Cos}[x]] - \frac{\text{Tan}[x]^2}{2} + \frac{\text{Tan}[x]^4}{4}$$

예제 8 | 다음 그림과 같은 시어핀스키(Sierpinski) 삼각형을 만드는 프로그램을 작성하시오[김].

알고리즘:	
수준 0:	주어진 삼각형의 각 변의 중점을 이어서 만든 중앙의 삼각형의 내부를 채색한다.
수준 1:	수준 0에서 채색되지 않은 나머지 삼각형의 각 변의 중점을 이어서 만든 중앙의 삼각형의 내부를 모두 채색한다.
수준 2:	수준 1에서 채색되지 않은 나머지 삼각형의 각 변의 중점을 이어서 만든 중앙의 삼각형의 내부를 모두 채색한다.
수준 n:	수준 n-1에서 채색되지 않은 나머지 삼각형의 각 변의 중점을 이어서 만든 중앙의 삼각형의 내부를 모두 채색한다.

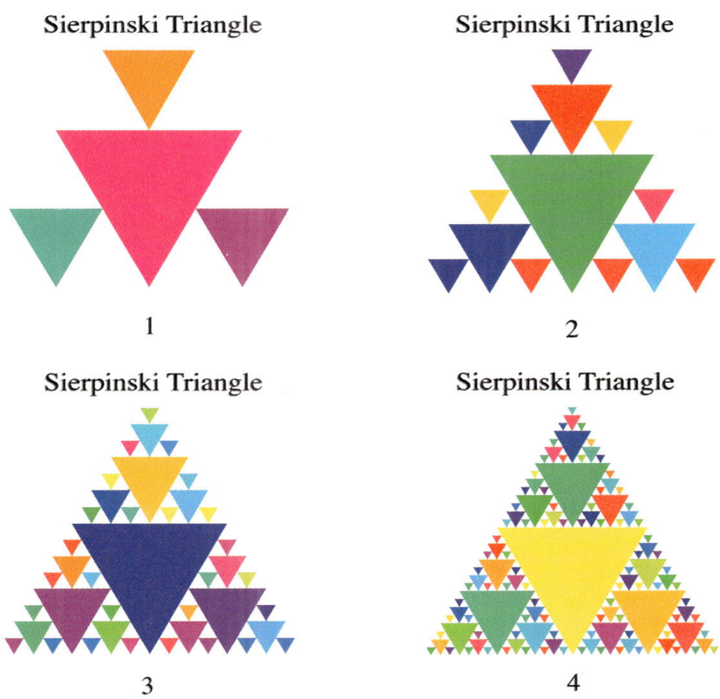

풀이

	(* 알고리즘에 의한 재귀 함수를 정의하면 쉽게 해결할 수 있다 *)
경고 메시지 제거	`Off[General::spell1];`
되풀이 함수 정의	`BuildTriangle[level_,x1_,y1_,x2_,y2_,x3_,y3_] :=`
모듈함수(p. 231 참조)	`Module[{x4,y4,x5,y5,x6,y6},`
삼각형의 꼭지점 :	`x4 = (x1+x2)/2; y4 = (y1+y2)/2;`
(x1,y1), (x2,y2), (x3,y3)	`x5 = (x2+x3)/2; y5 = (y2+y3)/2;`
각 변의 중점 :	`x6 = (x3+x1)/2; y6 = (y3+y1)/2;`
(x4,y4), (x5,y5), (x6,y6)	
그래픽 객체 정의	`tt = Graphics[{Hue[Random[]],`
내부 채운 다각형	`Polygon[{{x4,y4},{x5,y5},{x6,y6}}]}];`
목록 g에 tt 객체를 덧붙임	`g = Append[g,tt];`
level > 0일 때	`If [level > 0,`
시어핀스키 삼각형 작도	`BuildTriangle[level-1,x1,y1,x4,y4,x6,y6];`
	`BuildTriangle[level-1,x4,y4,x2,y2,x5,y5];`
	`BuildTriangle[level-1,x6,y6,x5,y5,x3,y3]];`
모듈 및 함수의 끝	`]; (* End of Procedure *)`
수준을 4로 정함	`level = 4;`
수준 1~4 까지 작도	`For [order=1, order <= level, order++,`
개별 수준에서의 꼭지점	`x1 = 0; y1 = 0; x2 = 100; y2 = x2*Sqrt[3];`
	`x3 = 200.0; y3 = 0.0;`
g의 초기화(빈목록)	`g =.; g = { };`
시어핀스키 삼각형 작도	`BuildTriangle[order,x1,y1,x2,y2,x3,y3];`
gp 배열에 객체 g 저장	`gp[order] =`
	`Show[g, PlotRange -> All,`
	`AspectRatio -> Automatic,`
기본글씨체	`DefaultFont ->{"Times",8},`
그래픽 요소를	`Epilog -> { Text[order,{100,-30}],`
선택사항으로 사용	`Text["Sierpinski Triangle",{100,-60}]},`
그래픽 객체 감춤	`DisplayFunction -> Identity]`
For의 끝	`];`
모든 그래픽 객체를 목록화	`hh = Table[gp[j],{j,1,level}];`
hh를 2개 단위로 분할 그룹화하여 2차원 배열로 보여줌	`Show[GraphicsArray[Partition[hh,2]]];`

예제 9 | 재귀 함수를 활용하여 다음 그림과 같은 (2진 나무)(binary tree)를 만드는 매스매티카 프로그램을 작성하시오.

풀이

```
Tree[level_,length_,angle_] :=
Module[{dx,dy},                                  dx, dy : 지역변수
  dx = length * Cos[angle];
  dy = length * Sin[angle];
  x2 = x1 + dx; y2 = y1 + dy;                    (x1,y1): 현 위치, (x2,y2): 다음 위치

  tt = Graphics[{Hue[Random[]],                  tt : 그래픽 객체 (나뭇가지)

        Thickness[0.002*(1+level)],              g : 총 그래픽 객체
          Line[{{x1,y1},{x2,y2}}]}];
  g = Append[g, tt];
  x1 = x2; y1 = y2;
  If [level > 0,
     Tree[level-1,length*fact, angle+turn];
     Tree[level-1,length*fact, angle-turn] ];
  x1 = x1-dx; y1 = y1-dy;                        branch 시작점으로 귀환
];                                               (* 모듈의 끝 *)
          level = 7; fact = 0.8; turn = 0.6;     fact : 길이 비
angle = N[Pi/2];                                 (* 초기각도 *)
length = 10;  x1 = 0; y1 = 0; g =.; g = { };
Tree[level,length,angle];
Show[g, AspectRatio -> Automatic,
        PlotLabel -> "Tree",
        Epilog -> Text[level,{0,-3}],
        PlotRange->All ];
```

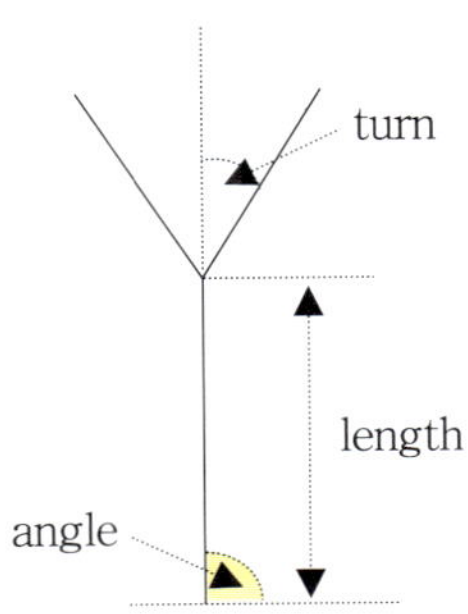

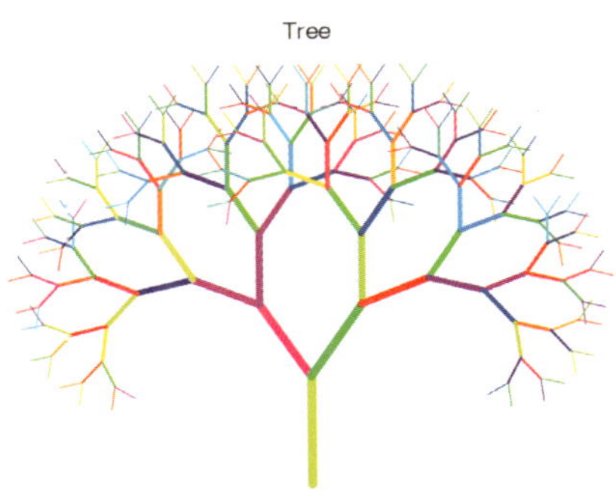

4.1.6 순수함수의 정의

특정한 이름이 부여되지 않은 함수를 순수함수(pure function)라고 부르는데, 이름이 부여된 함수보다 적은 메모리를 사용한다. 일시적으로 정의되는 함수에 사용하며 효율적인 프로그램을 할 수 있고 그 용법은 다음과 같다.

용 법	(1) Function[vars(변수명), expr(수식 표현)] (2) expr &
설 명	(1) expr이 함수의 수식 표현이며 vars은 자변수의 목록이다. 자변수가 한 개이면 목록 기호는 생략할 수 있다. (2) expr(#1, #2, #3, ...)&는 자변수가 각각 #1, #2, #3, ...인 다변수 expr 표현을 갖는 순수함수이다. #1은 #으로 쓰기도 하며, 자변수가 1개이면, 기호 #를 1-변수 함수의 정의에 사용한다. 기호 ##은 모든 자변수, ##n은 제 n 자변수 및 그 이후의 모든 자변수 들을 뜻한다. #0는 함수의 머리부(head), 즉, 순수함수 자체를 의미한다. (3) expr(#1, #2, #3, ...)&[a1, a2, a3, ...]은 expr에 각각의 자변수 #1, #2, #3, ...에 차례로 인수 a1, a2, a3, ...를 대입한다는 뜻이다.

여기서 expr &은 순수함수의 단축 표현이므로 기호 &의 사용에 유의하여야 한다. 순수함수(pure function)에 자주 적용되는 명령문은 다음과 같다.

명 령 어	설 명
Apply[f, {a,b, ...}] 또는 Apply[f, expr]	함수 f를 {a,b, ...} 또는 expr에 적용
Map[f, {a,b, ...}] 또는 Map[f, expr] 또는 f /@ expr	함수 f를 {a,b, ...}의 개별적인 원소 또는 expr의 개별적인 항에 별도로 적용
Select[expr, test]	expr 중 test가 참인 경우의 원소 또는 항목을 모두 선택함
Select[expr, test, n]	expr 중 test가 참인 경우의 원소 또는 항목을 최초 n개 선택함
Nest[f, x, n]	함수 f를 x에 n번 반복하여 적용한 값. f[...f[x]...]
NestList[f, x, n]	함수 f를 x에 n번 반복하여 적용한 값의 목록 {x, f[x], ... , f[...f[x]...] }
FixedPoint[f, x0]	함수 f를 x0에 반복 적용하여 얻은 f의 고정점
FixedPoint[f, x0, n]	함수 f를 x0에 최초 n번 반복 적용하여 얻은 f의 값 f[f[...f [x0]..]. Nest[f, x0, n]와 동일한 효과를 얻음

명령어	설 명
FixedPointList[f, x0]	FixedPoint[f, x0]의 각 단계별 값의 목록 {x0,f[x0],f[f[x0], ..., x]}. 단, x는 f의 고정점
FixedPointList[f, x0, n]	FixedPoint[f, x0]의 최초 n 단계별 값의 목록 {x0, f[x0], f[f[x0], ...]}. NestList [f, x0, n]와 동일한 효과를 얻음
FixedPoint[f, x0, SameTest -> (error &)]	두 연속적인 최근 결과값을 비교하여 error (순수함수로 표시된 수식) 범위를 만족하지 않으면 중지

다음 예제를 통하여 순수함수의 사용법을 알아보기로 한다.

예제 10

1) 순수함수 f1을 정의

f1 = Function[x, 1+Cos[x]]

Function[x, 1 + Cos[x]]

순수함수 f2를 정의

f2 = Function[{x,y},Cos[x] Cos[y]]

Function[{x, y}, Cos[x] Cos[y]]

함수값 계산

{f1[0.5], f2[0.5,0.5]}

{1.87758, 0.770151}

#, &의 사용. [x,y,z] 중 1, 2번 자변수 적용

Cos[#1]^2 * Cos[#2] &[x,y,z] /.x->a

$\text{Cos}[a]^2\ \text{Cos}[y]$

2) f[f[x]]

Nest[Function[t, 1/(2-t)], Cos[x]^2, 2]

$$\frac{1}{2-\frac{1}{2-\text{Cos}[x]^2}}$$

☞ Nest 대신에 FixedPoint으로 변경해도 결과 동일함.

NestList[Function[t, 1/(2-t)], Cos[x]^2, 2]

$$\left\{\text{Cos}[x]^2,\ \frac{1}{2-\text{Cos}[x]^2},\ \frac{1}{2-\frac{1}{2-\text{Cos}[x]^2}}\right\}$$

☞ NestList 대신에 FixedPointList으로 변경해도 결과 동일함.

3) 목록(행렬) m을 정의

m = {{a,b}, {c,d}}

{{a, b}, {c, d}}

함수 f를 m에 적용

Apply[f, m]

f[{a, b}, {c, d}]

설명	입력 / 출력
4) f를 {x,y,z}에 적용	**Apply[f, {x,y,z}]**
	f[x, y, z]
g를 x-y/2+z에 적용	**Apply[g, x-y/2+z]**
g를 {x,-y/2,z}에 적용	g[x, $-\frac{y}{2}$, z]
5) g를 개별적인 항 x,	**Map[g, x-y/2+z]**
-y/2 및 z에 별도로 적용	g[x] + g[$-\frac{y}{2}$] + g[z]
6) 순수함수 #^2 &은	**Map[#^2 &, 1/a + 1/b + 1/c]**
각 변수의 제곱을 뜻함	$a^{-2} + b^{-2} + c^{-2}$
7) 일반적인 함수 정의	**h[x_]= f[x] + g[1/x]**
	f[x] + g[$\frac{1}{x}$]
결과를 목록으로 줌	**Map[h,{a,b}]**
	{f[a] + g[$\frac{1}{a}$], f[b] + g[$\frac{1}{b}$]}
h[a] + h[b]	**Map[h,a+b]**
	f[a] + f[b] + g[$\frac{1}{a}$] + g[$\frac{1}{b}$]
{a,b,c} 각 원소에 적용	**Map[f[#]+g[1/#] &, {a,b,c}]**
	{f[a] + g[$\frac{1}{a}$], f[b] + g[$\frac{1}{b}$], f[c] + g[$\frac{1}{c}$]}
8) 목록 t의 정의	**t = {1,2,3,4,5,6,7};**
	Select[t, # > Min[t]+2 &, 2] (# > Min[t]+2 → expr)
	{4, 5}
t의 원소 중 Min[t]+2	**Select[t, # > Min[t]+2 &]**
보다 큰 원소를 택함	{4, 5, 6, 7}
9) ##2: 2번째 이후의	**f[##2]& [x,y,z,w]**
모든 원소	f[y,z,w]
##: 모든 원소	**f[##2,##]& [x,y,z,w]**
	f[y,z,w,x,y,z,w]
#, #1: 첫 번째 원소	f[#]^2 & [x,y,z,w]
	$f[x]^2$

10) 밑수와 지수

#1^(#2)&[a,b]

a^b

11) 목록의 각 원소에 첫 번째 인수로 작용

(#^2 &)[{1, 2, 3, 4, 5}]

{1, 4, 9, 16, 25}

4.2 프로시져와 모듈

4.2.1 프로시져

정의 : MATHEMATICA에서 ;으로 구분하여 일련의 명령어로 기술된 함수를 프로시져(procedure)라고 부른다.

설명 : 함수 정의의 우변으로 프로시져를 사용하려면 소괄호 ( )으로 모든 명령어가 묶여져야 한다. 최종 표현식이 함수의 결과가 된다.

예제 1 |

$\prod_{i=1}^{n}(x+i)$를 계산

extprod[n_] := Expand[Product[x+i,{i,1,n}]];

x^i의 계수를 계산

cex[n_, i_] := (t = extprod[n]; Coefficient[t,x^i])

cex[5, 3]

85

4.2.2 모듈(Module)

용법 : Module[{a, b, ...}, expr]

설명 : 지역변수 a, b, ...를 갖는 expr을 뜻한다. 지역변수는 초기값을 할당할 수 있으며 모듈 내에서만 유효하고 외부에서는 효력이 없다. 초기값은 모듈이 집행되기 전에 할당된다. expr은 단순문 또는 ;으로 구분된 복합문이어야 하며 모듈 함수의 결과는 최종 표현식의 결과가 된다. 지역변수를 제외한 expr은 외부에서 접근할 수 있다.

예제 2 |

```
extprod[n_] := Expand[Product[x+i,{i,1,n}]];
ncex[n_, i_] := Module[{u},u = extprod[n];
          w = 1 + u; Coefficient[u,x^i]];
ncex[5, 3]
85
{u, w}
```

u는 외부에서 효력이 없다.

```
{u, 121 + 274 x + 225 x + 85 x + 15 x + x }
```

예제 3 |

1) 초기값을 이용한 함수
p : 전역변수(global)

```
H[p_] := Module[{t = Cos[p]}, 1-t^2]
H[a]
1 - Cos[a]^2
```

2) 지역함수 f를 이용
n : 지역변수

```
gfac[k_] := Module[{f,n}, f[1]=1;
          f[n_] := k + n f[n-1];
          f[5] ]
{gfac[0], gfac[2]}                Shift Enter
{120, 292}
```

3) u = t (t는 전역변수)
t = 1 (t는 지역변수)

```
Module[{t=1, u=t}, u+5]           Shift Enter
5 + t
```

4.3 제어문과 순환문

(1) If [test, then, else]

설명: 조건문 test가 true이면 then을 실행하고 조건문 test가 false이면 else를 실행한다. ", else " 부분은 필요 없으면 생략한다.

예제 1 |

```
If[7 > 8, x, y]
        y
f[x_] := If [x > 0, 1, -1]
f[3]
        1
```

예제 2 | 매스매티카 함수 PrimeQ를 사용하여 $2^{13}-1$이 소수인지 여부를 밝히는 문장을 작성하고 그 결과를 인쇄하시오.

Mersenne 수 : 2^n-1

풀이

If 문장을 활용
소수 여부를 검사

```
nn = 13; If [ PrimeQ[2^nn-1] == True,
Print ["Yes, it is a prime number"],
Print ["No, it is not a prime number"] ]
Yes, it is a prime number
```

예제 3 | 자연수 m과 n 사이에 있는 자연수 중에서 p로 나누면 q가 남고 r로 나누면 s가 남는 자연수의 개수와 그 자연수의 모든 합을 구하고 인쇄하는 문장을 작성하시오. $m=1$, $n=20$, $p=3$, $q=2$, $r=4$, $s=1$일 때 적용하시오.

풀이

변수값 할당
ss: 합, count : 개수
Mod[a,b] 활용
문자열을 함께 인쇄
첫 번째 소수
두 번째 소수

```
m=1; n=20; p=3; q=2; r=4; s=1;
For [ss=0; count=0; nn=m, nn <= n,nn++,
   If [ Mod[nn,p]==q && Mod[nn,r]==s, Print[nn];
        ss += nn; ++count]
    ];
Print["Sum of numbers = ", ss]
Print["Count of numbers = ", count]
5
17
Sum of numbers = 22
Count of numbers = 2
```

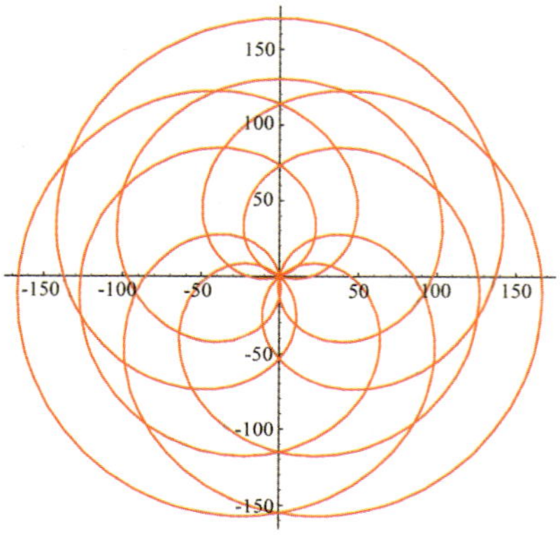

예제 4 | $r = a\ \sin(qt/p) + b$ (p, q는 서로 소인 정수), ($0 \leq t \leq \lambda$)를 적절한 a, b, p, q를 선택하여 극좌표계에서 그리시오. 단, λ는 다음과 같이 주어진다고 한다.

$p+q$가 짝수일 때 per $= p\pi$,
$p+q$가 홀수일 때 per $= 2p\pi$

이라고 하면,

$b = 0$일 때 $\lambda =$ per이고
$b = 0$이 아닐 때 $\lambda = 2p\pi$이다.

풀이

그래픽 함수 패키지 호출 / If 문으로 λ 설정 / PolarPlot 구문사용 / 기본서체: Times 6호 / 선의 색상: Hue[0.04]

```
Needs["Graphics`Graphics`"]
a=150; b=20; p=7; q=3;
If[Mod[p+q,2]==0, per=p*Pi, per=2*p*Pi];
If[b==0, lambda=per, lambda = 2*p*Pi];
PolarPlot[a*Sin[q*t/p]+b,{t,0,lambda},
        DefaultFont -> {"Times",6},
        PlotStyle -> Hue[0.04]];
```

(2) Which [test1, value1, test2, value2, ..., True, userexpr]

설명: 조건문 test_i가 최초로 true이면 value_i를 돌려준다. 조건 test_i가 모두 false이면 userexpr을 돌려준다. True(예약어), userexpr이 없으면 Null을 돌려준다.

예제 5 |

1행에 다수 출력함

```
h1[x_] := Which [x < 0, x^2, x>5, x^3]
h2[x_] := Which [x < 0, x^2, x>5, x^3,True,
                 "not defined"]
h3[x_] := Which [x < 0, x^2, x>5, x^3,True,
                 Sin[x]]
{h1[2], h2[2], h3[2], h1[6]}
    {Null, not defined, Sin[2], 216}
```

(3) Switch [expr, form1, value1, form2, value2, ..., _, userexpr]

설명: expr이 최초로 form_i와 같아지면 value_i를 돌려준다. expr이 어떤 form_i와도 같지 않으면 _에 해당하는 userexpr을 돌려준다.

예제 6 |

```
r1[x_] := Switch [Mod[x,4], 0, a, 1, b, 2, c]
r2[x_] := Switch [Mod[x,7], 0, a, 1, b, 2, c, _,
                  "unknown ?"]
r3[x_] := Switch [Mod[x,5], 0, a, 1, b, 2, c, _,
                  omega ]
```

1행에 다수 출력함

```
{r1[2],  r2[17],  r3[9], r1[9], r1[7]}
{c, unknown ?, omega, b,
 Switch[3, 0, a, 1, b, 2, c]}
```

(4) Do [expr, {i, imin, imax, di}]

설명: i를 di 씩 증가시키면서 imin 부터 imax 까지 expr을 반복적으로 계산한다. imin과 di가 생략되면 각각 1이 생략됨을 뜻한다. ", imin, imax, di" 가 모두 생략되면 expr을 i번 반복적으로 계산한다. 출력은 표시되지 않으므로 실행 후 expr을 실행시킨다.

예제 7 |

1행에 다수 출력함

```
{t = x; Do[t = 1/(1+k*t),{k,2,6,2}]; t,
 t = x; Do [t = 1/(1+t),{3}]; t }
```

$$\left\{\frac{1}{1+\frac{6}{1+\frac{4}{1+2x}}},\ \frac{1}{1+\frac{1}{1-\frac{1}{1+x}}}\right\}$$

(5) While [test, body]

설명: 조건 test가 true인 동안 body를 반복적으로 계산한다.

예제 8 |

```
n = 17; While[(n = Floor[n/2])!= 0, Print[n]]
      8
      4
      2
      1
```

예제 9 | 다음 그림에서 보는 바와 같이 반경이 a인 원의 내부에 2원을 내접시키고, 각각의 내접원에 다시 2원을 내접시킨다. 이와 같은 작업을 m번 반복 시행할 때 생기는 모든 원의 내부를 다른 색으로 채색하시오. 단, $a = 100$, $m = 3$으로 정한다.

풀이

```
k=.; a =.; m =.; k =.; a = 50; m = 4;                     (* 상수값 할당 *)
Xcenter = - a *(1-(2n-1)/2^k );  rad = a / 2^k;           (* x-중심좌표, 반경 *)
t = { }; k=1;                                              (* 객체리스트 초기화 *)
While [ k <= m,
     h = Graphics [Table[{Hue[Random[ ]],                  (* 그래픽 원시요소 *)
              Disk[{Xcenter,0},rad]},{n,2^k}]];
     t = Append[t,h]; ++k                                  (* 그래픽 객체 붙이기 *)
];
Show [t, AspectRatio -> Automatic,
                PlotRange -> All ];                        (* 그래프 범위 *)
```

(6) For [start, test, incr, body]

설명: start를 계산하고 test가 거짓일 때까지 incr과 body를 반복적으로 계산한다.

예제 10 |

1) body가 단순문장

```
For[i=1, i < 4, i++, Print[i]]
1
2
3
```

2) i=1; t=x(복합문)가 start
t=t^2+i; Print[t]가 body

```
For [ i=1; t=x, i^2 < 10, i++, t = t^2+i; Print[t] ]
```

$1 + x^2$

$2 + (1 + x^2)^2$

$3 + (2 + (1 + x^2)^2)^2$

예제 11 | 다음 그림에서 보는 바와 같이 삼각형의 각 변의 중점을 꼭지점으로 하는 삼각형을 내부에 순차적으로 만든다. 이 과정을 n번 계속하는 프로그램을 Line 그래픽 요소를 활용하여 작성하시오. 최초에 주어진 삼각형의 꼭지점은 각각 (x1,y1), (x2,y2), (x3,y3)으로 하며 초기값은

x1 = 0; y1 = 0; x2 = 100; y2 = 173.2;
x3 = 200; y3 = 0; n = 5

으로 한다.

풀이

3꼭지점과 n값 할당
객체 리스트 초기화
그래픽 객체
그래픽 원시요소
좌표 설정

```
x1 = 0; y1 = 0; x2 = 100; y2 = 173.2; x3 = 200;
y3 = 0; n = 5;
t = { };
For [j=1, j <= n, j++,
  g[j]=
  Graphics[{Hue[j/n], Thickness[0.01],
       Line[{{x1,y1},{x2,y2},{x3,y3},{x1,y1}}]}];
  x10 = x1; x1 = (x1+x2)/2; x2 = (x2+x3) /2;
  x3 = (x3+x10)/2;
```

```
                  y10 = y1; y1 = (y1+y2)/2; y2 = (y2+y3) /2;
                  y3 = (y3+y10)/2;
그래픽 객체 붙이기    t = Append[t, g[j]]
For의 끝            ];
                  Show[t, AspectRatio -> Automatic];
```

(7) Break [ ]

설명 : 현재의 순환(반복)문을 이탈한다.

예제 12 |

```
t = 1; Do [ t *= k; Print[t];If [t > 19, Break[ ] ],
                                {k,10} ]
1
2
6
24
```

(8) Continue [ ]

설명 : 반복(순환)문의 현 단계를 무시하고 다음 단계(반복지수)로 이동한다.

예제 13 |

```
t = 1; Do [ t *= k; Print[t]; If [k < 3, Continue[ ]];
          t += 2 ,{k,6} ]
1
2
6
32
170
1032
```

예제 14 | 예제 4에서 $a = 150$, $b = 20$, $p = 2, 3, 4, 5, 6, 7$과 $q = 3, 5, 7, 9$일 때 p, q의 값이 서로 소인 경우에 대하여 이 중 for loop 구문을 사용하여 그리되 각 그래프의 색상은 서로 다르게 하고 Show[GraphicsArray[...]] 구문을 사용하여 그래프를 2차원 배열로 나타내되 1행에 6개씩 출력하시오. 좌표축과 눈금이 표시되지 않도록 하시오. TextForm[expr]은 표현 expr을 text으로 변환한다. 표현 {p, q, #}에 적용하여 그래프의 제목에 {p, q, #} = {2, 3, 5}와 같은 제목이 표시되도록 하시오.

(☞ 색상변화를 위해 Hue [Random[ ]]을 활용.)

풀이

그래픽 함수 호출 / ng: 그래프 개수 초기화 / GCD[p,q]: 최대공약수 / ng의 증가 / h[ng]: 그래픽 객체를 1차원 배열변수로 저장 / 그래프를 보여주지 않음 / 색상을 다양하게 처리 / 그래프의 제목 / PolarPlot 의 끝 / For의 끝 / For의 끝

```
Needs["Graphics`Graphics`"]
a = 150; b = 20; ng = 0;
For [p = 2, p <= 7, p ++,
  For [q = 3, q <= 9, q += 2,
    If[GCD[p,q] != 1, Continue[]];
    ++ ng;
    If[Mod[p+q,2]==0,per = p*Pi,per = 2*p*Pi];
    If[b == 0, lambda = per, lambda = 2*p*Pi];
  h[ng] =
        PolarPlot [a*Sin[q*t/p]+b,{t,0,lambda},
        Axes -> None,
        DisplayFunction -> Identity,
        PlotStyle -> Hue[ Random[ ]],
        PlotLabel -> FontForm["{p, q, #} ="<>
                        ToString[{p,q,ng}],
                        {"Times-Bold",9} ]
                ];
        ]
  ];
```

1차원 배열을 행렬화 함 / 행당 출력 그래프의 개수 / 마지막 행의 원소 개수 / 2차원으로 분할 / 행 그래픽 객체 덧붙임 / 2차원 그래픽 객체를 보임

```
nplots = 6;
r = Mod [ng, nplots];
t= Table[h[i], {i, 1, ng}];
tt = Partition[t, nplots];
s = Append[tt, Take[t,-r]]
Show [ GraphicsArray[s] ];
```

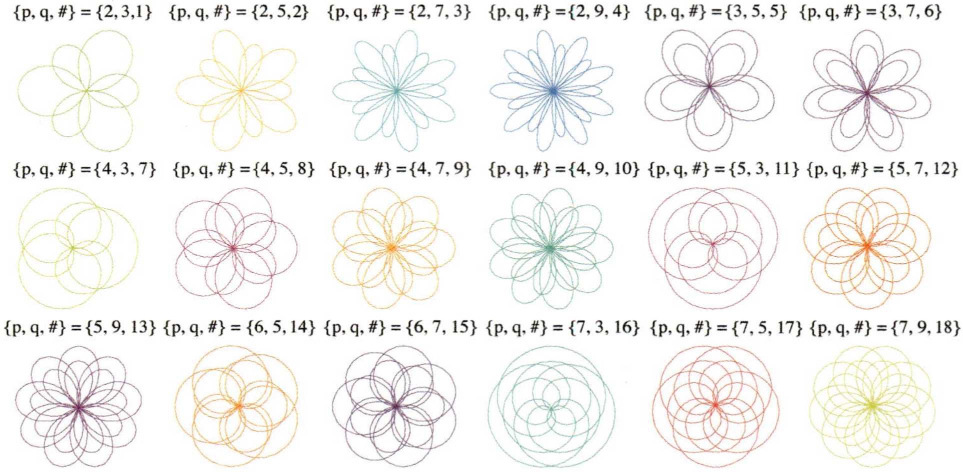

(9) Return [expr]

설명 : 함수내의 모든 프로시져와 순환문을 이탈하면서 expr을 돌려준다.

예제 15 |

```
f[x_] := (If [ x > 5, Return[big]]; t = x^3;
Return[t-7])
{f[10],    f[3]}
{big, 20}
```

(10) Goto [name]

설명 : 현재의 순환문, 또는 프로시져 내에서 Label[name]으로 지정된 곳으로 제어가 이동된다.

예제 16 |

```
(q = 2; Label[begin]; Print[q]; q += 3;
        If [q < 6, Goto[begin] ] )
2
5
```

4.4 Compile 구문

컴파일이란 매스매티카의 표현식을 기계 언어로 번역하는 것을 뜻한다. 기계어로 번역된 표현식은 하드웨어에서 수치나 논리값을 직접 처리하므로 명령 수행 속도가 매우 빠르다. 컴파일을 수행하고자 하는 표현식의 수치는 기계정밀도 범위에서만 사용할 수 있다. 예를 들면, 정수의 경우 $\pm 2^{31}$의 범위 내에 있다. 매스매티카의 표현식을 컴파일 할 때, 변수의 자료형이 명시되지 않으면 기계 정밀도를 갖는 실수를 뜻한다. 컴파일 명령문은 높은 정확도를 요구하지는 않지만 반복적인 수치 계산을 빠른 속도로 수행한다는 장점이 있다. 다음 도표는 compile 구문 및 관련 명령어를 설명한다.

명 령 어	설 명
Compile [{x1,x2, ...}, expr]	수치값 xi에 대하여 expr을 계산하는 컴파일된 함수를 생성
Compile [{{x1,t1},{x2,t2}, ...}, expr]	수치값 xi가 자료형 ti를 갖을 때, expr을 계산하는 컴파일된 함수를 생성
Compile [vars, expr, {{p1,pt1},{p2,pt2}, ...}]	expr의 성분 중 수치값 pi가 자료형 pti를 갖는다고 가정하고 expr을 계산하는 컴파일된 함수를 생성
TimeUsed [ ]	매스매티카 프로그램을 최초 실행한 후 현재까지 소요된 총 CPU시간(초 단위)
Timing[expr] 또는 expr//Timing	expr의 계산소요 시간(초 단위)

예제 1 |

1) 이변수 순수함수	**p=Function [{x,y}, x Log[1+x]+y]**
	Function[{x, y}, x Log[1 + x] + y]
이변수 함수의 컴파일	**pc = Compile [{x,y}, x Log[1+x]+y]**
컴파일 결과	CompiledFunction[{x, y}, x Log[1 + x] + y, -CompiledCode-]
p와 pc 값의 비교	**{p[3.2,1], pc[3.2,1]}**
	{5.59227, 5.59227}
문자 대입	**{p[a,1], pc[a,1]}**
	CompiledFunction::cfr:
컴파일된 함수값에 문자나 변수를 대입하면 경고 메시지가 발생	Argument a at position 1 should be a machine-size real number.
	{1 + a Log[1 + a], 1 + a Log[1 + a]}

2) 수식 i+2x에서 i와 x가 각각 정수 및 실수임

q=Compile [{{i,_Integer}, {x,_Real}}, i+2x]

CompiledFunction[{i, x}, i + 2 x,-CompiledCode-]

{q[3,E], q[1,Pi]}

{8.43656, 7.28319}

3) 이항계수 cc[i]가 정수라고 가정하고 컴파일

cc[k_] := Binomial[2k,k]

Compile[{x,{i,_Integer}},x^cc[i],
{{cc[i],_Integer}}]

CompiledFunction[{x, i}, $x^{cc[i]}$, -CompiledCode-]

6.1^6

%[6.1,2]

51520.4

4) 모듈함수의 컴파일 $t^2=x$의 뉴톤해법

nt= Compile[{x,{n,_Integer}}, Module[{t}, t=x;
Do[t=(t+x/t)/2,{n}];t]
]

CompiledFunction[{x, n},

Module[{t}, t = x; Do[t = $\frac{t+\frac{x}{t}}{2}$, {n}]; t],
-CompiledCode-]

3.23의 제곱근

nt[3.23,6]

1.79722

예제 2 | Range [imax] 명령어는 1, 2, 3, ... imax까지의 자연수를 나열하는 목록을 만든다. 이 목록의 모든 원소의 합을 여러 가지 방법에 의하여 구하고 소요 계산 시간을 Timing 구문으로 산출하였다. 이 예에서 보는 바와 같이 컴파일 된 문장을 사용하면 빠른 시간에 계산할 수 있다.

풀이

integerlist = Range[30000];

Sum[integerlist[[i]],{i,1,Length[integerlist]}]//Timing

{5.122 Second, 450015000}

Timing [sum=0; Do [sum=sum+i, {i,1,30000}]; sum]

{9.481 Second, 450015000}

Apply[Plus, integerlist]//Timing

{0.528 Second, 450015000}

(* sum1의 값 : -2^{31}~2^{31}의 정수 사용 *)

CompiledSum = Compile[{{sum,_Integer}},

Module[{sum1}, sum1=sum;

```
Do[sum1=sum1+i,{i,1,30000}]; sum1]
]
CompiledFunction[{sum}, Module[{sum1},
    sum1 = sum; Do[sum1 = sum1 + i, {i, 1, 30000}]; sum1],
    -CompiledCode-]
Timing [CompiledSum[0]]
{0.288 Second, 450015000}
```

수행속도 제일 빠름

예제 3 | 맨델브로트 집합은 복소 평면상에서 수열 $z_{n+1}=z_n^2+c$, $z_0=0$을 계산할 때 $\lim_{n\to\infty} z_n$의 값이 무한대가 되지 않도록 하는 매개상수 c의 집합을 뜻한다. z_n의 절대값이 2보다 크면 무한대로 발산하는 것이 알려져 있다[김]. 일반적인 계산 방법으로는 수행시간이 오래 걸리지만 Compile 구문을 활용하면 빠르게 계산된다. 여기에 소개하는 맨델브로트 집합을 채색하는 프로그램은 DensityPlot 구문을 활용한 것이다.

풀이

C = x + I*y
: 제1항부터 반복
모듈은 z와 n을 계산
lim: 최대 반복횟수

z(x,y)에 따른 n 값을 밀도그래프로 그림

```
MandelC = Compile[{x,y,{lim,_Integer}},
Module[{z,n=0},z=x+I*y;

        While[Abs[z] < 2.0 && n <= lim,
                    z= z^2 +(x+I y); ++n];
n+3]];
t = DensityPlot [ MandelC[x,y,50],
            {x,-2,0.75},{y,-1.375,1.375},
    PlotPoints -> 100,
    Mesh -> False, ColorFunction -> Hue,
    Epilog -> Text[
                StyleForm["Mandelbrot Set",
                FontFamily->"Helvetica",
                FontSize->12,
                FontWeight->"Bold"],
                    {-1.8, 1.2},{-1,0}]
];
```

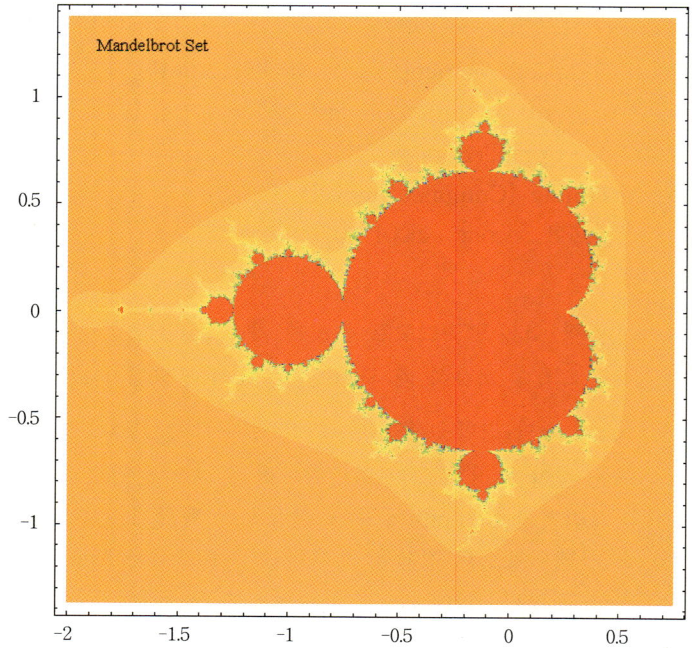

맨델브로트 집합

연습문제 4

* 가 표시된 문제는 난이도가 높은 문제임

다음 문제들에 관한 해답을 매스매티카 명령어로 작성하시오.

01 다음 그림에서 보는 바와 같이 중심의 좌표가 (0,0)이고, 장축 반경이 a이고 단축 반경이 b인 타원을 반시계 방향으로 π/m (m=1, 2, 3, 4, 5) 만큼 회전시켰을 때 생기는 각각의 도형을 한 개의 그래프 축 상에 그리고 중심에 반경 $a/10$인 원을 그린 후 내부를 Hue[0.76]색상으로 채색하시오. 단, a=100, b=32로 정한다.

02 다음 그림에서 보는 바와 같이 반경이 a인 원의 원둘레 위에 m개의 동일한 원이 균일하게 배열되어 있다. 제 k번째 원은 $\theta_k = (2k+1)\pi/m$를 사용하여 중심위치 좌표는 $(a\cos\theta_k,\ a\sin\theta_k)$이고, 반경은 $a\sin(\pi/m)$으로 주어진다. 모든 원의 내부를 서로 다른 색으로 채색하는 매스매티카 프로그램을 작성하시오. 단, a=100, m=16으로 정한다. 클로버 무늬는 특수문자를 사용하시오.

03 다음 그림과 같이 구간 $-\pi \le x \le \pi$에서 표시되는 실수 함수 $f(x)$의 그래프를 매스매티카 명령문으로 작성하시오.

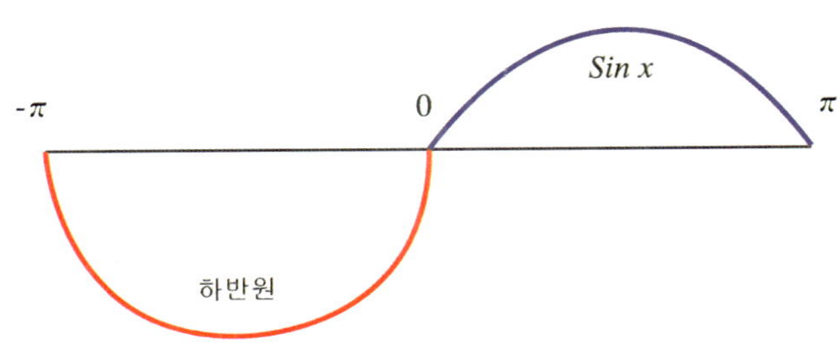

04 다음 그림에서 보는 바와 같이 반경이 a인 2개의 원이 외접하고 있을 때, 각각의 원의 내부에 반경이 $a/2$인 2개의 원을 서로 외접하도록 내접시킨다. 같은 방법으로 반경이 $a/2$인 4개의 원이 외접하고 있을 때, 각각의 원의 내부에 반경이 $a/4$인 2개의 원을 서로 외접하도록 내접시킨다. 이와 같은 작업을 m번 반복 시행할 때 생기는 모든 원을 서로 다른 색으로 채색하는 매스매티카 프로그램을 작성하시오. 단, a=100, m=5로 정한다.

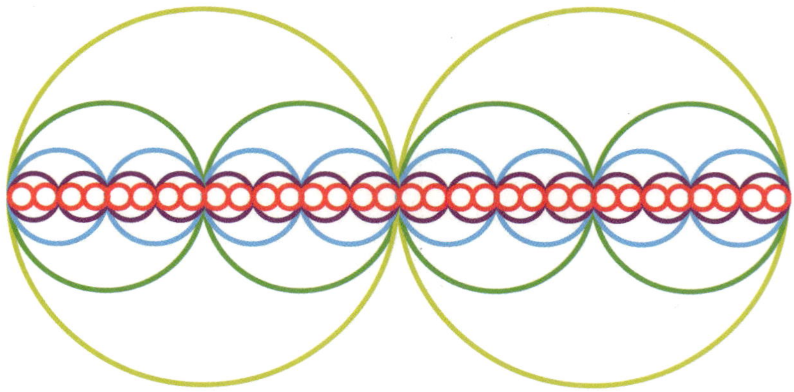

05* 다음 그림에서 보는 바와 같이 반경이 a인 원에 내접하는 정 m각형과 원을 그리고 m을 3, 4, 5, 6, 7, 8, ...으로 차례로 증가시켜 그 둘레를 계산하여 P라고 둔다. 각각의 m 값에 대하여 P 값을 중앙 아래에 서체 Times 7호로 기록되게 한다. 모든 그래프를 다양한 색상으로 그리되 GraphicsArray 구문을 사용하여 1행에 최대 n개씩 배열하도록 하시오. 주어진 정 m각형의 꼭지점 좌표 $(x(k), y(k))$는

$$x(k) = a * \cos[(2k+1)\,\pi/m], \quad y(k) = a * \sin[(2k+1)\,\pi/m],$$
$$k = 0,\ 1,\ 2,\ \ldots,\ m-1$$

으로 주어진다. 그래프를 m의 함수로 그릴 수 있도록 매스매티카 함수 $f(m)$을 작성하시오. $a = 0.5$, $m = 17$, $n = 5$로 하여 적용하시오.

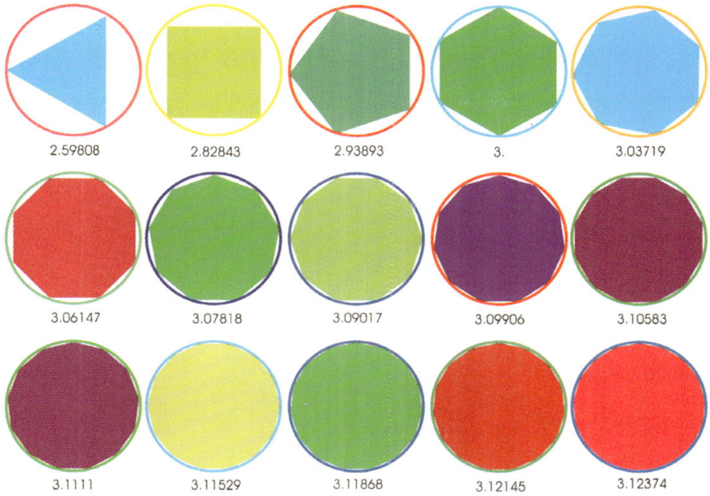

06 삼각형의 3변의 길이를 알고 그 면적을 구하는 헤론의 공식을 매스매티카 명령어로 작성하시오.

(☞ 3변의 길이를 a, b, c라고 두고 a와 b의 사이각을 t(래디안 단위)라 하면 면적 $S=\frac{1}{2}ab\sin t$이며 코사인 제 2법칙에 의하면 $2ab\cos t=a^2+b^2-c^2$이다. S^2에서 변수 t를 소거하여 S를 a, b, c로 표시하면 원하는 해답을 얻게 된다. 함수 $g(y)=\frac{1}{4}a^2b^2y$를 정의하고 활용하시오. Factor 구문을 사용하여 단순화하시오). (2.3.5절의 예제 6 참조).

07 p과 q 사이에 있는 소수 중에서 4로 나누면 1이 남고 7로 나누면 4가 남는 소수 n을 목록 t의 원소로 저장하고 그 개수와 총합을 계산하시오. $p=30$, $q=3997$일 때 소수는 1행에 6개씩 출력하고, 개수와 총합은 별도의 행에 인쇄하시오. 소수의 출력을 위해서 TableForm 구문을 활용하시오.

08 다음 함수를 작성하고 그래프를 그리시오.

$$f(x)=\begin{cases}\sqrt{1-(x+2)^2}, & -3\le x<-2,\\ 3x/2+4, & -2\le x<-1,\\ -x^3+1, & -1\le x<1,\\ \log x, & x\ge 1.\end{cases}$$

09 꼭지각이 $2t$인 두 반직선에 내접하는 반경이 a인 원이 주어져 있다. 이 원에 외접하고 두 반직선에 내접하는 원(빗금친 부분)의 반경을 b라고 할 때, a, b, t 사이에 성립하는 관계식을 구하고 b를 a, t로 구하는 매스매티카 명령문을 작성하시오.

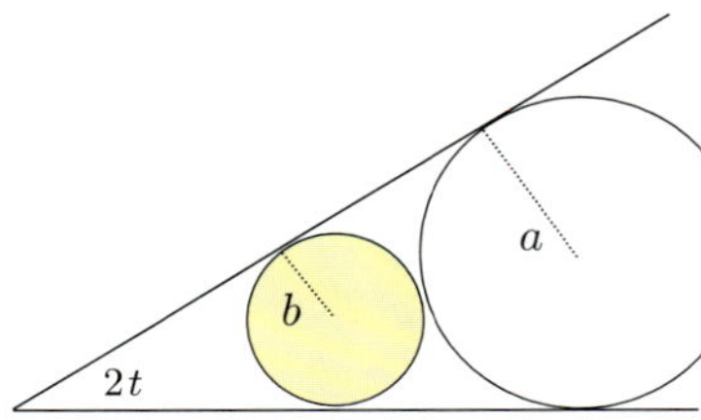

10 For와 GraphicsArray 구문을 활용하여 다음 그래프를 극좌표계에서 그려보시오.

(1) $r = \cos mt + n\cos t,\ 0 \le t \le \pi$의 범위에서까지 각각의 $m = 3, 5, 7$ 값에 대하여 $n = -3, -2, -1, 0, 1, 2, 3$에 대응하는 7개의 그래프를 한 개의 그래프 축에 나타내시오.

(2) $r = (a\cos pt + \cos qt)/\cos t,\ 0 \le t \le 2\pi$의 범위에서 a=3일 때 각각의 p=3, 5, 7과 q = 9, 11, 13, 15, 17, 19, 21에 대하여 그래프를 나타내시오. (☞ m이 홀수일 때 $\cos mt$는 $\cos t$로 나누어짐을 수학적 귀납법으로 증명할 수 있다. 그러므로 r은 t의 연속함수이다).

11 4.1절의 예제 8번을 참조하여 다음 그림과 같은 시어핀스키 양탄자를 만드는 매스매티카 프로그램을 작성하시오[김].

알고리즘:	
수준 0:	주어진 직사각형의 각 변의 3등분점을 이어서 만든 중앙의 사각형의 내부를 채색한다.
수준 1:	수준 0에서 채색되지 않은 나머지 사각형의 각 변의 3등분점을 이어서 만든 중앙의 사각형의 내부를 모두 채색한다.
수준 2:	수준 1에서 채색되지 않은 나머지 사각형의 각 변의 3등분점을 이어서 만든 중앙의 사각형의 내부를 모두 채색한다.
수준 n:	수준 n-1에서 채색되지 않은 나머지 사각형의 각 변의 3등분점을 이어서 만든 중앙의 사각형의 내부를 모두 채색한다.

12 매스매티카 함수 PrimeQ를 사용하여 자연수 p와 q 사이에 있는 소수의 갯수와 소수의 모든 합을 구하고 인쇄하는 문장을 작성하고 p=5; q=13일 때 적용하시오.

13 $r = (a\cos 13t - \cos 3t)/\cos t$, $(0 \le t \le 2\pi)$를 극좌표계에서 그리시오. 반드시 For loop 구문을 사용하여 $-4.0 \le a \le -2.5$에서 0.25씩 증분시키면서 그리시오. 각각의 그래프의 색상은 a의 값에 따라 변화시키고 좌표축과 눈금이 표시되지 않도록 프로그램을 작성하시오.

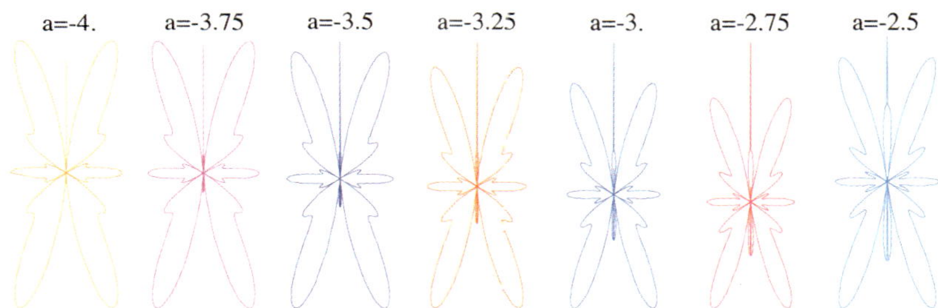

14 복소다항식 z^2+c의 충만된 쥴리아 집합(filled-in Julia set)은 복소 수열 $z_{n+1} = z_n^2 + c$를 계산할 때 주어진 c 값에서 $\lim_{n\to\infty} z_n$의 값이 무한대가 되지 않도록 하는 초기값 z_0의 집합을 뜻한다. 쥴리아 집합의 정확한 의미는 $\lim_{n\to\infty} z_n$의 값이 무한대가 되지 않도록 하는 초기값 z_0의 집합과 $\lim_{n\to\infty} z_n$의 값이 무한대가 되는 초기값 z_0의 집합과의 경계이다. 맨델브로트 집합과 마찬가지로 z_n의 절대값이 2보다 크면 무한대로 발산하는 것이 알려져 있다[김]. 일반적인 계산 방법으로는 수행시간이 오래 걸리지만 Compile 구문을 활용하면 빠르게 계산된다. 4.4절의 예제 3을 참조하여 프로그램을 작성하면 다음과 같다.

$c=0.27334+0.00742\,i$에서 충만된 쥴리아 집합을 $|x| \le 1$, $|y| \le 1$의 범위에서 그리고 관찰하시오. 범위를 $|x| \le 0.5$, $|y| \le 0.5$으로 하여 그림을 확대하여 보시오.

```
              JULIAZ=
              Compile[{x,y,cx,cy,{lim,_Integer}},
z0 = x + I y          Module[{z,n=0},z=x+I y;
                          While[Abs[z] < 2.0 && n <= lim,
                                z= z^2 +(cx+I cy); ++n];
                      n]
                     ];
c값의 설정             cx = 0.27334; cy = 0.00742;
              s=DensityPlot[JULIAZ[x, y, cx, cy, 56],
                  {x,-1.5,1.5}, {y,-1.5,1.5},
                  PlotPoints -> 200,
                  Mesh -> False, ColorFunction -> Hue,
                  Epilog -> Text[
문자열 삽입             FontForm["Julia Set at" <> ToString[{cx, cy}],
              {"Helvetica-Bold",10}],{0, 1.4}]];
```

15 복소다항식 z^2+c의 쥴리아 집합(filled-in Julia set)과 마찬가지로 $c\sin z$의 쥴리아 집합은 복소 수열 $z_{n+1}=c\sin z_n$를 계산할 때 주어진 c값에서 $\lim_{n\to\infty} z_n$의 값이 무한대로 발산하지 않는 초기값 z_0의 집합과 $\lim_{n\to\infty} z_n$의 값이 무한대가 되는 초기값 z_0의 집합과의 경계이다. z_n의 절대값이 50보다 크면 무한대로 발산한다고 생각한다. 일반적인 명령수행 방법과는 달리 Compile 구문을 활용하면 빠르게 수행된다. 문제 14를 참조하여 $c=1+0.1\,i$에서 프로그램을 작성하면 다음과 같다.

```
JULIASIN=
Compile[{x,y,cx,cy,{lim,_Integer}},
        Module[{z,n=0}, z=x+I y;
          While[Abs[z] < 50.0 && n <= lim,
                z= (cx+I cy) Sin[z]; ++n];
              n]
        ];
cx = 1; cy =0.1;
s=DensityPlot[JULIASIN[x,y,cx,cy,60],{x,-3,3},{y,-3,3},
    PlotPoints -> 200, Mesh -> False, ColorFunction -> Hue];
```

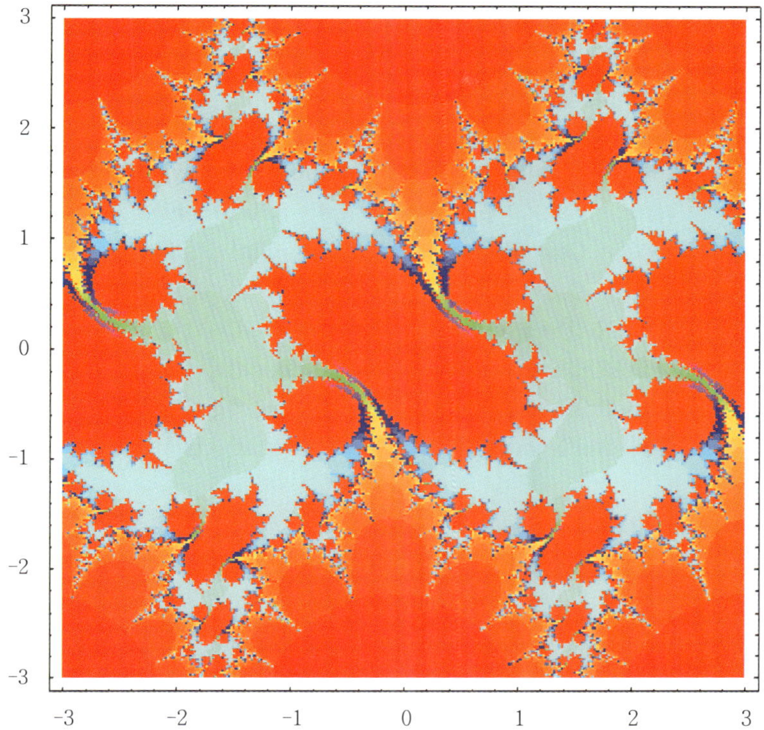

16 다음은 되풀이 함수를 활용하여 Koch 눈송이 곡선을 그리는 매스매티카 프로그램으로 중요한 변수 이름은 다음과 같다. 이 프로그램을 실행하고 그 결과를 관찰하시오. 빗금친 부분의 명령을 다음과 같이 변경하고 실행하여 그 결과를 관찰하고 그림을 인쇄하시오.

Snow [order, 2*Pi/3+phi]; Snow [order, 4*Pi/3+phi];

```
==================================================================
    (* LineRel : 현 위치에서 (dx, dy) 만큼 이동하는 그래픽스 객체 함수*)
    (* (x1,y1) : 시점; (x2,y2) : 종점;  tt: 그래픽스 객체 *)
    (* n : 수준(level);  phi:  초기각도 (clockwise) *)

Off[General::spell1];
LineRel[dx_,dy_] :=
   (  x2 = x1 + dx;  y2 = y1 + dy;
      tt = Graphics[{Hue[Random[ ]], Thickness[0.005],
             Line[{{x1,y1},{x2,y2}}]}];
      x1 = x2; y1 = y2;
```

```
    );
Snow[n_,phi_] :=
Module[{cp1,cp2,cp3,sp1,sp2,sp3},
If [ n > 1, Snow[n-1,phi]; Snow[n-1,Pi/3+phi];
            Snow[n-1,-Pi/3+phi];Snow[n-1,phi],
      cp1 = Cos[ 0+phi];        sp1 = Sin[0+phi]  ;
      cp2 = Cos[ Pi/3+phi];     sp2 = Sin[ Pi/3+phi];
      cp3 = Cos[ -Pi/3+phi];    sp3 = Sin[ -Pi/3+phi];
      LineRel[h*cp1, h*sp1]; g = Append[g,tt];
      LineRel[h*cp2, h*sp2]; g = Append[g,tt];
      LineRel[h*cp3, h*sp3]; g = Append[g,tt];
      LineRel[h*cp1, h*sp1]; g = Append[g,tt]]
];
level = 3;
For [order=1, order <= level, order++,
    h = 10; h = h/(3^(order-1)); phi = 0;
    x1 = 0; y1 = 0; g =.; g = { };
    Snow[order,phi];
    Snow[order,-2*Pi/3+phi]; Snow[order,-4*Pi/3+phi];
    gp[order] = Show[g, AspectRatio -> Automatic,
                    PlotLabel -> "Koch Curve",
                    Epilog -> Text[order,{15,-8}],
                    DisplayFunction -> Identity]];
    Show[GraphicsArray[Table[gp[j],{j,1,level}]]];
=================================================================
```

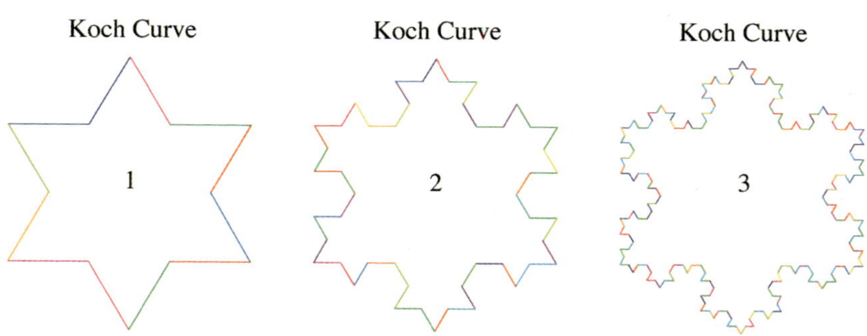

17 4.3절의 예제 9번 문제를 재귀 함수를 정의하여 해결하고자 한다. 다음 프로그램에 필요한 명령문을 추가하여 재귀 함수를 완성하시오.

```
Pearl[x_,y_,r_] :=
(
그래픽스 객체를 형성(Hue[Random[ ]]으로 다양한 색상을 부여함).
    g = Append[g,tt];
    If [r > 1,
        Pearl[x-r/2,y,r/2];
        Pearl[x+r/2,y,r/2]]
);
```

18 4.1절의 예제 9번 문제에서 사용된 문장을 다음과 같이 변경한다.

(*변경 전*)

```
If [level > 0,
    Tree[level-1,length*fact, angle+turn];
    Tree[level-1,length*fact, angle-turn] ];
```

(*변경 후*)

```
If [level > 0,
    Tree[level-1,length*Random[Real,{0.65,0.9}],
         Random[Real,{angle-turn,angle+turn}]];
    Tree[level-1,length*Random[Real,{0.65,0.9}],
         Random[Real,{angle-turn,angle+turn}]]];
```

여기서 Random [Real, {xmin, xmax}]은 xmin과 xmax 사이에 있는 유사 난수를 뜻한다. 나뭇가지의 길이와 회전각을 난수에 의해 무작위로 변화시켜 실감 있게 보이고자 한다. 필요하면 **turn** 및 **angle** 값을 바꾸고 변경된 프로그램을 실행하여 그 결과를 인쇄하시오.

19 문제 14번에서 $c = 0.25410$, $\lim = 64$으로 설정하고 $|x| \le 1.25$, $|y| \le 1.25$의 범위에서 JULIAZ를 실행하여 결과를 관찰하시오(아래 그림 참조). 또한 c의 값이 $-0.11 + 0.6557i$ 일 때에도 실행하고 그 결과를 관측하시오.

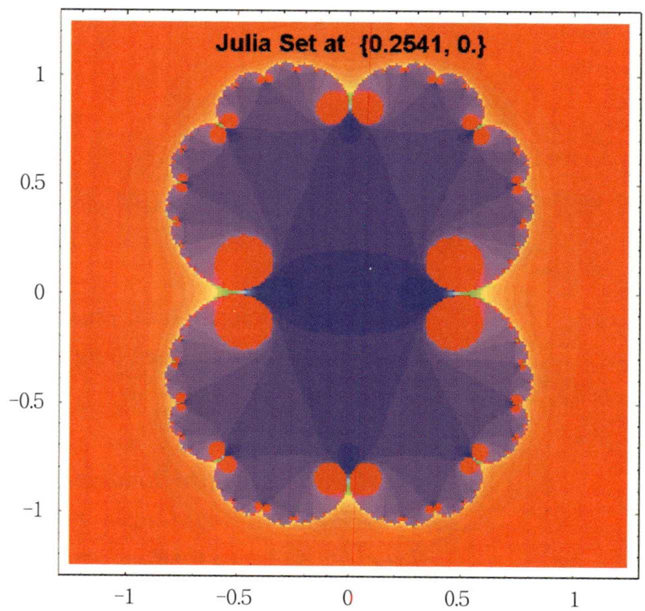

20 문제 15번에서 복소함수 $\sin(z)$ 대신에 복소 지수함수 e^z를 사용하여 수열 $z_{n+1} = ce^{z_n}$을 생각한다. z_n의 실수부의 값이 42보다 크면 수열의 값이 무한대로 발산하게 된다. 프로그램 변수를 $c = 1$ 및 $c = 3.14159i$, $\lim = 75$ $|x| \le 3.5$, $|y| \le 3.5$으로 변경하고 실행결과를 관찰하시오(아래 그림 참조).

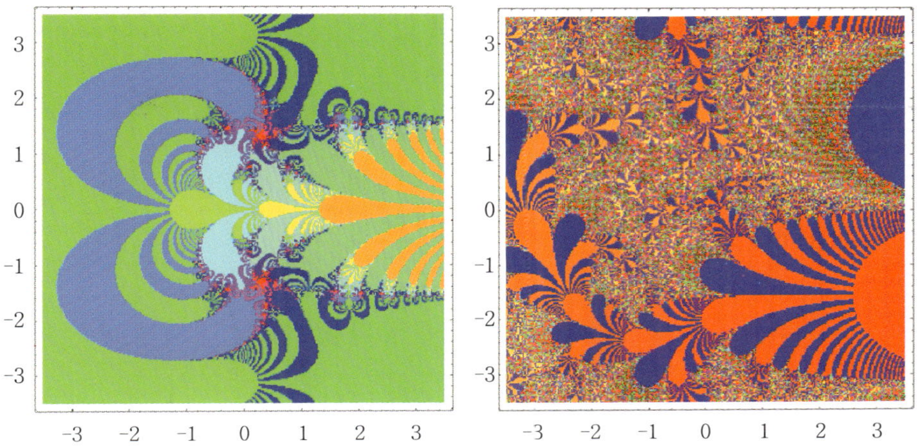

21 다음 물음에 답하시오.

(1) 초기값을 **z0 = 1 + I**로 설정하고 복소 로그함수 **Log[z]**의 고정점을 구하시오.

(2) 수렴과정의 최초 자료 **15**개를 **NestList** 구문을 활용하여 생성하시오.

(3) 위 문항 **(2)**에서 얻은 자료의 실수부와 허수부를 순수함수로 표현하고 **ListPlot**로 그리되 다음 선택사항을 적용하시오.

PlotStyle ->{Hue[0.8]}, AspectRatio ->Automatic,
PlotJoined ->True, PlotRange ->All,
PlotLabel ->"복소 로그함수의 固定點"

22 미분가능한 함수 $f(x)$에 대하여 뉴톤 수치해법은 초기값 x_0가 주어질 때

$$x_{n+1} = x_n - f(x_n)/f'(x_n), \quad n = 0, 1, \cdots,$$

으로 주어진다. 초기값 x_0가 $f(x) = 0$의 근에 충분히 가까우면 뉴톤 수치해법은 근에 수렴하는 것이 알려져 있다. 함수 $g(x) = x - f(x)/f'(x)$를 정의하면 $f(x) = 0$의 근은 $g(x) = x$의 근과 같다. 그러므로 함수 $g(x)$의 고정점(**fixed point**)을 구하면 함수 $f(x) = 0$의 근을 구하는 것이고 **FixedPoint[f, x0]** 명령어를 활용할 수 있다. 다음 물음에 답하시오.

(1) 함수 $g(x)=x-f(x)/f'(x)$를 순수함수로 정의하시오.

(2) 방정식 $f(x)=e^x\sin 3x-3x+\sqrt{x}+1$의 한 근이 2와 3 사이에 있음을 밝히시오.

(3) 초기값을 적절히 선택하고 **FixedPoint** 구문을 활용하여 근을 구하시오.

23 계승 연산 $w_k=k!=k*(k-1)!$으로 정의되므로, $w_k=k\times w_{k-1}$과 같은 점화식으로 표현된다. 다음 물음에 답하시오.

(1) 계승 연산함수 **w[k]=k!**을 순수함수로 정의하시오.
(☞ #0는 함수의 머리부(head), 즉, 함수 자체를 뜻한다.)

(2) 6!을 구하시오.

24 4.2절의 예제 12, 13번에서 순수함수를 사용하지 않고, 각각 함수 이름

g[x_] := x- f[x]/f'[x] ,...
w[n_Integer]:= n* w[n-1] ,...

으로 직접 정의하여 뉴톤 수치해법과 n!을 구하는 매스매티카 명령문을 작성하시오. 또한 22, 23번 문항의 해를 구해보시오.

25 삼각형의 3변의 길이 a, b, c를 사용하여 이 삼각형의 면적 A, 외접원의 반경 R 및 내접원의 반경 r을 구하는 모듈 함수 **extrad[a_,b_,c_]**를 작성하시오. $a=3$, $b=4$, $c=5$일 때, A, R, r을 구하시오.

26 방정식 $z^5-1=0$은 아래와 같이

$$z=1,\ z=\frac{(-1+\sqrt{5})}{4}\pm\frac{1}{2}\sqrt{\frac{5+\sqrt{5}}{2}}\,i,\ z=\frac{(-1-\sqrt{5})}{4}\pm\frac{1}{2}\sqrt{\frac{5-\sqrt{5}}{2}}\,i$$

5개의 해를 갖는다. 이 방정식의 뉴톤 수치해법 알고리즘은

$$z_{n+1}=z_n-(z_n^5-1)/(5\,z_n^4),\quad n=0,1,2\cdots,$$

으로 주어지고 적절한 초기값 z_0에 대하여 위에 열거한 5개의 근 중의 하나로 수렴하게 된다. 5근 중의 하나를 α라고 하자. 집합 $\mathbf{B}=\left\{z_0 \mid \lim_{n\to\infty} z_n=\alpha\right\}$를 정의하면 이 집합의 경계선은 fractal 집합을 형성한다. (다음 그림 참조).

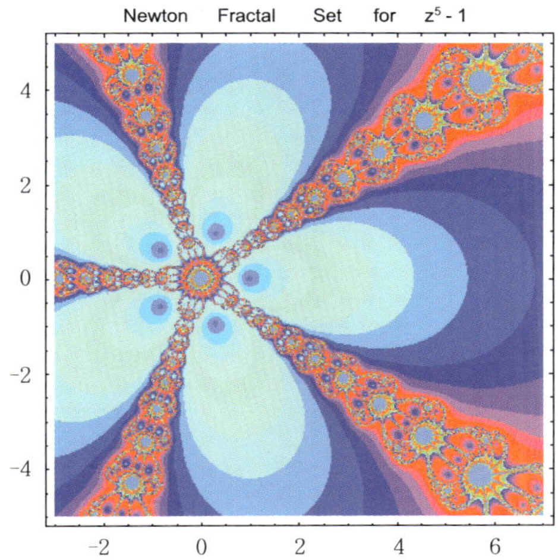

$0 \le Re(z) \le 2, \ -1 \le Im(z) \le 1$

이 집합을 채색하는 프로그램은 **DensityPlot** 구문으로 다음과 같이 작성하였다. 5개의 근에 대한 변수명은 각각, **s1, s2, s3, s4, s5**으로 설정하였다. 프로그램 중 빈곳을 채우시오.

```
NewtonFrt = [________] [{x,y,{lim,_Integer}},
Module[{z, n=0}, z = x+I*y;
        While[Abs[z-s1] > eps && [________] > eps && Abs[z-s3] > eps
              && Abs[z-s4] > eps && [________] > eps && n <= lim,
              z = z-(z^5-1)/(5*z^4); ++n];
        6n*Sin[Mod[6n, 2Pi]] ]  (* 모듈 함수의 값*)    ];
eps = 10^(-4); s1 = 1; s2 = (-1+Sqrt[5.0])/4 + I*Sqrt[(5+Sqrt[5.0])/2]/2;
[________] = (-1+Sqrt[5.0])/4 - I*Sqrt[ [________] ]/2;
s4 = (-1-Sqrt[5.0])/4 + I*Sqrt[(5-Sqrt[5.0])/2]/2;
s5 = (-1-Sqrt[5.0])/4 - I*Sqrt[(5-Sqrt[5.0])/2]/2;
[________] [NewtonFrt[x, y, 25], {x, -3, 7}, {y, -5, 5}, PlotPoints -> 300,
               Mesh -> [________], [________] -> Hue,
               PlotLabel -> "Newton Fractal Set for Z^5 - 1 = 0" ];
```

[제5장] 적 분

이 장에서는 이미 배운 바 있는 도함수의 역산으로서 부정적분을 정의하고 도함수의 기본 성질과 공식을 활용하여 부정적분의 성질과 공식을 유도하기로 한다. 치환적분법, 부분적분법 및 점화식을 이용한 적분법을 설명하고 삼각함수, 지수함수, 로그함수 및 쌍곡선함수가 포함된 예를 활용하여 적분에 관한 이해력을 증진시키기로 한다. 정적분 및 다중적분을 정의하고 도형의 길이, 넓이 및 부피를 구하는 것은 물론 다중적분의 변수변환 시 등장하는 쟈코비안(Jacobian)을 설명하고 다양한 적분의 응용을 고찰하기로 한다.

이 장에서 기술한 적분의 이론적 배경을 근거로 하여 복잡하고 다양한 기호 및 수치 적분을 구하는 매우 강력하고 효율적인 매스매티카 명령어를 이론적인 해와 함께 살펴보기로 한다.

5.1 부정적분

함수 $F(x)$의 도함수가 $f(x)$일 때 $F(x)$를 $f(x)$의 한 개의 부정적분이라고 정의하고 다음과 같은 기호로 나타낸다.

$$\int f(x)\,dx = F(x) + C \ (C\text{는 적분 상수라고 부른다})$$

$F(x)$가 $f(x)$의 하나의 부정적분이면 $F(x)+C$도 부정적분이 된다. 이 책에서는 특별한 언급이 없는 한 적분상수 C는 생략하기로 한다.

5.1.1 매스매티카의 부정적분 명령어

매스매티카에서 사용하는 부정적분 명령어는 다음 도표와 같으나 그 출력 결과에서 적분상수 C는 생략된다.

명 령 어	설 명
Integrate[f, x]	$\int f\,dx$의 결과를 표준 수식기호로 표현
Integrate[f, x]//TraditionalForm	$\int f\,dx$의 결과를 전통적 수식기호로 표현

자주 사용되는 부정적분의 기본 성질과 공식은 다음과 같다. 여기서 a, k, α, β는 주어진 상수이다.

(1) $\displaystyle\int kf(x)\,dx = k\int f(x)\,dx$

(2) $\displaystyle\int \{\alpha f(x) + \beta g(x)\}\,dx = \alpha\int f(x)\,dx + \beta\int g(x)\,dx$

(3) $\displaystyle\int x^{\alpha}dx = \begin{cases} \dfrac{1}{\alpha+1}x^{\alpha+1} + C, & \alpha \neq -1 \\ \log|x| + C, & \alpha = -1 \end{cases}$

(4) $\displaystyle\int a^{x}\,dx = \begin{cases} \dfrac{a^{x}}{\log a} + C, & a > 0,\ a \neq 1 \\ e^{x} + C, & a = e \end{cases}$

(5) $\displaystyle\int \cos x\,dx = \sin x + C,\qquad \int \cosh x\,dx = \sinh x + C$

(6) $\displaystyle\int \sin x\,dx = -\cos x + C,\qquad \int \sinh x\,dx = \cosh x + C$

(7) $\displaystyle\int \tan x\,dx = -\log|\cos x| + C,\qquad \int \tanh x\,dx = -\log|\cosh x| + C$

(8) $\displaystyle\int \sec^2 x\,dx = \tan x + C,\qquad \int \text{sech}^2 x\,dx = \tanh x + C$

(9) $\displaystyle\int \csc^2 x\,dx = -\cot x + C,\qquad \int \text{csch}^2 x\,dx = -\coth x + C$

(10) $\displaystyle\int \sec x\tan x\,dx = \sec x + C,\qquad \int \text{sech}\,x\tanh x\,dx = -\text{sech}\,x + C$

(11) $\displaystyle\int \csc x\cot x\,dx = -\csc x + C,\qquad \int \text{csch}\,x\coth x\,dx = -\text{csch}\,x + C$

(12) $\displaystyle\int \sec x\,dx = \ln|\sec x + \tan x| + C,\qquad \int \text{sech}\,x\,dx = 2\tan^{-1}\left(\tanh\frac{x}{2}\right) + C$

(13) $\displaystyle\int \csc x\,dx = \ln|\csc x - \cot x| + C,\qquad \int \text{csch}\,x\,dx = \ln\left|\tanh\frac{x}{2}\right| + C$

(14) $\displaystyle\int \sqrt{a^2 - x^2}\,dx = \frac{x}{2}\sqrt{a^2 - x^2} + \frac{a^2}{2}\sin^{-1}\frac{x}{a} + C$

(15) $\displaystyle\int \sqrt{a^2 + x^2}\,dx = \frac{x}{2}\sqrt{a^2 + x^2} + \frac{a^2}{2}\ln\left|x + \sqrt{a^2 + x^2}\right| + C$

(16) $\displaystyle\int \sqrt{x^2 - a^2}\,dx = \frac{x}{2}\sqrt{x^2 - a^2} - \frac{a^2}{2}\ln\left|x + \sqrt{x^2 - a^2}\right| + C$

(17) $\displaystyle\int \frac{dx}{\sqrt{a^2 - x^2}} = \sin^{-1}\left(\frac{x}{a}\right) + C,\ a > 0.$

(18) $\int \frac{dx}{\sqrt{x^2+a}} = \ln|x+\sqrt{x^2+a}\,| + C,$

(19) $\int \frac{dx}{x^2+a^2} = \frac{1}{a}\tan^{-1}(\frac{x}{a}) + C, \quad a > 0.$

(20) $\int \frac{dx}{x^2-a^2} = \frac{1}{2a}\ln\left|\frac{x-a}{x+a}\right| + C, \quad x^2 > a^2$

5.2 적분법

5.2.1 치환 적분법

$F(x) = \int f(x)\,dx$ 일 때 $x = g(t)$가 미분가능하면

$$\frac{dF(g(t))}{dt} = \frac{dF}{dx} \cdot \frac{dx}{dt} = f(x) \cdot g(x)$$

이므로

$$\int f(x)\,dx = F(g(t)) = \int f(g(t))\,g'(t)\,dt + C$$

이다. 이 결과에서 $t = g^{-1}(x)$를 대입하여 x의 함수로 변경시키면 원하는 적분을 얻는다.

예제 1 | $I = \int (x^2+1)^n\,x\,dx$를 구하시오.

풀이

```
Simplify[Integrate[(x^2+1)^n * x , x]]
%//TraditionalForm
```
Shift Enter

$$\frac{(x^2+1)^{n+1}}{2n+2}$$

이론해

$t = x^2 + 1$,

$dt = 2\ x\ dx$

$$I = \int \frac{1}{2} t^n\, dt = \begin{cases} \dfrac{1}{2} \dfrac{(x^2+1)^{n+1}}{(n+1)} & (n \neq -1) \\ \dfrac{1}{2} \log(x^2+1) & (n = -1). \end{cases}$$

예제 2 | $I = \int \frac{dx}{x \ln x}$ 를 구하시오.

풀이

Integrate[1/(x*Log[x]), x] //TraditionalForm

$\log((\log x))$

이론해

$t = \ln x$, $dt = \frac{1}{x} dx$

$$I = \int \frac{1}{t}\, dt = \ln(\ln x).$$

예제 3 | $I = \int \frac{dx}{4x^2 + 4x + 2}$ 를 구하시오.

풀이

Integrate[1/(4*x^2+4*x+2), x]//TraditionalForm

$\frac{1}{2} \tan^{-1}(2x+1).$

이론해

$t = (x + 1/2)$, $dt = dx$,

$4x^2 + 4x + 2$

$= 4\{t^2 + (1/2)^2\}$

$$I = \int \frac{1}{4(t^2 + (1/2)^2)}\, dt = \frac{1}{2} \tan^{-1}(2x+1).$$

5.2.2 부분 적분법

두 함수의 곱의 도함수 공식 $\frac{d}{dx}\{f(x)\,g(x)\} = f'(x)g(x) + f(x)\,g'(x)$에서

$$\int f'(x) g(x)\, dx = f(x) g(x) - \int f(x) g'(x) dx + C$$

을 얻는다.

예제 4 | $I = \int \ln x \, dx$를 구하시오.

풀이

```
Integrate[Log[x], x]//TraditionalForm
```

$x \log(x) - x$

이론해

$f' = 1,\ g = \ln x,$
$f = x,\ g' = 1/x$

$$I = x \ln x - \int x \left(\frac{1}{x}\right) dx = x \ln x - x.$$

예제 5 | $I = \int \tan^{-1} x \, dx$를 구하시오.

풀이

```
Integrate[ArcTan[x], x]//TraditionalForm
```

$x \tan^{-1} x - \frac{1}{2} \log(x^2 + 1)$

이론해

$f' = 1,\ g = \tan^{-1} x,$
$f = x,\ g' = 1/(1+x^2)$

$$I = x \tan^{-1} x - \int \frac{x\,dx}{1+x^2} = x \tan^{-1} x - \frac{1}{2} \ln(1 + x^2).$$

예제 6 | $I = \int x^2 e^x \, dx$를 구하시오.

풀이

```
Integrate[x^2*E^x, x]//TraditionalForm
```

$e^x (x^2 - 2x + 2)$

이론해

부분적분을 2번 적용하여 다음을 얻는다.

$f' = e^x,\ g = x^2,$
$f = e^x,\ g' = 2x$

$$I = x^2 e^x - 2 \int x e^x \, dx = e^x (x^2 - 2x + 2).$$

예제 7 | $I = \int \sin(\log x) \, dx$를 구하시오.

풀이

Log는 자연대수

```
Integrate[Sin[Log[x]], x]//TraditionalForm
```

$$\frac{1}{2}x\sin(\log(x))-\frac{1}{2}x\cos(\log(x))$$

이론해

$f'=1,\ g=\sin(\log x),$

$f=x,\ g'=\frac{1}{x}\cos(\log x)$

부분적분을 2번 적용하여 다음을 얻는다.

$I=x\sin(\log x)-\int\cos(\log x)\,dx.$

$K=\int\cos(\log x)\,dx$ 라 하면 같은 방법으로

$K=x\cos(\log x)+\int\sin(\log x)\,dx=x\cos(\log x)+I.$

그러므로 $I=\frac{1}{2}x\{\sin(\log x)-\cos(\log x)\}.$

예제 8 | $I=\int\sin^{-1}\sqrt{x}\,dx$를 구하시오.

풀이

Integrate[ArcSin[Sqrt[x]], x]//TraditionalForm

$$\frac{1}{2}\left((2x-1)\sin^{-1}\sqrt{x}+\sqrt{x-x^2}\right)$$

이론해

$f'=1,\ g=\sin^{-1}\sqrt{x},$

$f=x,\ g'=\frac{1}{2\sqrt{x}\sqrt{1-x}}$

$0\le x<1$임을 착안

$x=\sin^2\theta,$

$dx=2\sin\theta\cos\theta\,d\theta$

$I=x\sin^{-1}\sqrt{x}-\frac{1}{2}\int\sqrt{\frac{x}{1-x}}\,dx$이고, 여기서

$K=\int\sqrt{\frac{x}{1-x}}\,dx=\int 2\sin^2\theta\,d\theta=\theta-\frac{1}{2}\sin 2\theta$

$\quad=\sin^{-1}\sqrt{x}-\sqrt{x(1-x)}$ 이므로

$I=x\sin^{-1}\sqrt{x}-\frac{1}{2}\sin^{-1}\sqrt{x}+\frac{1}{2}\sqrt{x(1-x)}$ 이다.

예제 9 | $I=\int\sin\sqrt{x}\,dx$를 구하시오.

풀이

Integrate[Sin[Sqrt[x]], x]//TraditionalForm

$$2\sin(\sqrt{x})-2\sqrt{x}\cos(\sqrt{x})$$

이론해

$f'=\sin t,\ g=t,$

$g'=1,\ f=-\cos t$

$x=t^2,\ t\ge 0$이라 놓으면 $dx=2t\,dt$이므로

$I=2\int t\sin t\,dt$이다. 부분적분법으로부터

$$I = -2t\cos t + 2\int \cos t\,dt = -2\sqrt{x}\cos\sqrt{x} + 2\sin\sqrt{x}.$$

예제 10 | $I = \int \log\sqrt{x^2+1}\;dx$를 구하시오.

풀이

```
Integrate[Log[Sqrt[x^2 +1]], x]//TraditionalForm
```

$$\frac{1}{2}\left(\log(x^2+1)x - 2x + 2\tan^{-1}(x)\right)$$

이론해

$I = \frac{1}{2}\int \log(x^2+1)\,dx$이므로

$f' = 1,\ g = \log(x^2+1),$

$g' = \frac{2x}{x^2+1},\ f = x$

$\int \frac{dx}{x^2+a^2} = \frac{1}{a}\tan^{-1}\frac{x}{a}$

$I = x\log(x^2+1) - 2\int \frac{x^2\,dx}{x^2+1}$이다.

$\int \frac{x^2\,dx}{x^2+1} = \int (1 - \frac{1}{x^2+1})\,dx = x - \tan^{-1}x$에서

$I = x\log\sqrt{(x^2+1)} - x + \tan^{-1}x$을 얻는다.

5.2.3 부분분수분해 적분법

$$I = \int \frac{\phi(x)}{(x-a)^m}\,dx \quad (\text{단, } \phi(x)\text{는 } m\text{보다 작은 차수의 다항식})$$

의 형태로 주어지는 적분을 구하기 위해서는 $\phi(x)$를 $(x-a)$의 멱급수로 전개하여 $\phi(x) = a_0 + a_1(x-a) + a_2(x-a)^2 + \cdots + a_{m-1}(x-a)^{m-1}$이라 하면

$$\frac{\phi(x)}{(x-a)^m} = \frac{a_0}{(x-a)^m} + \frac{a_1}{(x-a)^{m-1}} + \frac{a_2}{(x-a)^{m-2}} + \cdots$$

으로 되어 우변은 쉽게 적분된다.

예제 11 | $I=\int \frac{dx}{x^3(x+1)}$ 를 구하시오.

풀이

```
Integrate[1/(x^3 *(x+1)), x]//TraditionalForm
```
Shift Enter

$\log(x)-\log(x+1)+\frac{1}{x}-\frac{1}{2x^2}$

반복 대입연산자 //. 를 활용하여 Log 법칙 적용

```
K = % //. {Log[A_]-Log[B_] -> Log[A/B]}
K //TraditionalForm
```
Shift Enter

$\log\left(\frac{x}{x+1}\right)+\frac{1}{x}-\frac{1}{2x^2}$

이론해 $\frac{1}{x^3(x+1)}=\frac{A}{x}+\frac{B}{x^2}+\frac{C}{x^3}+\frac{D}{x+1}$

라고 두고 좌우변 식의 분자를 비교하면

수치대입법으로 A, B, C, D를 구함

$$1=Ax^2(x+1)+Bx(x+1)+C(x+1)+Dx^3.$$

$x=0$을 대입하여 $C=1$, $x=-1$을 대입하여 $D=-1$을 얻는다. $x=1$, $x=2$를 대입하여 $A+B=0$, $2A+B=1$으로부터 $A=1$, $B=-1$을 얻는다. 그러므로 $I=\frac{1}{x}-\frac{1}{2x^2}+\ln\frac{x}{x+1}$.

예제 12 | $I=\int \frac{dx}{(x^2-1)^2}$ 를 구하시오.

풀이

```
K = Integrate[1/(x^2-1)^2, x]
```
Shift Enter

$\frac{1}{4}\left(-\frac{2x}{-1+x^2}-\text{Log}[-1+x]+\text{Log}[1+x]\right)$

```
K //. {Log[A_]-Log[B_] -> Log[A/B]}
```
Shift Enter

$\frac{1}{4}\left(-\frac{2x}{-1+x^2}+\text{Log}\left[\frac{1+x}{-1+x}\right]\right)$

```
K //TraditionalForm
```
Shift Enter

$\frac{1}{4}\ln\frac{x+1}{x-1}-\frac{x}{2(x^2-1)}$

이론해

$$\frac{1}{(x^2-1)^2}=\frac{A}{x+1}+\frac{B}{x-1}+\frac{C}{(x+1)^2}+\frac{D}{(x-1)^2}$$

라고 두고 좌우변 식의 분자를 비교하면

$$\begin{aligned}1 &= A(x-1)^2(x+1) \\ &\quad + B(x+1)^2(x-1) + C(x-1)^2 + D(x+1)^2.\end{aligned}$$

$x=-1$을 대입하여 $C=1/4$, $x=1$을 대입하여 $D=1/4$을 얻는다. $x=0$, $x=2$를 대입하여 $A-B=1/2$, $A+3B=-1/2$으로부터 $A=1/4$, $B=-1/4$을 얻는다. 그러므로 다음 결과를 얻는다.

$$I=\frac{1}{4}\ln\frac{x+1}{x-1}-\frac{x}{2(x^2-1)}.$$

예제 13 | $I=\displaystyle\int\frac{dx}{x^4-1}$를 구하시오.

풀이

Integrate[1/(x^4-1), x] Shift Enter

$\frac{1}{4}(-2\,\mathrm{ArcTan}[x]+\mathrm{Log}[-1+x]-\mathrm{Log}[1+x])$

%//.{Log[A_]-Log[B_] -> Log[A/B]} Shift Enter

$\frac{1}{4}\left(-2\,\mathrm{ArcTan}[x]+\mathrm{Log}\left[\frac{-1+x}{1+x}\right]\right)$

%//TraditionalForm Shift Enter

$\frac{1}{4}\left(\log\left(\frac{x-1}{x+1}\right)-2\tan^{-1}(x)\right)$

이론해 $\quad \dfrac{1}{x^4-1}=\dfrac{A}{x+1}+\dfrac{B}{x-1}+\dfrac{C}{x^2+1}$

라고 두고 좌우변 식의 분자를 비교하면

$$1=A(x-1)(x^2+1)+B(x+1)(x^2+1)+C(x^2-1).$$

$x=-1$을 대입하여 $A=-1/4$, $x=1$을 대입하여 $B=1/4$을 얻는다. $x=0$을 대입하여 $C=B-A-1=-1/2$을 얻는다. 그러므로 $I=\dfrac{1}{4}\ln\left|\dfrac{x-1}{x+1}\right|-\dfrac{1}{2}\tan^{-1}x$을 얻는다.

예제 14 | $I=\displaystyle\int\frac{x^2}{(x^2+2x+5)^2}dx$를 구하시오.

풀이

Integrate[x^2/(x^2 +2x +5)^2, x]
%//TraditionalForm Shift Enter

$$\frac{5-3x}{8(x^2+2x+5)}+\frac{5}{16}\tan^{-1}\left(\frac{x+1}{2}\right)$$

> $\tan^{-1}a=\frac{\pi}{2}-\tan^{-1}\frac{1}{a}$ 이고 $\pi/2$는 적분상수 C에 흡수됨

이론해 $$\frac{x^2}{(x^2+2x+5)^2}=\frac{A}{x^2+2x+5}+\frac{Bx+C}{(x^2+2x+5)^2}$$

라고 두고 좌우변 식의 분자를 비교하면

> 분자가 2차 항이므로 $\frac{x^2}{(x^2+2x+5)^2}=\frac{A}{x^2+2x+5}+\frac{Bx+C}{(x^2+2x+5)^2}$ 라고 둔다.

$x^2=A(x^2+2x+5)+Bx+C$. 그러므로

$A=1,\ 2A+B=0,\ 5A+C=0$이고, $B=-2,\ C=-5$

를 얻는다. $x^2+2x+5=(x+1)^2+2^2$이고,

$\frac{Bx+C}{(x^2+2x+5)^2}=\frac{-(2x+2)-3}{(x^2+2x+5)^2}$이므로

$$I=\frac{1}{2}\tan^{-1}\frac{x+1}{2}+\frac{1}{x^2+2x+5}-3\int\frac{dx}{(x^2+2x+5)^2}$$ 이다.

$K=\int\frac{dx}{(x^2+2x+5)^2}$라 두고

$x+1=2\tan\theta$ 으로 치환하면 $dx=2\sec^2\theta\,d\theta$이고,

$$K=\frac{1}{2^3}\int\cos^2\theta\,d\theta=\frac{1}{2^4}\int(1+\cos2\theta)\,d\theta$$
$$=\frac{1}{2^4}(\theta+\frac{1}{2}\sin2\theta)=\frac{1}{2^4}\left\{\tan^{-1}\frac{x+1}{2}+\frac{2(x+1)}{x^2+2+5}\right\}$$

이므로 $I=\frac{5}{16}\tan^{-1}\frac{x+1}{2}+\frac{5-3x}{8(x^2+2x+5)}$.

5.2.4 초월함수 적분법

(1) $$I=\int f(\sin x,\cos x,\tan x)\,dx \quad (\text{단, } f\text{는 유리함수}).$$

의 형태로 주어지는 적분을 구하기 위해서는

$$\tan\frac{x}{2}=t,\ dx=\frac{2\,dt}{1+t^2},\ \sin x=\frac{2t}{1+t^2},\ \cos x=\frac{1-t^2}{1+t^2},\ \tan x=\frac{2t}{1-t^2}$$

라 두고 적분한다. f가 tan x에만 의존할 때는 tan $x=t$라고 치환한다.

예제 15 | $I=\int\frac{dx}{a\cos x+b\sin x}$를 구하시오.

풀이

Integrate[1/(a*Cos[x]+b*Sin[x]), x]
%//TraditionalForm Shift Enter

$$\frac{2\tanh^{-1}\left(\frac{a\tan\left(\frac{x}{2}\right)-b}{\sqrt{a^2+b^2}}\right)}{\sqrt{a^2+b^2}}$$

이론해

$\tan\frac{x}{2}=t,\ dx=\frac{2dt}{1+t^2},$ $\sin x=\frac{2t}{1+t^2},$ $\cos x=\frac{1-t^2}{1+t^2}$ $2\tanh^{-1}y=\ln\frac{y-1}{y+1}$

$I=\frac{-2}{a}\int\frac{dt}{(t-\alpha)(t-\beta)}$이다.

(단, $\alpha=\frac{b+\sqrt{a^2+b^2}}{a}$, $\beta=\frac{b-\sqrt{a^2+b^2}}{a}$ 임).

부분분수분해 적분법으로

$I=\frac{1}{\sqrt{a^2+b^2}}\ \ln\left|\frac{\tan x/2-\beta}{\tan x/2-\alpha}\right|$을 얻는다.

예제 16 | $I=\int\frac{dx}{a+b\tan x}$를 구하시오.

풀이

Integrate[1/(a+b*Tan[x]), x]
%//TraditionalForm Shift Enter

$$\frac{ax+b\log(a\cos(x)+b\sin(x))}{a^2+b^2}$$

이론해

$\tan x=t,$

$I=\int\frac{1}{(a+bt)}\frac{1}{(1+t^2)}dt$이다.

$dx = \frac{dt}{1+t^2}$

$\frac{1}{(a+bt)}\frac{1}{(1+t^2)} = \frac{A}{a+bt} + \frac{Bt+C}{1+t^2}$를 만족하는 A, B, C를 구하면 $A = b^2/(a^2+b^2)$, $B = -b/(a^2+b^2)$, $C = a/(a^2+b^2)$를 얻는다. 그러므로 다음 결과를 얻는다.

$$\begin{aligned} I &= \frac{1}{a^2+b^2}\{b \ln|a+b\tan x| \\ &\qquad - \frac{b}{2}\ln|1+\tan^2 x| + a\tan^{-1}\tan x\} \\ &= \frac{1}{a^2+b^2}\{b\ln|a+b\tan x| - b\ln|\sec x| + ax\} \\ &= \frac{1}{a^2+b^2}\{b\ln|a\cos x + b\sin x| + ax\}. \end{aligned}$$

(2) $I = \int g(x)\,T(x)\,dx$ (단, g가 다항식이고 T가 e^x, $\sin x$, $\cos x$, $\ln x$, $\sin^{-1}x$, $\cos^{-1}x$, $\tan^{-1}x$ 중의 하나).

의 형태로 주어지는 적분을 구하기 위해서는 $T(x)$의 유형에 따라 다음과 같이 두 가지 경우로 나누어 취급한다.

- $T(x) = e^x$, $\sin x$, $\cos x$일 때

  $f'(x) = T(x)$라 두고 유한 번의 부분적분법을 적용하면 g가 다항식이므로 g를 유한 번 미분하면 상수가 되어 $T(x)$를 적분하는 문제로 귀착된다.

- $T(x) = \ln x$, $\sin^{-1}x$, $\cos^{-1}x$, $\tan^{-1}x$일 때

  $\int g(x)\,dx = G(x)$라 두면 G는 다항식이므로
  $I = G(x)\,T(x) - \int G(x)\,T'(x)\,dx$를 적분하는 문제로 귀착된다.

예제 17 | $I = \int x^2 \cos x\,dx$를 구하시오.

풀이

```
Integrate[x^2 * Cos[x], x]
%//TraditionalForm  Shift Enter
```

$2x\cos(x) + (x^2-2)\sin(x)$

이론해

$f' = \cos x,\ g = x^2,$
$f = \sin x,\ g' = 2x$
부분적분을 반복함

$$I = x^2 \sin x - 2\int x \sin x\, dx = x^2 \sin x + 2x\cos x - 2\sin x.$$

예제 18 | $I = \int x^2 \cos^{-1} x\, dx$를 구하시오.

풀이

Integrate[x^2 * ArcCos[x], x]
%//TraditionalForm Shift Enter

$$\frac{1}{3}x^3\cos^{-1}(x) - \frac{1}{9}\sqrt{1-x^2}\,(x^2+2)$$

이론해

$f' = x^2,\ g = \cos^{-1}x,$
$f = x^3/3,\ g' = \frac{-1}{\sqrt{1-x^2}}$

$$I = \frac{x^3\cos^{-1}x}{3} + \frac{1}{3}\int \frac{x3}{\sqrt{1-x^2}}\,dx \text{ 이다.}$$

$x = \sin\theta,\ -\frac{\pi}{2} < \theta < \frac{\pi}{2}$

$$K = \int \frac{x3}{\sqrt{1-x^2}}\,dx = \int \sin^3\theta\, d\theta = \int (1-\cos^2\theta)\sin\theta\, d\theta$$

$$= -\cos\theta + \frac{1}{3}\cos^3\theta = -\frac{1}{3}\sqrt{1-x^2}\,(x^2+2) \text{ 이므로}$$

$$I = \frac{x^3\cos^{-1}x}{3} - \frac{1}{9}\sqrt{1-x^2}\,(x^2+2) \text{ 을 얻는다.}$$

5.2.5 무리함수 적분법

f를 유리함수라고 하자. 아래와 같은 적절한 치환에 의하여 적분한다.

	피적분함수	치 환
(1)	$f(x, \sqrt[n]{ax+b})$	$t = \sqrt[n]{ax+b}$
(2)	$f\left(x, \sqrt[n]{\frac{ax+b}{px+q}}\right)$	$t = \sqrt[n]{\frac{ax+b}{px+q}}$
(3)	$f(x, \sqrt{a^2-x^2})$	$x = a\sin\theta,\ -\pi/2 \le \theta \le \pi/2$
(4)	$f(x, \sqrt{a^2+x^2})$	$x = a\tan\theta,\ -\pi/2 < \theta < \pi/2$
(5)	$f(x, \sqrt{x^2-a^2})$	$x = a\sec\theta,\ 0 \le \theta \le \pi$

예제 19 | $I=\int x\sqrt{a+bx}\,dx$를 구하시오.

풀이

```
Factor[Integrate[x*Sqrt[a+b*x], x]]
%//TraditionalForm
```
Shift Enter

$$-\frac{2(2a-3bx)(a+bx)^{3/2}}{15b^2}$$

이롭해

$\sqrt{a+bx}=t$, $dx=\frac{2t}{b}dt$, $x=\frac{t^2-a}{b}$

$$I=\frac{2}{b^2}\int(t^4-t^2a)\,dt=\frac{2}{15b^2}(3bx-2a)(a+bx)\sqrt{a+bx}\,.$$

예제 20 | $I=\int\sqrt{\frac{a+x}{b+x}}\,dx$를 구하시오.

풀이

```
w = Integrate[Sqrt[(a+x)/(b+x)], x]
```
Shift Enter

$$\frac{1}{2\sqrt{a+x}}\left(\sqrt{\frac{a+x}{b+x}}\,(2\sqrt{a+x}\,(b+x)+(a-b)\sqrt{b+x}\,\mathrm{Log}[a+b+2x+2\sqrt{a+x}\,\sqrt{b+x}])\right)$$

```
w/. a+b+2x+2 √a+x √b+x → (√a+x + √b+x)^2
%//PowerExpand//TraditionalForm
```

$$\frac{2\sqrt{(a+x)}\,(b+x)+2(a-b)\log(\sqrt{a+x}+\sqrt{b+x})\sqrt{b+x}}{2\sqrt{b+x}}$$

이롭해

$\sqrt{\frac{a+x}{b+x}}=t$, $dx=\frac{2t(b-a)}{(1-t^2)^2}dt$, $x=\frac{bt^2-a}{1-t^2}$

$$I=2(b-a)\int\frac{t^2}{(1-t^2)^2}\,dt=2(b-a)\int\frac{\sin^2\theta}{\cos^3\theta}\,d\theta$$

$$=2(b-a)\int\frac{1-\cos^2\theta}{\cos^3\theta}\,d\theta$$

$$=2(b-a)\int(\sec^3\theta-\sec\theta)\,d\theta.$$

$t=\sin\theta,\ -\frac{\pi}{2}<\theta<\frac{\pi}{2}$

$$K=\int \sec^3\theta\, d\theta=\int \sec\theta\,(\sec^2\theta)\, d\theta$$

$$=\sec\theta\tan\theta-\int \sec\theta\tan^2\theta\, d\theta$$

부분적분

$$=\sec\theta\tan\theta-\int \sec\theta\,(\sec^2\theta-1)\, d\theta$$

$$=\sec\theta\tan\theta-K+\int \sec\theta\, d\theta.$$

5.1절 공식 (12) 이용

위 식에서 K를 구하여 I에 대입하면 다음을 얻는다.

$$I=(b-a)(\sec\theta\tan\theta-\int \sec\theta\, d\theta)$$

$$=(b-a)(\sec\theta\tan\theta-\log|\sec\theta+\tan\theta|)$$

$$=(b-a)\left(\frac{t}{1-t^2}-\log\left|\frac{1}{\sqrt{1-t^2}}+\frac{t}{\sqrt{1-t^2}}\right|\right)$$

$$=\sqrt{(a+x)(b+x)}+(a-b)\log|\sqrt{a+x}+\sqrt{b+x}|+C$$

예제 21 | $I=\int x^3\sqrt{\frac{1+x^2}{1-x^2}}\,dx$를 구하시오.

풀이

```
Integrate[x^3 Sqrt[(1+x^2)/(1-x^2)],x]
%//PowerExpand//TraditionalForm
```
Shift Enter

$$\frac{\sqrt{x^2+1}\,(x^4+x^2-2)+2\sqrt{1-x^2}\sin^{-1}\left(\frac{\sqrt{x^2+1}}{\sqrt{2}}\right)}{4\sqrt{1-x^2}}$$

이용해 $x^2=t$라 두면, $x\,dx=\frac{1}{2}dt$이고

$I=\frac{1}{2}\int t\sqrt{\frac{1+t}{1-t}}\,dt$이다. 여기서 $\tan\theta=\sqrt{\frac{1+t}{1-t}}$라 하면,

$t=\frac{\tan^2\theta-1}{\tan^2\theta+1}=-\cos 2\theta,\ dt=2\sin 2\theta\, d\theta$이므로

$$I=-\int \cos 2\theta\tan\theta\sin 2\theta\, d\theta=\int(\cos^2 2\theta-\cos 2\theta)\, d\theta$$

배각공식

$$=\int \frac{1+\cos 4\theta}{2}d\theta-\frac{1}{2}\sin 2\theta$$

$$=\frac{\theta}{2}+\frac{\sin 2\theta\cos 2\theta}{4}-\frac{\sin 2\theta}{2}=\frac{\theta}{2}+\frac{\sin 2\theta}{4}(\cos 2\theta-2)$$

$$=\frac{\sin^{-1}\left(\frac{\sqrt{1+t}}{\sqrt{2}}\right)}{2}+\frac{1}{4}\frac{\sqrt{1+t}}{\sqrt{1-t}}(t-1)(t+2)$$

예제 22 | $I=\int \frac{\sqrt{x^2-a^2}}{x^2}dx$를 구하시오.

풀이

Integrate [1/(x*Sqrt[x^2-a^2]), x]
%//TraditionalForm Shift Enter

$\ln\left(x+\sqrt{x^2-a^2}\right)-\frac{\sqrt{x^2-a^2}}{x}$

이론해

$\sin\theta=\frac{\sqrt{x^2-a^2}}{x}$

$\tan\theta=\frac{\sqrt{x^2-a^2}}{a}$

$x=a\sec\theta,\ -\pi/2<\theta<\pi/2,\ \theta\neq 0$라 두면

$dx=a\sec\theta\tan\theta\, d\theta$ 및 $x^2-a^2=a^2\tan^2\theta$ 이므로

$$I=\int\frac{a\tan\theta}{a^2\sec^2\theta}a\sec\theta\tan\theta\, d\theta=\int(\sec\theta-\cos\theta)d\theta$$
$$=\ln(\sec\theta+\tan\theta)-\sin\theta$$
$$=\ln\left(x+\sqrt{x^2-a^2}\right)-\frac{\sqrt{x^2-a^2}}{x}$$

예제 23 | $I=\int\frac{dx}{x\sqrt{x^2+x+1}}$를 구하시오.

풀이

Integrate [1/(x*Sqrt[x^2+x+1]), x]
%//TraditionalForm Shift Enter

$\log(x)-\log(x+2\sqrt{x^2+x+1}+2)$

이론해

$t=\frac{1}{x},\ dt=-\frac{1}{x^2}dx,$

$y=\ln|t+\frac{1}{2}+\sqrt{t^2+t+1}|$

$dy=\frac{dt}{\sqrt{t^2+t+1}}$

$$I=-\int\frac{dt}{\sqrt{t^2+t+1}}=-\log|t+\frac{1}{2}+\sqrt{t^2+t+1}|$$
$$=-\log\left|\frac{2+x}{2x}+\frac{2}{2x}\sqrt{x^2+x+1}\right|$$
$$=-\log\left|\frac{1+x/2+\sqrt{x^2+x+1}}{x}\right|+C.$$

예제 24 | $I=\int\sqrt{\frac{x}{1-ax}}\,dx$를 구하시오.

풀이

```
Integrate [ Sqrt[x/(1-a*x)], x ] Shift Enter
%//PowerExpand//TraditionalForm Shift Enter
```

$$\frac{\sqrt{a}\ \sqrt{x}\ (ax-1)+\sqrt{1-ax}\ \sin^{-1}(\sqrt{a}\ \sqrt{x})}{a^{3/2}\ \sqrt{1-ax}}$$

이론해

$ax=\sin^2\theta$라 두면 $dx=\dfrac{1}{a}\sin 2\theta\, d\theta$이므로

$$\begin{aligned} I &= \frac{2}{a\sqrt{a}}\int \frac{\sin\theta}{\cos\theta}\sin\theta\cos\theta\, d\theta \\ &= \frac{2}{a\sqrt{a}}\int \frac{1-\cos 2\theta}{2}\, d\theta = \frac{1}{a\sqrt{a}}\left(\theta-\frac{1}{2}\sin 2\theta\right) \\ &= \frac{1}{a\sqrt{a}}(\theta-\sin\theta\cos\theta) \\ &= \frac{1}{a\sqrt{a}}\left(\sin^{-1}\sqrt{ax}-\sqrt{ax(1-ax)}\right)+C. \end{aligned}$$

5.3 점화식을 이용한 적분법

거듭제곱의 지수가 임의의 정수인 함수 $\tan^n x$, $\sin^m x\cos^n x$, $x^m(\log x)^n$, $e^{ax}\sin^n x$, $x^n\sin x$, $x^n e^{ax}$ 등의 적분은 점화공식을 사용하면 거듭제곱 지수가 0, -1 또는 1인 경우로 귀착되어 쉽게 적분이 가능하다. 여기서 적분상수는 특별히 언급되지 않는 한 생략하며 자주 사용되는 함수에 대하여 점화식을 이용한 적분 공식을 유도하고 매스매티카를 활용하는 방법을 예를 들어 설명하기로 한다.

5.3.1 $I_n=\int \tan^n x\, dx$ 형태의 적분 ($n\ge 0$, $n\ne 1$인 정수)

$$\begin{aligned} I_n &= \int \tan^{n-2}x\tan^2 x\, dx = \int \tan^{n-2}x(\sec^2 x-1)\, dx \\ &= \int \tan^{n-2}x\sec^2 x\, dx-\int \tan^{n-2}x\, dx = \frac{\tan^{n-1}x}{(n-1)}-I_{n-2},\quad n=2,3,\cdots \end{aligned}$$

예제 1 | $I_5 = \int \tan^5 x\, dx$를 구하시오.

풀이

Integrate [Tan[x]^5, x]//TraditionalForm Shift Enter

$$\frac{\sec^4(x)}{4} - \sec^2(x) - \log(\cos(x))$$

$\sec^2 x = 1 + \tan^2 x$를 활용하면 이론해 표현 가능

이론해

$$I_5 = \frac{\tan^4 x}{4} - I_3 = \frac{\tan^4 x}{4} - \frac{\tan^2 x}{2} + I_1$$
$$= \frac{\tan^4 x}{4} - \frac{\tan^2 x}{2} - \log|\cos x| + C.$$

예제 2 | $I_4 = \int \tan^4 x\, dx$를 구하시오.

풀이

tt = Integrate [Tan[x]^4, x]//TraditionalForm Shift Enter

$$\frac{1}{3}\tan(x)\sec^2(x) + x - \frac{4\tan(x)}{3}$$

$\sec^2 x = 1 + \tan^2 x$를 활용하면 이론해 표현 가능

이론해

$$I_4 = \frac{\tan^3 x}{3} - I_2 = \frac{\tan^3 x}{3} - \tan x + x.$$

5.3.2 $I_n = \int \cot^n x\, dx$ 형태의 적분 ($n \geq 0,\ n \neq 1$인 정수)

$$I_n = \int \cot^{n-2} x\, \cot^2 x\, dx = \int \cot^{n-2} x\,(\csc^2 x - 1)\, dx$$
$$= \int \cot^{n-2} x\, \csc^2 x\, dx - \int \cot^{n-2} x\, dx = -\frac{\cot^{n-1} x}{(n-1)} - I_{n-2},\ n = 2, 3, \cdots$$

☞ 5.3.1절에서 x 대신에 $\pi/2 - x$로 치환하면 $\cot x = \tan(\pi/2 - x)$이므로 위와 같은 결과를 얻는다.

5.3.3 $I_{m,n} = \int \sin^m x \cos^n x\, dx$ 형태의 적분 ($m+n \neq 0$, m, n은 정수)

이와 같은 형태의 적분은 지수 m 또는 n에 대하여 2계 점화식으로 유도하여 지수가 -1, 0 또는 1이 될 때까지 재귀적으로 구한다. 지수가 양수이면 2씩 감소하는 점화식을 사용하고, 반대로 지수가 음수이면 지수가 2씩 증가하는 점화식을 사용한다.

(1) n이 양수일 때

$f'(x) = \sin^m(x)\cos x$, $g(x) = \cos^{n-1}x$라 두고 부분적분을 수행하면

$$I_{m,n} = \frac{1}{m+n}\left\{\sin^{m+1}x\cos^{n-1}x + (n-1)I_{m,n-2}\right\} \qquad \cdots\cdots ①$$

(2) m이 양수일 때

$f'(x) = \sin x\cos^n x$, $g(x) = \sin^{m-1}x$라 두고 부분적분을 수행하면

$$I_{m,n} = \frac{1}{m+n}\left\{-\sin^{m-1}x\cos^{n+1}x + (m-1)I_{m-2,n}\right\} \qquad \cdots\cdots ②$$

(3) n이 음수일 때 (단, $n \neq -1$)

① 식에서 n 대신에 $n+2$라 놓고 $I_{m,n}$을 구하면

$$I_{m,n} = \frac{1}{n+1}\left\{-\sin^{m+1}x\cos^{n+1}x + (m+n+2)I_{m,n+2}\right\} \qquad \cdots\cdots ③$$

(4) m이 음수일 때 (단, $m \neq -1$)

② 식에서 m 대신에 $m+2$라 놓고 $I_{m,n}$을 구하면

$$I_{m,n} = \frac{1}{m+1}\left\{\sin^{m+1}x\cos^{n+1}x + (m+n+2)I_{m+2,n}\right\} \qquad \cdots\cdots ④$$

예제 3 | $I_m = \int \sin^m x\, dx$ ($m \geq 0$인 정수)를 이론적으로 구하시오.

풀이

② 식으로부터 $n=0$이라 두고, $I_{m,n} = I_m$으로 표시하면

$$I_m = \begin{cases} -\dfrac{\sin^{m-1}x\cos x}{m} + \dfrac{m-1}{m} I_{m-2}, & m \geq 2 \\ x, & m=0 \\ -\cos x, & m=1. \end{cases}$$

예제 4 | $I_n = \int \cos^n x\, dx$ ($n \geq 0$인 정수)를 이론적으로 구하시오.

풀이

① 식으로부터 $m=0$이라 두고, $I_{m,n} = I_n$으로 표시하면

$$I_n = \begin{cases} \dfrac{\cos^{n-1}x\sin x}{m} + \dfrac{m-1}{n} I_{n-2}, & n \geq 2 \\ x, & n=0 \\ \sin x, & n=1. \end{cases}$$

예제 5 | $I_k = \int \sec^k x\, dx$ ($k \geq 0$, $k \neq 1$인 정수)를 이론적으로 구하시오.

풀이

③ 식에서 $m=0$, $n=-k$, $k \geq 0$, $k \neq 1$라 하고,
$I_{m,n} = I_k$으로 표시하면

$$I_k = \begin{cases} \dfrac{\sec^{k-2}x\tan x}{k-1} + \dfrac{k-2}{k-1} I_{k-2}, & k \neq 1 \\ \log|\sec x + \tan x|, & k=1. \end{cases}$$

예제 6 | $I_k = \int \csc^k x\, dx$ ($k \geq 0$, $k \neq 1$인 정수)를 이론적으로 구하시오.

풀이

④ 식에서 $n=0,\ m=-k,\ k\geq 0,\ k\neq 1$라 하고, $I_{m,n}=I_k$으로 표시하면

$$I_k=\begin{cases}-\dfrac{\csc^{k-2}x\cot x}{k-1}+\dfrac{k-2}{k-1}I_{k-2}, & k\neq 1\\ \log|\csc x-\cot x|, & k=1.\end{cases}$$

5.3.4 $I_n=\int e^{ax}\sin^n x\,dx$ 형태의 적분 (a는 실수, n은 정수)

$f'(x)=\sin x,\ g(x)=e^{ax}\sin^{n-1}x$라 두고 부분적분을 수행하면

$$I_n=\frac{1}{n}\left\{-e^{ax}\sin^{n-1}x\cos x+(n-1)I_{n-2}+aK\right\},$$

$$K=\int e^{ax}\sin^{n-1}x\cos x\,dx=\frac{1}{n}\left\{-e^{ax}\sin^n x-aI_n\right\}$$

이므로

$$I_n=\frac{e^{ax}\sin^{n-1}x}{a^2+n^2}(a\sin x-n\cos x)+\frac{n(n-1)}{a^2+n^2}I_{n-2},\quad n=2,3,\cdots$$

을 얻는다.

예제 7 | $I=\int e^{\alpha x}\sin^2\beta x\,dx$를 구하시오.

풀이

x, a, n에 의존하는 함수 정의

$t=\beta x,\ dx=dt/\beta,\ a=\alpha/\beta,\ n=2$

```
V[x_, a_, n_] := Integrate[ E^(a*x)*Sin[x]^n, x]  Shift Enter
Factor[Simplify[V[t,α/β,2]/β]]//TraditionalForm  Shift Enter
%//. t->β x  Shift Enter
%// TraditionalForm  Shift Enter
```

$$-\frac{e^{x\alpha}\left(\cos(2x\beta)\alpha^2-\alpha^2+2\beta\sin(2x\beta)\alpha-4\beta^2\right)}{2\alpha(\alpha^2+4\beta^2)}$$

이해

위에서 기술한 공식에 대입하여 다음을 얻는다.

$$I=\frac{e^{\alpha x}}{\alpha^2+4\beta^2}\left\{\sin\beta x\,(\alpha\sin\beta x-2\beta\cos\beta x)+\frac{2\beta^2}{\alpha}\right\}.$$

5.3.5 $I_n=\int x^n \sin x\,dx$ 형태의 적분 (n은 정수)

$f'(x)=\sin x$, $g(x)=x^n$라 두고 부분적분을 수행하면 다음 식을 얻게 된다.
$I_n=-x^n\cos x+nK$, $K=\int x^{n-1}\cos x\,dx=x^{n-1}\sin x-(n-1)I_{n-2}$. 그러므로

$$I_n=-x^n\cos x+nx^{n-1}\sin x-n(n-1)I_{n-2},\ n=2,3,\cdots$$

으로 표시된다.

예제 8 | $I=\int x^3\sin x\,dx$를 구하시오.

풀이

```
W[n_] := Integrate[ x^n * Sin[x], x]
W[3]// TraditionalForm
```

$3(x^2-2)\sin(x)-x(x^2-6)\cos(x)$

이해

공식에서 $n=3$으로 두면

$I_3=-x^3\cos x+3x^2\sin x-n(n-1)I_1$,

$I_1=-x\cos x+\sin x$이므로

$I_3=-x^3\cos x+3x^2\sin x+6x\cos x-6\sin x$.

5.3.6 $I_n = \int x^n e^{ax}\, dx$ 형태의 적분 (n은 정수이고 $a \neq 0$인 실수)

$f'(x) = e^{ax}$, $g(x) = x^n$ 라 두면 부분적분에 의해

$$I_n = \frac{1}{a}\left\{x^n e^{ax} - n I_{n-1}\right\},\ n = 1, 2, \cdots$$

으로 구할 수 있다.

예제 9 | $I = \int x^2 e^{ax}\, dx$를 구하시오.

풀이

```
X[a_,n_] := Integrate[ x^n * E^(a*x), x] Shift Enter
X[a, 2]// TraditionalForm Shift Enter
```

$$\frac{e^{ax}\left(a^2x^2 - 2ax + 2\right)}{a^3}$$

공식에서 $n = 2$으로 두면 다음 결과를 얻는다.

$I_2 = \frac{1}{a}\left(x^2 e^{ax} - 2I_1\right)$, $I_1 = \frac{1}{a} e^{ax}\left(x - \frac{1}{a}\right)$이므로

$$I_2 = \frac{1}{a} e^{ax}\left\{x^2 - \frac{2x}{a} + \frac{2}{a^2}\right\} + C.$$

5.3.7 $I_n = \int x^\alpha (\log x)^n\, dx$ 형태의 적분 (n은 정수이고 α는 실수)

$f'(x) = x^\alpha$, $g(x) = (\ln x)^n$ 라 두고 부분적분을 수행하면

$$I_n = \frac{x^{\alpha+1}(\ln x)^n}{\alpha+1} - \frac{n}{\alpha+1} I_{n-1},\ n = 1, 2, \cdots$$

을 얻는다.

예제 10 | $I = \int \sqrt{x}\,(\log x)^2\,dx$를 구하시오.

풀이

```
Y[a_,n_] := Integrate[ x^a * Log[x]^n, x] Shift Enter
Y[1/2,2]// TraditionalForm Shift Enter
```

$$\frac{2}{27}x^{3/2}\left(9\log^2(x)-12\log(x)+8\right)$$

이론해

공식에서 $n=2,\ \alpha=1/2$로 두면

$I_2 = \frac{2}{3}x^{3/2}\left\{(\ln x)^2-\frac{4}{3}\ln x+\frac{8}{9}\right\}+C$를 얻는다.

예제 11 | $I = \int x^{\alpha}\sin(\log x)\,dx$를 구하시오.

풀이

$t=\log x, dx=e^t\,dt,$

$x=e^t$

```
V[α+1,1]/. x -> Log[x]// TraditionalForm Shift Enter
```

$$\frac{x^{\alpha+1}((\alpha+1)\sin(\log(x))-\cos(\log(x)))}{\alpha^2+2\alpha+2}$$

이론해

$t=\log x,\ dx=e^t\,dt,$

$x=e^t$

$I=\int e^{(\alpha+1)t}\sin t\,dt$. 공식에서 $a=\alpha+1,\ n=1$일 때

$$I=\frac{x^{\alpha+1}}{1+(\alpha+1)^2}\{(\alpha+1)\sin(\log x)-\cos(\log x)\}.$$

다음 예제를 통하여 점화식과 일반적인 함수를 정의하고 적분을 구하는 방법을 설명하기로 한다.

예제 12 | $I_{m,n}=\int \sin^m x\cos^n x\,dx$를 m과 n의 함수 $T(m,n)$으로 정의하고 $m=2,\ n=0$일 때 구하시오.

풀이

매스매티카
일반 함수 정의

```
T[m_,n_] := Integrate[Sin[x]^m * Cos[x]^n, x] Shift Enter
T[2,0]//TraditionalForm Shift Enter
```

배각공식 $\frac{x}{2}-\frac{\sin(2x)}{4}$

예제 13 | $m \geq 2$일 때 점화식

$$I_m = \int \sin^m x\, dx = -\frac{\sin^{m-1}x \cos x}{m} + \frac{m-1}{m} I_{m-2}$$

를 m에 관한 되풀이 함수 $J(m)$으로 정의하고 $m=5$일 때 매스매티카로 구하시오.

풀이

초기값 설정

조건부 되풀이 함수 정의

```
J[0] = x; J[1] = -Cos[x];
J[m_] := -Sin[x]^(m-1) * Cos[x] / m +
         (m-1)/m * J[m-2]/; m >= 2;
{J[2], J[5], T[5,0]} //Simplify //TraditionalForm  Shift Enter
```

$$\left\{\frac{1}{2}(x-\cos(x)\sin(x)),\ -\frac{5\cos(x)}{8}+\frac{5}{48}\cos(3x)-\frac{1}{80}\cos(5x),\ -\frac{5\cos(x)}{8}+\frac{5}{48}\cos(3x)-\frac{1}{80}\cos(5x)\right\}$$

예제 14 | $I_{5,6} = \int \sin^5 x \cos^6 x\, dx$를 구하시오.

풀이

1) 일반함수 사용

```
T[5,6] //Simplify //TraditionalForm  Shift Enter
```

$$-\frac{\cos^7(x)(-364\cos(2x)+63\cos(4x)+365)}{5544}$$

반각공식

```
% //. {Cos[4x]->Cos[2x]^2-1, Cos[2x]->2Cos[x]^2-1}
% //Expand //TraditionalForm
```

$$-\frac{\cos^{11}(x)}{11}+\frac{2\cos^9(x)}{9}-\frac{\cos^7(x)}{7}$$

2) 재귀함수 사용: ($I_{1,6}$) 이론해 참조

```
(-Sin[x]^4  Cos[x]^7) /11 +
4/11 ((-Sin[x]^2  Cos[x]^7) / 9 + 2/9 T[1,6]) //Simplify
```

$$-\frac{\cos^7(x)(-364\cos(2x)+63\cos(4x)+365)}{5544}$$

이론해

② 식을 사용하여 m의 차수를 1까지 낮추면

$t=\cos x$, $dt=-\sin x\,dx$ 으로 치환

$$I_{5,6}=-\frac{\sin^4 x\cos^7 x}{11}+\frac{4}{11}\left\{-\frac{\sin^2 x\cos^7 x}{9}+\frac{2}{9}I_{1,6}\right\}$$

$$I_{1,6}=\int \sin x\cos^6 x\,dx=-\int t^6\,dt=-\frac{\cos^7 x}{7}.$$

$\sin^2 x=1-\cos^2 x$ 을 이용함

따라서

$$I_{5,6}=-\frac{\cos^{11}x}{11}+\frac{2}{9}\cos^9 x-\frac{1}{7}\cos^7 x+C.$$

예제 15 | $I_{3,-2}=\int \sin^3 x(\cos x)^{-2}\,dx$를 구하시오.

풀이

1) 일반함수 사용

```
T[3,-2] //Simplify //TraditionalForm  Shift Enter
```

$\cos(x)+\sec(x)$

2) 재귀함수 사용: ($I_{3,0}$) 이론해 참조

```
Sin[x]^4 /Cos[x]-3  T[3,0] //Simplify  Shift Enter
```

$\frac{1}{2}(3+\text{Cos}[2x])\,\text{Sec}[x]$

```
% /. Cos[2x]-> 2 Cos[x]^2 -1 //Expand
```

$\cos(x)+\sec(x)$

이론해

③ 식을 사용 $I_{3,-2}=\sin^4 x(\cos x)^{-1}-3I_{3,0}$이고,

② 식을 사용 $I_{3,0}=-\frac{1}{3}\sin^2 x\cos x+\frac{2}{3}(-\cos x)$이므로,

$$I_{3,-2}=\cos x+\sec x+C.$$

예제 16 | $I_{2,-3}=\int \sin^2 x(\cos x)^{-3}\,dx$를 구하시오.

풀이

1) 일반함수 사용

```
T[2,-3] //Simplify //TraditionalForm  Shift Enter
% //. Log[A_] - Log[B_] -> Log[A/B]//TraditionalForm
```

$$\frac{1}{2}\left(\log\left(\frac{\cos\frac{x}{2}-\sin\frac{x}{2}}{\cos\frac{x}{2}+\sin\frac{x}{2}}\right)+\sec(x)\tan(x)\right)$$

2) 재귀함수 사용: ($I_{2,-1}$) 1/2 (Sin[x]^3 /Cos[x]^2- T[2,-1])//Simplify; Shift Enter
% //. Log[A_] - Log[B_] -> Log[A/B]//TraditionalForm

$$\frac{1}{2}\left(\log\left(\frac{\cos\frac{x}{2}-\sin\frac{x}{2}}{\cos\frac{x}{2}+\sin\frac{x}{2}}\right)+\sec(x)\tan(x)\right)$$

이론해

③ 식을 사용

$$I_{2,-3}=\frac{\sin^3 x\,(\cos x)^{-2}}{2}-\frac{1}{2}I_{2,-1}.$$

$$I_{2,-1}=\int\frac{\sin^2 x}{\cos x}\,dx=\int\frac{1-\cos^2 x}{\cos x}\,dx$$

$$=\int(\sec x-\cos x)\,dx=\log|\sec x+\tan x|-\sin x$$

이므로, 대입하여 정돈하면 다음을 얻는다.

$$I_{2,-3}=\frac{\sin^3 x\,(\cos x)^{-2}}{2}-\frac{1}{2}\log|\sec x+\tan x|+\frac{1}{2}\sin x$$

$$=-\frac{1}{2}\left(\log|\sec x+\tan x|+\sin x\,(\tan^2 x+1)\right)$$

$$=-\frac{1}{2}\left(\log|\sec x+\tan x|+\sec x\tan x\right).$$

$\dfrac{\cos\frac{x}{2}-\sin\frac{x}{2}}{\cos\frac{x}{2}+\sin\frac{x}{2}}=\sec x+\tan x$

예제 17 | $I_{2,-4}=\int\sin^2 x\,(\cos x)^{-4}\,dx$를 구하시오.

풀이

1) 일반함수 사용 T[2,-4] //Simplify //TraditionalForm Shift Enter

$$\frac{\tan^3(x)}{3}$$

2) 재귀함수 사용: ($I_{3,0}$) 1/3 Sin[x]^3 / Cos[x]^3 //Simplify//TraditionalForm

$$\frac{\tan^3(x)}{3}$$

이론해

③ 식에서 $m+n+2=0$ $I_{2,-4}=\dfrac{\sin^3 x\,(\cos x)^{-3}}{3}=\dfrac{\tan^3 x}{3}+C$를 얻는다.

예제 18 | $I_{6,-4} = \int \sin^6 x (\cos x)^{-4}\, dx$를 구하시오.

풀이

1) 일반함수 사용

```
T[6,-4] //Simplify //Apart   Shift Enter
% /. Sec[x]^2 ->Tan[x]^2 //Expand
% /. Sin[2x] -> 2 Sin[x] Cos[x] //TraditionalForm
```

$$\frac{1}{3}\tan^3(x) - 2\tan(x) + \frac{5x}{2} - \frac{1}{2}\cos(x)\sin(x)$$

2) 재귀함수 사용
: $(I_{4,-4})$

```
w  = x - (4*Tan[x])/3 + (Sec[x]^2*Tan[x])/3;
K1 = -(1/2)  Sin[x]^5 /Cos[x]^3+(5/2)*W //Simplify
```

$$\frac{1}{6}(15\,x + 5\,(-4 + \mathrm{Sec}[x]^2)\ \mathrm{Tan}[x] - 3\ \mathrm{Sin}[x]^2\ \mathrm{Tan}[x]^3)$$

```
K2 = K1 //.{Sec[x]^2->1+Tan[x]^2,
           Sin[x]^2 ->1-Cos[x]^2}
K2 //Expand
% //. Sin[x]^2 ->1-Cos[x]^2 //Expand   Shift Enter
```

$$\frac{1}{6}(15\,x - 3\,(1 - \mathrm{Cos}[x]^2)\ \mathrm{Tan}[x]^3 + 5\ \mathrm{Tan}[x]\ (-3 + \mathrm{Tan}[x]^2))$$

$$\frac{5x}{2} - \frac{5\,\mathrm{Tan}[x]}{2} + \frac{1}{2}\mathrm{Sin}[x]^2\ \mathrm{Tan}[x] + \frac{\mathrm{Tan}[x]^3}{3}$$

$$\frac{5x}{2} - \frac{1}{2}\mathrm{Cos}[x]\ \mathrm{Sin}[x] - 2\,\mathrm{Tan}[x] + \frac{\mathrm{Tan}[x]^3}{3}$$

이론해

② 식을 사용

$I_{6,-4} = -\dfrac{\sin^5 x\,(\cos x)^{-3}}{2} + \dfrac{5}{2} I_{4,-4}$이고 예제 2로부터

$$I_{4,4} = \int \tan^4 x\, dx = \frac{1}{3}\tan(x)\sec^2(x) + x - \frac{4\tan(x)}{3}.$$

$$\begin{aligned} I_{6,-4} &= -\frac{1}{2}\frac{\sin^5 x}{\cos^3 x} + \frac{5}{6}\tan x\sec^2 x - \frac{10}{3}\tan x + \frac{5}{2}x \\ &= -\frac{1}{2}\tan^3 x\,(1-\cos^2 x) - \frac{15}{6}\tan x + \frac{5}{6}\tan^3 x + \frac{5}{2}x \\ &= \frac{1}{3}\tan^3 x - 2\tan x - \frac{1}{2}\cos x\sin x + \frac{5}{2}x + C \end{aligned}$$

예제 19 | $I_{-2,-4} = \int (\sin x)^{-2} (\cos x)^{-4}\, dx$를 구하시오.

풀이

1) 일반함수 사용

```
T[-2,-4] /. Sec[x]^2 ->1+Tan[x]^2 //Expand
% //TraditionalForm  Shift  Enter↵
```

$$\frac{\tan^3(x)}{3}+2\tan(x)-\cot(x)$$

2) 재귀함수 사용
: 이론해 참조

이론해

④ 식을 사용

$$I_{-2,-4}=-(\sin x)^{-1}(\cos x)^{-3}+4\,I_{0,-4}.$$

③ 식을 사용

$$I_{0,-4}=\frac{\sin x(\cos x)^{-3}}{3}+\frac{2}{3}I_{0,-2},\ I_{0,-2}=\tan x \text{ 이므로}$$

$$\begin{aligned}I_{-2,-4}&=-\frac{1}{\cos^3 x\sin x}+\frac{4}{3}\frac{\sin x}{\operatorname{ccs}^3 x}+\frac{8}{3}\tan x\\&=-\sec^4 x\cot x+\frac{4}{3}\tan x\sec^2 x+\frac{8}{3}\tan x\\&=-(1+2\tan^2 x+4\tan x^4 x)\cot x\\&\quad+\frac{4}{3}\tan x(1+\tan^2 x)+\frac{8}{3}\tan x\\&=-\cot x+2\tan x+\frac{\tan^3 x}{3}\end{aligned}$$

5.4 정적분 및 수치적분

5.4.1 정적분의 정의 및 계산법

구간 $[a,b]$를 n등분하여 각 등분점을 $a=x_0$, x_1, $\cdots$, x_{n-1}, $x_n=b$라 하고 $(b-a)/n=\Delta x$라 할 때, 연속함수 $f(x)$에 대하여 극한값

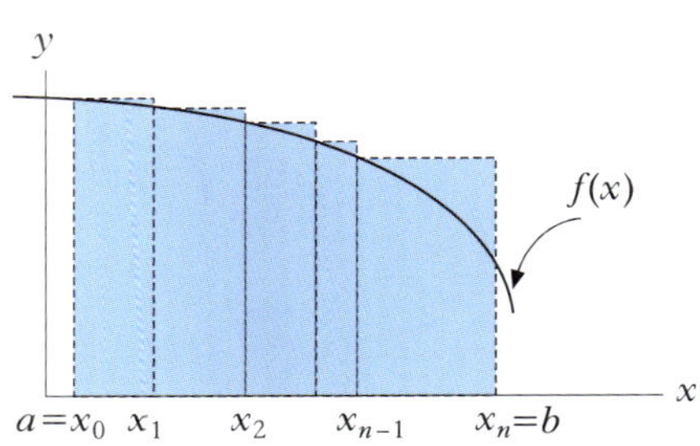

$$\lim_{n\to\infty}\sum_{k=1}^{n-1}f(x_k)\,\Delta x \text{ 또는}$$

$$\lim_{n\to\infty}\sum_{k=1}^{n}f(x_k)\,\Delta x \text{ 이 존재하면}$$

이 값을 함수 $f(x)$의 구간 $[a, b]$에서의 정적분이라 부르고 $\int_a^b f(x)\,dx$로 표시한다. $f(x)$의 부정적분의 하나를 $F(x)$라 하면 정적분의 계산은 다음으로 주어진다.

$$\int_a^b f(x)\,dx = [F(x)]_a^b = F(b) - F(a)$$

매스매티카에서 사용하는 정적분 명령어와 선택사항은 다음 도표와 같다.

명 령 어	설 명
Integrate[f, {x, xmin, xmax}]	$\int_{xmin}^{xmax} f\,dx$ 상한, 하한에 $-\infty$, ∞ 사용 가능

선택사항	기 본 값	설 명
Assumptions	$Assumptions	적분 조건을 삽입
PrincipalValue	False	특이적분을 Cauchy의 주치로 계산

예제 1 | 다음 정적분의 값을 구하시오.

(1) $\int_0^1 x^n\,dx$. 단, $n > -1$이다.

(2) $\int_0^{\pi/2} \cos^2 x\,dx$.

(3) $\int_c^d \frac{dx}{\sqrt{a-bx}}$ $(a=3,\ b=2,\ c=0,\ d=1$일 때 확인$)$.

(4) $\int_c^d \frac{1-x^2}{1+x^2}\,dx$ $(c=0,\ d=1$일 때 확인$)$.

(5) $\int_0^\infty e^{-ax^2}\,dx$ $(a>0)$.

(6) $\int_{-1}^3 \frac{1}{x}\,dx$ (특이적분, 코시주치 사용 필요)

풀이

1) $\int_0^1 x^n\,dx = \frac{1}{1+n}$

Integrate[x^n,{x,0,1}, Assumptions -> (n > -1)] Shift Enter

$$\frac{1}{1+n}$$

2) $\int_0^{\pi/2} \cos^2 x\,dx = \frac{\pi}{4}$

```
Integrate[Cos[x]^2,{x,0,Pi/2}]  Shift  Enter
```

$\frac{\pi}{4}$

3) $\int \frac{dx}{\sqrt{a-bx}} = -\frac{2}{b}\sqrt{a-bx}$

```
Integrate[1/Sqrt[a-b*x], {x,c,d}, Assumptions -> {a > b*c}]
```

$\frac{2(\sqrt{a-bc}-\sqrt{a-bd})}{b}$

$a=3$, $b=2$, $c=0$, $d=1$를 대입

```
% /. {c-> 0, d -> 1, a -> 3, b ->2 }  Shift  Enter
```

$-1+\sqrt{3}$

4) $\int \frac{1-x^2}{1+x^2}dx = -x+2\tan^{-1}x$

```
Integrate[(1-x^2)/(1+x^2),{x,c,d}]  Shift  Enter
```

c - d - 2 ArcTan[c] + 2 ArcTan[d]

$c=0$, $d=1$를 대입

```
% /. {c-> 0, d -> 1 }  Shift  Enter
```

$-1+\frac{\pi}{2}$

5) 특이적분, 조건 $a>0$

```
Integrate[Exp[-a x^2], {x,0,Infinity}, Assumptions->(a > 0)]
```

$\frac{\sqrt{\pi}}{2\sqrt{a}}$

6) 코시 주치 사용

```
Integrate[1/x,{x,-1,3}, PrincipalValue->True]  Shift  Enter
```

Log[3]

정적분의 상한과 하한에 수치가 아닌 문자가 포함되면, 매스매티카는 적분 결과를 조건부로 출력하여 대수적으로 취급하기가 복잡하다. 이 경우에는 사용자의 요구에 맞도록 부정적분 명령어를 적절히 활용한다. 함수 $f(x)$의 한 부정적분을 $F(x)$라 할 때

$$H(a,t) = \int_a^t f(x)\,dx = F(t) - F(a)$$

임을 활용한다. 즉, **Integrate [f[x], {x, a, t}]** 대신에 다음 두 문장을 사용한다.

```
F = Integrate [ f[x], x];
H [a_, t_] := (F/. x -> t) - (F/. x -> a)
```

다음의 예문을 통하여 구간에 문자가 포함된 정적분을 구해보자.

예제 2 | 매스매티카 함수를 정의하여 다음 정적분의 값을 구하시오.

$$G(a,\ b,\ c,\ d) = \int_c^d \frac{dx}{a^2\cos^2 x + b^2\sin^2 x}$$

풀이

$G(a, b, c, d) = \left. \dfrac{\arctan\left(\dfrac{b\tan x}{a}\right)}{ab} \right|_c^d$

```
G[a_,b_,c_,d_]:=
Integrate[1/(a^2 Cos[x]^2 + b^2 Sin[x]^2),{x,c,d}]

G[a,b,c,d]
```
Shift Enter↵

$$(-c+d)\ \text{If}\ \left[\left(\text{Re}\left[\frac{2c-\pi}{2c-2d}\right] \le 0 \,||\, \text{Re}\left[\frac{2c-\pi}{2c-2d}\right] \ge 1 \,||\, \text{Im}\left[\frac{2c-\pi}{2c-2d}\right] \ne 0\right) \&\& \left(\text{Re}\left[\frac{2c+\pi}{2c-2d}\right] \le 0 \,||\, \text{Re}\left[\frac{2c+\pi}{2c-2d}\right] \ge 1 \,||\, \text{Im}\left[\frac{2c+\pi}{2c-2d}\right] \ne 0\right),\right.$$

$$\frac{\text{ArcTan}\left[\frac{b\text{Tan}[c]}{1}\right] - \text{ArcTan}\left[\frac{b\text{Tan}[d]}{1}\right]}{ab(c-d)},\ \text{Integrate}\left[\frac{1}{a^2\text{Cos}[c+(-c+d)x]^2 + b^2\text{Sin}[c+(-c+d)x]^2},\right.$$

$$\{x,0,1\},\ \text{Assumptions} \to\ !\left(\left(\text{Re}\left[\frac{2c-\pi}{2c-2d}\right] \le 0 \,||\, \text{Re}\left[\frac{2c-\pi}{2c-2d}\right] \ge 1 \,||\, \text{Im}\left[\frac{2c-\pi}{2c-2d}\right] \ne 0\right) \&\& \left(\text{Re}\left[\frac{2c+\pi}{2c-2d}\right] \le 0 \,||\, \text{Re}\left[\frac{2c+\pi}{2c-2d}\right] \ge 1 \,||\, \text{Im}\left[\frac{2c+\pi}{2c-2d}\right] \ne 0\right)\right)\Bigg]\Bigg]$$

(☞ 이 경우에는 다음과 같이 부정적분을 활용한다.)

```
K[a_,b_]:= Integrate[1/(a^2 Cos[x]^2 + b^2 Sin[x]^2), x]
G[a_,b_,c_,d_]:= (K[a,b] /. x-> d) - (K[a,b]/. x -> c)
G[a,b,c,d]//Simplify//TraditionalForm
```
Shift Enter↵

$$\frac{\tan^{-1}\left(\dfrac{b\tan(d)}{a}\right) - \tan^{-1}\left(\dfrac{b\tan(c)}{a}\right)}{ab}$$

또는 다음과 같은 조건을 직접 부여하면 위와 동일한 결과를 얻는다.

```
Integrate[1/(a^2 Cos[x]^2 + b^2 Sin[x]^2), {x,c,d},
```

$$\text{Assumptions} \to \left(\text{Re}\left[\frac{2c-\pi}{2c-2d}\right] \le 0\ \&\&\ \text{Im}\left[\frac{2c+\pi}{c-d}\right] \ne 0\right)\Bigg]$$

5.4.2 정적분의 평균값 정리

구간 $[a, b]$에서 연속인 함수 $f(x)$에 대하여 $\int_a^b f(x)\,dx = f(c)(b-a)$가 성립하는 c가 구간 내에 존재한다.

예제 3 | 구간 [0, 3]에서 함수 $f(x)=2x^2$의 정적분의 평균값 정리를 만족하는 C를 구하시오.

풀이

함수의 정의

```
f[x_]:= 2 x^2;
T=Integrate[f[x], x]; K= (T/. x->b) - T/. (x->a);
```

방정식의 해

```
soln = Solve[K == f[c]*(b-a)//Simplify, c]
tt = soln //. {a->0, b->3} Shift Enter
```

$$\left\{\left\{c \to -\frac{\sqrt{-a^3+b^3}}{\sqrt{-3a+3b}},\ c \to \frac{\sqrt{-a^3+b^3}}{\sqrt{-3a+3b}}\right\}\right\}$$

$$\{\{c \to -\sqrt{3},\ c \to \sqrt{3}\}\}$$

C값 중 양수 택함

```
Select[tt, #[[1, 2]] > 0 &] Shift Enter
```

$$\{\{c \to \sqrt{3}\}\}$$

이론해

$\int_a^b 2x^2\,dx = \frac{2}{3}(b^3-a^3) = 2c^2(b-a)$로부터

$c = \sqrt{(b^2+ab+b^2)/3} = \sqrt{3}$을 얻는다.

5.4.3 정적분의 근사치

사다리꼴 공식 :

$$\int_a^b f(x)\,dx = \frac{h}{2}\{y_0 + 2(y_1+y_2+\cdots+y_{n-1})+y_n\},\quad h=(b-a)/n.$$

● 심프슨(Simpson) 공식:

$$\int_a^b f(x)\,dx = \frac{h}{3}\{ y_0 + 4(y_1 + y_3 + \cdots + y_{2n-1}) + 2(y_2 + y_4 + \cdots + y_{2n-2}) + y_{2n} \}, \quad h = (b-a)/2n.$$

매스매티카에서 사용하는 정적분의 근사치 명령어 **NIntegrate**는 다음 도표와 같다. 이 명령어는 위의 근사치를 구하는 방법보다 개선된 것이다.

명 령 어	설　명
NIntegrate[f, {x, xmin, xmax}]	$\int_{xmin}^{xmax} f\,dx$의 근사 수치 적분

선택사항	기본값	설　명
MaxRecursion	6	적분구간을 소구간으로 나누는 최대 갯수
PrecisionGoal	Automatic	사용자가 지정하는 출력의 정밀도 자릿수 기본값은 약 WorkingPrecision -10자리
WorkingPrecision	MachinePrecision	계산 작업정밀도(중간 계산)

예제 4 | $I = \int_1^2 \frac{1}{x}\,dx$의 근사값을 사다리꼴 공식 및 심프슨 공식에 의해 구간을 12등분하여 계산하시오.

풀이

```
f의 정의              f =.; f[x_] := 1 /x; y =.;  k =.; a = 1.0; b = 2.0; n=10;
                      h = (b-a)/n; (* n = 짝수로 선택 *)
y_k의 정의            y[k_] := f [a+k*h];
                      S1 = Sum[y[k],{k,1,n-1,2}];  S2 = Sum[y[k],{k,2,n-2,2}];
사다리꼴 공식          Trap = h/2 *(y[0]+y[n]+2(S1+S2))
심프슨 공식            Simp = h/3 *(y[0]+y[n]+4*S1+ 2*S2) [Shift] [Enter]
                      {Trap,Simp} // InputForm [Shift] [Enter]
사다리꼴 방법 근사값    0.693771
심프슨 방법 근사값      0.69315
기계정밀도             {0.6935808328761619, 0.6931486622091009}
참값 Log 2            {ss = Log[2]//N, InputForm[ss]} [Shift] [Enter]
                      {0.693147, 0.6931471805599453}
```

수치적분

```
{vv = NIntegrate [ 1/x, {x,1,2},
     WorkingPrecision -> 30], Precision[vv]}  Shift Enter
```

계산: 30자리 정밀도

결과: 23자리 정밀도 (유효숫자)

{0.693147180559945309417232, 23.0727}

수치적분 오차

```
vv - N[Log[2],30]  Shift Enter
```

$0.\times 10^{-24}$

5.4.4 정적분의 응용

면적

(1) 직교좌표

곡선 $y=f(x)$와 $x=a,\ x=b$ 및 x축으로 둘러싸인 면적 $S=\int_a^b |f(x)|\,dx.$

예제 5 | 곡선 $y=x^3-2x^2-x+2$와 $x=-1,\ x=2$ 및 x 축으로 둘러싸인 면적을 구하시오.

곡선이 $x-$축과 만나는 x 좌표는 -1, 1, 2이다.

$$S=\int_{-1}^{1}(x^3-2x^2-x+2)\,dx-\int_{1}^{2}(x^3-2x^2-x+2)\,dx=\frac{37}{12}.$$

곡선 $y=f(x)$와 $y=g(x)$로 둘러싸인 면적 $S=\int_a^b |f(x)-g(x)|\,dx.$

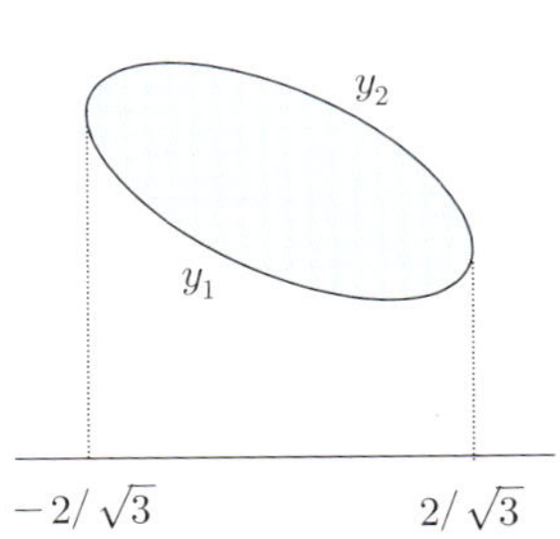

예제 6 | 타원 $x^2+xy+y^2=1$의 면적을 구하시오.

풀이

```
yy = Solve[x^2+x*y+y^2==1,y]  Shift Enter
```

$$\left\{\left\{y\to\frac{1}{2}\left(-x-\sqrt{4-3x^2}\right)\right\},\ \left\{y\to\frac{1}{2}\left(-x+\sqrt{4-3x^2}\right)\right\}\right\}$$

목록의 1, 2번째 원소를 각각 y1, y2라 함

```
y2 = y /. yy[[2]]; y1 = y /. yy[[1]];
fg = Simplify [y2 - y1]  Shift Enter
```

$\sqrt{4-3x^2}$

Simplify[2*Integrate[fg, {x, 0, 2/Sqrt[3]}]] Shift Enter

$\frac{2\pi}{\sqrt{3}}$

이론해

$y=-\frac{1}{2}(x\pm\sqrt{4-3x^2}),$
$-\frac{2}{\sqrt{3}}\le x\le\frac{2}{\sqrt{3}}$

$f(x)=-\frac{1}{2}(x-\sqrt{4-3x^2}),\ g(x)=-\frac{1}{2}(x+\sqrt{4-3x^2})$
이라 하면 구하는 면적은 다음과 같다.

$$S=\int_{-2/\sqrt{3}}^{2/\sqrt{3}}(f(x)-g(x))\,dx$$
$$=\int_{-2/\sqrt{3}}^{2/\sqrt{3}}\sqrt{4-3x^2}\,dx=2/\sqrt{3}\int_0^{2/\sqrt{3}}\sqrt{4/3-x^2}\,dx$$
$$=\sqrt{3}\left[x\sqrt{4/3-x^2}+(4/3)\sin^{-1}(\sqrt{3}x/2)\right]_0^{2/\sqrt{3}}=2\pi/\sqrt{3}.$$

(2) 매개변수

$x=f(t),\ y=g(t)$와 $x=f(t_a)=a,\ x=f(t_b)=b$ 및 x 축으로 둘러싸인 면적
$S=\int_{t_a}^{t_b}|g(t)f'(t)|dt.$

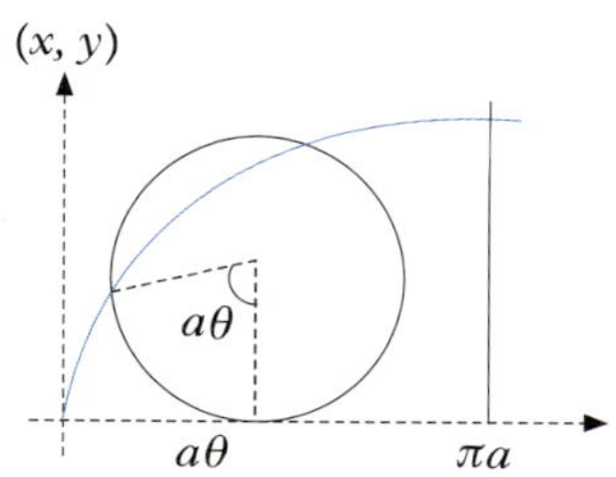

예제 7 | 싸이클로이드(cycloid) $x=a(\theta-\sin\theta)$, $y=a(1-\cos\theta),\ 0\le\theta\le 2\pi$와 $x=-1, x=2$ 및 x 축으로 둘러싸인 면적을 구하시오.

풀이

```
a =.; Integrate[a^2*(1-Cos[θ])^2, {θ, 0, 2Pi}]
```

$3a^2\pi$

이론해

$x'(\theta)=a(1-\cos\theta)$ 임

$$S=\int_0^{2\pi}|a(1-\cos\theta)a(1-\cos\theta)|\,d\theta=3\pi a^2.$$

예제 8 | $x=a\cos^3 t,\ y=a\sin^3 t,\ 0\le t\le 2\pi$으로 주어지는 폐곡선을 그리고 그 내부 면적과 곡선의 총 길이를 구하시오.

풀이

x1 = x/a, y1 = y/a
매개함수 그리기

```
t =.;  x1 = Cos[t]^3 ; y1 = Sin[t]^3;
ParametricPlot[{x1,y1}, {t,0,2*Pi},
AspectRatio -> Automatic,
PlotRange -> {{-1.25,1.25},{-1.25,1.25}},
DefaultFont -> {"Times",6}, PlotPoints -> 25];
```

x=1 at t=0 x=0 at t=$\pi/2$

```
nulbi = 4*a^2*Integrate[y1 * D[x1,t],{t, Pi/2,0}]
```

$A=\int_{t_1}^{t_2}|y'(t)|x'(t)dt$

$$\frac{3a^2\pi}{8}$$

$\ell=\int_{t_1}^{t_2}\sqrt{x'(t)^2+y'(t)^2}\,dt$

```
giri = 4 * a *

Integrate[Sqrt[D[x1,t]^2+D[y1,t]^2],{t, 0, Pi/2}]
```

Shift Enter↵

6 a

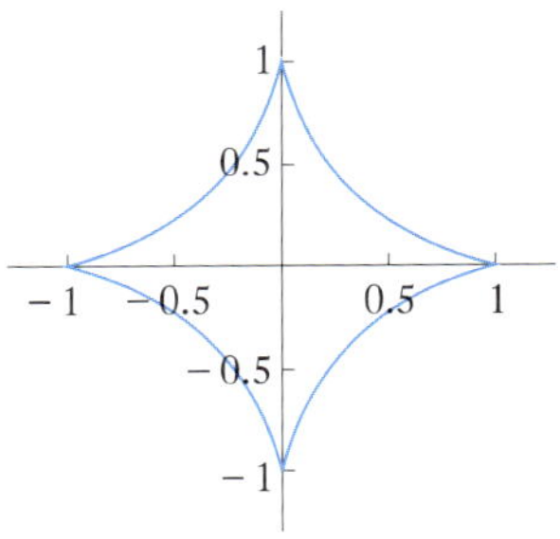

면적 $A=\int_{t_1}^{t_2}|y(t)x'(t)|dt$

$$=12a^2\int_0^{\pi/2}\sin^4 t\cos^2 t\,dt=\frac{3\pi a^2}{8}.$$

길이 $\ell=\int_{t_1}^{t_2}\sqrt{x'(t)^2+y'(t)^2}\,dt$

$$=4\int_0^{\pi/2}3a|\sin t\cos t|\,dt=6a.$$

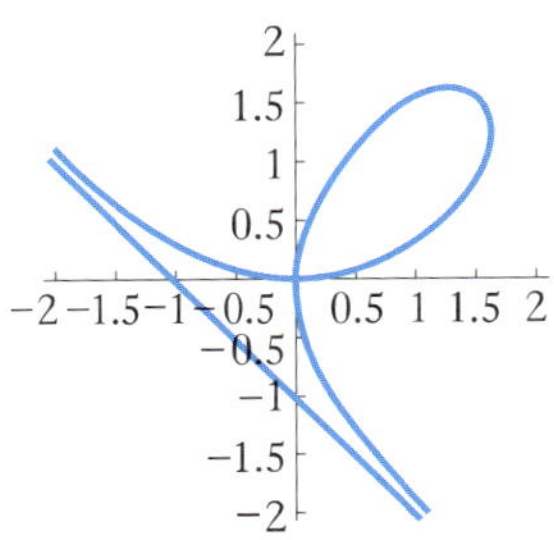

예제 9 | 다음 매개함수로 주어지는 **데카르트의 나뭇잎**(the folium of Decartes)을 그리고 이 나뭇잎의 면적이 $3a^2/2$임을 보이시오. (7.5절 참조)

$$x=\frac{3at}{1+t^3},\quad y=\frac{3at^2}{1+t^3}\quad (t\text{는 모든 실수})$$

단, $t=-1$ 근방에서 x, y는 각각 무한히 커지므로 그림을 그릴 때 주의함. t의 범위는 [-100, 100]이면 충분하고 옵션 **PlotRange -> {{xmin, xmax}, {ymin, ymax}}**을 사용하여 그래프를 원점 부근에서 확대한다.

(☞ $\int_{x_1}^{x_2}|y(x)|\,dx=\int_{t_1}^{t_2}|y(x(t))|x'(t)\,dt$를 활용. x의 값이 최대가 되는 t 값을 구한다. $x'(t)=0$인 t를 t_0라 두면 구하는 면적 A는 $A=\int_{\infty}^{t_0}|y(t)|x'(t)\,dt-\int_0^{t_0}|y(t)|x'(t)\,dt$ 임.)

풀이

매개함수 그래프 호출	`ParametricPlot[{3*t/(1+t^3), 3*t^2/(1+t^3)},`
	`{t,-100,100},`
선의 두께 및 색상 지정	`PlotStyle -> {{Thickness[0.012],Hue[0.87]}},`
가로 세로 눈금비 1:1	`AspectRatio -> Automatic,`
$-2 \leq x \leq 2$, $-2 \leq y \leq 2$	`PlotRange -> {{-2,2},{-2,2}},`
	`DefaultFont -> {"Times",8},`
샘플링 자료점의 개수	`PlotPoints -> 75];`
(면적 구하기)	`t =.; u =.; a =.;`
$x1=x/a$, $y1=y/a$	`x1 = 3*t / (1+t^3); y1 = 3*t^2 / (1+t^3);`
x1을 t로 미분	`s1 = Together[D[x1,t]]` Shift Enter
	$-\dfrac{3(-1+2t^3)}{(1+t^3)^2}$
$t^3=u$로 치환	`v1 = s1 /. t^3 -> u;` Shift Enter
$\lvert y(t) \rvert\ x'(t)$	`vv = a^2*Simplify[y1 * s1]`
$\lvert y(t) \rvert\ x'(t)*dt$를 치환	`vv2 = vv*dt /. {t^3 -> u, t^2-> (1/3)*du/dt};`
피적분함수만 표현	`vv1 = vv2 /. du -> 1`
$x'(t)=0$의 해 t_0	`uu = Solve[v1==0,u]; u0 = u /. uu[[1]];`
1개의 근 $u_0 = t_0^3 = 1/2$	
$\lvert y(t) \rvert\ x'(t)$	$-\dfrac{9a^2t^2(-1+2t^3)}{(1+t^3)^3}$
치환된 피적분함수	$-\dfrac{3a^2(-1+2u)}{(1+u)^3}$
구하는 면적	`A = Integrate[vv1, {u, Infinity, u0}] -`
	`Integrate[vv1, {u, 0, u0}]` Shift Enter
	$\dfrac{3a^2}{2}$

(3) 극 좌표

$r=f(\theta)$, $\alpha \leq \theta \leq \beta$으로 둘러싸인 면적 $S = \dfrac{1}{2}\displaystyle\int_{\alpha}^{\beta} r^2\, d\theta$.

예제 10 | 심장형(cardioid) $r=a(1+\cos\theta)$의 면적을 구하시오.

풀이

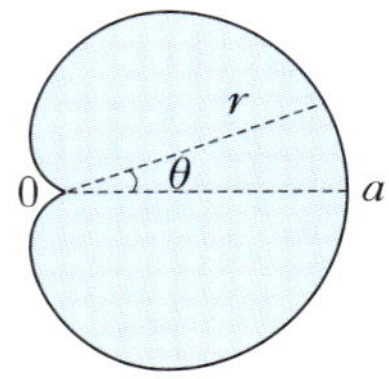


```
a =.; 1/2 *Integrate[a^2*(1+Cos[t])^2, {t, 0, 2Pi}]
```

$$\frac{3a^2\pi}{2}$$

이론해

$$S = \frac{1}{2}\int_0^{2\pi} a^2(1+\cos\theta)^2\, d\theta$$
$$= a^2\int_0^{2\pi}(1+2\cos\theta+\cos^2\theta)\, d\theta = \frac{3}{2}\pi a^2.$$

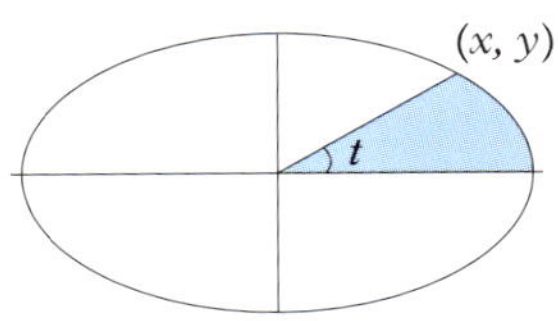

예제 11 | 방정식 $x^2/a^2+y^2/b^2=1$으로 주어지는 타원이 있다. x-축으로부터 점 (x, y)까지 반시계방향으로 측정한 각(라디안 단위)을 t라 할 때 빗금친 부분의 면적을 편각 t의 함수로 표시하는 적분을 기술하고 매스매티카 명령어로 구하시오. $a=3b$, $t=\pi/3$, $\pi/4$일 때 면적을 b로 표시하시오.

(☞ 타원의 면적을 극좌표계에서 t의 함수로 구함.

$x=r\cos\theta$, $y=r\sin\theta$라 두면
$r^2=a^2b^2/(a^2\cos^2\theta+b^2\sin^2\theta)$

이고 면적 $S=\frac{1}{2}\int_0^t r^2\, d\theta$ 임.)

풀이

변수 및 상수 초기화

```
a =.; b =.; F =.; theta =.; t=.;
```

r^2 변수 설정

```
rr = a^2 b^2 /(a^2 * Cos[theta]^2 + b^2 *
                                    Sin[theta]^2);
```

부정적분(θ의 함수)

```
F := 1/2*Factor[Integrate[rr,theta]];
```

면적 $=F(\theta)|_0^t$

```
Area = (F/. theta -> t) - (F/. theta -> 0);
```

면적: t의 함수

$$\frac{1}{2}\ \text{a b ArcTan}\left[\text{b}\frac{\text{Tan}[\text{t}]}{\text{a}}\right]$$

a=3b, t=π/3, π/4 대입

```
Area /. {{a -> 3b,t -> Pi/3},{a -> 3b,t -> Pi/4}} ;
```

$$\left\{\frac{\text{b}^2\pi}{4},\ \frac{3}{2}\text{b}^2\,\text{ArcTan}\left[\frac{1}{3}\right]\right\}$$

회전체의 부피

- $y=f(x)$를 x 축 주위로 회전하였을 때 회전체의 부피 $V=\pi\int_a^b f(x)^2\,dx$
- $x=g(y)$를 y 축 주위로 회전하였을 때 회전체의 부피 $V=\pi\int_c^d g(y)^2\,dy$
- $y=f(x)\geq 0$, $x=a$, $x=b$ 및 x 축으로 둘러싸인 도형을 y 축 주위로 회전하였을 때 회전체의 부피 $V=2\pi\int_a^b xf(x)\,dx$. (원통각 부피 계산법)

예제 12 | 원 $x^2+y^2=a^2$을 x축 주위로 회전하였을 때 얻는 구(球)의 부피를 구하시오.

풀이

```
T=.; T=Pi*Integrate[a^2 - x^2, x];
(T /. x->a ) - (T /. x->-a)  Shift Enter
```

$$\frac{4a^3\pi}{3}$$

이론해

$$V=\pi\int_a^b f(x)^2\,dx=\pi\int_{-a}^{a}(a^2-x^2)\,dx=\frac{4}{3}\pi a^3.$$

예제 13 | 곡선 $y=1-x^2$, $x=0$ 으로 둘러싸인 도형을 y축 주위로 회전하였을 때 얻는 회전체의 부피를 구하시오.

이론해

$$V=\pi\int_a^b x^2\,dy=\pi\int_0^1(1-y)\,dy=\pi/2.$$

예제 14 | 곡선 $y=\cos x$, $x=0$, $x=\pi/2$ 및 x 축으로 둘러싸인 도형을 y 축 주위로 회전하였을 때 얻는 회전체의 부피를 구하시오.

풀이

```
2Pi *Integrate[x*Cos[x], {x, 0, Pi/2}]  Shift Enter
```

$$(-2+\pi)\pi$$

이론해

$$V = 2\pi \int_0^{\pi/2} x \cos x \, dx \text{ (부분적분법을 적용)}$$
$$= 2\pi \left(x \sin x |_0^{\pi/2} - \int_0^{\pi/2} \sin x \, dx \right) = \pi(\pi - 2).$$

곡선의 길이

직교좌표: $y = f(x)$, $a \le x \le b$, $L = \int_a^b \sqrt{1 + (\frac{dy}{dx})^2} \, dx$

매개변수: $x = f(t)$, $y = g(t)$, $z = h(t)$, $p \le t \le q$,

$$L = \int_p^q \sqrt{(\frac{dx}{dt})^2 + (\frac{dy}{dt})^2 + (\frac{dz}{dt})^2} \, dt$$

극좌표: $r = f(\theta)$, $\alpha \le \theta \le \beta$, $L = \int_\alpha^\beta \sqrt{r^2 + (\frac{dr}{d\theta})^2} \, d\theta$

(☞ 여기서 θ를 매개변수로 취급해도 동일한 결과를 얻음.
$x = r\cos\theta$, $y = r\sin\theta \Rightarrow \dot{\theta} = 1$, $\dot{x} = dx/d\theta = -r\sin\theta\dot{\theta} + \dot{r}\cos\theta$,
$\dot{y} = r\cos\theta\dot{\theta} + \dot{r}\sin\theta$, $\dot{x}^2 + \dot{y}^2 = r^2\dot{\theta}^2 + \dot{r}^2$)

예제 15 | 포물선 $y = x^2/2$의 $x = 0$에서 $x = 1$까지의 호의 길이를 구하시오.

풀이

```
{Integrate[Sqrt[1+x^2], x],
xx = Integrate[Sqrt[1+x^2], {x, 0, 1}], xx//N} Shift Enter
```

$$\left\{\frac{1}{2}\left(\sqrt{1+x^2}\, x + \sinh^{-1}(x)\right),\ \frac{1}{2}\left(\sqrt{2} + \sinh^{-1}(1)\right),\ 1.14779\right\}$$

이론해

$$L = \int_a^b \sqrt{1 + (\frac{dy}{dx})^2} \, dx = \int_0^1 \sqrt{1 + x^2} \, dx, \ x = \sinh\theta \Rightarrow$$

$$L = \int_0^\theta \cosh^2\theta \, d\theta = \frac{1}{2}\theta |_0^\theta + \frac{1}{2}\int_0^\theta \cosh 2\theta \, d\theta$$

$\cosh^2\theta = 1 + \sinh^2\theta$
$\sinh^{-1}x = \log(x + \sqrt{1+x^2})$

$$= \frac{1}{2}\left[\theta + \frac{\sinh 2\theta}{2}\right] = \frac{1}{2}[\theta + \sinh\theta\cosh\theta]$$
$$= \frac{1}{2}\left(\sinh^{-1}(x) + x\sqrt{1+x^2}\right)$$

$$\frac{1}{2}\left[\sinh^{-1}(1)+\sqrt{2}\right]=\frac{1}{2}(\log(\sqrt{2}+1)+\sqrt{2})\simeq 1.148$$

예제 16 | 나선형 곡선 $x=a\cos t,\ y=a\sin t,\ z=ht$의 길이를 구하시오.

이론해

$\frac{dx}{dt}=-a\sin t,\ \frac{dy}{dt}=a\cos t,\ \frac{dz}{dt}=h$이므로

$$L=\int_0^{2\pi}\sqrt{(\frac{dx}{dt})^2+(\frac{dy}{dt})^2+(\frac{dz}{dt})^2}\,dt$$

$$=\int_0^{2\pi}\sqrt{a^2\sin^2 t+a^2\cos^2 t+h^2}\,dt=2\pi\sqrt{a^2+h^2}.$$

예제 17 | 심장형 곡선 $r=a(1+\cos\theta),\ a>0$의 둘레 길이를 구하시오.

풀이

```
2*a*Integrate[Sqrt[Sin[t]^2+(1+Cos[t])^2], {t, 0, Pi}] Shift Enter
8 a
```

이론해

$\frac{dr}{d\theta}=-a\sin\theta$이고 $L=\int_\alpha^\beta\sqrt{r^2+(\frac{dr}{d\theta})^2}\,d\theta.$

x-축 대칭을 활용

$L=2\int_0^\pi\sqrt{a^2\sin^2\theta+a^2(1+\cos\theta)^2}\,d\theta$ 이므로

$$L=2a\int_0^\pi\sqrt{2(1+\cos\theta)}\,d\theta=2a\int_0^\pi\sqrt{2(2\cos^2(\theta/2))}\,d\theta$$

$$=4a\int_0^\pi\cos(\theta/2)\,d\theta=8a.$$

5.5 다중적분

5.5.1 이중적분

폐영역 $A=\{(x,\,y):\ a\le x\le b,\ \phi_1(x)\le y\le\phi_2(x),\ \phi_1,\phi_2$는 연속함수$\}$에 관하여 함수 $f(x,\,y)$가 두 변수 x,y에 관해서 모두 연속이라고 하자. f의 y에 관한 적분 $F(x)=\int_{\phi_1(x)}^{\phi_2(x)} f(x,y)dy$를 정의하면, 적분 $\int_a^b F(x)\,dx$를 f의 폐영역 A 위에서의 이중적분이라 부르고 기호

$$\int\int_A f(x,y)\,dx\,dy=\int_a^b\int_{\phi_1(x)}^{\phi_2(x)} f(x,y)dy\,dx$$

를 사용하여 표기한다. 같은 방법으로 만일 폐영역 A를 다음 오른쪽 그림에서 보는 바와 같이 $A=\{(x,y):\ c\le x\le d,\ \psi_1(y)\le x\le\psi_2(y),\ \psi_1,\,\psi_2$는 연속함수$\}$으로 표시할 때, f의 x에 관한 적분 $G(y)=\int_{\psi_1(y)}^{\psi_2(y)} f(x,y)dx$를 정의하면, 적분 $\int_c^d G(y)\,dy$는 f의 폐영역 A 위에서의 이중적분이 되며 다음 관계가 성립한다.

$$\int\int_A f(x,y)dx\,dy=\int_a^b\int_{\phi_1(x)}^{\phi_2(x)} f(x,y)dy\,dx=\int_c^d\int_{\psi_1(y)}^{\psi_2(y)} f(x,y)dx\,dy$$

즉, 이중적분에서는 적분 순서를 바꾸어도 그 결과가 변하지 않는다. 여기서 정의된 이중적분은 밑면의 모양이 A이고 높이가 $f(x,y)$인 입체의 부피를 나타낸다.

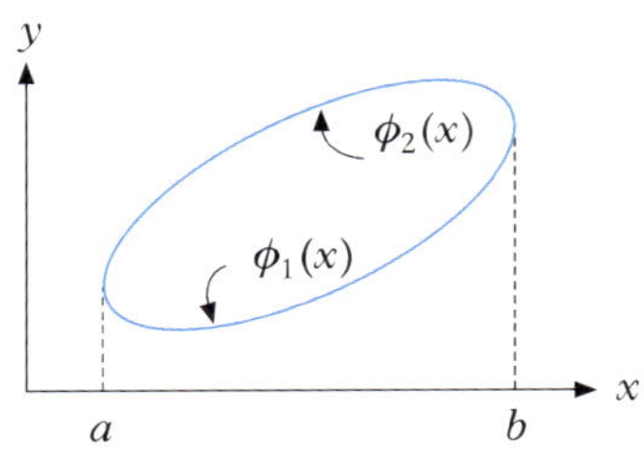

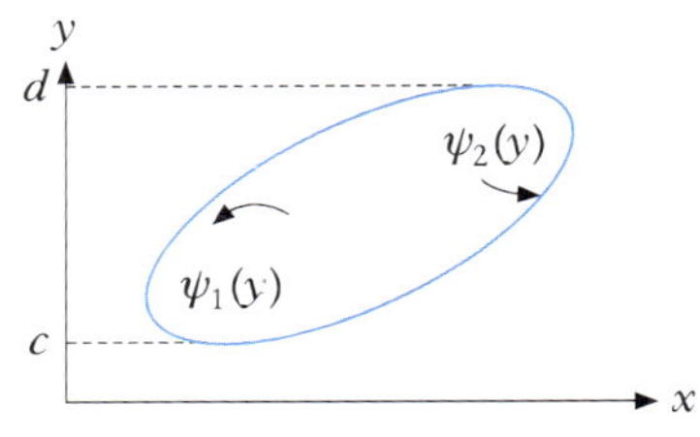

매스매티카에서 사용하는 이중 정적분을 구하는 명령어는 다음 도표와 같다.

명 령 어	설 명
Integrate[f, x, y]	$\int_x \int_y f\, dy\, dx$ (부정적분)
Integrate[f, {x, xmin, xmax}, {y, ymin, ymax}]	$\int_{xmin}^{xmax} \int_{ymin}^{ymax} f\, dy\, dx$

(☞ 가장 오른쪽에 있는 적분변수부터 적분한다).

예제 1 | A가 3직선 $y=3x$, $x=a$, $y=0$으로 둘러싸인 삼각형일 때 $I=\int\int_A (x^2+y^2)\, dx\, dy$를 구하시오.

풀이

Integrate[x^2+y^2,{x,0,a},{y,0,3x}] Shift Enter↵

3 a^4

이론해

$$I=\int_0^a \int_0^{3x} (x^2+y^2)\, dy\, dx$$
$$=\int_0^a [x^2y+y^3/3]_0^{3x}\, dx = 12\int_0^a x^3\, dx = 3a^4.$$

적분 순서를 바꾸면

$$I=\int_0^{3a} \int_{y/3}^{a} (x^2+y^2)\, dx\, dy$$
$$=\int_0^{3a} [xy^2+x^3/3]_{y/3}^{a}\, dy = 3a^4.$$

5.5.2 무한적분(infinite integral)

적분영역 또는 피적분함수가 무한한 값을 갖는 경우의 적분을 무한적분(특이적분: improper integral)이라 부르는데 이 책에서는 적분영역이 무한인 경우만 다루기로 한다. 무한적분의 수렴은 다음과 같이 정의한다.

1. $\int_a^{\infty} f(x)\, dx = \lim_{b\to\infty} \int_a^b f(x)\, dx$이 존재하면 수렴한다.

2. $\int_{-\infty}^{b} f(x)\,dx = \lim_{a\to-\infty}\int_{a}^{b} f(x)\,dx$이 존재하면 수렴한다.

3. $\int_{-\infty}^{\infty} f(x)\,dx = \lim_{\substack{b\to\infty \\ a\to-\infty}} \int_{a}^{b} f(x)\,dx$이 존재하면 수렴한다.

4. $\int_{b}^{\infty}\int_{a}^{\infty} f(x,y)\,dx\,dy = \lim_{\substack{R_1\to\infty \\ R_2\to\infty}} \int_{b}^{R_1}\int_{a}^{R_2} f(x,y)\,dx\,dy$이 존재하면 수렴한다.

예제 2 | $I = \int_0^{\infty}\int_0^{2x} e^{-(x+y)}\,dy\,dx$를 구하시오.

풀이

적분의 상한으로 Infinity를 사용

```
Integrate [ E^(-(x+y)),{x, 0, Infinity}, {y,0,2x}] Shift Enter↵
```

$\frac{2}{3}$

이론해

$$I = \lim_{b\to\infty}\int_0^b\int_0^{2x} e^{-(x+y)}\,dy\,dx = \lim_{b\to\infty}\int_0^b \left[-e^{-(x+y)}\right]_0^{2x} dx$$

$$= \lim_{b\to\infty}\int_0^b (e^{-3x} - e^{-x})\,dx = 2/3.$$

5.5.3 이중적분의 변수 변환

폐곡선 C로 둘러싸인 면적확정인 폐영역 A에 있어서 함수 $f(x,y)$는 연속이라고 하자. 변수 변환 $x = F(u,v)$, $y = G(u,v)$에 대하여 uv 평면상의 폐곡선 C'가 C에 사상되고 집합 A와 A'가 일대일 대응관계에 있을 때 다음과 같은 정리가 성립한다.

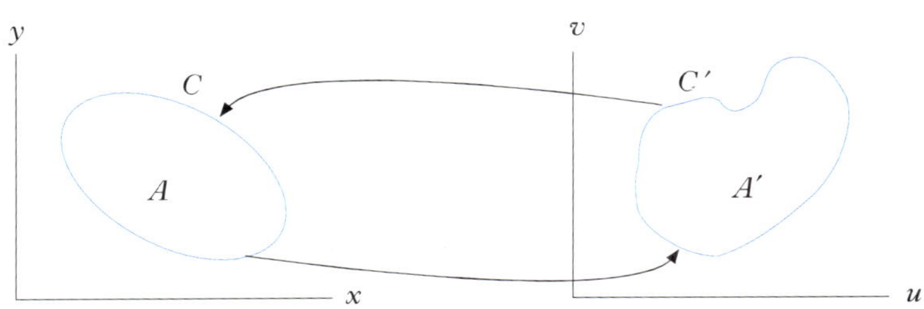

정리 1

1:1 변환 $x=F(u,v)$, $y=G(u,v)$에 있어 F, G가 A' 위에서 2회 연속 편미분가능하고 C'의 내부에서의 자코비안 (Jacobian)

$$J=\begin{vmatrix} \frac{\partial x}{\partial u} & \frac{\partial x}{\partial v} \\ \frac{\partial y}{\partial u} & \frac{\partial y}{\partial v} \end{vmatrix} \neq 0 \text{이면 이중적분}$$

$$\int\int_A f(x,y)dx\,dy=\int\int_{A'} f(F(u,v),\ G(u,v))\,|J|\,du\,dv \text{이 성립한다.}$$

예제 3 | $I=\int_0^{\infty} e^{-x^2}dx$를 구하시오.

풀이

```
Integrate[E^(-x^2-y^2),{x,0,Infinity},{y,0,Infinity}]
```
Shift Enter

$\frac{\pi}{4}$

```
Integrate[E^(-x^2),{x,0, Infinity}]
```
Shift Enter

$\frac{\sqrt{\pi}}{2}$

이론해

$$\begin{aligned} I^2 &= \int_0^{\infty} e^{-x^2}dx \int_0^{\infty} e^{-y^2}dy \\ &= \int_0^{\infty}\int_0^{\infty} e^{-(x^2+y^2)}dx\,dy \\ &= \lim_{R\to\infty}\int_0^R\int_0^R e^{-(x^2+y^2)}dx\,dy \\ &= \lim_{R\to\infty}\int_0^{\pi/2}\int_0^{\sqrt{2}R} e^{-r^2}r\,dr\,d\theta=\pi/4. \end{aligned}$$

그러므로 $I=\sqrt{\pi}/2$을 얻는다.

5.5.4 삼중적분 및 삼중적분의 변수 변환

이중적분의 정의를 확장하여 삼중적분을 논하기로 한다. 함수 $f(x, y, z)$가 x, y, z에 관하여 모두 연속이라고 할 때, ϕ_1, ϕ_2, ψ_1, ψ_2에 관하여 폐영역

$$A = \{(x, y, z) : a \le x \le b,\ \phi_1(x) \le y \le \phi_2(x),\ \psi_1(x, y) \le z \le \psi_2(x, y)\}$$

위에서의 적분 $\int_a^b \int_{\phi_1(x)}^{\phi_2(x)} \int_{\psi_1(x,y)}^{\psi_2(x,y)} f(x, y, z)\, dz\, dy\, dx$를 f의 A 위에서의 삼중적분이라 부른다. 적분 순서를 바꿀 수 있으며, 이 경우 적분의 상한과 하한은 적절히 변환된다.

매스매티카에서 사용하는 이중 정적분을 구하는 명령어는 다음 도표와 같다.

명령어	설 명
Integrate[f, x, y, z]	$\int_x \int_y \int_z f\, dz\, dy\, dx$ (부정적분)
Integrate[f, {x, xmin, xmax}, {y, ymin, ymax},{z, zmin, zmax}]	$\int_{xmin}^{xmax} \int_{ymin}^{ymax} \int_{zmin}^{zmax} f\, dz\, dy\, dx$

삼중적분의 변수변환은 이중적분의 변수 변환과 마찬가지로 다음 정리가 성립한다.

정리 2

폐곡면 S에 의하여 둘러싸인 체적 확정인 폐영역 A에 있어서 $f(x, y, z)$는 연속이라고 하자. 변환 $x = F(u, v, w)$, $y = G(u, v, w)$, $z = H(u, v, w)$에 의해 u, v, w 공간의 곡면 S'가 곡면 S에 사상되고 S'로 둘러싸인 폐영역 A'이라 할 때 A와 A'가 일대일 대응관계에 있으며, 또한 F, G, H는 A'위에서 2회 연속 편미분가능이라 할 때 S의 내부에서 자코비안(Jacobian)

$$J=\begin{vmatrix} \frac{\partial x}{\partial u} & \frac{\partial x}{\partial v} & \frac{\partial x}{\partial w} \\ \frac{\partial y}{\partial u} & \frac{\partial y}{\partial v} & \frac{\partial y}{\partial w} \\ \frac{\partial z}{\partial u} & \frac{\partial z}{\partial v} & \frac{\partial z}{\partial w} \end{vmatrix} \neq 0 \text{이면}$$

$$\iiint_A f(x, y, z)\,dx\,dy\,dz$$
$$=\iiint_{A'} f(F(u, v, w),\ G(u, v, w),\ H(u, v, w))\,|J|\,du\,dv\,dw \text{이다.}$$

(☞ 구면좌표계 $x=r\sin\theta\cos\phi,\ y=r\sin\theta\sin\phi,\ z=r\cos\theta$에 관하여 $J=r^2\sin\theta$이고
원주좌표계 $x=r\cos\theta,\ y=r\sin\theta,\ z=z$에 관하여 $J=r$이다.)

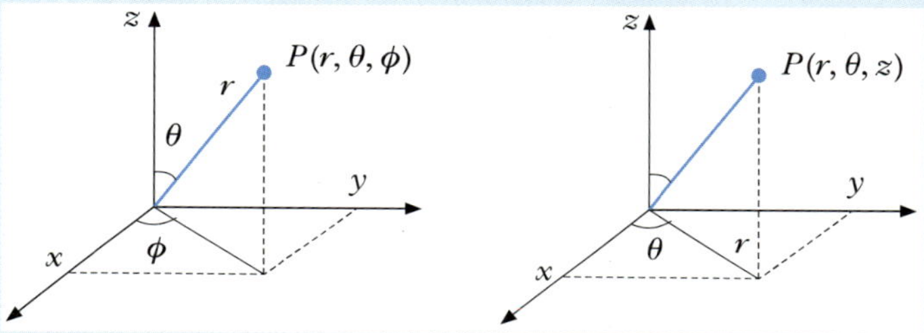

구면좌표계　　　　원주좌표계

예제 4 | $I=\iiint_A f(x, y, z)\,dx\,dy\,dz$를 구면좌표계에 의하여 구하시오.

단, $A=\{(x, y, z):\ x^2+y^2+z^2 \le a^2,\ z \ge 0\}$이다.

이론해

구면 좌표로 변환하면 A는 A'으로 변환된다.

$A'=\{(r, \theta, \phi):\ 0 \le r \le a,\ 0 \le \theta \le \pi/2,\ 0 \le \phi \le 2\pi\}$이므로

$$I=\iiint_{A'} f(r\sin\theta\cos\phi,\ r\sin\theta\sin\phi,\ r\cos\theta) r^2\sin\theta\,dr\,d\theta\,d\phi$$
$$=\int_0^{2\pi}\int_0^{\pi/2}\int_0^a f\cdot r^2\sin\theta\,dr\,d\theta\,d\phi$$

예제 5 | $I = \iiint_A f(x, y, z)\,dx\,dy\,dz$를 원주좌표계에 의하여 구하시오.
단, $A = \{(x, y, z):\ x^2 + y^2 + z^2 \le a^2,\ z \ge 0\}$이다.

구면 좌표로 변환하면 A는 A'으로 변환된다.

$$A' = \left\{(r, \theta, z):\ 0 \le r \le a,\ 0 \le \theta \le 2\pi,\ 0 \le z \le \sqrt{a^2 - r^2}\ \right\},$$

$$I = \iiint_{A'} f(r\cos\theta,\ r\sin\theta,\ z)\, r\,dr\,d\theta\,dz$$
$$= \int_0^{\sqrt{a^2-r^2}} \int_0^{2\pi} \int_0^a f \cdot r\,dr\,d\theta\,dz.$$

5.6 다중적분의 응용

5.6.1 곡면의 면적

곡면 $z = f(x, y)$의 면적 $S = \iint_A \sqrt{1 + (\frac{\partial z}{\partial x})^2 + (\frac{\partial z}{\partial y})^2}\ dx\,dy$으로 주어진다. 단, A는 xy 평면상의 폐영역이다.

예제 1 | 구면 $x^2 + y^2 + z^2 = a^2,\ z \ge 0$이 원주면 $x^2 + y^2 = ax\,(a > 0)$에 의하여 절단되는 부분의 면적 S를 구하시오.

풀이

```
2a*Integrate[r/Sqrt[a^2-r^2],{t,0,Pi/2},
        {r, 0, a*Cos[t]}]                Shift  Enter
```

$a\sqrt{a^2}\,(-2 + \pi)$

```
%//PowerExpand//TraditionalForm           Shift  Enter
```

$a^2(-2 + \pi)$

이를해

$A = \{(x, y): 0 \le x \le a,\ 0 \le y \le \sqrt{a^2 - x^2}\}$에 대하여 다음을 얻는다.

$z = \sqrt{a^2 - x^2 - y^2}$

$$S = \iint_A \sqrt{1 + (\frac{\partial z}{\partial x})^2 + (\frac{\partial z}{\partial y})^2}\, dx\, dy$$

$\frac{\partial z}{\partial x} = \frac{-x}{\sqrt{a^2 - x^2 - y^2}}$

$\frac{\partial z}{\partial y} = \frac{-y}{\sqrt{a^2 - x^2 - y^2}}$

$$= 2a \iint_A \frac{dx\, dy}{\sqrt{a^2 - x^2 - y^2}}$$

$|J| = r$ 을 곱한다.

$$= 2a \int_0^{\pi/2} \int_0^{a\cos\theta} \frac{r}{\sqrt{a^2 - r^2}} dr\, d\theta = a^2(\pi - 2).$$

5.6.2 평균치

평면 또는 공간상의 폐영역 A에서 연속인 함수 $f(x, y)$의 평균치는

$$\frac{\iint_A f(x, y)\, dx\, dy}{\iint_A dx\, dy} \quad \text{또는} \quad \frac{\iiint_A f(x, y, z)\, dx\, dy\, dz}{\iiint_A dx\, dy\, dz}$$ 이다.

예제 2 | 밀도가 중심으로부터의 거리의 제곱에 비례하는 원판의 평균밀도를 구하시오.

풀이

```
k =.; rho = k/(Pi*a^2)*Integrate[r^3,{t,0,2Pi},{r,0,a}]  Shift Enter
```

$\frac{a^2\,k}{2}$

이를해

원판의 방정식을 $x^2 + y^2 = a^2\,(a > 0)$이라 하고 그 밀도를 $\rho = k(x^2 + y^2)$ (k는 비례상수)이라 하면 평균밀도는 다음과 같다.

$$\bar{\rho} = \frac{k}{\pi a^2} \iint_{x^2 + y^2 \le a^2} (x^2 + y^2)\, dx\, dy$$

$$= \frac{k}{\pi a^2} \int_0^{2\pi} \int_0^a r^3\, dr\, d\theta = \frac{1}{2} k a^2.$$

5.6.3 무게중심

밀도가 $\rho(x,y,z)$인 물체의 무게중심의 좌표$(\bar{x},\ \bar{y},\ \bar{z})$는 다음과 같다.

$M=\iiint_A \rho\, dx\, dy\, dz$ 전질량이라 할 때 $\bar{x}=\frac{1}{M}\iiint_A \rho x\, dx\, dy\, dz$,

$\bar{y}=\frac{1}{M}\iiint_A \rho y\, dx\, dy\, dz$, $\bar{z}=\frac{1}{M}\iiint_A \rho z\, dx\, dy\, dz$이다.

예제 3 | 원 $r=a$의 외부에 있고 원 $r=2a\cos\theta$의 내부에 있는 부분의 무게중심을 구하시오.

풀이

```
xbar1 = Integrate[r^2*Cos[t],{t,0,Pi/3},{r,a,2a*Cos[t]}];
xbar2 = Integrate[r,{t,0,Pi/3},{r,a,2a*Cos[t]}];
xbar = xbar1 / xbar2
```

$$\frac{a(3\sqrt{3}+8\pi)}{2(3\sqrt{3}+2\pi)}$$

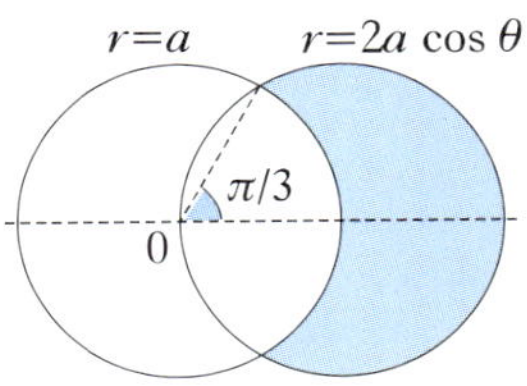

대칭성에 의해 $\bar{y}=0$이다. 두 원의 교점은 $r=a,\ \theta=\pm\pi/3$이므로

$$\bar{x}=\frac{\iint_A x\,dx\,dy}{\iint_A dx\,dy}=\frac{2\int_0^{\pi/3}\int_a^{2a\cos\theta} r^2\cos\theta\,dr\,d\theta}{2\int_0^{\pi/3}\int_a^{2a\cos\theta} r\,dr\,d\theta}$$

$$=\frac{8\pi+3\sqrt{3}}{4\pi+6\sqrt{3}}\,a.$$

5.6.4 관성 모멘트(Moment)

점$(x,\ y,\ z)$의 밀도가 $\rho(x,\ y,\ z)$인 물체가 정직선 g로부터 d의 거리에 있을 때 g에 관한 물체의 관성 모멘트는 $I_g=\iiint_A \rho d^2\,dx\,dy\,dz$으로 정의된다.

예제 4 | 일정한 밀도 ρ를 갖는 반지름 a인 공의 한 직경에 관한 관성 모멘트를 구하시오.

풀이

Iz =

ρ * Integrate[r^4*Sin[t]^3,{phi,0,2Pi}, {t,0,Pi},{r,0,a}] Shift Enter

$\frac{8}{15}\mathrm{a}^5\pi\rho$

이론해

공의 방정식을 $x^2+y^2+z^2 \le a^2$라 하면, 구하는 z 축에 관한 관성 모멘트 I_z는 다음과 같다.

$|J| = r^2\sin^2\theta$

$$I_z = \int\int\int_A \rho(x^2+y^2)\,dx\,dy\,dz$$
$$= \rho\int_0^{2\pi}\int_0^{\pi}\int_0^{a} r^2\sin^2\theta\cdot r^2\sin\theta\,dr\,d\theta = \frac{8}{15}\pi a^5\rho.$$

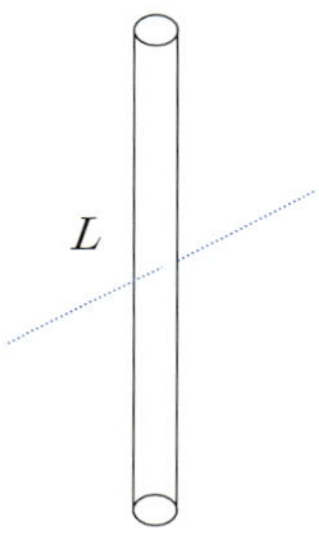

예제 5 | 길이가 L, 밀도가 ρ, 반지름이 r인 가느다란 원형 막대기의 중점을 관통하는 축에 대한 관성 모멘트를 구하시오.

풀이

ρ * π * r^2 *Integrate[z^2,{z,-L/2,L/2}] Shift Enter

$\frac{1}{12}\mathrm{L}^3\pi\mathrm{r}^2\rho$

이론해

막대기의 길이 방향을 z축으로 하고 원주좌표계를 막대가 중점에 적용하면

$$I_{center} = \int\int\int_A \rho z^2\,dx\,dy\,dz = \rho\pi r^2\int_{-L/2}^{L/2} z^2\,dz$$
$$= \frac{\rho\pi r^2 L^3}{12} = \frac{mL^2}{12},\quad m = \rho\pi r^2 L(\text{총질량})$$

을 얻는다.

연습문제 5

* 가 표시된 문제는 난이도가 높은 문제임

다음 문제들의 이론적 풀이와 함께 매스매티카 해를 구하시오.

01* $\int\int_A \left(\frac{x^2}{4}+\frac{y^2}{9}\right) dx\, dy$을 구하시오. 단, A는 다음과 같은 영역이다.

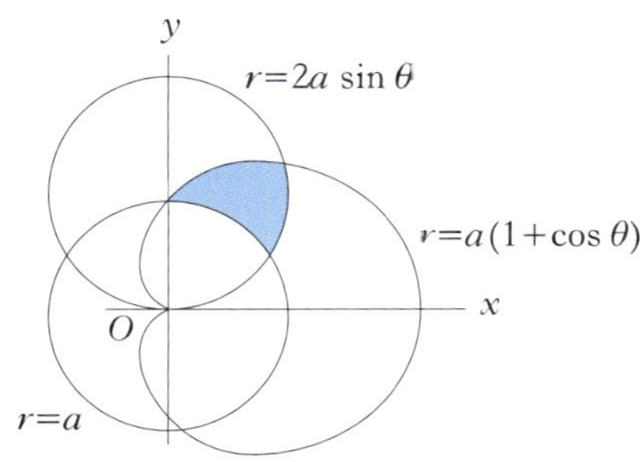

02* $K_n = \int \sin^n(\log x)dx, (n \geq 0$인 정수)의 적분을 점화식으로 표현하고 $n=1,2,3$ 일 때 K_n을 구하시오.

03 8.4절의 예제 2를 참조하여 매스매티카 명령어로 다음 적분을 사다리꼴 공식 및 심프슨 공식을 사용하여 구하고 참값과 비교하시오. 구간은 10등분하시오.

(1) $\int_2^7 \frac{1}{x^2}\, dx$

(2) $\int_0^{\pi/2} \frac{dx}{1+\sin x}$

(3) $\int_2^4 \frac{1}{x\log x}\, dx$

(4) $\int_3^6 \frac{1}{\sqrt{x-2}}\, dx.$

04 원점으로부터 곡선 $e^y = 1-x^2$ 위에 있는 점(x_1, y_1)까지의 호의 길이를 구하시오.

05* 곡선 $(x^2+y^2)^2 = a^2(x^2-y^2)$ (단, $a>0$인 실수)으로 둘러싸인 도형의 넓이를 구하시오.

06 $y=\sin^2 x$, $x=0$, $x=\pi$와 x축으로 둘러싸인 도형을 y축 주위로 회전하였을 때 생기는 회전체의 부피를 구하시오.

07 타원 $x^2+axy+y^2=1$로 둘러싸인 도형의 넓이가 $2\pi/\sqrt{3}$가 되도록 a의 값을 정하시오.

08 치환적분법을 사용하여 다음 적분을 이론적으로 구하고 매스매티카 명령어로 그 결과를 확인하시오.

(1) $\displaystyle\int \frac{x\,dx}{\sqrt{a+bx}}$ (2) $\displaystyle\int \frac{\sin x\,dx}{a+b\cos x}$

(3) $\displaystyle\int \frac{x^2\,dx}{\sqrt{a^2-x^2}}\ (a>0)$ (4) $\displaystyle\int \frac{\sqrt{a^2+x^2}\,dx}{x}\ (a>0)$

(5) $\displaystyle\int \frac{dx}{x\sqrt{a^2-x^2}}\ (0<x<a)$

09 다음 적분을 이론적으로 구하고 매스매티카 명령어로 확인하시오.

(1) $\displaystyle\int \frac{dx}{a+b\sin x}$ (2) $\displaystyle\int \frac{dx}{a\sin x+b\cos x}$

10 부분적분법을 사용하여 다음 적분을 이론적으로 구하고 매스매티카 명령어로 확인하시오.

(1) $\displaystyle\int x\sec^2 x\ dx$ (2) $\displaystyle\int x^2\sin^{-1}x\ dx$, (단, $0\le \sin^{-1}x\le \frac{\pi}{2}$)

(3) $\displaystyle\int \tanh^{-1}x\,dx$ (4) $\displaystyle\int \ln(a^2+x^2)\ dx$

11 다음 적분을 부분분수 분해 적분법으로 구하고 매스매티카 명령어로 확인하시오.

(1) $\displaystyle\int \frac{x-1}{(x-3)(x+2)}\,dx$ (2) $\displaystyle\int \frac{dx}{(x^2+a^2)(x^2+b^2)}\ (a^2\ne b^2)$

(3) $\displaystyle\int \frac{dx}{x^2(x-1)^2(x+1)}$ (4) $\displaystyle\int \frac{x^3}{x^2-ax+a^2}\,dx$

(5) $\displaystyle\int \frac{dx}{x(1+x^n)^2}$ (6) $\displaystyle\int \frac{dx}{(e^x+e^{-x})^4}$

12 다음 적분을 이론적으로 구하고 매스매티카 명령어로 확인하시오.

(1) $\displaystyle\int \frac{x}{\sqrt{(a+bx)^3}}\,dx$ (2) $\displaystyle\int \frac{dx}{1+\sqrt[3]{x+1}}$

(3) $\displaystyle\int \frac{\sqrt{x^2+4x}}{x^2}\,dx$ (4) $\displaystyle\int \frac{dx}{x\sqrt{5x-6-x^2}}$

(5) $\displaystyle\sqrt{\int \frac{dx}{x^2(a+x^3)^{5/3}}}$

13 다음 점화 적분공식을 이론적으로 유도하고 $n=1,\ 2,\ 3,\ 4,\ 5$일 때, 매스매티카 명령어로 구하시오.

$$J_n = \int (\sin^{-1}x)^n\,dx$$
$$= \begin{cases} x(\sin^{-1}x)^n - n\sqrt{1-x^2}\,(\sin^{-1}x)^{n-1} + n(n-1)J_{n-2}, & n \geq 2 \\ x\sin^{-1}x - \sqrt{1-x^2} & , n = 1. \end{cases}$$

14 다음 적분을 이론적으로 구하고 매스매티카 명령어로 확인하시오.

(1) $\displaystyle\int x^2\tan^{-1}x\,dx$ (2) $\displaystyle\int \frac{x^8}{\sqrt{1-x^3}}\,dx$

(3) $\displaystyle\int \frac{x\,dx}{1+\cos x}$ (4) $\displaystyle\int \sin^{-1}\sqrt{\frac{x}{x+a}}\,dx$

15* (1) 폐곡선 $x^3+y^3-3axy=0\,(a>0)$으로 둘러싸인 도형의 면적을 이론적으로 구하고 매스매티카 명령어로 확인하시오.

(2) $r=a\sin n\theta$(n은 양의 정수)의 한 개의 폐곡선으로 둘러싸인 도형의 넓이를 이론적으로 구하고 매스매티카 명령어로 확인하시오.

16 현수선(Catenary) $y=a\cosh\dfrac{x}{a}$, $(-\ell \leq x \leq \ell,\ \ell>0)$의 길이를 구하고 매스매티카 명령어로 확인하시오.

17 다음 입체의 부피를 이론적으로 구하고 매스매티카 명령어로 확인하시오.

(1) 타원 $x^2/a^2 + y^2/b^2 = 1$을 x축 주위로 회전하여 얻은 입체

(2) 싸이클로이드(Cycloid) $x = a(\theta - \sin\theta)$, $y = a(1 - \cos\theta)$, $0 \le \theta \le 2\pi$를 x축 주위로 회전하여 얻은 입체

(3) 곡면 $z = 3x^2$, $z = 4 - x^2$, $y = 0$, $z + y = 6$으로 둘러싸인 입체

18 다음 이중적분을 이론적으로 구하고 매스매티카 명령어로 확인하시오.

(1) $\displaystyle\iint_A \frac{dx\,dy}{\sqrt{1 - x^2 - y^2}}$, $A = \{(x, y) : x^2 + y^2 \le 1\}$

(2) $\displaystyle\iint_A \tan^{-1}\frac{y}{x}\,dx\,dy$, $A = \{(x, y) : x \ge 0,\ y \ge 0,\ x^2 + y^2 \le a^2\}$

(3) $\displaystyle\iint_A xy\,dx\,dy$, $A = \{(x, y) : x \ge 0,\ y \ge 0,\ x^2 + y^2 \le a^2\}$

(4) $\displaystyle\int_0^1 \int_1^\infty \frac{xy}{(x^2 + y^2)^3}\,dy\,dx$

(5) $\displaystyle\int_0^\infty \int_x^{2x} e^{-xy}(x^2 - y^2)\,dy\,dx$

19* 삼중적분을 사용하여 타원체 $\dfrac{x^2}{a^2} + \dfrac{y^2}{b^2} + \dfrac{z^2}{c^2} \le 1$의 입체를 이론적으로 구하고 매스매티카 명령어로 확인하시오.

20* 곡면 $x^2 + y^2 = a^2$의 내부에 있는 곡면 $x^2 + z^2 = a^2\,(a > 0)$의 면적을 이론적으로 구하고 매스매티카 명령어로 확인하시오.

21 밀도가 일정한 4분 타원판 $\dfrac{x^2}{a^2} + \dfrac{y^2}{b^2} \le 1$, $x \ge 0$, $y \ge 0$의 무게중심을 이론적으로 구하고 매스매티카 명령어로 확인하시오.

22 밑면의 반경이 a이고 높이가 h인 원뿔을 그 밑면의 직경 주위로 회전시킬 때의 관성 모멘트를 이론적으로 구하고 매스매티카 명령어로 확인하시오.

23 연속함수 $f(x)$가 다음 관계식을 만족할 때, $f(x)$ 및 $f(\pi/2)$를 매스매티카 명령어로 구하시오.

$$f(x) = \cos^2 x + 2\sin x + \int_0^{\pi/2} f(t)\,dt$$

(☞ $K = \int_0^{\pi/2} f(t)\,dt$라 두고 준식의 양변을 $x=0$에서 $x=\pi/2$까지 적분.)

24 다음 관계식을 만족하는 연속함수 $f(x)$를 매스매티카 명령어로 구하시오.

$$f(x) = \cos 2x + \int_0^{\pi} f(\pi - x)\,|\cos x|\,dx$$

(☞ $t = \pi - x,\ \cos(\pi + t) = -\cos t,\ dt = -dx$으로 치환.)

25* $a > 0$일 때, 다음 적분값을 a로 표시하고 최소의 적분값을 주는 a값을 매스매티카 명령어로 구하시오.

$$K = \int_0^{1/a} (a^3 + 4x - a^5 x^2) e^{ax}\, dt$$

26 $m > 0$이 정수일 때, 다음 적분값을 $t^2 = 1 - x^2,\ t \geq 0$으로 치환하여 매스매티카 명령어로 구하시오.

$$A = \int_0^1 x^3 (1 - x^2)^{(m-1)/2}\, dx$$

27* $a > 0$일 때, 곡선 $y = ae^x$가 중심 좌표(2,0), 반경 $\sqrt{2}$인 원과 점(b, c)에서 접하고 있다. 상수 a, b, c의 값을 매스매티카 명령어로 구하시오. 또한 두 곡선과 x-축과 y-축으로 둘러싸인 도형(아래 빗금부분)을 x-축 주위로 회전시켰을 때 회전체의 부피를 매스매티카 명령어로 구하시오.

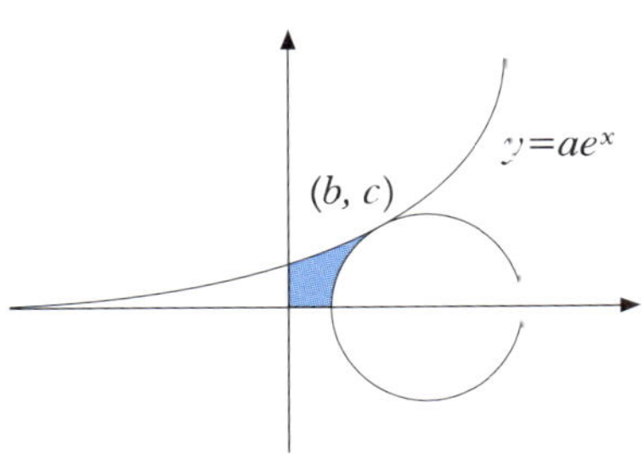

연.습.문.제

28 다음 부정적분을 부분적분법에 의해 이론적으로 구하고 매스매티카 명령어로 확인하시오.

$$K = \int \sin t \, \log(1+\sin t) \, dt$$

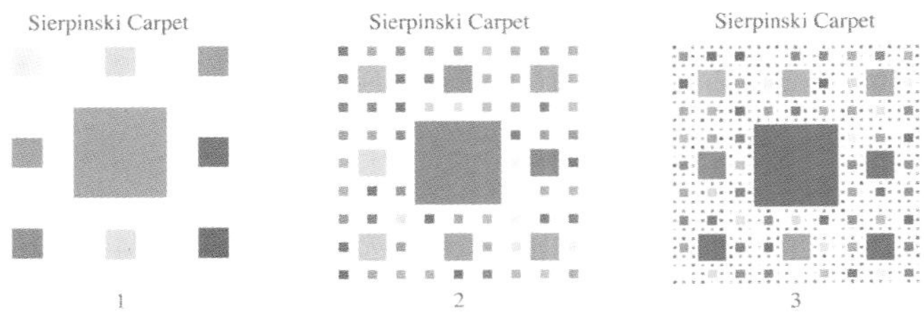
Sierpinski Carpet
1
Sierpinski Carpet
2
Sierpinski Carpet
3

[제 6 장] 수열과 급수

이 장에서는 수열과 급수의 일반항, 합, 부분합, 곱, 부분곱을 구하고 수렴성을 판단하기 위하여 매스매티카의 수치 및 기호 계산 능력을 활용하는 방법을 모색하기로 한다.

제 1절에서는 일반적인 수열과 점화수열의 일반항을 구하는 예문을 폭넓게 취급하고, 제 2절에서는 다양한 수열의 합과 곱을 구하고 무한수열과 급수의 수렴성을 조사하고 수렴값을 구하는 공식을 매스매티카 명령어로 유도하고, 제 3, 4, 5절에서는 수열의 일반항이 주어질 때 무한급수의 합, 부분합, 부분곱, 수열의 합 및 곱 등의 근사값을 다루기로 한다.

6.1 수열의 일반항

6.1.1 상수계수의 선형 점화수열의 일반항

상수 α_0, α_1, α_2, $\cdots$, α_k에 대하여 일반항 사이에

$$\alpha_k a_{n+k} + \alpha_{k-1} a_{n+k-1} + \cdots + \alpha_0 a_n = \gamma_n, \ \alpha_k \neq 0, \ \alpha_0 \neq 0 \tag{6.1}$$

이 성립하는 수열을 상수계수의 k-계 선형 점화수열(식)이라 부른다.

$\gamma_n = 0$이면 방정식 (6.1)을 제차형 선형 점화수열이라 부르고 $\gamma_n \neq 0$이면 방정식 (6.1)을 비제차형 선형 점화수열이라 부른다. 일반해를 구하는 이론은 부록 A를 참조한다. 등차수열과 등비수열은 상수계수의 1-계 선형 점화수열이다.

$$\alpha_k a_{n+k} + \alpha_{k-1} a_{n+k-1} + \cdots + \alpha_0 a_n = 0, \ \alpha_k \neq 0, \ \alpha_0 = 0 \quad . \tag{6.2}$$

을 만족하는 해 a_n을 제차형 점화수열의 일반항이라 부르며 다음과 같이 표시된다. 특성방정식 $\rho(\zeta) = \alpha_k \zeta^k + \alpha_{k-1} \zeta^{k-1} + \cdots + \alpha_0 = 0$의 서로 다른 근을 ζ_1, ζ_2, $\cdots$, ζ_m $(m \leq k)$라 하고 근의 중복도를 각각 μ_1, μ_2, $\cdots$, μ_m $(k = \sum_{i=1}^{m} \mu_i)$이라 하면

$$\begin{aligned} a_n = & \{c_{1,1} + c_{1,2} n + c_{1,3} n^2 + \cdots + c_{1,\mu_1} n^{\mu_1 - 1}\} \zeta_1^n \\ & + \{c_{2,1} + c_{2,2} n + c_{2,3} n^2 + \cdots + c_{2,\mu_2} n^{\mu_2 - 1}\} \zeta_2^n + \cdots \\ & + \{c_{m,1} + c_{m,2} n + c_{m,3} n^2 + \cdots + c_{m,\mu_m} n^{\mu_m - 1}\} \zeta_m^n \end{aligned} \tag{6.3}$$

으로 주어지고 미지계수의 총 개수는 $\mu_1 + \mu_2 + \cdots + \mu_m = k$이다. k개의 초기조건을 대입하여 상수 $c_{i,j}(1 \le j \le \mu_{i-1},\ 1 \le i \le m)$를 결정한다.

비제차형 점화수열의 일반항

b_n을 (6.1)을 만족하는 특수해라 하면

$$\alpha_k b_{n+k} + \alpha_{k-1} b_{n+k-1} + \cdots + \alpha_0 b_n = \gamma_n$$

을 얻는다. 그러므로 $a_n + b_n$을 (6.1)에 대입하면

$$\alpha_k a_{n+k} + \alpha_{k-1} a_{n+k-1} + \cdots + \alpha_0 a_n + \alpha_k b_{n+k} + \cdots + \alpha_0 b_n = \gamma_n.$$

따라서 $a_n + b_n$은 (6.1)의 일반항(해)이다. 제차형 점화수열의 일반항을 a_n^G, 비제차형 점화수열의 특수항을 a_n^P라 하면 비제차형 점화수열의 일반항은 $a_n = a_n^G + a_n^P$로 주어짐을 알 수 있다.

예제 1 | 수열 $a_{n+3} - 2a_{n+2} - a_{n+1} + 2a_n = 0$, $a_0 = 0$, $a_1 = 1$, $a_2 = 1$의 일반항을 구하시오.

풀이

특성방정식 $\rho(\zeta) = \zeta^3 - 2\zeta^2 - \zeta + 2 = 0$의 근을 구하면 $\zeta = 1, -1, 2$이므로 $a_n = c_1 + c_2(-1)^n + c_3 2^n$. 초기 조건으로부터 $c_1 = 0$, $c_2 = -1/3$, $c_3 = 1/3$을 대입하여 $a_n = -(-1)^n/3 + 2^n/3$이다.

예제 2 | 점화수열 $a_{n+2} - 2a_{n+1} + 2a_n = \alpha$ (단, α는 주어진 상수)의 일반항을 구하시오.

풀이

(i) 제차형 점화수열의 일반해 구하기

특성방정식 $\zeta^2 - 2\zeta + 2 = 0$으로부터 $\zeta = 1 \pm i = \sqrt{2}\, e^{\pm \frac{i\pi}{4}}$ (복소수)이므로 일반해는 다음과 같이 주어진다.

$$a_n^G = c_1(\sqrt{2})^n e^{\frac{i\pi n}{4}} + c_2(\sqrt{2})^n e^{-\frac{i\pi n}{4}} = \sqrt{2}^{\,n}\Big\{\underbrace{(c_1+c_2)}_{c_1'}\cos\frac{n\pi}{4} + i\underbrace{(c_1-c_2)}_{c_2'}\sin\frac{n\pi}{4}\Big\}$$

(ii) 비제차형 점화수열의 특수해 구하기

$a_n^P = c$ (상수)라고 놓으면 $c - 2c + 2c = \alpha$. $\therefore c = \alpha$. 그러므로

$$a_n = a_n^G + \alpha = \sqrt{2}^{\,n}\left(c_1'\cos\frac{n\pi}{4} + i c_2'\sin\frac{n\pi}{4}\right) + \alpha.$$

예제 3 | 점화수열 $a_{n+2} - 4a_{n+1} + 4a_n = n$의 일반항을 구하시오.

풀이

(i) 제차형 점화수열의 일반해 구하기

특성방정식 $\zeta^2 - 4\zeta + 4 = 0$으로부터 $(\zeta-2)^2 = 0$. $\therefore \zeta = 2$이고 이 근의 중복도가 2이므로 $a_n^G = (c_1 + c_2 n)2^n$.

(ii) 비제차형 점화수열의 특수해 구하기

$a_n^P = An + B$라고 두면(우변이 k차의 다항식이면 $a_n^P = \sum_{i=0}^{k} c_i n^i$로 가정)

$An + 2A + B - 4A = n$. 계수를 비교하여 $A = 1$, $B = 2$를 얻는다.

$\therefore a_n^P = n + 2$. 그러므로 $a_n = (c_1 + c_2 n)2^n + n + 2$.

예제 4 | 수열 $a_{n+3} - 6a_{n+2} + 12a_{n+1} - 8a_n = p^n$ $(p \neq 2)$의 일반항을 구하시오.

풀이

(i) 제차형 점화수열의 일반해 구하기

특성방정식 $\rho(\zeta) = (\zeta-2)^3 = 0$으로부터 $\zeta = 2$이고 이 근의 중복도가 3이므로 일반해는 $a_n^G = (c_1 + c_2 n + c_3 n^2)2^n$.

(ii) 비제차형 점화수열의 특수해 구하기

$a_n^P = Ap^n \neq 0$(A는 상수)이라고 가정하면

$$A\,p^n(p^3-6p^2+12p-8)=Ap^n(p-2)^3=p^n.$$
$$\therefore A=p\,/\,(p-2)^3,\ \ p\neq 2$$

를 얻는다. 그러므로 $a_n=a_n^G+a_n^P$.

예제 5 | 점화수열 $a_{n+2}-5a_{n+1}+6a_n=n^2p^n$의 일반항을 구하시오. 단, $p\neq 2$, $p\neq 3$는 상수이다.

풀이

(i) 제차형 점화수열의 일반해

특성방정식 $\rho(\zeta)=\zeta^2-5\zeta+6=0$으로부터 $\zeta=3$, $\zeta=2$.

$\therefore\ a_n^G=c_1 2^n+c_2 3^n$.

(ii) 비제차형 점화수열의 특수해

$a_n^P=(An^2+Bn+C)p^n\neq 0$이라고 가정하고 대입하여 정돈하면

$$\begin{aligned}&(A(n^2+4n+4)+B(n+2)+C)p^2\\&\quad-5(A(n^2+2n+1)+B(n+1)+C)p\\&\quad+6(An^2+Bn+C)=n^2.\end{aligned}$$

계수 비교하여

$$A(p^2-5p+6)=1,\ (4A+B)p^2-5p(2A+B)+6B=0,$$
$$(4A+2B+C)p^2-5p(A+B+C)+6C=0$$

을 얻는다. 이 연립방정식을 풀어서

$$A=\frac{1}{(p^2-5p+6)},\quad B=\frac{2p(5-2p)}{(p^2-5p+6)^2},$$
$$C=\frac{p(4p^3-15p^2+p+30)}{(p^2-5p+6)^3}$$

이므로 일반해는 $a_n=a_n^G+(An^2+Bn+C)p^n$이다.

예제 6 | 점화수열 $a_{n+3}-2a_{n+2}-4a_{n+1}+8a_n=2^n$의 특수해를 구하시오.

풀이

특성방정식은 $\rho(\zeta) = (\zeta - 2)^2(\zeta + 2) = 0$으로 주어지므로 근 $\zeta = 2$는 중복도가 2이다. $a_n^P = cn^2 2^n$이라고 가정하고 주어진 점화식에 대입하여 정돈하면

$$c[(n+3)^2 2^{n+3} - 2(n+2)^2 2^{n+2} - 4(n+1)^2 2^{n+1} + 8n^2 2^n] \\ = c2^n \cdot 32 = 2^n.$$

그러므로 $c = 1/32$을 얻는다. $\therefore a_n^P = \frac{1}{32} n^2 2^n$.

(☞ 선형점화식 $\alpha_k a_{n+k} + \alpha_{k-1} a_{n+k-1} + \cdots + \alpha_0 a_n = n^\beta p^n$, (단, $\alpha_k \neq 0$, $\alpha_0 \neq 0$, $\beta \geq 0$는 정수, p는 상수)의 특성 방정식 $\rho(\zeta)$가 $\zeta = p$에서 중복도 m의 근을 가지면 특수해는 $a_n^P = n^m p^n (\sum_{i=0}^{\beta} c_i n^i)$으로 가정하여 구한다).

6.1.2 변수계수의 선형 점화수열

일반 해법을 찾기가 어려우므로 유형별로 알아보기로 한다. 각 유형에 적용되는 p, q는 상수이고 $\phi(n)$, $f(n)$는 n의 함수이다.

유형 (1) $a_{n+1} - a_n = f(n)$ (계차수열이 n의 함수일 때)

풀이 아래 식의 좌우변을 세로 방향으로 합하면 원하는 결과를 얻는다.

$$\left.\begin{aligned} a_{n+1} - a_n &= f(n) \\ a_n - a_{n-1} &= f(n-1) \\ a_{n-1} - a_{n-2} &= f(n-2) \\ &\vdots \\ a_2 - a_1 &= f(1) \end{aligned}\right\} \Rightarrow a_n = \begin{cases} a_1 & , n = 1 \\ a_1 + \sum_{k=1}^{n-1} f(k) & , n \geq 2. \end{cases}$$

예 … 1. $f(k) = k^2$이면 $\sum_{k=1}^{n-1} f(k) = \frac{n(n-1)(2n-1)}{6}$.

유형 (2) $\frac{a_{n+1}}{a_n} = f(n)$

풀이

$$\frac{a_n}{a_{n-1}} \cdot \frac{a_{n-1}}{a_{n-2}} \cdot \cdots \cdot \frac{a_2}{a_1} = f(n-1) \cdot f(n-2) \cdot \cdots \cdot f(1)$$

$$\therefore a_n = \begin{cases} a_1 & , \quad n = 1 \\ a_1 \cdot \prod_{k=1}^{n-1} f(k) & , \quad n \geq 2. \end{cases}$$

예 … 2. $f(k) = \dfrac{(k+1)^2}{k}$ 이면

$$\prod_{k=1}^{n-1} f(k) = f(1) \cdot f(2) \cdot \cdots \cdot f(k-1)$$

$$= \frac{2^2}{1} \cdot \frac{3^2}{2} \cdot \frac{4^2}{3} \cdot \cdots \cdot \frac{n^2}{n-1} = n^2 \cdot (n-1)!.$$

유형 (3) $a_{n+1} - pa_n = f(n)$

풀이 아래 식의 좌우변을 세로 방향으로 합하면 원하는 결과를 얻는다.

$$\begin{aligned} a_{n+1} - p a_n &= f(n) \\ p a_n - p^2 a_{n-1} &= p f(n-1) \\ p^2 a_{n-1} - p^3 a_{n-2} &= p^2 f(n-2) \\ &\vdots \\ p^{n-1} a_2 - p^n a_1 &= p^{n-1} f(1) \end{aligned}$$

$$\therefore \quad a_{n+1} = p^n a_1 + \sum_{k=1}^{n} p^{n-k} f(k).$$

그러므로 $a_n = \begin{cases} p^{n-1}\left\{a_1 + \sum_{k=1}^{n-1} \dfrac{f(k)}{p^k}\right\}, & n \geq 2 \\ a_1 & , \quad n = 1 \end{cases}$

유형 (4) $\dfrac{a_{n+1}{}^p}{a_n^q} = f(n), \quad a_n \neq 0, \quad p \neq 0, \quad q \neq 0, \quad n \geq 1.$

풀이 양변에 절대값을 취한 후 양변에 log를 취하면

$$p \log|a_{n+1}| - q \log|a_n| = \log|f(n)|$$

을 얻고 여기서 $\log|a_n| = y_n$이라 놓으면

$$y_{n+1} - \frac{q}{p} y_n = \frac{1}{p}\log|f(n)|$$

의 형식이 된다. 유형 (3)을 이용하여 다음을 얻는다.

$$y_n = \begin{cases} \left(\frac{q}{p}\right)^{n-1}\left\{y_1 + \prod_{k=1}^{n-1} \frac{\frac{1}{p}\log|f(k)|}{\left(\frac{q}{p}\right)^k}\right\}, & n \ge 2 \\ y_1, & n = 1. \end{cases}$$

그러므로 $|a_n| = e^{y_n}$.

유형 (5) $\quad x_{n+2} + px_{n+1} + qx_n = f(n), \quad p, q$는 주어진 상수.

풀이 α와 γ를 $x^2 + px + qx = 0$의 두 근이라 하면

$$(x_{n+2} - \gamma x_{n+1}) = \alpha(x_{n+1} - \gamma x_n), \ \alpha + \gamma = -p, \ \alpha\gamma = q$$

이다. $a_n = x_{n+1} - \gamma x_n$이라 하자. 그러면 $a_{n+1} - \alpha a_n = f(n)$이다. 유형 (4)의 결과를 적용하여

$$a_n = \alpha^{n-1} a_1 + \sum_{k=1}^{n-1} \alpha^{n-k} f(k) = G(n) = x_{n+1} - \gamma x_n.$$

그러므로 $x_n = \begin{cases} \gamma^{n-1}\left\{x_1 + \sum_{k=1}^{n-1} \frac{G(k)}{\gamma^k}\right\}, & n \ge 2 \\ x_1, & n = 1 \end{cases}$ 을 얻는다.

유형 (6) $\quad a_{n+1} - na_n = f(n)$

풀이 아래 식의 좌우변을 세로 방향으로 합하면 원하는 결과를 얻는다.

$$\begin{aligned}
&a_{n+1} - na_n = f(n) \\
&na_n - n(n-1)a_{n-1} = nf(n-1) \\
&n(n-1)a_{n-1} - n(n-1)(n-2)a_{n-2} = n(n-1)f(n-2) \\
&n(n-1)(n-2)a_{n-2} - n(n-1)(n-2)(n-3)a_{n-3} = n(n-1)(n-2)f(n-3) \\
&\quad\vdots \qquad\qquad\qquad \vdots \\
&n(n-1)(n-2)\cdot \cdots \cdot 2 \cdot a_2 - n(n-1) \cdot \cdots \cdot 1 \cdot a_1 = n(n-1) \cdot \cdots \cdot 3 \cdot 2 \cdot f(1)
\end{aligned}$$

$$\therefore\ a_{n+1}=n!a_1+\sum_{k=1}^{n}\frac{n!}{k!}f(k)=n!\left\{a_1+\sum_{k=1}^{n}\frac{f(k)}{k!}\right\}$$

그러므로 $a_n=\begin{cases}(n-1)!\left\{a_1+\displaystyle\sum_{k=1}^{n-1}\frac{f(k)}{k!}\right\}, & n\ge 2\\ a_1 &, n=1.\end{cases}$

유형 (7) $a_{n+1}-\phi(n)\,a_n=f(n)$

풀이 $\phi(i)=\phi_i$라 놓으면

$$\begin{aligned}
&a_{n+1}-\phi_n a_n=f(n)\\
&\phi_n a_n-\phi_n\phi_{n-1}a_{n-1}=\phi_n f(n-1)\\
&\phi_n\phi_{n-1}a_{n-1}-\phi_n\phi_{n-1}\phi_{n-2}\,a_{n-2}=\phi_n\phi_{n-1}f(n-2)\\
&\phi_n\phi_{n-1}\phi_{n-2}a_{n-2}-\phi_n\phi_{n-1}\phi_{n-2}\phi_{n-3}a_{n-3}=\phi_n\phi_{n-1}\phi_{n-2}f(n-3)\\
&\quad\vdots\qquad\qquad\qquad\qquad\vdots\\
&\phi_n\phi_{n-1}\cdot\cdots\cdot\phi_2\,a_2-\phi_n\cdot\cdots\cdot\phi_2\phi_1\,a_1=\phi_n\phi_{n-1}\cdot\cdots\cdot\phi_2\,f(1)
\end{aligned}$$

$$\therefore\ a_{n+1}=\left(\prod_{i=1}^{n}\phi(i)\right)a_1+\sum_{k=1}^{n}\frac{\displaystyle\prod_{i=1}^{n}\phi(i)}{\displaystyle\prod_{i=1}^{k}\phi(i)}f(k).$$

그러므로 $a_n=\begin{cases}a_1 &, n=1\\ \displaystyle\prod_{i=1}^{n-1}\phi(i)\left\{a_1+\sum_{k=1}^{n-1}\frac{f(k)}{\displaystyle\prod_{i=1}^{k}\phi(i)}\right\}, & n\ge 2.\end{cases}$

$\phi(n)=n$이면 유형 (6)으로 귀착된다.

예 … 3. $x_{n+1}^2-2x_n^2=n.$

풀이 $a_n=x_n^2$이라 하면 $a_{n+1}-2a_n=n.$

유형 (7)의 결과로부터 $\phi(n)=2,\ f(n)=n$으로 두면

$$x_n^2=a_n=\begin{cases}\left(\displaystyle\prod_{i=1}^{n-1}2\right)\cdot\left\{a_1+\displaystyle\sum_{k=1}^{n-1}\frac{k}{2^k}\right\}, & n\ge 2\\ a_1 &, n=1.\end{cases}$$

$\therefore\ x_n^2=\begin{cases}2^{n-1}(x_1^2+2)-(n+1), & n\ge 2\\ x_1^2 &, n=1\end{cases}$을 얻는다.

x_n보다는 x_n^2을 직접 사용하는 것이 더욱 편리하다.

6.1.3 비선형 점화수열

일반 해법을 찾기가 어려우므로 유형별로 알아보기로 한다. 적절한 변환을 통하여 선형으로 변환하면 쉽게 해를 구할 수 있다. 각 유형에 적용되는 a, b, c, d는 상수이고 $f(n)$은 n의 함수이다.

유형 (8) $$x_{n+1} = \frac{ax_n + b}{cx_n + d} \quad (ad - bc \neq 0).$$

풀이

α가 $\alpha = \dfrac{a\alpha + b}{c\alpha + d}$를 만족하는 값이라고 하자. 그러면

$$x_{n+1} - \alpha = \frac{ax_n + b}{cx_n + d} - \frac{a\alpha + b}{c\alpha + d}$$
$$= \frac{(ad - bc)(x_n - \alpha)}{(c\alpha + d)\{c(x_n - \alpha) + c\alpha + d\}}.$$

역수를 취하면 $\dfrac{1}{x_{n+1} - \alpha} = \dfrac{(c\alpha + d)\{c(x_n - \alpha) + c\alpha + d\}}{(ad - bc)(x_n - \alpha)}$.

$\dfrac{1}{x_n - \alpha} = y_n$이라 하면

$$y_{n+1} = \frac{c\alpha + d}{ad - bc}[c + (c\alpha + d)y_n].$$

이 수열은 선형 점화수열로 귀착된다.

$$y_{n+1} = \beta y_n + \gamma, \ \beta = \frac{(c\alpha + d)^2}{ad - bc}, \ \gamma = \frac{c(c\alpha + d)}{ad - bc}.$$

유형 (9) $$a_{n+k} = a_{n+k-1}{}^{P_{k-1}} a_{n+k-2}{}^{P_{k-2}} \cdot \cdots \cdot a_n{}^{P_0} f(n)$$
$$= \prod_{i=0}^{k-1} a_{n+i}{}^{P_i} \cdot f(n)$$

(단, $a_{n+i} > 0$ $(i = 0, 1, \cdots, k-1)$, $f(n) > 0$, P_i: 상수지수)

풀이 주어진 식의 양변에 log를 취하면

$$\log a_{n+k} = P_{k-1}\log a_{n+k-1} + P_{k-2}\log a_{n+k-2} + \cdots + P_0 \log a_n + \log f(n).$$

$y_n = \log a_n$이라 놓으면 선형 점화수열로 귀착된다.

$$y_{n+k} = P_{k-1}\, y_{n+k-1} + P_{k-2} y_{n+k-2} + \cdots + P_0 y_n + \log f(n).$$

유형 (10) $a_n = \dfrac{a_{n-1}}{f(n)\,a_{n-1} + b \cdot g(n)}$

풀이 역수를 취하면 $\dfrac{1}{a_n} = \dfrac{1}{a_{n-1}} b \cdot g(n) + f(n)$이다. $x_n = \dfrac{1}{a_n}$이라 하면 $x_n = b \cdot g(n)\, x_{n-1} + f(n)$이 되어 선형 점화수열로 귀착된다. 유형 (7) 참조.

6.1.4 매스매티카를 이용한 점화수열의 일반항

매스매티카를 이용하여 점화수열의 일반항을 구하기 위해서는 패키지 **DiscreteMath'RSolve'**를 호출(버전 5.0 이상이면 내장함수로 정의되어 있어 호출 불필요)하고 다음과 같은 명령문을 사용한다.

호출법 : **<<DiscreteMath'RSolve'** 또는
Needs["DiscreteMath'RSolve'"]을 먼저 실행

명 령 어	설 명
RSolve[eqn, a[n], n]	점화식 eqn의 일반항 a[n]을 n의 함수로 표시
RSolve[{eqn1, eqn2, ...}, {a1[n], a2[n]... }, n]	연립 점화식의 일반항을 n의 함수로 표시

예제 1 | 수열 $a_{n+3} - 2a_{n+2} - a_{n+1} + 2a_n = 0$, $a_0 = 0,\ a_1 = 1,\ a_2 = 1$의 일반항을 구하시오.

풀이

점화식 연산을 위한 RSolve 호출. 버전 5.0 이상이면 호출 불필요

```
Needs["DiscreteMath`RSolve`"];
```

```
RSolve[{a[n+3]-2a[n+2]-a[n+1]+2a[n]==0,
a[0]==0, a[1]==1, a[2]==1}, a[n], n]
```

6.1.1절 예제 1 참조

$$\left\{\left\{a[n] \to \frac{1}{3}(-(-1)^n + 2^n)\right\}\right\}$$

예제 2 | 점화수열 $a_{n+2} - 2a_{n+1} + 2a_n = \alpha$의 일반항을 구하시오. 단, α는 주어진 상수이다.

풀이

이미 호출했으면 불필요

```
Needs["DiscreteMath`RSolve`"];
```

6.1.1절 예제 2 참조

```
sol=RSolve[a[n+2]-2a[n+1]+2a[n]==alpha,a[n],n]
```

$a_n = \sqrt{2}^n \left(c_1 \cos\frac{n\pi}{4} + ic_2 \sin\frac{n\pi}{4}\right) + \alpha$

$$\left\{\left\{a[n] \to \alpha + 2^{n/2} C[2] \operatorname{Cos}\left[\frac{n\pi}{4}\right] + 2^{n/2} C[1] \operatorname{Sin}\left[\frac{n\pi}{4}\right]\right\}\right\}$$

예제 3 | 점화수열 $a_{n+2} - 4a_{n+1} + 4a_n = n$의 일반항을 구하시오.

풀이

이미 호출했으면 불필요

```
Needs["DiscreteMath`RSolve`"];
```

6.1.1절 예제 3 참조

```
sol=RSolve[a[n+2]-4a[n+1]+4a[n]==n,a[n],n]
```

$a_n = (c_1 + c_2 n)2^n + n + 2$

$$\{\{a[n] \to 2 + n + 2^n C[1] + 2^n n C[2]\}\}$$

예제 4 | 수열 $a_{n+3} - 6a_{n+2} + 12a_{n+1} - 8a_n = p^n$의 일반항을 구하시오. 단, $p \neq 2$는 상수이다.

$a_n = (c_1 + c_2 n + c_3 n^2)2^n + \frac{p^{n+1}}{(p-2)^3}$

풀이

이미 호출 또는 버전 5.0 이상이면 호출 불필요

```
Needs["DiscreteMath`RSolve`"];
```

```
RSolve[a[n+3]-6a[n+2]+12a[n+1]-8a[n]==p^n,a[n],n];
```

6.1.1절 예제 4 참조

```
Simplify[%]
```

$$\left\{\left\{a[n] \to \frac{p^n}{(-2+p)^3} + 2^n (C[1] + n(C[2] + nC[3]))\right\}\right\}$$

예제 5 | 점화수열 $a_{n+2} - 5a_{n+1} + 6a_n = n^2 p^n$의 일반항을 구하시오. 단, $p \neq 2$, $p \neq 3$인 상수.

6.1.1절 예제 5 참조

$a_n^P = (An^2 + Bn + C)p^n$

풀이

이미 호출 또는 버전 5.0 이상이면 호출 불필요

```
Needs["DiscreteMath`RSolve`"];
RSolve[a[n+2]-5a[n+1]+6a[n]==n^2*p^n,a[n],n];
Simplify[%];
```

$$\left\{\left\{a[n] \to \frac{1}{(6-5*p+p^2)^3}(p^n(n^2(6-5p+p^2)^2 + 2np(30-37p+15p^2-2p^3) + p(30+p-15p^2+4p^3))) + 2^n C[1] + 3^n C[2]\right\}\right\}$$

예제 6 | 여러 가지 점화수열의 예를 들고 **RSolve** 명령어를 활용하여 일반항을 구하시오.

풀이

버전 5.x 이상이면 호출 불필요

```
Needs["DiscreteMath`RSolve`"]
```

1) $a_{n+1} = ra_n$

```
RSolve[a[n+1]==r*a[n] + q,a[n],n]
```
Shift Enter↵

$$\left\{\left\{a[n] \to \frac{q(-1+r^n)}{-1+r} + r^{-1+n} C[1]\right\}\right\}$$

2) $a_{n+1} = ra_n + q$, $a_0 = p$

```
RSolve[{a[n+1]==r*a[n] + q, a[0]==p}, a[n], n]
```

$$\left\{\left\{a[n] \to \frac{-q-pr^n+qr^n+pr^{1+n}}{-1+r}\right\}\right\}$$

3) $a_n = a_{n-1} + a_{n-2}$, $a_0 = a_1 = 1$. Fibonacci 수열

$a_n = \frac{1}{\sqrt{5}}\left\{\left(\frac{1+\sqrt{5}}{2}\right)^{n+1} - \left(\frac{1-\sqrt{5}}{2}\right)^{n+1}\right\}$

```
RSolve[{a[n]== a[n-1]+a[n-2],a[0]==a[1]==1}, a[n], n]
```

$$\left\{\left\{a[n] \to \frac{1}{10}\left(5\left(\frac{1}{2}-\frac{\sqrt{5}}{2}\right)^n - \sqrt{5}\left(\frac{1}{2}-\frac{\sqrt{5}}{2}\right)^n + 5\left(\frac{1}{2}+\frac{\sqrt{5}}{2}\right)^n + \sqrt{5}\left(\frac{1}{2}+\frac{\sqrt{5}}{2}\right)^n\right)\right\}\right\}$$

4) a_n의 최초 10개의 항

```
tt=%[[1,1,2]; Table[tt,{n,0,9}] //Simplify
{1, 1, 2, 3, 5, 8, 13, 21, 34, 55}
```

5) 연립점화식의 일반항

$a_{n+1} - 3b_n - 4a_n = 1$

$a_n + 1 + b_n + 1 + b_n = n$

$a_0 = b_0 = 0$

```
sol=RSolve[{ a[n+1]-3b[n]-4a[n]==1,
             a[n+1] + b[n+1] + b[n] == n,
             a[0]==b[0]==0}, {a[n], b[n]}, n ];
sol//. {(-1)^(2n)->1}//Simplify  Shift  Enter↵
```

$$\left\{\left\{a[n] \to \frac{1}{6}(-8-(-2)^n+9\ 2^n-6\,n),\ b[n] \to \frac{1}{3}(2+(-2)^n-3\ 2^n+3\,n)\right\}\right\}$$

6) $a_{n+1} - 4a_n = n(n+1)$

```
RSolve [ a[n+1] - 4a[n] == n(n+1), a[n], n ];
% //Simplify  Shift  Enter↵
```

6.1.2절 유형 4 참조

$$\left\{\left\{a[n] \to \frac{1}{108}(32(-1+4^n)-60\,n-36\,n^2+27*4^n\ C[1])\right\}\right\}$$

7) $a_{n+1} - n(n+1)a_n = 0$

```
RSolve[ a[n+1] - n(n+1)*a[n] == 0, , a[n], n ];
% //TraditionalForm  Shift  Enter↵
```

6.1.2절 유형 7 참조

$$\{\{a(n) \to c_1\,\Gamma(n)\,\Gamma(n+1)\}\}$$

8) $x_n = \dfrac{3x_{n-1}+1}{x_{n-1}+3}$, $x_1 = 2$

```
RSolve [ {x[n] == (3x[n-1]+1) / (x[n-1]+3),
                    x[1] == 2}, x[n], n ]  Shift  Enter↵
```

6.1.3절 유형 8 참조

$$\left\{\left\{x[n] \to \frac{3(-1)^n+(-1)^n\ 2^{1-n}}{3(-1)^n-(-1)^n\ 2^{1-n}}\right\}\right\}$$

9) $x_{n+2} = \sqrt{x_n\,x_{n+1}}$, $x_1 = 1,\ x_2 = 2$

```
RSolve[{x[n+2] == Sqrt[x[n]*x[n+1]],
                    x[1]==1, x[2]==2}, x[n], n ];
% //Simplify  Shift  Enter↵
```

6.1.3절 유형 9 참조

$$\left\{\left\{x[n] \to 2^{\frac{2}{3}(1+(-1)^n 2^{1-n})}\right\}\right\}$$

예제 7 | 예제 6의 (9)번 문제에 주어진 점화수열을 선형으로 변환시켜 (6.1.2절의 유형 9 참조) 이론해를 구하시오.

이론해

주어진 식의 양변에 log를 취하고 $y_n = \log x_n$이라 놓으면 다음 선형 점화수열로 귀착된다.

특성방정식: $2\zeta^2 - \zeta - 1 = 0$

$$y_{n+2} = \frac{1}{2}y_n + \frac{1}{2}y_{n+1},\quad y_1 = 0,\quad y_2 = \ln 2.$$

$-c_1+2c_2=0$

$c_1+4c_2=\ln 2$

일반해 $y_n=c_1(-\frac{1}{2})^n+c_2$에 초기조건을 대입하여 $c_1=\frac{4}{3}\ln 2$, $c_2=\frac{2}{3}\ln 2$을 얻고 역치환하여 $x_n=e^{y_n}=2^{\frac{2}{3}(1+(-1)^n 2^{1-n})}$을 얻는다.

예제 8 | 예제 6의 (6)번 및 (7)번 문제에 주어진 점화수열의 이론적인 해를 구하고 (6.1.2절의 유형 4 및 7 참조) 매스매티카의 결과와 일치하는지 확인하시오.

이론해

(6)번의 이론적 해: 6.1.2절 유형 4의 결과

$$a_n=\begin{cases} p^{n-1}\left\{a_1+\sum_{k=1}^{n-1}\frac{f(k)}{p^k}\right\}, & n\ge 2 \\ a_1 & , n=1 \end{cases}$$

를 면밀히 검토하면 $p=4$, $f(k)=k(k+1)$인 경우이다.

$f=\sum_{k=1}^{n-1}x^{k+1}$이라 두고

$$\sum_{k=1}^{n-1}x^{k+1}=\frac{x^2(1-x^{n-1})}{(1-x)}$$ 으로부터 양변을 x에 관해 두 번 미분하면

Simplify[D[f,{x,2}]]를 사용하여 확인

$$\sum_{k=1}^{n-1}k(k+1)x^{k-1}=\frac{2x-x^n\{n^2+n-2(n^2-1)x+(n^2-n)x^2\}}{x(1-x)^3}$$

x*Simplify[D[f,{x,2}]] /. {x -> 1/4}으로 확인

이고 이 식의 양변에 x를 곱하고 $x=1/4$을 대입하면 $\frac{4}{27}\{8-(8+15n+9n^2)\cdot 4^{-n}\}$을 얻고 이를 활용하면 원하는 결과를 얻는다.

(7)번의 이론적 해: 6.1.2절의 유형 7의 결과

$$a_n=\begin{cases} a_1 & , n=1 \\ \prod_{i=1}^{n-1}\phi(i)\left\{a_1+\sum_{k=1}^{n-1}\frac{f(k)}{\prod_{i=1}^{k}\phi(i)}\right\}, & n\ge 2. \end{cases}$$

를 면밀히 검토하면 $\phi=n(n+1)$, $f(k)=0$인 경우이다. 대입하면 원하는 결과를 얻는다.

6.2 수열의 합과 곱

6.2.1 매스매티카를 이용한 수열의 합과 곱

매스매티카를 이용하여 수열의 합과 곱을 기호로 계산하기 위해서는 다음과 같은 명령문을 사용한다.

명 령 어	설 명
Sum[f,{i,imin,imax,di}]	i = imin 부터 imax 까지 i 값을 di씩 증가시키면서 f를 합한다.
Product[f,{i,imin,imax,di}]	i = imin 부터 imax 까지 i 값을 di씩 증가시키면서 f를 곱한다.

☞ imin과 di가 생략되면 각각 1을 뜻한다.

6.2.2 수열의 합

수열의 합을 구하는 방법은 등차수열, 등비수열과 같은 잘 알려진 수열을 이용하거나, $\sum_{k=1}^{n} f(k+1)-f(k)=f(n+1)-f(1)$ 등 특수한 형태의 수열, 이항정리, 미분과 적분을 활용하는 방법이 있으며 자세한 이론적 배경은 부록을 참조한다.

예제 1 (수열의 합)

1) $\sum_{k=1}^{n} k=\frac{n(n+1)}{2}$

```
Sum[ k,{k,1,n}] //TraditionalForm  Shift Enter
```

$\frac{1}{2}n(n+1)$

2) $\sum_{k=1}^{p} k^3=\frac{p^2(p+1)^2}{4}$

```
Sum[k^3,{k,1,p}] //TraditionalForm  Shift Enter
```

$\frac{1}{4}p^2(1+p)^2$

3) $\sum_{k=1}^{p} k^4$

```
Sum[k^4,{k,1,p}] //TraditionalForm  Shift Enter
```

$\frac{1}{30}p(p+1)(2p+1)(3p^2+3p-1)$

4) $\sum_{k=q}^{p} k(k+1)$

Sum[k(k+1),{k,q,p}] Shift Enter

$\frac{1}{3}(1+p-q)(2p+p^2+q+pq+q^2)$

5) $\sum_{k=1}^{p}\prod_{0}^{4} k+i$

Sum[Product[k+i,{i,0,4}],{k,1,p}] Shift Enter

$\frac{1}{6}p(1+p)(2+p)(3+p)(4+p)(5+p)$

6) $\sum_{k=1}^{4}\frac{1}{k(k+1)}$

Sum[1/(k(k+1)),{k,1,4}] Shift Enter

$\frac{4}{5}$

7) $\sum_{k=1}^{4}\frac{1}{k(k+1)(k+2)}$

S = Sum[1/(k(k+1)(k+2)),{k,1,4}] Shift Enter

$\frac{7}{30}$

8) $\sum_{k=1}^{n}\frac{1}{k(k+1)\cdots(k+m-1)} = \frac{1}{m-1}\left\{\frac{1}{(m-1)!}-\frac{n!}{(n+m-1)!}\right\}$

(1/(m-1))*(1/(m-1)! - n!/(n+m-1)!);

% //TraditionalForm Shift Enter

$$\frac{\frac{1}{(m-1)!}-\frac{n!}{(m+n-1)!}}{m-1}$$

9) $\sum_{k=1}^{n} k^2 x^{k-1}$(부록 참조)

Simplify[Sum[k^2*x^(k-1),{k,1,n}]];

% //TraditionalForm Shift Enter

$$\frac{(n+1)^2 x^n + (-2n^2-2n+1)x^{n+1} + n^2 x^{n+2} - x - 1}{(x-1)^3}$$

10) $\sum_{k=1}^{n} \sin kt$(부록 참조)

Sum[Sin[k*t], {k,1,n}] Shift Enter

$$\text{If}\left[\frac{t}{2\pi}\in \text{Integers},\ \left(i^{\frac{nt}{\pi}}\ n+\text{Cos}\left[\frac{nt}{2}\right]\right)\text{Sin}\left[\frac{nt}{2}\right],\ \text{Csc}\left[\frac{t}{2}\right]\text{Sin}\left[\frac{nt}{2}\right]\text{Sin}\left[\frac{t}{2}+\frac{nt}{2}\right]\right]$$

Simplify [Sum[Sin[k*t], {k,1,n}]] Shift Enter

$$\begin{cases}\left(e^{\frac{int}{2}}\ n+\text{Cos}\left[\frac{nt}{2}\right]\right)\text{Sin}\left[\frac{nt}{2}\right], & \frac{t}{2\pi}\in \text{Integers}\\ \text{Csc}\left[\frac{t}{2}\right]\text{Sin}\left[\frac{nt}{2}\right]\text{Sin}\left[\frac{1}{2}(1+n)t\right], & \text{True}\end{cases}$$

$\frac{t}{2\pi}$: 정수 조건 부여

Simplify [Sum[Sin[k*t], {k,1,n}], $\frac{t}{2\pi}\in$ Integers]

$$\left(e^{\frac{int}{2}}\ n+\text{Cos}\left[\frac{nt}{2}\right]\right)\text{Sin}\left[\frac{nt}{2}\right]$$

11) $\sum_{k=1}^{n} \cos kt$ (부록 참조) Simplify [Sum[Cos[k*t], {k,0,n}]] Shift Enter

$$\begin{cases} \text{Cos}\left[\frac{\text{nt}}{2}\right]\left(e^{\frac{\text{int}}{2}} \text{n} + \text{Cos}\left[\frac{\text{nt}}{2}\right]\right), & \frac{\text{t}}{2\pi} \in \text{Integers} \\ \text{Cos}\left[\frac{\text{nt}}{2}\right] \text{Csc}\left[\frac{\text{t}}{2}\right] \text{Sin}\left[\frac{1}{2}(1+\text{n})\text{t}\right], & \text{True} \end{cases}$$

12) $\sum_{k=1}^{n} k\,k! = (n+1)! - 1$ Sum [k*(k!), {k,1,n}] //TraditionalForm

$\Gamma[n+2] = (n+1)!$ $\Gamma[n+2]-1$

13) $\sum_{k=0}^{n} {}_{n}C_{k} = 2^{n}$ Sum [Binomial[n,k], {k,0,n}] Shift Enter

Binomial[n,k] $= {}_{n}C_{k}$ 2^{n}

14) $\sum_{k=0}^{n} (k+1)\ {}_{n}C_{k}$ $= 2^{n-1}(2+n)$ Sum [(k+1)*Binomial[n,k], {k,0,n}] Shift Enter

$2^{-1+n}(n+2)$

15) $\sum_{k=0}^{n} \frac{{}_{n}C_{k}}{(k+1)} = \frac{2^{n+1}-1}{n+1}$ Sum [Binomial[n,k]/(k+1), {k,0,n}] Shift Enter

$$\frac{-1+2^{1+n}}{1+n}$$

6.2.3 수열의 곱

수열의 곱을 구하는 방법은 등차수열, 등비수열과 같은 잘 알려진 수열을 이용하거나 $a_{n+1} = a_n f(n)$ 등 특수한 형태의 수열, 감마함수, 미분과 적분을 활용하는 방법이 있으며 자세한 이론적 배경은 부록을 참조한다.

예제 2 | (수열의 곱)

1) $\prod_{k=1}^{n} k = n!$ Product[k,{k,1,n}] Shift Enter

$\Gamma(1+n) = n!$ n!

2) $\prod_{k=1}^{n} \frac{1}{k^4} = \frac{1}{\Gamma(1+n)^4}$ Product[1/k^4,{k,1,n}] Shift Enter

$$\frac{1}{(n!)^4}$$

3) $\prod_{k=2}^{n} 1-\frac{1}{k^2}$

$=\frac{1}{2}(1+\frac{1}{n})$

Product[1-1/k^2,{k,2,n}] Shift Enter

$\frac{1+n}{2n}$

4) $\prod_{k=1}^{n} \cos\frac{t}{2^k}$

기호연산하지 못함
6.4절 예제 3 참조

Product[Cos[t/2^k],{k,1,n}] Shift Enter

$\prod_{k=1}^{n} \mathrm{Cos}\,[2^{-k}\, t]$

6.3 무한수열과 무한급수

6.3.1 무한수열

항의 개수가 무한개인 수열을 무한수열 $\{a_n\}$이라 부른다.

무한수열의 수렴과 발산

극한값 $\lim_{n\to\infty} a_n = \alpha$인 유한 확정치 α가 존재하면 수열 $\{a_n\}$은 수렴한다고 말하고 그렇지 않으면 발산한다고 말한다.

예제 1 | 무한등비수열 $\{r^n\}$의 수렴성을 조사하시오.

풀이

매스매티카가 극한값을 구하지 못함

Limit [r^n, n -> Infinity] Shift Enter

Limit $[\mathrm{r}^{\mathrm{n}},\ \mathrm{n}\to\infty]$

이론해

부록으로부터

$$\lim_{n\to\infty} r^n = \begin{cases} \infty &, \quad r>1 \\ 1 &, \quad r=1 \\ 0 &, \quad -1<r<1 \\ \text{진동} &, \quad r\le -1 \end{cases}$$

이며 수렴하는 공비값의 범위는 $-1 < r \le 1$임을 알 수 있다.

예제 2 | 다음과 같은 일반항을 갖는 무한수열의 수렴성을 조사하시오.

(1) $a_n = \sqrt{n+1} - \sqrt{n-1}$

(2) $a_n = \sqrt{n^2 - n + 1} - n$

(3) $a_n = \dfrac{\sqrt{n} - \sqrt{n+2}}{\sqrt{n^2+5} - n}$

(4) $a_n = n \sin \dfrac{\pi}{n}$

(5) $a_n = \dfrac{n!}{10^n} = \left(\dfrac{1}{10}\ \dfrac{2}{10} \cdots \dfrac{10}{10}\right)\left(\dfrac{11}{10}\ \dfrac{12}{10} \cdots \dfrac{n}{10}\right)$

이 수열들의 이론적인 극한값은 각각 0, $-1/2$, $-\infty$, π, ∞이며 자세한 내용은 부록을 참조한다.

풀이

(1) **Limit [Sqrt[n+1]-Sqrt[n-1], n -> Infinity]**

0

(2) **Limit [Sqrt[n^2-n+1]-n, n -> Infinity]**

$-\dfrac{1}{2}$

(3) **Limit [(Sqrt[n] - Sqrt[n+2])/(Sqrt[n^2+5]-n),**
n -> Infinity]

$-\infty$

(4) **Limit [n*Sin[Pi/n], n -> Infinity]**

π

(5) **Limit [n! /(10^n), n -> Infinity]**

∞

6.3.2 무한급수

무한수열 a_1, a_2, $\cdots$, a_n, $\cdots$의 모든 항의 합 $\sum_{n=1}^{\infty} a_n = a_1 + a_2 + \cdots + a_n + \cdots$을 무한급수라 부르고 $S_n = a_1 + a_2 + \cdots + a_n$을 제 n항까지의 부분합이라고 부른다. 극한치

$S = \lim_{n\to\infty} S_n$이 존재하면 S를 무한급수의 합이라고 부르며 무한급수가 수렴한다고 말한다. S가 존재하지 않으면 발산한다고 말한다. 부분합 $\{S_n\}$이 단조 증가 또는 단조 감소 수열이며 각각 상계 또는 하계가 있으면 무한급수는 수렴한다. 무한급수가 수렴하면 $\lim_{n\to\infty}(S_n - S_{n-1}) = \lim_{n\to\infty} a_n = 0$이다. 그러나 $\lim_{n\to\infty} a_n = 0$이라고 해서 무한급수가 수렴하지는 않는다. $\lim_{n\to\infty} a_n \neq 0$이면 무한급수는 수렴하지 않는다.

무한급수의 수렴 및 발산

다음은 수렴 또는 발산하는 무한급수의 예이다. 수렴성 판별의 이론적 배경은 부록을 참조하기로 한다.

(1) $S = \sum_{n=1}^{\infty} ar^{n-1}, \quad a \neq 0$ (무한등비급수의 합)

$$\begin{cases} -1 < r < 1 \Rightarrow \quad r^n \to 0\,, & S = \lim_{n\to\infty} S_n = \dfrac{a}{1-r} \\ r \geq 1 \Rightarrow & S = \lim_{n\to\infty} S_n = \text{발산} \\ r \leq -1 \Rightarrow \quad r^n \to \text{진동}\,, & S = \lim_{n\to\infty} S_n = \text{발산.} \end{cases}$$

(2) $1 - \frac{1}{2} + \frac{1}{2} - \frac{1}{3} + \cdots + \frac{1}{n} - \frac{1}{n+1} + \frac{1}{n+1} - \cdots$

$$\lim_{\substack{n\to\infty \\ n=2m-1}} S_n = 1, \quad \lim_{\substack{n\to\infty \\ n=2m}} S_n = 1(\text{수렴}).$$

(3) $2 - \frac{3}{2} + \frac{3}{2} - \frac{4}{3} + \cdots + \frac{n+1}{n} - \frac{n+2}{n+1} + \frac{n+2}{n+1} - \cdots$

$$\lim_{\substack{n\to\infty \\ n=2m-1}} S_n = 2, \quad \lim_{\substack{n\to\infty \\ n=2m}} S_n = 1(\text{발산}).$$

(4) $\sum_{n=1}^{\infty} \frac{1}{n} = \infty$

(5) $\frac{1}{1^2} + \frac{1}{2^2} + \frac{1}{3^2} + \cdots + \frac{1}{n^2} + \cdots < 2$ (수렴).

(6) $\frac{1}{\sqrt{1}} + \frac{1}{\sqrt{2}} + \frac{1}{\sqrt{3}} + \cdots + \frac{1}{\sqrt{n}} + \cdots = \infty$ (발산).

무한급수의 합

다음은 여러 가지 무한급수의 합을 보여주는 예이다. 유도과정은 부록을 참조하기로 한다.

(1) $S=\sum_{n=1}^{\infty}(-1)^{n-1}\frac{1}{2^{n-1}}=\frac{2}{3}.$

(2) $S=\sum_{n=1}^{\infty}\frac{1}{n(n+1)}=1.$

(3) $S=\sum_{n=1}^{\infty}f(n+1)-f(n)=\alpha-f(1).$ 단, $\lim_{n\to\infty}f(n)=\alpha$ (유한확정값).

(4) $S=\sum_{n=1}^{\infty}f(n+2)-f(n)=2\alpha-f(1)-f(2).$

단, $\lim_{n\to\infty}f(n)=\alpha$ (유한확정값).

(5) $S=\sum_{n=1}^{\infty}f(n+p)-f(n)=p\alpha-\sum_{k=1}^{p}f(k),$ (p는 정수).

(6) $S=\sum_{n=1}^{\infty}\frac{1}{n(n+2)}=\frac{1}{2}\sum_{n=1}^{\infty}(\frac{1}{n}-\frac{1}{n+2})=\frac{3}{4}.$

(7) $S=\sum_{n=1}^{\infty}\frac{1}{n!(n+2)}=\sum_{n=1}^{\infty}\frac{1}{(n+1)!}-\frac{1}{(n+2)!}=\frac{1}{2}.$

(8) $S=\sum_{n=1}^{\infty}\frac{n\sin(n-1)\theta-\sin n\theta}{n!}=\sum_{n=1}^{\infty}\frac{\sin(n-1)\theta}{(n-1)!}-\frac{\sin n\theta}{n!}=0.$

예제 3

1) 무한등비급수

Sum[(-1/2)^(k-1),{k,1,Infinity}] Sh ft Enter

$\frac{2}{3}$

2) $\frac{1}{2}\sum_{n=1}^{\infty}(\frac{1}{n}-\frac{1}{n+2})$

Sum[1/(k(k+2)),{k,1,Infinity}] Shift Enter

$\frac{3}{4}$

3) $\sum_{n=1}^{\infty}\frac{1}{(n+1)!}-\frac{1}{(n+2)!}$

Sum[1/(k!(k+2)),{k,1,Infinity}] Shift Enter

$\frac{1}{2}$

4) $\sum_{n=1}^{\infty} \frac{\sin(n-1)\theta}{(n-1)!} - \frac{\sin n\theta}{n!} = 0$

```
Sum[(k*Sin[(k-1)*t]-Sin[k*t])/k!, {k,1,Infinity}]
0
```

5) $\sum_{k=1}^{\infty} \frac{1}{\sqrt{k}} = \infty$
경고메시지

```
Sum[1/Sqrt[k],{k,1,Infinity}] [Shift] [Enter↵]
Sum::div: Sum does not converge. More...
```

$$\sum_{k=1}^{\infty} \frac{1}{\sqrt{k}}$$

6) $\sum_{k=1}^{\infty} \frac{1}{k^2} = \frac{\pi^2}{6}$

```
Sum[1/k^2,{k,1,Infinity}] [Shift] [Enter↵]
```

$$\frac{\pi^2}{6}$$

7) $\sum_{k=1}^{\infty} \frac{1}{k^4} = \frac{\pi^4}{90}$

```
Sum[1/k^4,{k,1,Infinity}] [Shift] [Enter↵]
```

$$\frac{\pi^4}{90}$$

6.4 무한곱

무한곱 $\prod_{n=1}^{\infty} a_n = a_1 \cdot a_2 \cdot a_3 \cdot \cdots \cdot a_n \cdot \cdots$은 부분곱 $P_n = a_1 \cdot a_2 \cdot \cdots \cdot a_n$이 수렴할 때 무한곱이 수렴한다고 말한다.

예제 1 | $\prod_{n=2}^{\infty} \left(1 - \frac{1}{n^2}\right)$을 구하시오.

풀이

$\prod_{n=2}^{\infty} 1 - \frac{1}{n^2}$

```
Product[1-1/n^2, {n,2,Infinity}] [Shift] [Enter↵]
```

$$\frac{1}{2}$$

이론해

$$P_n = \left(1-\frac{1}{4}\right)\left(1-\frac{1}{9}\right)\left(1-\frac{1}{16}\right)\cdots\left(1-\frac{1}{n^2}\right)$$

$$= \prod_{k=2}^{n}\frac{k^2-1}{k^2} = \prod_{k=2}^{n}\frac{k-1}{k}\cdot\prod_{k=2}^{n}\frac{k+1}{k}$$

$$= \frac{1}{2}\cdot\frac{2}{3}\cdot\frac{3}{4}\cdot\cdots\cdot\frac{n-1}{n}\cdot\frac{3}{2}\cdot\frac{4}{3}\cdot\cdots\cdot\frac{n+1}{n}$$

$$= \frac{1}{n}\cdot\frac{(n+1)}{2}.$$

$$\therefore \lim_{n\to\infty} P_n = \frac{1}{2} = P = \prod_{n=2}^{\infty}\left(1-\frac{1}{n^2}\right)(\text{수렴}).$$

예제 2 | 다음 수열의 극한값을 구하시오.

$$\sqrt{3},\ \sqrt{3\sqrt{3}},\ \sqrt{3\sqrt{3\sqrt{3}}},\ \cdots,\ \sqrt{3\sqrt{3\sqrt{3\sqrt{3\cdots}}}}.$$

풀이

an = Product[3^(2^(-k)), {k,1,n}] Shift Enter↵

$3^{1-2^{-n}}$

v = Limit[an, n->Infinity] Shift Enter↵

3

이론해

$$a_n = 3^{\frac{1}{2}}\cdot\left(3^{\frac{1}{2}}\right)^{\frac{1}{2}}\cdot\left\{\left(3^{\frac{1}{2}}\right)^{\frac{1}{2}}\right\}^{\frac{1}{2}}\cdot\cdots$$

$$= 3^{\frac{1}{2}+\frac{1}{2^2}+\frac{1}{2^3}+\cdots+\frac{1}{2^n}} = 3^{1-\frac{1}{2^n}}$$

$$\therefore \lim_{n\to\infty} a_n = 3.$$

예제 3 | $\sin\theta = 2^n\cdot\sin\frac{\theta}{2^n}\cdot\prod_{k=1}^{n}\left(\cos\frac{\theta}{2^k}\right)$임을 보이고 $\prod_{k=1}^{\infty}\left(\cos\frac{\theta}{2^k}\right)$을 구하시오.

풀이

Product[1/Cos[t/2^k], {k,1,Infinity}] Shift Enter↵

매스매티카로 구하지 못함 (아래 참조)	$\prod_{k=1}^{\infty} \text{Sec}[2^{-k}\, t]$
메모리 제거	`t =.; y =.; n =.;`
$y=t/2^n$으로 치환	`w = (t/2^n) / Sin[(t/2^n)] /. {t -> y *2^n}`
	y Csc[y]
$y=t/2^n\big\vert_{n\to\infty} \Rightarrow y\to 0$	`(Sin[t]/t) * Limit[w, y -> 0]` Shift Enter↵
	$\frac{\text{Sin}[t]}{t}$
t=0일 때	`Product[1/Cos[t/2^k] /. t -> 0, {k,1,n}]`
결과	1

이론해

$$\sin\theta = 2\cdot\sin\frac{\theta}{2}\cdot\cos\frac{\theta}{2}$$

$$= 2^2\cdot\sin\frac{\theta}{2^2}\cdot\cos\frac{\theta}{2^2}\cdot\cos\frac{\theta}{2}$$

$$\vdots$$

$\sin(\frac{\theta}{2^k}) = 2\sin(\frac{\theta}{2^{k+1}})\cos(\frac{\theta}{2^{k+1}})$

$$= 2^n\cdot\sin\frac{\theta}{2^n}\cdot\underbrace{\prod_{k=1}^{n}\cos\frac{\theta}{2^k}}_{P_n}$$

$$\therefore P_n = \frac{\sin\theta}{2^n\sin\frac{\theta}{2^n}} = \frac{\sin\theta}{\theta}\cdot\frac{\frac{\theta}{2^n}}{\sin\frac{\theta}{2^n}}.$$

$$\therefore \begin{cases} \lim_{n\to\infty} P_n = \frac{\sin\theta}{\theta}, & \theta\neq 0 \\ \lim_{n\to\infty} P_n = 1, & \theta = 0. \end{cases}$$

6.5 무한급수와 무한곱의 근사값

매스매티카를 이용하여 무한급수 또는 수열의 합과 무한곱의 근사값을 구하기 위해서는 다음과 같은 명령문을 사용한다.

명 령 어	설 명
NSum[f,{i,imin,Infinity}]	i = imin 부터 Infinity 까지 i 값을 1씩 증가시키면서 f의 근사합을 구함
NProduct[f,{i,imin,Infinity}]	i = imin 부터 Infinity 까지 i 값을 1씩 증가시키면서 f의 근사곱을 구함

☞ imin이 생략되면 1을 뜻함

예제 1 | 다음 급수 또는 무한곱의 근사값을 구하시오.

1) $\sum_{k=1}^{\infty}\frac{1}{k^2}=\frac{\pi^2}{6}$ 의 근사값

NSum[1/k^2, {k,1, Infinity}] Shift Enter↵

1.64493

2) $\sum_{k=1}^{\infty}\frac{(-1)^{k+1}}{k}=\ln 2$

NSum[(-1)^(k+1) * (1/k), {k,1, Infinity}]

0.693147

3) $e^z=\sum_{k=1}^{\infty}\frac{z^k}{k!}\Big|_{z=-1}$ 근사값과 e^{-1} 비교

{ NSum[(-1)^k / k!, {k,0, Infinity}], E^(-1) //N }

{0.367879, 0.367879}

4) $\prod_{k=2}^{n}1-\frac{1}{k^2}=\frac{1}{2}(1+\frac{1}{n})$

NProduct[1-1/k^2, {k,2, Infinity}] Shift Enter↵

0.5 + 0. i

5) $\frac{\sin z}{z}=\prod_{k=1}^{\infty}1-\frac{z^2}{k^2\pi^2}$ z : 복소수

{ NProduct[1-z^2/(k^2*Pi^2)
/. {z -> Pi/2}, {k,1, Infinity}],
(Sin[z]/z) /. {z-> Pi/2//N} }

{0.63662, 0.63662}

6) $\cos z=\prod_{k=1}^{\infty}1-\frac{4z^2}{(2k-1)^2\pi^2}$

{NProduct[1-4z^2/((2k-1)^2*Pi^2)
/. {z-> Pi/4}, {k,1, Infinity}],
Cos[z] /. {z-> Pi/4//N}}

{0.707107, 0.707107}

7) $\frac{\pi}{2}=\prod_{k=1}^{\infty}\frac{4k^2}{4k^2-1}$ Wallis product

Product[(4k^2)/(4k^2-1), {k,1,Infinity}]

$\frac{\pi}{2}$

NProduct[(4k^2)/(4k^2-1), {k,1,Infinity}]

1.5708 + 0. i

연습문제 6

* 가 표시된 문제는 난이도가 높은 문제임

01 $\sum_{k=1}^{n} f(k)-f(k+p)=\sum_{j=1}^{p} f(j)-\sum_{j=1}^{p} f(n+j)$를 활용하여 다음 물음에 답하시오.

(1) $S=\sum_{k=1}^{n}\frac{1}{k(k+2)}$을 n의 함수로 구하시오.
($\frac{1}{k(k+2)}=\frac{1}{2}(\frac{1}{k}-\frac{1}{k+2})$ 및 $f(k)=\frac{1}{k}$을 활용).

(2) $n=100$일 때 S를 필산으로 구하시오.

(3) $\sum_{k=1}^{100}\frac{1}{k(k+2)}$을 매스매티카 명령어로 구하고, (2)의 결과와 비교하시오.

02* 다음 물음에 답하시오.

(1) $S=\sum_{k=1}^{n}\sin^2 kt=\begin{cases}\frac{1}{2}\left\{n-\frac{\cos(n+1)t\sin nt}{\sin t}\right\}, & t\neq 2m\pi\ (m:\ 정수)\\ 0 & ,\ t=2m\pi\ (m:\ 정수)\end{cases}$

를 이론적으로 유도하시오.

(2) 매스매티카 명령어를 사용하여 S를 구하고, (1)의 결과와 같은지 확인하시오. 필요하면 다음 삼각함수 공식을 활용하시오.

$$1=\frac{\sin(n+1-n)t}{\sin t}=\frac{\sin(n+1)t\cos nt-\cos(n+1)t\sin nt}{\sin t}$$

03 $f_0=\sqrt{x}$, $f_n(x)=\int_0^x f_{n-1}(t)\,dt\ (n=1,2,\cdots)$일 때, $f_k(x)$를 k와 x의 함수로 표시하고 $k=10$일 때 매스매티카 명령어로 확인하시오.

(☞ 매스매티카 명령어 **Integrate [f, t]** = $\int f(t)\,dt$ (부정적분)을 뜻함)
$f_k(x)=\int_0^x\int_0^x\cdots\int_0^x f_0(t)\,dt\cdots dt$, ($k$번 적분)임을 활용하고 필요하면 다음 **For** 구문을 사용하시오.

```
f0 = Sqrt[t] ; k = 10 ;
For[i=1, i<= k, i++, fk = Integrate[f0, t];
fk = (fk/. t-> x) - (fk/. t-> 0);
Print["f",i," = ", InputForm[fk]]; f0 = fk/. x -> t]
```

04* (1) $\frac{1}{2\sqrt{(n+1)}} < \sqrt{n+1} - \sqrt{n} < \frac{1}{2\sqrt{n}}$ ($n > 0$인 실수)임을 보이고

$\sum_{k=1}^{100} \frac{1}{\sqrt{k}}$ 의 정수부분을 구하시오.

(2) 매스매티카로 $\sum_{k=1}^{100} \frac{1}{\sqrt{k}}$ 의 정수부분을 구하여 (1)의 결과와 일치하는지 확인하시오. (☞ Floor [x]는 양의 실수 x의 정수부분을 구함).

05* $f(x) = (x+1)(x+2)\cdots(x+n)$

$= x^n + a_1 x^{n-1} + a_2 x^{n-2} + \cdots + a_{n-1}x + a_n$ 일 때

(1) a_1, a_2를 n으로 표시하시오.

(2) a_n를 n으로 표시하시오.

(3) $1 + a_2 + a_4 + \cdots + \cdots = a_1 + a_3 + \cdots = \frac{(n+1)!}{2}$ 임을 보이시오.

(4) $1 + \frac{1}{2} + \frac{1}{3} + \cdots + \frac{1}{n} = \frac{f'(0)}{n!}$ 임을 보이시오.

(5) $n = 20$일 때, 매스매티카 명령어로, (1) - (4)의 결과를 확인하시오.

06 다음 수열의 일반항을 이론적으로 구하고, 적절한 변환을 통하여 매스매티카로 확인하시오. (☞ 6.1.2절의 유형 1-10)

(1) $x_1 = 1,\ x_n = \frac{2x_{n-1}}{3 + x_{n-1}}$ $(n = 2, 3, 4\ \cdots)$

(2) $a_1 = 1,\ a_2 = 2,\ a_{n+2} = \sqrt{a_n a_{n+1}}$ $(n = 1, 2, \cdots)$

(3) $a_1 = 1,\ b_1 = 0,\ a_n = a_{n-1}\sin\theta + b_{n-1}\cos\theta,\ b_n = b_{n-1}\sin\theta + a_{n-1}\cos\theta$

일 때, a_n, b_n을 n과 θ로 표시하시오.

(4) $a_1 = 1,\ a_n = \frac{a_{n-1}}{(2n-1)a_{n-1} + 1}$ $(n = 2, 3, \cdots)$

(5) $x_{n+1} = 3 - \frac{a}{x_n}$ (단, a는 상수)

(6) $a_{n+1} = \frac{1}{2 - a_n}$ $(n = 1, 2, \cdots)$

07 $x_{n+1}=\frac{y_n+z_n}{2}$, $y_{n+1}=\frac{z_n+x_n}{2}$, $z_{n+1}=\frac{x_n+y_n}{2}$을 만족하는 수열 x_n, y_n, z_n을 $n \geq 0$ 및 x_0, y_0, z_0의 함수로 구하고 $\lim_{n\to\infty} x_n$, $\lim_{n\to\infty} y_n$, $\lim_{n\to\infty} z_n$을 구하는 매스매티카 명령문을 작성하시오.

08 다음 물음에 답하시오.

(1) $a_1=1$, $a_n=1+\sqrt{1+a_{n-1}}\ (n \geq 2)$의 극한치를 구하시오.
(Hint : $|a_n-3| < \frac{1}{3}|a_{n-1}-3|$을 유도)

(2) 다음 매스매티카 구문을 활용하여 $k=5, 10, 15, 20$일 때 a_k의 값을 구하고, a_k가 위의 극한값과 유사한지 확인하시오.

```
a1 = 1;
For [ i =2, i  ≤ k, i ++, an = 1 + Sqrt [1+a1] ;
      a1 = an ]; Print [ "an=" , an ]
```

09* a_n, $b_n\,(n=1, 2, \cdots)$을 유리수라 할 때, 식 $(1+\sqrt{2})^n = a_n + b_n\sqrt{2}$이 성립한다. 매스매티카 명령어를 활용하여 다음 물음에 답하시오.

(1) a_n, b_n, a_{n-1}, b_{n-1} 사이에 성립하는 관계식을 유도하시오.

(2) a_n, b_n을 n의 함수로 표시하시오.

(3) $\frac{a_n}{b_n}$을 n으로 표시하고, $\lim_{n\to\infty}\frac{a_n}{b_n}$을 구하시오.

10* $x_1=\cos\theta\ (0<\theta<\frac{\pi}{2})$, $2x_n^2-x_{n-1}-1=0\ (n=2, 3, \cdots)$을 만족하는 수열 $\{x_n\}$이 있다.

(1) $x_2, x_3, \cdots, x_{10}$를 구하시오.

(2) x_n을 n의 함수로 구하시오.

(3) $y_n=x_1x_2x_3\cdots x_n$이라 할 때, $y_n\sin\frac{\theta}{2^{n-1}}$를 간단히 하고 $n=1, 2, \cdots, 6$에 대하여 매스매티카로 확인하시오.

(4) $\lim_{n\to\infty} y_n$을 이론적으로 구하고 매스매티카로 확인하시오.

11* $x>0$일 때, 1차식 $f_n(x)=a_n+b_n x\ (n=1, 2, \cdots)$가 다음을 만족한다.

$$f_1(x)=1+x,\ x^2 f_{n+1}(x)=x^2+x^3+\int_0^x t f_n(t)dt.$$

$f_n(x)$ 및 $\lim_{n\to\infty} f_n(1)$을 이론적으로 구하고 매스매티카로 확인하시오.

12 수열 $\sqrt{2},\ \sqrt{2\sqrt{2}},\ \sqrt{2\sqrt{2\sqrt{2}}},\ \cdots$의 일반항 a_{n+1}과 a_n 사이에 성립하는 관계식을 유도하고 a_n을 n으로 표시하시오. a_n을 매스매티카 명령어로 구하시오.

13* 수열 $\{f_n(x)\}$가 다음 식을 만족한다.

$$f_1(x)=\sin^2 x,\ f_n(x)=\sin^2 x-\frac{1}{2}\int_0^{\pi/2} f_{n-1}(x)\,dx\ (n\ge 2).$$

(1) $a_n(x)=f_{n+1}(x)-f_n(x)(n\ge 1)$로 정의할 때 a_n과 a_{n-1} 사이에 성립하는 관계식을 유도하시오. (☞ a_n은 상수임을 착안).

(2) 매스매티카로 (1)에서 얻은 관계식을 풀어 a_n을 n으로 표시하시오.

(3) (2)에서 얻은 관계식을 매스매티카 명령어로 f_n에 관하여 구하시오.

(4) $\lim_{n\to\infty} f_n(x)$를 구하고 매스매티카 명령어로 확인하시오.

14 7.1절에 있는 예제 6의 (9)번 문제를 선형화하여 이론적인 해를 구하고 매스매티카 명령어로 확인하시오. (☞ 6.1.2절의 유형 8).

15* 정삼각형 ABC의 변 BC에서 한 점 P_n을 택하여 변 AB에 내린 수선의 발을 Q_n이라 하고, Q_n에서 변 AC에 내린 수선의 발을 R_n이라 할 때, R_n에서 변 BC에 내린 수선의 발을 P_{n+1}이라고 하자. 점 P_n의 x 좌표를 x_n이라 할 때 x_n이 이루는 점화식을 유도하고 극한값 $\lim_{n\to\infty} x_n$을 구하시오.

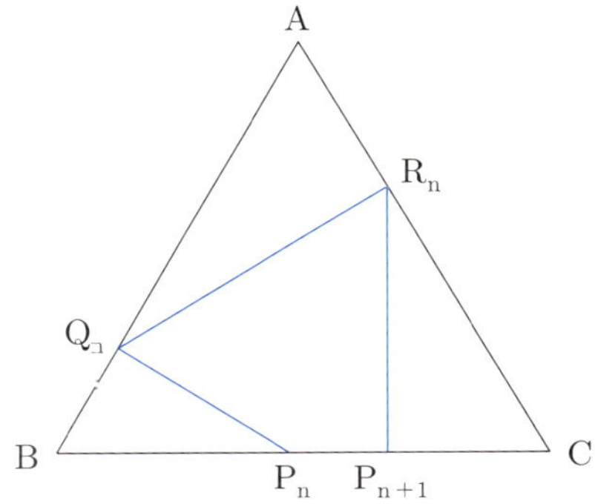

[제7장]
매스매티카의 활용

이 장에서는 대학의 일반 수학 및 초급수학 과정에서 취급하는 다양한 응용 문제를 제시하고 이를 매스매티카 소프트웨어로 해결하는 방법을 소개함으로써 독자로 하여금 흥미를 유발하고, 매스매티카의 활용성을 증대시키고자 한다.

7.1 방정식의 해

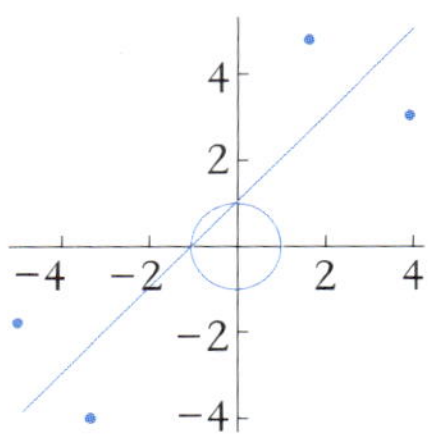

예제 1 | 평면 위의 한 점 (p, q)에서 원 $x^2+y^2=1$ 및 직선 $x-y+1=0$에 이르는 최단거리가 각각 4와 $\sqrt{2}$이다. 이 점의 좌표를 매스매티카 명령어로 구하시오.

풀이

```
Solve[{Sqrt[p^2+q^2]-1==4, p-q+1==2},{p,q}] [Shift] [Enter↵]
{{p->-3, q->-4}, {p->4, q->3}}
```

거리 $d=\dfrac{|ax+by+c|}{\sqrt{a^2+b^2}}$

```
Solve[{Sqrt[p^2+q^2]-1==4, p-q+1==-2},{p,q}] [Shift] [Enter↵]
```

4점이 존재함

$$\left\{\left\{p\to\frac{1}{2}(-3-\sqrt{41}),\ q\to\frac{1}{2}(3-\sqrt{41})\right\},\right.$$
$$\left.\left\{p\to\frac{1}{2}(-3+\sqrt{41}),\ q\to\frac{1}{2}(3+\sqrt{41})\right\}\right\}$$

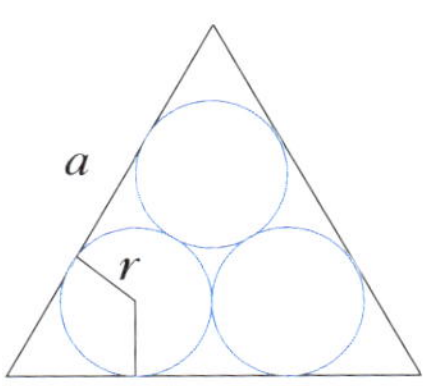

예제 2 | 다음 그림과 같이 서로 외접하는 반경이 r인 동일한 3개의 원이 한 변의 길이가 a인 정삼각형에 내접하고 있으며, 정삼각형의 둘레의 길이는 3원의 둘레의 길이 총합보다 10이 작다고 한다. 정삼각형의 한 변의 길이와 내접원의 반경의 이론값과 근사값을 매스매티카 명령어로 구하시오.

풀이

기하적 관계식 수립

```
hh = Solve[{2r+2r Tan[Pi/3]==a,
                  3*a == 6r*Pi-10},{r,a}]
```

N함수로 수치화

```
hh//N [Shift] [Enter↵]
```

$$\left\{\left\{r \to -\frac{5}{3(1+\sqrt{3}-\pi)},\ a \to -\frac{10(1+\sqrt{3})}{(31+\sqrt{3}-\pi)}\right\}\right\}$$

{{r->4.06959, a->22.2366}}

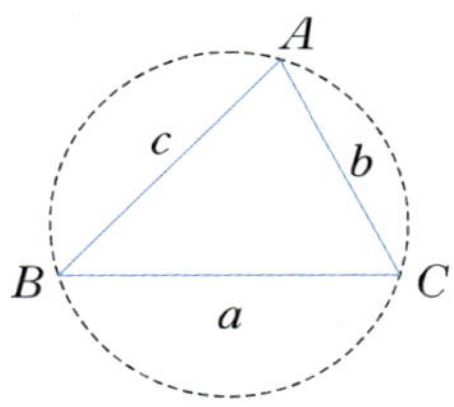

예제 3 | 반지름이 $\sqrt{5/2}$ 인 원에 내접하는 삼각형 ABC의 면적이 1이고 관계식

$$\sin(A+B)\sin C = 1$$

이 성립한다고 한다. 3변의 길이를 구하시오.

풀이

(∗ Sin[A+B]= Sin[Pi-C]=Sin[C]= x > 0라고 놓자.
준식으로부터 2x^2=1 ∗)

R=Sqrt[5/2]; solA=Solve[{2x^2==1,2R==c/x},{c,x}]

solA : 해의 목록

$$\left\{\left\{c \to -\sqrt{5},\ x \to -\frac{1}{\sqrt{2}}\right\},\ \left\{c \to \sqrt{5},\ x \to \frac{1}{\sqrt{2}}\right\}\right\}$$

c, x를 변수화

Print["c = ", c=solA[[2,1,2]],", x = ", x=solA[[2,2,2]]]

(∗ S=a b Sin[C]/2=a∗b∗x/2; Cos[C]=y=±Sqrt[1-x^2];
Cos 제 2 법칙으로부터
c^2 = a^2 + b^2 -2ab Cos[C] = a^2+b^2-2a b y ∗)
(∗ y=±Sqrt[1-x^2] ∗)

c, x의 값

$$c = \sqrt{5},\ x = \frac{1}{\sqrt{2}}$$

c, x를 이용하고 a, b 관계 수립. $y=\sqrt{1-x^2}$

**solB=Solve[{ a∗b∗x/2==1, y==Sqrt[1-x^2],
c^2==a^2 + b^2 -2a∗b∗y},{a,b}]** Shift Enter↵

4개의 값 존재

$$\{\{a \to -1,\ b \to -2\sqrt{2}\},\ \{a \to 1,\ b \to 2\sqrt{2}\}\ \{a \to -2\sqrt{2},\ b \to -1\},\ \{a \to 2\sqrt{2},\ b \to 1\}\}$$

Print["a = ", a=t[[2,1,2]],", b = ", b=t[[2,2,2]]]

4개의 값 중 양수만 선택

Print["Or a = ", a=t[[1,1,2]],", b = ", b=t[[1,2,2]]]

(∗ y=-Sqrt[1-x^2] ∗)

a, b의 값

$a = 2\sqrt{2},\ b = 1$

Or $a = 1,\ b = 2\sqrt{2}$

a, b 초기화

Clear[a,b];

c, x를 이용하고 a, b 관계 수립. $y=-\sqrt{1-x^2}$

**solBB=Solve[{ a∗b∗x/2==1,y==-Sqrt[1-x^2],
c^2==a^2 + b^2 -2a∗b∗y}, {a,b}];**

Simplify[solBB] Shift Enter
(* 이 경우에는 실근이 존재하지 않음 *)

#[[1, 2]]: 원소 위치1 (a)의 2번째 요소(값) ; 순수함수

#[[2, 2]]: 원소 위치2 (b)의 2번째 요소(값) ; 순수함수

$$\left\{\left\{a \to -\frac{1}{8} i \sqrt{1-i\sqrt{31}}\,(-i+\sqrt{31}),\ b \to -\sqrt{\frac{1}{2}(1-i\sqrt{31})}\right\}\right.,$$
$$\left\{a \to \frac{1}{8}\sqrt{1-i\sqrt{31}}\,(1+i\sqrt{31}),\ b \to \sqrt{\frac{1}{2}(1-i\sqrt{31})}\right\},$$
$$\left\{a \to \frac{1}{8}(1-i\sqrt{31})\sqrt{1+i\sqrt{31}},\ b \to \sqrt{\frac{1}{2}(1+i\sqrt{31})}\right\},$$
$$\left.\left\{a \to \frac{1}{8} i \sqrt{1+i\sqrt{31}}\,(i+\sqrt{31}),\ b \to -\sqrt{\frac{1}{2}(1+i\sqrt{31})}\right\}\right\}$$

원소값이 실수인 것 선택

Select[solBB, #[[1,2]]∈ Reals && #[[2,2]] ∈ Reals &]

실수가 존재하지 않음

{ }

예제 4 | 함수 $y=x^3-mx^2-n$의 극소점 P의 y 좌표 값이 4이고, 함수 $y=x^2(x^3-mx^2-n)$도 P를 지난다고 한다. m, n의 값을 구하시오.

풀이

(*점 P의 x-좌표를 a라 하자. *)

Clear[a];

y를 x의 함수로 정의함

y[x_]:= x^3-m*x^2-n;

연립방정식의 해 w

w=Solve[{4 ==a^3-m*a^2-n, 4 ==a^2*4,y'[a]==0}, {m,n,a}]

해는 목록으로 보여줌

$$\left\{\left\{n \to -\frac{9}{2},\ m \to \frac{3}{2},\ a \to 1\right\},\ \left\{n \to -\frac{7}{2},\ m \to -\frac{3}{2},\ a \to -1\right\}\right\}$$

y''(a)에 w 대입

y''[a] /. w Shift Enter

(* w[[1]]의 값에 대하여 y''[a] > 0이므로 극소임*)

(* m=3/2, n=-9/2가 해이다. *)

w[[1]]=3이므로 극소값

{3,-3}

예제 5 | 함수 $f(x)=x^2+4x+a$가 서로 다른 실근을 갖고 $f(f(x))=0$이 중복근 r을 갖는다고 한다. r, a의 값을 구하시오.

풀이

(* 서로 다른 실수해 : DD=4-a > 0,f(f(x))= 0의 중근을 r이라 하면 f'(f(r))*f'(r) = 0, f(f(r))=0. A=f(r)이라 두면 f(A)=0이므로 한 근이며

중복근은 아니므로 f′(A)는 0이 아니다. 그러므로 f′(r)=0이어야 한다. *)

DD : 판별식	Clear[x,f,t]; f[x_]:= x^2 + 4x + a; DD=4-a;
t : 연립방정식의 해	t=Solve[{f′[r]==0, A=f[r];f[A]==0},{a,r}]
DD에 t 대입	DD /. t Shift Enter↵
연립방정식의 해	{{a -> 0, r -> -2}, {a -> 3, r -> -2}}
DD의 값	{4, 1}
	(* DD > 0이므로 t의 모든 원소를 근으로 택한다. r=-2, a=0 or 3*)

예제 6 | 삼각함수 sin15° 의 이론적인 값을 구하시오.

풀이

$x=\sin A>0,\ A=\pi/12$	(* A=15도, 0< x = Sin[Pi/12] < 1/2 인 값을 선택;
$\sin 2A = 2\sin A\cos A$	1/2=Sin[Pi/6] = 2 Sin[Pi/12]*Cos[Pi/12] =
$\cos A=\sqrt{1-x^2}$	2x*Sqrt[1-x^2] *)
x의 관계식	Clear[x,t]; t=Solve[1/2== 2x*Sqrt[1-x^2],x] Shift Enter↵
가능한 해 2개	$\left\{\left\{x\to\frac{\sqrt{2-\sqrt{3}}}{2}\right\},\ \left\{x\to\sqrt{\frac{1}{2}+\frac{\sqrt{3}}{4}}\right\}\right\}$
#[[1,2]] < 1/2인 것 선택	tt = Select[t, 0< #[[1,2]] < 1/2 &]
#[[1,2]] : x의 값	Clear[a,b,p];
목록 tt의 위치(1,1,2)번 요소	p=tt[[1,1,2]] //FullSimplify
	(Numerator[p]//Expand) /(Denominator[p]//Expand)
tt	$\left\{\left\{x\to\frac{\sqrt{2-\sqrt{3}}}{2}\right\}\right\}$
p 값	$\frac{-1+\sqrt{3}}{2\sqrt{2}}$
분모 유리화	$\frac{1}{4}(-\sqrt{2}+\sqrt{6})$

(☞ $x=15°$ 라 두고 $\sin 2x = 2\sin x\cos x = 1/2$ 임을 활용.)

예제 7 | 다음 연립방정식의 해를 구하시오.

$$\begin{cases} 4^x - 4^y = 48 \\ 2^{x+y} = 32. \end{cases}$$

풀이 (☞ $X=2^x,\ Y=2^y$라고 놓는다.)

```
(* X=2^x > 0 ,Y==2^y > 0; X^2-Y^2=48, XY=32  *)
Clear[X,Y,t,tt];
t=Solve[{ X^2-Y^2 == 48, X*Y == 32},{X,Y}]
{{X->-8, Y->-4}, {X->-4 i, Y->8 I},
 {X-> 4 i, Y->-8 i}, {X->8, Y->4}}
Select[t,(#[[1,2]] ∈Reals && #[[1,2]] > 0) &&

(#[[2,2]]∈Reals && #[[2,2]] > 0) &] Shift Enter
{{X->8, Y->4}}
Clear[x,y]; Print["(x,y} = ",{x,y}={Log[2,8], Log[2,4]}]
(x,y} = {3,2}
```

i= $\sqrt{-1}$

원소값이 실수인 것 선택

#[[2, 2]]: 원소 위치2 (b)의 2번째 요소(값)

; 순수함수

7.2 평면 곡선 그리기

해석기하학에서 곡선(curve)은 1차원 실수 공간에서 n차원 실수 공간으로 사상되는 연속함수를 뜻한다. 흔히 2차원 또는 3차원 함수 그래프를 곡선이라 부른다. 매개변수 t를 사용하면 곡선은 다음과 같은 n개의 함수로 표시된다.

$$x_1 = f_1(t),\ x_2 = f_2(t),\ \cdots,\ x_n = f_n(t).$$

또는 매개변수 t를 소거하여 단일 n변수 함수

$$f(x_1,\ x_2,\ \cdots,\ x_n) = 0$$

으로 표시된다. 평면곡선은 $n=2$일 때의 곡선을 의미한다. 대표적인 평면 곡선으로는 직선, 포물선, 쌍곡선, 원, 타원 등이 있다. 곡선은 대수곡선과 초월곡선으로 분류한다. 대수곡선(algebraic curve)이란 X, Y에 대한 다항식 $f(X,\ Y)=0$의 형태로 주어지는 방정식의 해의 자취를 뜻한다. 대수곡선이 아니면, 즉, $f(X,\ Y)=0$이 X, Y에 대한 다항식으로 표시되지 않으면 초월곡선(transcendental curve)이라 부른다. 여기서는 흥미 있는 특수한 평면 대수곡선에 대해 소개하고 매스매티카로 그려 보기로 한다.

(1) Tschirnhausen의 3차곡선(Tschirnhausen's Cubic)

이 곡선은 Catalan's trisectrix(3등분선) 또는 L'Hospital's Cubic(3차곡선)이라고도 불리우며 이 도형의 그래프와 방정식은 다음과 같다.

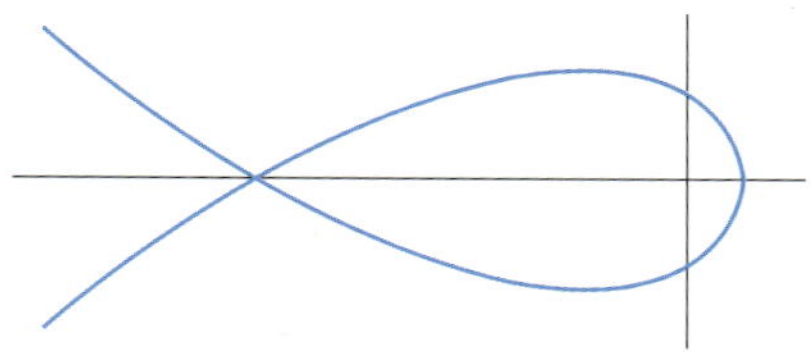

직교좌표계 : $27ay^2 = (a-x)(x+8a)^2$ (7.1)

극좌표계 : $r = a\sec^3(\theta/3)$ (7.2)

매개함수 : $x = a(1-3t^2),\ y = at(3-t^2)$ (7.3)

식 (7.2)에서 $\theta = 3\tan^{-1}t$라고 놓으면 매개함수 방정식 (7.3)이 얻어진다. 식 (7.3)에서 t를 소거하면 식 (7.1)으로 주어지는 대수곡선이 주어진다. 그림에서 보는 바와 같이 자폐선이 하나 존재하고 있으며 그 내부 면적은 $(72/5)a^2\sqrt{3}$ 으로 주어진다.

(2) Devil's curve

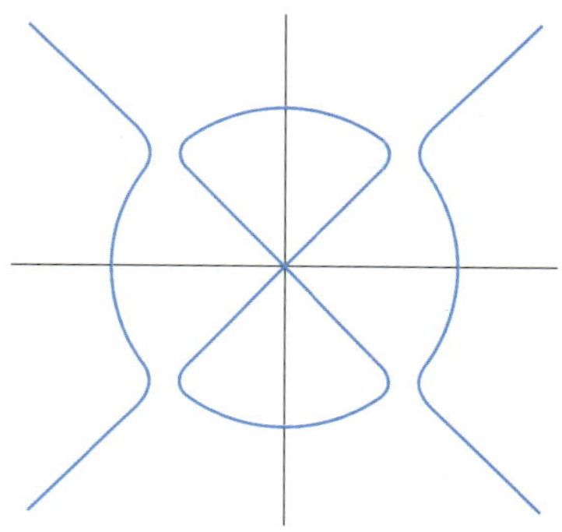

악마의 곡선(Devil's curve)이라고 부르는 이 도형의 방정식은 다음과 같다.

직교좌표계 : $y^2(y^2-a^2) = x^2(x^2-b^2)$ (7.4)

극좌표계 : $r^2(\sin^2\theta - \cos^2\theta) = a^2\sin^2\theta - b^2\cos^2\theta$ (7.5)

매개함수 : $x = \cos t\sqrt{(a^2\sin^2 t - b^2\cos^2 t)/(\sin^2 t - \cos^2 t)}$,

$y = \sin t\sqrt{(a^2\sin^2 t - b^2\cos^2 t)/(\sin^2 t - \cos^2 t)}$ (7.6)

이 도형은 $a^2 = 96$, $b^2 = 100$이면 이 곡선은 소위 전동 모터 곡선이 된다.

(3) Kepler's folium

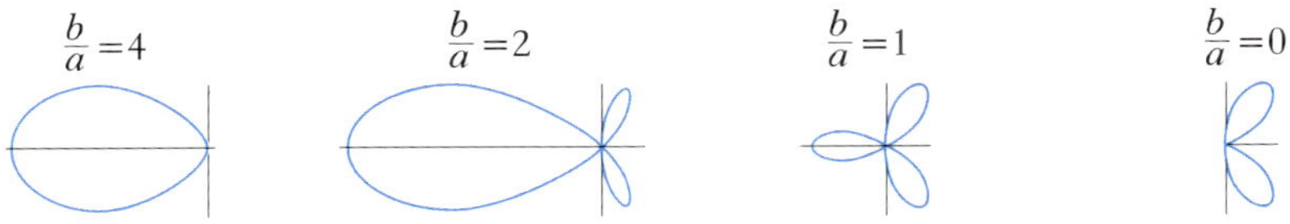

이 도형은 Kepler의 나뭇잎(꽃잎) 곡선이라고 부르고 그 방정식은 다음과 같다.

$$\text{직교좌표계}: \ (x^2 + y^2)[x(x+b) + y^2] = 4axy^2 \tag{7.7}$$

$$\text{극좌표계}: \quad r = \cos\theta\,(4a\sin^2\theta - b) \tag{7.8}$$

만일 $b \geq 4a$이면, 잎이 1개이고, $b = 0$이면 잎이 2개이고 $0 < b < 4a$이면 잎이 3개인 나뭇잎 곡선이 된다. 이 곡선의 내부 면적은 다음으로 주어진다.

$$A = \frac{\pi}{4}(2a^2 - 2ab + b^2) \tag{7.9}$$

(4) Conchoid of Nicomedes

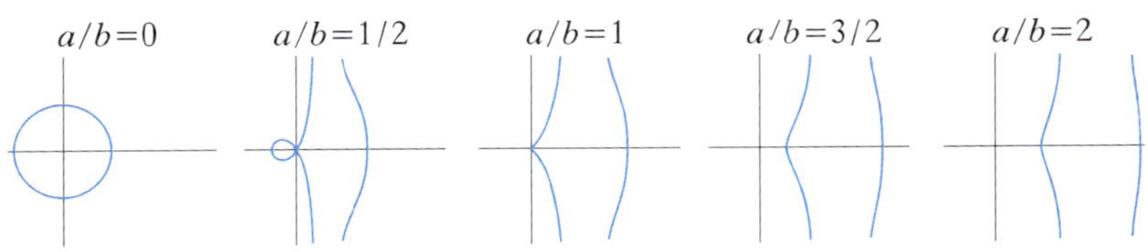

이 도형은 Nicomedes의 콘코이드(conchoid) 곡선이라고 부르며 방정식은 다음과 같다.

$$\text{직교좌표계}: \ (x-a)^2(x^2 + y^2) = b^2 x^2 \tag{7.10}$$

$$\text{극좌표계}: \quad r = b + a\sec\theta \tag{7.11}$$

으로 표시된다. 만일 $0 < a/b < 1$이면, $\alpha < \theta < 2\pi - \alpha$, $\alpha = \sec^{-1}(-b/a)$일 때, 자폐선이 1개 존재하고 그 내부 면적은 다음으로 주어진다.

$$A = a\sqrt{b^2 - a^2} - 2ab\ln\left(b - \sqrt{b^2 - a^2}\right) + b^2\cos^{-1}(a/b) \tag{7.12}$$

(5) 트로코이드 (여파선: 餘擺線)

원이 직선 위를 미끄럼 없이 굴러갈 때, 이 원 안의 일정한 점 하나가 그리는 곡선을 트로코이드(trochoid) 또는 여파선(餘擺線)이라고 부른다.

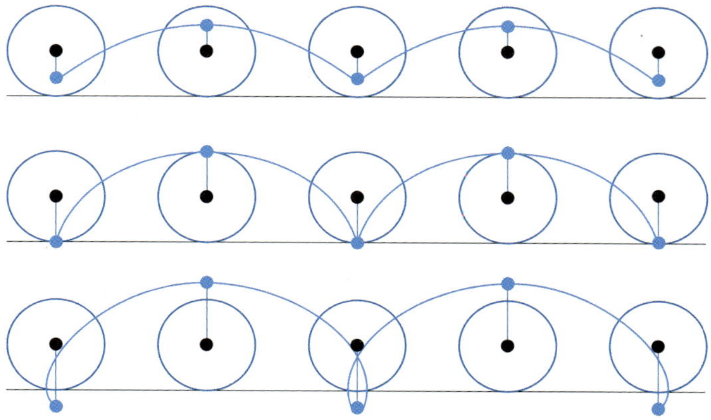

이 도형의 방정식은 매개함수 방정식으로 다음과 같이 표시된다.

$$x = a\phi - b\sin\phi,\ y = a - b\cos\phi \tag{7.13}$$

트로고이드는 $b < a$이면 단축파선(短縮擺線: curtate cycloid), $b = a$이면 파선(擺線: cycloid), $b > a$이면 내점파선(內點擺線: prolate cycloid)이라 부른다.

(6) 에피트로코이드

반지름이 a인 원둘레를 반지름이 $b \le a$인 작은 원이 다음 그림과 같이 큰 원의 바깥쪽으로 미끄럼 없이 구르고 있을 때 작은 원에 부착된 한 점 P(내부, 외부 또는 원둘레 위에 존재)의 자취를 에피트로코이드(epitrochoid) 또는 외여파선(外餘擺線)이라고 부른다. 점 P와 작은 원의 중심과의 거리를 h라고 하고, 작은 원이 이동한 거리를 t라디안이라고 하면 이 도형의 방정식은 매개함수 방정식으로 다음과 같이 주어진다.

$$x = (a+b)\cos t - h\cos\left(\frac{a+b}{b}t\right),$$

$$y = (a+b)\sin t - h\sin\left(\frac{a+b}{b}t\right) \tag{7.14}$$

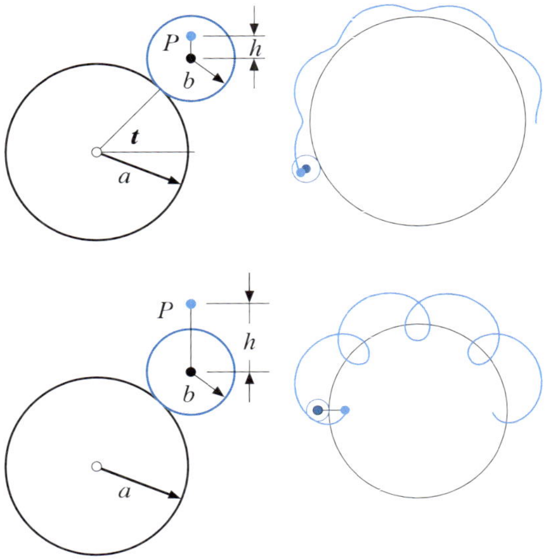

이 도형은 $a=b$이면 파스칼의 리마송(limaçon), $a=0$이면 원, $h=b$이면 에피싸이클로이드(epicycloid: 외파선: 外擺線)가 된다. 만일 a/b가 유리수가 아니면 대수곡선이 아닌 초월곡선이 된다.

(7) 하이포트로코이드

반지름이 a인 원둘레를 반지름이 $b \le a$인 작은 원이 다음 그림과 같이 큰 원의 안쪽으로 미끄럼 없이 구르고 있을 때 작은 원에 부착된 한 점 P(내부, 외부 또는 원둘레 위에 존재)의 자취를 하이포트로코이드(hypotrochoid) 또는 내여파선(內餘擺線)이라고 부른다. 점 P와 작은 원의 중심과의 거리를 h라고 하고, 작은 원이 이동한 거리를 t라디안이라고 하면 이 도형의 방정식은 매개함수 방정식으로

$$x=(a-b)\cos t+h\cos\left(\frac{a-b}{b}t\right),$$

$$y=(a-b)\sin t-h\sin\left(\frac{a-b}{b}t\right) \qquad (7.15)$$

으로 표시된다.

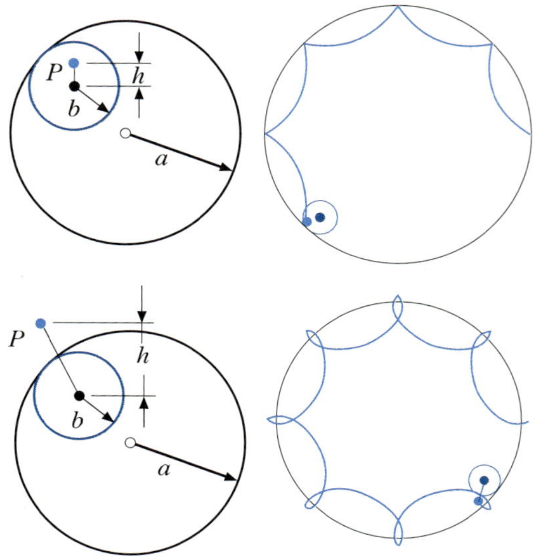

이 도형은 $a=2b$이면 타원, $a=\frac{2nh}{n+1}$, $b=\frac{(n-1)h}{n+1}$이면 장미곡선(rose), $h=b$이면 하이포싸이클로이드(hypocycloid: 내파선: 內擺線)으로 표현된다. 만일 a/b가 유리수가 아니면 대수곡선이 아닌 초월곡선이 된다. 다음 예제들을 통하여 매스매티카로 지금까지 기술한 평면 곡선을 그려보기로 하자.

• 평면 곡선 그리기

예제 1 | 함수 패키지 <<**Graphics'Graphics'**를 호출하고 명령어 **PolarPlot**으로 Tschirnhausen's Cubic, Kepler's folium 그래프를 그리시오.

풀이

함수패키지 호출

```
<<Graphics'Graphics'; [Shift] [Enter↵]
For[n=1, n <=2, n++,
```

tt: 그래프 제목

```
If [n==1, tt="Tschirnhausen's Cubic"<>
```

\n: 행바꿈; <>: 문자연결

```
"\n r = aSec(θ/3)^3"<>"\n a = 1";a=1;
```

식(7.2) 사용

```
r = a*Sec[θ/3]^3; θ1=-3.3; θ2=3.3];
(* Tschirnhausen's Cubic *)
If [n==2, tt="Kepler's folium"<>
```

수식모드 사용

```
"\n r = Cos[θ](4aSin^2θ - b)"<>
"\n a = 1, b = 2" ; a=1;b=2;
```

식(7.8) 사용

```
r = Cos[θ](4a*Sin[θ]^2 - b);
```

θ_1, θ_2: θ의 범위

p[n] : 그래픽객체 저장
그래프 감춤
Hue[n/2]: 색상 n/2->2색

```
θ1=-Pi; θ2=Pi];(* Kepler's folium *)
Print["Algebraic Curves: r = ",r//Simplify];
p[n]= PolarPlot[r,{θ, θ1, θ2},
        DisplayFunction->Identity,
        PlotStyle->{Hue[n/2],Thickness[0.01]},
        PlotLabel->tt, AspectRatio->Automatic,
        AxesOrigin->{0,0}, PlotPoints->100,
        PlotRange->All]]; Shift Enter
```

Algebraic Curves: r = Sec $[\frac{\theta}{3}]^3$

Algebraic Curves: r = -2 Cos [θ] Cos [2θ]

1행에 그래픽객체 2개 출력
그래프 보이기

```
Show[GraphicsArray[{p[1], p[2]}],
      DisplayFunction->$DisplayFunction]; Shift Enter
```

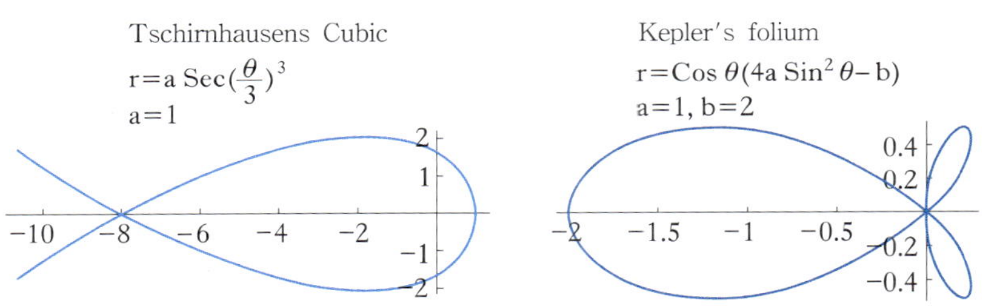

(☞ 그래프 제목을 3행으로 출력함.)

예제 2 | 함수 패키지 <<Graphics`ImplicitPlot`를 호출하고 명령어 ImplicitPlot으로 Conchoid of Nicomedes, Devel's Curve 그래프를 그리시오.

풀이

함수패키지 호출
tt : 그래프 제목
\n: 행바꿈; <>: 문자결합
식(7.10) 사용

```
<<Graphics`ImplicitPlot`; Shift Enter
For[n=1,n <= 2, n++,
If [n==1, tt="Conchoid of Nicomedes"<>
"\n (x-a)^2(x^2+y^2) ≡ b^2 x^2"<>
"\n a = 1, b = 10 \n"; a=1; b=10;
r = (x-a)^2 (x^2+y^2) == b^2*x^2;x1=-1.5b; x2=1.5b];
(* Conchoid of Nicomedes *)
```

	If [n==2, tt="Devel's Curve"<>
수식모드 사용	"\n $y^2(y^2-a^2) \equiv x^2(x^2-b^2)$"<>
	"\n a = $\sqrt{6}$, b = 10 \n" ; a=4Sqrt[6];b=10;
식(7.4) 사용	r= y^2 (y^2-a^2) == x^2(x^2-b^2);
x_1, x_2 : x의 범위	x1=-1.5b; x2=1.5b];(* Devel's Curve *)
	Print["Algebraic Curves: ",r//Simplify];
p[n] : 그래픽객체 저장	p[n] = ImplicitPlot[r,{x,x1,x2},{y,x1,x2}, PlotRange->All,
그래프 감춤	DisplayFunction->Identity,
Hue[n/2]: 색상 n/2->2색	PlotStyle->{Hue[n/2],Thickness[0.01]}, PlotLabel->tt,
	AspectRatio->Automatic, AxesOrigin->{0,0},
	PlotPoints-> 100]]; Shift Enter↵

Algebraic Curves: $(-1+x)^2\ (x^2+y^2) == 100\ x^2$
Algebraic Curves: $x^4 + 96\ y^2 == 100\ x^2 + y^4$

1행에 그래픽객체 2개 출력	Show[GraphicsArray[{p[1], p[2]}],
그래프 보이기	DisplayFunction->$DisplayFunction]; Shift Enter↵

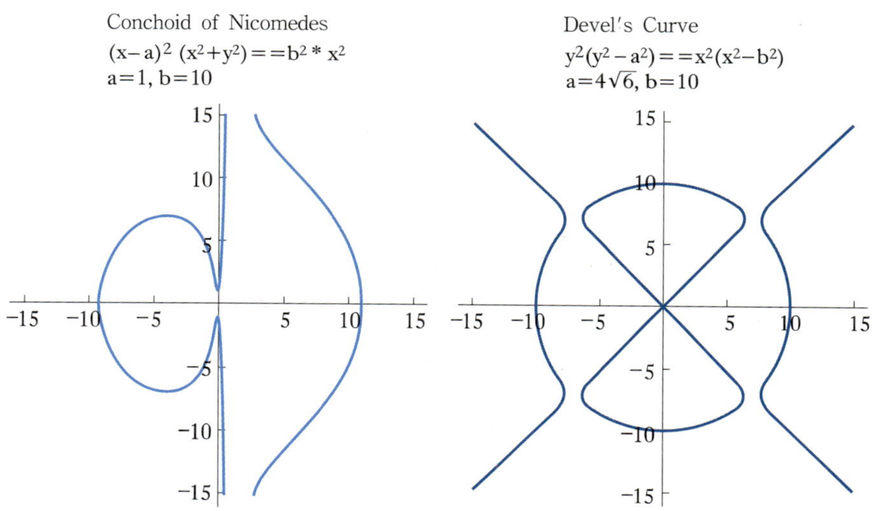

예제 3 | 매개함수를 그리는 내장 함수 **ParametricPlot**으로 Epitrochoid, Hypotrochoid, Epicycloid, Hypocycloid, Epicycloid, Limaçon, Rose 그래프를 그리시오.

풀이

For[n=1, n <= 6, n++,

tt : 그래프 제목

If [n==1, tt="Epitrochoid"<>

\n: 행바꿈; <>: 문자결합

"\n $x=(a+b)\,Cos(t)-h\,Cos(\frac{a+b}{b}t)$\n"<>

"$y=(a+b)\,Sin(t)-h\,Sin(\frac{a+b}{b}t)$"<>

"\n ***a***=7, ***b***=1, ***h***=1.5\n"; a=7; b=1; h=1.5;

식(7.14) 사용

x=(a+b)Cos[t]-h *Cos[(a+b)/b t];
y=(a+b)Sin[t]-h* Sin[(a+b)/b t];

t_1, t_2 : t의 범위

t1=-Pi; t2=Pi]; (* Epitrochoid *)

If [n==2, tt="Hypotrochoid"<>

수식서체:
Times 이탤릭체

"\n $x=(a-b)\,Cos(t)+h\,Cos(\frac{a-b}{b}t)$\n"<>

"$y=(a-b)\,Sin(t)-h\,Sin(\frac{a-b}{b}t)$"<>

"\n ***a***=6, ***b***=1, ***h***=5/4\n";a=6; b=1; h=5/4;
x=(a-b)Cos[t]+h *Cos[(a-b)/b t];
y=(a-b)Sin[t]-h* Sin[(a-b)/b t];
t1=-Pi; t2=Pi]; (* Hypotrochoid *)

Epicycloid : 서체변경

If [n==3, tt="Epicycloid"<>

"\n $x=(a+b)\,Cos(t)-h\,Cos(\frac{a+b}{b}t)$\n"<>

"$y=(a+b)\,Sin(t)-h\,Sin(\frac{a+b}{b}t)$"<>

"\n ***a***=5, ***b***=1, ***h***=b\n";a=5; b=1; h=b;
x=(a+b)Cos [t]-h *Cos[(a+b)/b t];
y=(a+b)Sin [t]-h* Sin[(a+b)/b t];
t1=-Pi; t2=Pi];(* Epicycloid *)

If [n==4, tt="Hypocycloid"<>

"\n $x=(a-b)\,Cos(t)+h\,Cos(\frac{a-b}{b}t)$\n"<>

"$y=(a-b)\,Sin(t)-h\,Sin(\frac{a-b}{b}t)$"<>

"\n ***a***=5, ***b***=1, ***h***=b\n";a=5; b=1; h=b;
x=(a-b)Cos [t]+h *Cos[(a-b)/b t];
y=(a-b)Sin [t]-h* Sin[(a-b)/b t];
t1=-Pi; t2=Pi];(* Hypocycloid *)

ç : 특수문자
(팔렛트 참조)

If [n==5, tt="Limaçon"<>

```
"\n  x=(a+b)Cos(t)-h Cos((a+b)/b t)\n"<>
"y=(a-b)Sin(t)-h Sin((a-b)/b t)"<>
"\n a=1/2, b=a, h=3/2\n";a=1/2; b=a; h=3/2;
        x=(a+b)Cos [t]-h *Cos[(a+b)/b t];
        y=(a+b)Sin [t]-h* Sin[(a+b)/b t];
        t1=-Pi; t2=Pi];(* Limaçon *)
If [n==6, tt="Rose"<>
"\n  x=(a-b)Cos(t)+h Cos((a-b)/b t)\n"<>
"y=(a-b)Sin(t)-h Sin((a-b)/b t)"<>
"\n h=3/2, a=2*n*h/(n+1), b=(n-1)h/(n+1)\n";
h=3/2; a=2*n*h/(n+1); b=(n-1)h/(n+1);
        x=(a-b)Cos [t]+h *Cos[(a-b)/b t];
        y=(a-b)Sin [t]-h* Sin[(a-b)/b t];
        t1=-(n-1)Pi; t2=(n-1)Pi];(* Rose *)
```

p[n] : 그래픽객체 저장

Hue[n/6]: 색상 n/6에 따라

1행에 그래픽객체 3개 출력

그래프 보이기

```
p[n]= ParametricPlot[{x,y},{t,t1,t2}, PlotRange->All,
DisplayFunction->Identity, AspectRatio->Automatic,
PlotStyle->{Hue[n/6],Thickness[0.01]}, PlotLabel->tt,
AxesOrigin->{0,0}, PlotPoints-> 100]];
Show[GraphicsArray[{{p[1],p[2],p[3]},{p[4],p[5],p[6]}}],
      DisplayFunction->$DisplayFunction]; Shift Enter
```

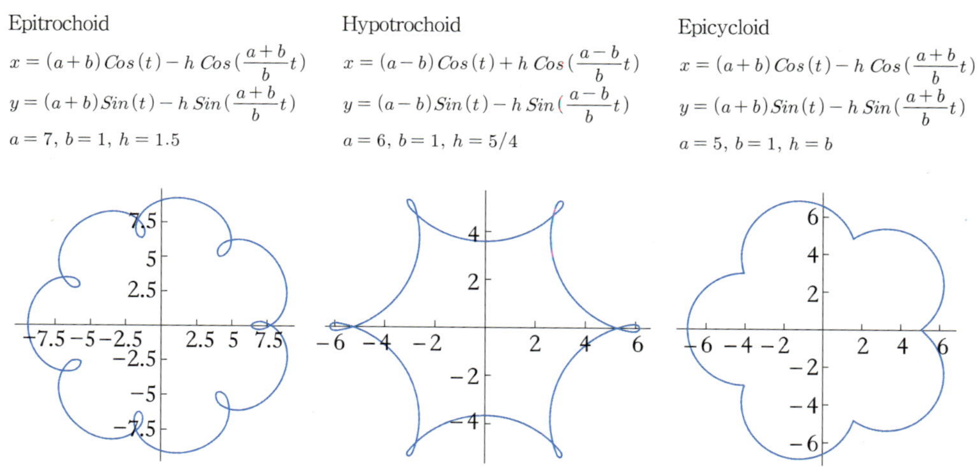

Hypocycloid	Limaçon	Rose
$x=(a-b)Cos(t)+h\,Cos(\frac{a-b}{b}t)$	$x=(a+b)Cos(t)-h\,Cos(\frac{a+b}{b}t)$	$x=(a-b)Cos(t)+h\,Cos(\frac{a-b}{b}t)$
$y=(a-b)Sin(t)-h\,Sin(\frac{a-b}{b}t)$	$y=(a+b)Sin(t)-h\,Sin(\frac{a+b}{b}t)$	$y=(a+b)Sin(t)-h\,Sin(\frac{a-b}{b}t)$
$a=5,\ b=1,\ h=b$	$a=1/2,\ b=a,\ h=3/2$	$h=3/2,\ a=2nh/(n+1),$ $b=(n-1)h/(n+1)$

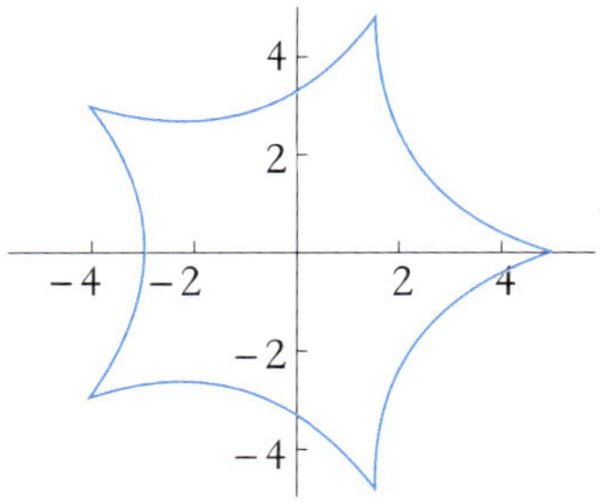

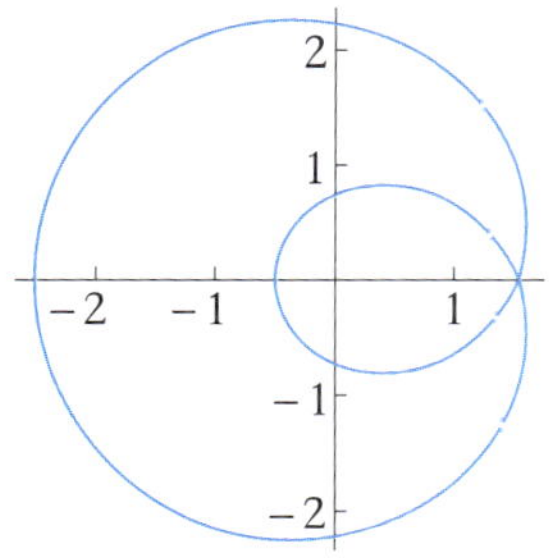

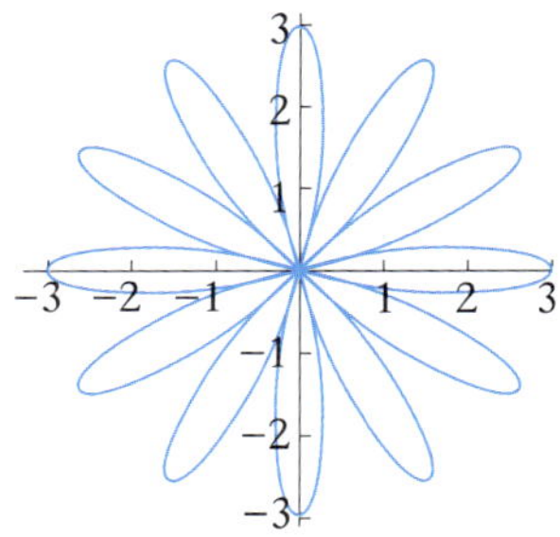

7.3 평면도형의 변환

직교좌표계에서 방정식이 $f(x,y)=0$으로 표현되는 도형 F를 회전, 평행 이동, 확대, 축소 또는 대칭변환을 기술하고, 변환 $(x,y)\rightarrow(s,t)$을 F에 적용하여 얻은 도형 G의 방정식 $g(s,t)=0$을 구하는 방법에 대해서 살펴보기로 하자. 매스매티카 명령어로 함수 $f(x,y)$를 정의한 후, 변환 관계식을 활용하여 $g(s,t)$를 유도하고, 평면도형의 변환을 ImplicitPlot 명령어로 그리는 방법을 알아보기로 한다.

(1) 평행이동변환

직교좌표계에서 한 점 (x,y)을 x, y축 방향으로 각각 p, q만큼 평행 이동시켜 얻은 좌표를 (s,t)라고 하면 변환하는 관계식은 다음과 같다.

$$\begin{pmatrix} s \\ t \end{pmatrix}=\begin{pmatrix} x \\ y \end{pmatrix}+\begin{pmatrix} p \\ q \end{pmatrix},\qquad \begin{pmatrix} x \\ y \end{pmatrix}=\begin{pmatrix} s \\ t \end{pmatrix}-\begin{pmatrix} p \\ q \end{pmatrix} \tag{7.16}$$

그러므로 $f(x,y)=0$으로 표시되는 도형 F를 x, y축 방향으로 각각 p, q만큼 평행이동시켜 생기는 도형 G의 방정식은 다음과 같이 주어진다.

$$g(s,t)=f(x(s,t),\ y(s,t))=f(s-p,\ t-q)=0$$

(2) 회전변환

주어진 점 (p, q)를 중심으로 하여 점 (x, y)를 반시계방향으로 w(라디안)만큼 회전시켜 얻은 좌표를 (s, t)라고 하면 변환 관계식은 다음과 같다.

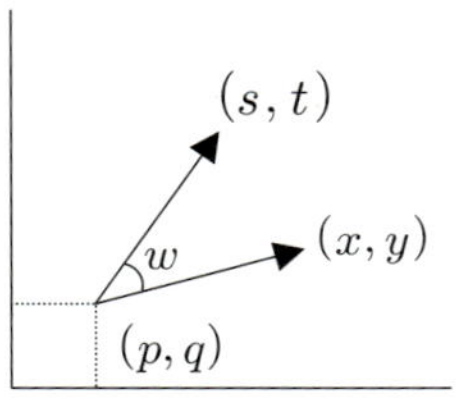

$$\begin{pmatrix} x \\ y \end{pmatrix} = \begin{pmatrix} \cos w & \sin w \\ -\sin w & \cos w \end{pmatrix} \begin{pmatrix} s-p \\ t-q \end{pmatrix} + \begin{pmatrix} p \\ q \end{pmatrix}$$

$$\begin{pmatrix} s \\ t \end{pmatrix} = \begin{pmatrix} \cos w & -\sin w \\ \sin w & \cos w \end{pmatrix} \begin{pmatrix} x-p \\ y-q \end{pmatrix} + \begin{pmatrix} p \\ q \end{pmatrix} \tag{7.17}$$

그러므로 점 (p, q)를 중심으로 하여 $f(x, y) = 0$으로 표시되는 도형 F를 시계 반대 방향으로 w(라디안)만큼 회전시킨 도형 G의 방정식은 다음과 같다.

$$g(s, t) = f(x(s, t),\ y(s, t)) = 0$$

(x, y) 좌표계에서 g를 표시하려면 (s, t) 대신에 (x, y)를 대입한다. 도형 G는 도형 F를 $(-p, -q)$ 만큼 평행 이동한 후 원점 주위로 w만큼 회전하고 다시 (p, q)만큼 평행 이동한 도형과 같다.

• 도형의 변환

예제 1 | $y = \sin 3x$를 구간 $[0, 2\pi]$에서 원점을 중심으로 하여 반시계 방향으로 $\pi/4$만큼 회전시킨 방정식을 표현하고 명령어 ImplicitPlot으로 그래프를 그리시오.

풀이

회전변환

회전된 도형 g의 방정식

x, y의 구간은 적당히 줌

```
Needs["Graphics`ImplicitPlot`"]; [Shift] [Enter]
Clear[s,t,X,Y,x,y,w]; w = Pi/4;
f[x_,y_]:= y - Sin[3x];
{X,Y}={{Cos[w],Sin[w]},{-Sin[w],Cos[w]}}.{s,t};
g = f[X,Y] /. {s -> x, t -> y};

ImplicitPlot[ g==0, {x,-1,2Pi},{y,0,6},
    PlotStyle->{Thickness[0.01],Hue[0.4]},
AspectRatio->Automatic, PlotPoints -> 50,
    PlotLabel->FontForm["Rotated Sine Curve",
                   {"Helvetica-Bold",10}]];
```

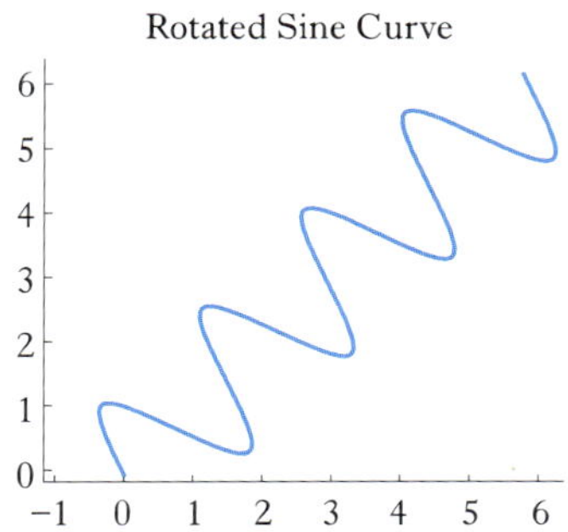

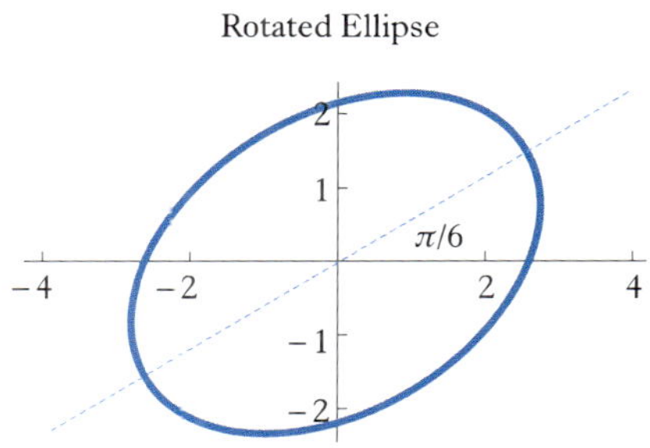

예제 2 | 타원 $x^2/a^2 + y^2/b^2 = 1$을 원점 주위로 구간 $[-1-a,\ 1+a]$에서 반시계방향으로 $\pi/6$ 만큼 회전시킨 방정식을 구하고 ImplicitPlot으로 그래프를 그리시오.

풀이

회전변환

회전된 도형 g의 방정식

```
Needs["Graphics`ImplicitPlot`"]; [Shift] [Enter↵]
Clear[s,t,x,y,X,Y,a,b,w];
a = 3; b = 2; w = Pi/6;
f[x_,y_]:= x^2/a^2+y^2/b^2-1;
{X,Y}={{Cos[w],Sin[w]},{-Sin[w],Cos[w]}}.{s,t};
g = f[X,Y] /. {s -> x, t -> y};

ImplicitPlot[{y==Tan[w]*x, g==0},
                  {x,-1-a,1+a},{y,-1-b,1+b},
     AspectRatio->Automatic, PlotPoints -> 50,
     Epilog->Text[InputForm[w],
                  a/2{Cos[w],Sin[w/2]}],
     PlotStyle->{{Dashing[{0.01}],Hue[0.8]},
                 {Thickness[0.02],Hue[0.1]}},
     PlotLabel->FontForm[
       "Rotated Ellipse",{"Times-Bold",12}]];
```

(3) 도형의 확대 및 축소변환

직교좌표계에서 한 점 (x, y)의 좌표를 x, y축 방향으로 각각 c, d배만큼 확대(또는 축소)하여 얻은 좌표를 (s, t)라고 하면 변환 관계식은 다음과 같다.

$$\begin{pmatrix} s \\ t \end{pmatrix} = \begin{pmatrix} c & 0 \\ 0 & d \end{pmatrix}\begin{pmatrix} x \\ y \end{pmatrix}, \qquad \begin{pmatrix} x \\ y \end{pmatrix} = \begin{pmatrix} 1/c & 0 \\ 0 & 1/d \end{pmatrix}\begin{pmatrix} s \\ t \end{pmatrix} \tag{7.18}$$

그러므로 $f(x,y)=0$으로 표시되는 도형 F를 x, y축 방향으로 각각 c, d배만큼 확대(또는 축소)하여 생기는 도형 G의 방정식은

$$g(s,t)=f(\frac{s}{c},\ \frac{t}{d})=0$$

이며 c와 d의 절대값은 각각 1보다 작으면 축소를 뜻하고, 1보다 크면 확대를 뜻한다. (x,y) 좌표계에서 g를 표시하려면 $(s,\ t)$ 대신에 $(x,\ y)$를 대입한다.

예제 3 | 타원 $x^2/9+y^2/4=1$을 x, y방향으로 각각 2배와 0.5배만큼 확대 및 축소시킨 방정식의 그래프를 그리시오.

풀이

함수 정의
확대, 축소변환
변환도형 g의 방정식

```
Needs["Graphics`ImplicitPlot`"]; Shift Enter↵
Clear[s,t,X,Y,x,y]; c=2; d=0.5;
          f[x_,y_]:= x^2/9+y^2/4-1;
{X,Y} = {{1/c,0},{0,1/d}}.{s,t};
g = f[X,Y] /. {s -> x, t -> y};
ImplicitPlot[{f[x,y]==0, g==0}, {x,-6,6},{y,-2,2},
PlotPoints -> 50,
PlotStyle->{{Thickness[0.01],RGBColor[1,0,0]},
    {Thickness[0.01],RGBColor[0,1,0]}},
     PlotLabel->FontForm[
          "Moved Ellipse",{"Helvetica-Bold",10}]];
```

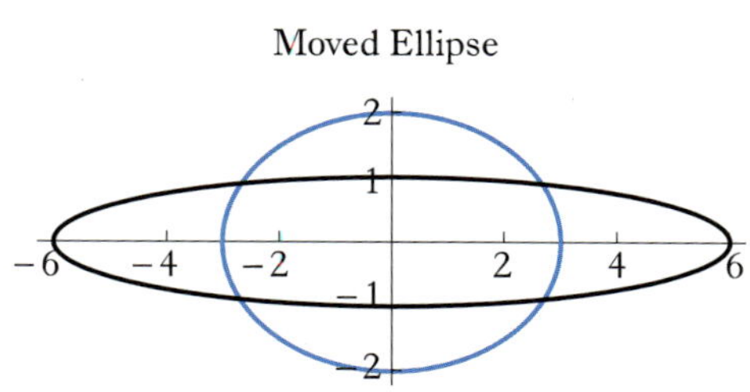

(4) 도형의 대칭변환

| 점대칭변환 |

직교좌표계에서 한 점 (x,y)을 주어진 점 (p,q)에 관하여 대칭 변환시킨 좌표를 (s,t)라고 하면 변환 관계식은 다음과 같다.

$$\begin{pmatrix} s \\ t \end{pmatrix} = \begin{pmatrix} 2p \\ 2q \end{pmatrix} - \begin{pmatrix} x \\ y \end{pmatrix}, \qquad \begin{pmatrix} x \\ y \end{pmatrix} = \begin{pmatrix} 2p \\ 2q \end{pmatrix} - \begin{pmatrix} s \\ t \end{pmatrix} \tag{7.19}$$

그러므로 $f(x, y) = 0$으로 표시되는 도형 F를 주어진 점 (p, q)에 관하여 대칭 이동할 때 생기는 도형 G의 방정식은 다음과 같이 주어진다.

$$g(s,\ t) = f(2p - s\ ,\ 2q - t) = 0$$

| 선대칭변환 |

직교좌표계에서 한 점 (x, y)을 주어진 직선 $ax + by + c = 0$에 관하여 대칭 변환시킨 좌표를 (s, t)라고 하면 변환 관계식은 다음과 같다.

$$\begin{aligned} \begin{pmatrix} s \\ t \end{pmatrix} &= \frac{1}{a^2+b^2}\begin{pmatrix} b^2-a^2 & -2ab \\ -2ab & a^2-b^2 \end{pmatrix}\begin{pmatrix} x \\ y \end{pmatrix} - \frac{2}{a^2+b^2}\begin{pmatrix} ac \\ bc \end{pmatrix}, \\ \begin{pmatrix} x \\ y \end{pmatrix} &= \frac{1}{a^2+b^2}\begin{pmatrix} b^2-a^2 & -2ab \\ -2ab & a^2-b^2 \end{pmatrix}\begin{pmatrix} s \\ t \end{pmatrix} - \frac{2}{a^2+b^2}\begin{pmatrix} ac \\ bc \end{pmatrix}. \end{aligned} \tag{7.20}$$

그러므로 $f(x, y) = 0$으로 표시되는 도형 F를 주어진 점 $ax + by + c = 0$에 관하여 대칭 이동할 때 생기는 도형 G의 방정식은 다음과 같이 주어진다.

$$g(s, t) = f\left(\frac{(b^2-a^2)s - 2abt - 2ac}{a^2+b^2},\ \frac{(a^2-b^2)t - 2abs - 2bc}{a^2+b^2}\right) = 0$$

(x, y) 좌표계에서 g를 표시하려면 (s, t) 대신에 (x, y)를 대입한다.

예제 4 | $f(x, y) = \sqrt{x^2+y^2} - 4(1 + x / \sqrt{x^2+y^2})$을 점 (6, 6) 및 직선 $x - y - 8 = 0$에 관하여 대칭 이동한 도형의 그래프를 그리시오.

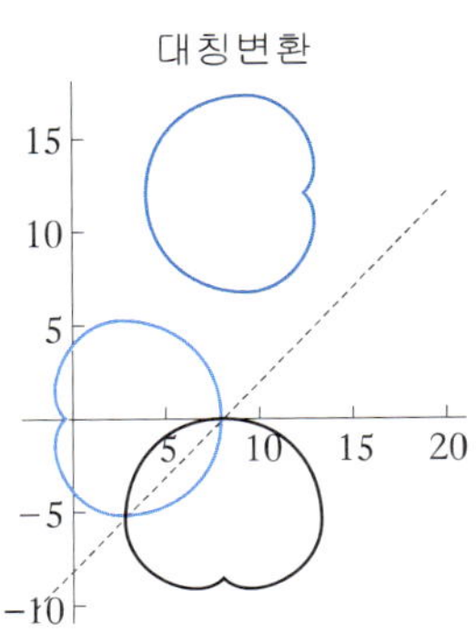

풀이

```
<<Graphics`ImplicitPlot`; (* 음함수 패키지호출*)
Clear[s,t,x,y,X,Y,a,b,c,d,p,q,w];
f[x_,y_]:= Sqrt[x^2+y^2]-4(1+x/Sqrt[x^2+y^2]);
p=6; q=6; a=1; b=-1; c=-8; d=a^2+b^2; e=a^2-b^2;
{X0,Y0} = {2p-s0, 2q-t0};
```

```
g0 = f[X0,Y0] /. {s0 -> x, t0 -> y};
{X,Y} = (1/d){{-e, -2a*b},{-2a*b, e}}.{s,t} -
              {2a*c, 2b*c}/d;
g = f[X,Y] /. {s -> x, t -> y};
```

음함수(4개) 호출

```
ImplicitPlot[{ f[x,y]==0, g0==0, g==0,
        a*x+b*y+c==0}, {x,-2,20},{y,-10,18},
AspectRatio -> Automatic, PlotPoints -> 50,
PlotLabel -> "대칭변환",
Epilog -> {Hue[0],PointSize[0.01],Point[{p,q}]},
PlotStyle ->
   {Hue[0],Hue[0.3],Hue[0.6],Dashing[{0.02}]}];
```

7.4 미·적분 응용

• 함수값의 최대 최소

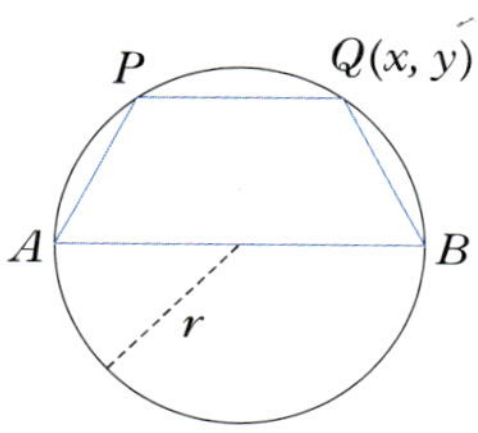

예제 1 | 다음 그림과 같이 반지름이 r인 반원에 내접하는 사다리꼴 ABQP의 면적의 최대값을 구하는 매스매티카 명령어를 작성하시오.

풀이

```
(* S(x) = 2x*y+(r-x)*y =y(r+x)=Sqrt[r^2-x^2]*(r+x),
   0<= x <= r; Q의 좌표를 (x,y)라 함. *)
Clear[a, x, S, r, t];
```

면적 : S(x)로 정의함

```
S[x_]:=Sqrt[r^2-x^2]*(r+x);
```

S(x)가 극대가 되는 x값

```
t=Solve[S'[x]==0,x]   Shift Enter
```

$$\left\{\left\{x \to \frac{r}{2}\right\}\right\}$$

극값 판정을 위해

근호 단순화

```
Simplify[S''[r/2]]
% //PowerExpand   Shift Enter
```

$$-\frac{2\sqrt{3}\,r}{\sqrt{r^2}}$$

S''이 음수이므로 극대

$$-2\sqrt{3}$$

주석문

```
(* Max[S[0],S[r/2],S[r]] is the max. value *)
```

{S[0], S[r], S[r/2]} Shift Enter↵

$$\left\{r\sqrt{r^2},\ 0,\ \frac{3}{4}\sqrt{3}\,r\sqrt{r^2}\right\}$$

근호 단순화

% //PowerExpand Shift Enter↵

$$\left\{r^2,\ 0,\ \frac{3\sqrt{3}\,r^2}{4}\right\}$$

(* S[r/2] = max. *)

미분방정식

미분방정식의 해를 구하는 매스매티카 명령어는 DSolve(이론해)와 NDSolve (근사해) 등이 있으며 그 용법은 다음과 같다.

명 령 어	설 명
DSolve[eqn, y[x], x]	x의 함수 y에 관한 기분방정식의 해 y를 구함
NDSolve[{eqn1,eqn2,...}, y, {x, xmin, xmax}]	미분방정식의 수치해 y를 x의 범위가 [xmin, xmax]일 때 구함
y[x]/.solution InterpolatingFunction[data][x]	y[x]의 값을 자료로 생성함 data를 이용하여 x에서 보간 함수를 생성함
Plot[Evaluate[y[x]/.solution], {x,xmin,xmax}]	미분방정식의 수치해 y를 x의 범위 [xmin, xmax]에서 그래프로 표시함

선택사항	기 본 값	설 명
MaxSteps	10000	스텝의 최대 갯수
PrecisionGoal	Automatic	정밀도(유효자릿수)
WorkingPrecison	MachinePrecision	내부계산 정밀도

예제 2 | 미분가능한 함수 $f(x)$가 $0 \le x < 1$에서 정의되고 다음을 만족한다.

$$f(x) = 1 + x f(x) - \int_0^x t^2 f(t)\,dt$$

$f(x)$를 구하는 매스매티카 명령어를 작성하시오.

풀이

변수 초기화

Clear[x,f];

미분방정식의 해 구하기

```
DSolve[{f'[x]==(1+x)*f[x],f[0]==1}, f[x], x]  Shift Enter
```

$f[x] \to e^{x+\frac{x^2}{2}}$

• 미분과 적분

예제 3| 미분 가능한 함수 $f(x)$가 다음 식을 만족한다.

$$f(x) = \int_0^x (\sin x - \sin t)\, dt$$

(1) $f'(x)$를 구하고 DSolve 명령어를 사용하여 $f(x)$를 구하시오.

(2) $a > 1$일 때 $\int_{1/a}^{a} \frac{f(x)}{x^2} dx$를 계산하시오.

(3) $\lim_{a \to \infty} \int_{1/a}^{a} \frac{f(x)}{x^2} dx$를 계산하시오.

풀이

변수 초기화

```
Clear[x,a,f];
```

미분방정식의 해 구하기

```
s1=DSolve[{f'[x]==x*Cos[x],f[0]==0}, f[x], x]
{{f[x] -> -1+Cos[x] + x Sin[x] }}
```

s1[[1, 1, 2]] : 결과의 우변 값

```
p = s1[[1, 1, 2]]/x^2

Integrate[p, x]  Shift Enter
```

$\frac{-1+\mathrm{Cos}[x]+x\,\mathrm{Sin}[x]}{x^2}$

$\frac{1}{x} - \frac{\mathrm{Cos}[x]}{x}$

조건부(a>1)로 적분

```
Integrate[p,{x,1/a,a}, Assumptions -> (a > 1)]
```

$a\,\mathrm{Cos}[\frac{1}{a}] - \frac{-1+a^2+\mathrm{Cos}[a]}{a}$

a->∞일 때 극한 취함

```
Limit[%, a -> Infinity]  Shift Enter
0
```

예제 4| 함수 $y = e^{-2x}(a\cos 3x + b\sin 3x)$가 미분방정식

$$y'' + 2y' + y = -10e^{-2x}\cos 3x$$

을 만족하도록 상수 a, b의 값을 정하시오.

풀이

```
(* y를 준 미분방정식에 대입하여 A Cos[3x]+ B
   Sin[3x] = 0으로 두고 A=B=0이 되는 조건으로부터 a,b를
   구한다. *)
Clear[x,y,a,b,t,tt,w];
y[x_]:= E^(-2x) * (a* Cos[3x]+b* Sin[3x]);
t = y''[x]+2y'[x]+y[x]+10* E^(-2x) * Cos[3x]
% // Simplify
```

$e^{-2x}(-2(-5+4a+3b)\text{Cos}[3x]+2(3a-4b)\text{Sin}[3x])$

cos 3x에 대한 계수

sin 3x에 대한 계수

```
w1=Coefficient[t, Cos[3x]]
w2=Coefficient[t, Sin[3x]]
Solve[{w1==0,w2==0},{a,b}]
```

$-2(-5+4a+3b)\,e^{-2x}$

$2(3a-4b)\,e^{-2x}$

a, b의 값

$\left\{\left\{a\to\frac{4}{5},\ b\to\frac{3}{5}\right\}\right\}$

예제 5 | 아래 그림과 같이 길이가 L인 균일한 재질의 막대 진자가 있다. 진자의 한 쪽 끝은 마찰이 없는 핀으로 지지되어 있다. 이 핀은 전기 모터에 의해 이동거리가 $s = A\sin\omega t$ (A, ω는 상수)으로 주어지는 직선 운동을 하고 있다. 이 진자의 운동방정식은 다음과 같이 주어진다.

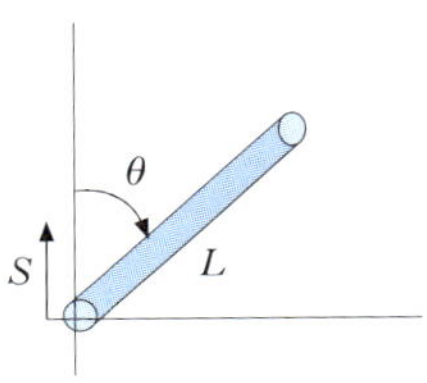

$$\theta'' = \frac{3}{2L}(g - A\,\omega^2\sin\omega t)\sin\theta$$

여기서 g는 중력 가속도이다. 주어진 자료

$$g = 980.67\,\text{cm/sec}^2,\ L = 25.4\,\text{cm},$$
$$A = 1.27\,\text{cm},\ \omega = 5.3\ \text{rad/sec},$$
$$\theta(0) = 3.1\,rad,\ \theta'(0) = 0\,rad/\text{sec}$$

에 대하여 NDSolve 명령어를 선택사항
MaxSteps -> 4000과 함께 사용하여 $\theta(t)$의 수치해를 구하고
$0 \le t \le 3$에서 $\theta(t)$의 그래프를 그리시오.

풀이

변수 초기화

```
Clear[θ, w, t, h, A, L, g];
```

자료값 입력

```
L=25.4; A=1.27; w=5.3; g=980.67;
```

미분방정식의 수치 해

```
h=NDSolve[{
   θ''[t]==3/(2L)*(g-A*w^2*Sin[w*t]) Sin[θ[t]],
   θ[0]==3.1, θ'[0]==0}, θ, {t,0,3}, MaxSteps -> 4000]
```

수치해 자료를 활용 보간함수로 생성

```
{{θ -> InterpolatingFunction[{{0.,3.}},<>]}}
```

수치해를 그래프로 그림

```
Plot[Evaluate[θ[t]/. h], {t,0,3}]; Shift Enter↵
```

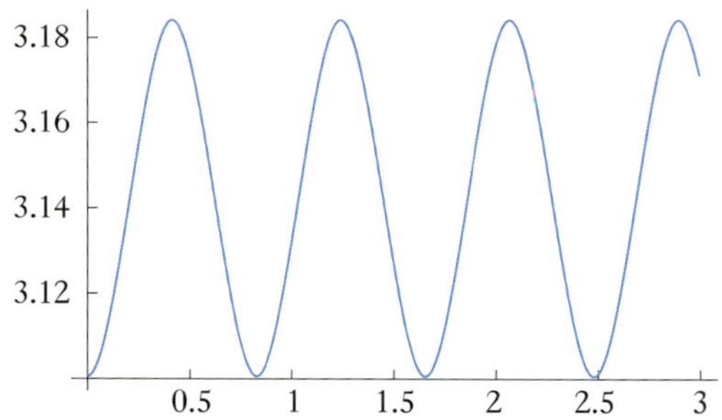

7.5 기호 연산 및 도표화

• 수학 공식

예제 1 | 직교좌표계에서 한 점 (s, t)을 주어진 직선 $ax + by + c = 0$에 관하여 대칭 변환시킨 좌표를 (x, y)라고 하면 변환 관계식

$$\begin{pmatrix} x \\ y \end{pmatrix} = \frac{1}{a^2 + b^2}\begin{pmatrix} b^2 - a^2 & -2ab \\ -2ab & a^2 - b^2 \end{pmatrix}\begin{pmatrix} s \\ t \end{pmatrix} - \frac{2}{a^2 + b^2}\begin{pmatrix} ac \\ bc \end{pmatrix}$$

을 매스매티카 명령어를 활용하여 유도하시오.

풀이

(* 점 x,y와 (s,t)를 잇는 직선이 주어진 대칭직선 ax+by+c = 0과 만나는 점을 (p, q)라 하면 p = (x+s)/2, q = (y+t)/2이고 ap+bq+c = 0을 만족하고 두 직선은 서로 수직이므로 (y-t)/(x-s) = b/a이다. 두 식을 연립하여 x,y에 관해 풀어 행렬로 표시하면 원하는 식을 얻는다. *)

$d=a^2+b^2$으로 정의
S: 변환행렬
S의 역행렬 구함

```
x =.; y =.; d=a^2+b^2;
S = (1/d)*{{b^2-a^2,-2a*b},{-2a*b,a^2-b^2}};
SI = Inverse[S] //Simplify
{x,y}=SI.{s+2a*c/d,t+2b*c/d} //Simplify  Shift Enter
```

$$\left\{\left\{\frac{-a^2+b^2}{a^2+b^2},\ -\frac{2ab}{a^2+b^2}\right\},\ \left\{-\frac{2ab}{a^2+b^2},\ \frac{a^2-b^2}{a^2+b^2}\right\}\right\}$$

$$\left\{\frac{-(a^2 s)+b^2 s-2a(c+bt)}{a^2+b^2},\ \frac{-2b(c+as)+a^2 t-b^2 t}{a^2+b^2}\right\}$$

s와 t에 관한 동류항정돈

```
Collect[{x,y},{s,t}]
```

$$\left\{-\frac{2ac}{a^2+b^2}+\frac{(-a^2+b^2)s}{a^2+b^2}-\frac{2abt}{a^2+b^2},\ -\frac{2bc}{a^2+b^2}-\frac{2abs}{a^2+b^2}+\frac{(a^2-b^2)t}{a^2+b^2}\right\}$$

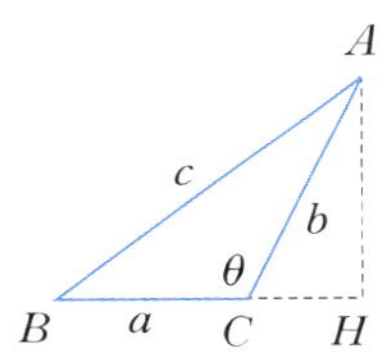

예제 2 | 다음 그림을 참조하여 피타고라스 정리로부터 코사인 제2법칙 $c^2=a^2+b^2-2ab\cos\theta$을 유도하되 매스매티카 명령어를 활용하시오.

풀이

```
(* AB^2 = BH^2+AH^2 = (BC+CH)^2+AH^2 이므로 *)
(* 우변의 결과만 유도하면 충분하다 *)
Clear[a,b,c,t];
(a+b*Cos[Pi-t])^2 + b^2 Sin[Pi-t]^2 //Simplify
```

$a^2+b^2-2ab\cos\theta$

오일러 각

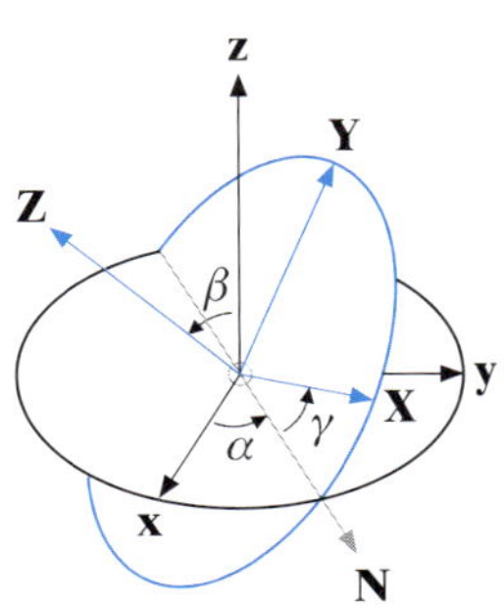

오일러(Euler)의 회전정리라는 것은 3차원 공간에서 좌표축의 임의의 회전이 7.3절에서 설명한 평면 회전변환을 오직 3번 연속 시행하여 얻을 수 있다는 것이다. 다음 그림과 같이 **xyz** 축이 회전하여 **XYZ** 축으로 이동하였을 때 **xy** 평면과 **XY** 평면의 교선을 **N**이라고 표시하고, α를 x축과 **N**과의 반시계향 사이각, β를 **z** 축과 **Z** 축과의 반시계향 사이각, γ를 **N**과 **X** 축과의 반시계향 사이각이라고 하자. 그러면 3번의 회전변환 행렬 B, C, D는

다음으로 표시된다.

$$B = \begin{pmatrix} \cos\gamma & \sin\gamma & 0 \\ -\sin\gamma & \cos\gamma & 0 \\ 0 & 0 & 1 \end{pmatrix}, \tag{7.21}$$

$$C = \begin{pmatrix} 1 & 0 & 0 \\ 0 & \cos\beta & \sin\beta \\ 0 & -\sin\beta & \cos\beta \end{pmatrix}, \tag{7.22}$$

$$D = \begin{pmatrix} \cos\alpha & \sin\alpha & 0 \\ -\sin\alpha & \cos\alpha & 0 \\ 0 & 0 & 1 \end{pmatrix}. \tag{7.23}$$

즉, 3차원 공간에서 임의의 회전변환 행렬 A는 다음으로 표현된다.

$$A = \begin{pmatrix} a_{11} & a_{12} & a_{13} \\ a_{21} & a_{22} & a_{23} \\ a_{31} & a_{32} & a_{33} \end{pmatrix} = BCD, \tag{7.24}$$

$$\begin{aligned} & a_{11} = \cos\gamma\cos\alpha - \cos\beta\sin\alpha\sin\gamma,\ a_{12} = \cos\gamma\sin\alpha + \cos\beta\cos\alpha\sin\gamma, \\ & a_{13} = \sin\gamma\sin\beta,\ a_{21} = -\sin\gamma\cos\alpha - \cos\beta\sin\alpha\cos\gamma, \\ & a_{22} = -\sin\gamma\sin\alpha + \cos\beta\cos\alpha\cos\gamma,\ a_{23} = \cos\gamma\sin\beta, \\ & a_{31} = \sin\beta\sin\alpha,\ a_{32} = -\sin\beta\cos\alpha,\ a_{33} = \cos\beta. \end{aligned} \tag{7.25}$$

여기서 α, β, γ를 오일러 각(Euler angle)이라고 부른다.

예제 3 | 매스매티카 명령어로 관계식 (7.25)를 유도하시오.

풀이

B : 회전행렬(Z축)
변수 C의 보호를 해제함
C : 회전행렬(N축)
변수 D의 보호를 해제함
D : 회전행렬(z축)
Table로 동시에 9개 출력
StyleForm으로 첨자출력

```
B={{Cos[γ],Sin[γ],0},{-Sin[γ],Cos[γ],0},{0,0,1}};
Unprotect[C];
C={{1,0,0},{0,Cos[β],Sin[β]},{0,-Sin[β],Cos[β]}};
Unprotect[D];
D={{Cos[α],Sin[α],0},{-Sin[α],Cos[α],0},{0,0,1}};
A=(B.C).D//Simplify
Table[Print["a", StyleForm[ToString[i]<>ToString[j],
FontSize->6], " = ", A[[i,j]]], {i,1,3}, {j,1,3}]; Shift Enter
```

$$a_{11} = \mathrm{Cos}[\alpha]\,\mathrm{Cos}[\gamma] - \mathrm{Cos}[\beta]\,\mathrm{Sin}[\alpha]\,\mathrm{Sin}[\gamma]$$
$$a_{12} = \mathrm{Cos}[\gamma]\,\mathrm{Sin}[\alpha] + \mathrm{Cos}[\alpha]\,\mathrm{Cos}[\beta]\,\mathrm{Sin}[\gamma]$$
$$a_{13} = \mathrm{Sin}[\beta]\,\mathrm{Sin}[\gamma]$$
$$a_{21} = -\mathrm{Cos}[\beta]\,\mathrm{Cos}[\gamma]\,\mathrm{Sin}[\alpha] - \mathrm{Cos}[\alpha]\,\mathrm{Sin}[\gamma]$$
$$a_{22} = \mathrm{Cos}[\alpha]\,\mathrm{Cos}[\beta]\,\mathrm{Cos}[\gamma] - \mathrm{Sin}[\alpha]\,\mathrm{Sin}[\gamma]$$
$$a_{23} = \mathrm{Cos}[\gamma]\,\mathrm{Sin}[\beta]$$
$$a_{31} = \mathrm{Sin}[\alpha]\,\mathrm{Sin}[\beta]$$
$$a_{32} = -\mathrm{Cos}[\alpha]\,\mathrm{Sin}[\beta]$$
$$a_{33} = \mathrm{Cos}[\beta]$$

폐곡선의 내부 면적

폐곡선의 내부 면적을 구하는 방법으로 유명한 **그린의 정리**(Green's Theorem)를 활용하기로 한다. 함수 $P(x,y)$와 $Q(x,y)$가 연속이고 각각 련속인 편도함수를 가질 때, 그린의 정리는

$$\int\int_D \left(\frac{\partial Q}{\partial x} - \frac{\partial P}{\partial y}\right) dx\, dy = \oint_{\partial D} P\, dx + Q\, dy \tag{7.26}$$

이 성립함을 의미하고 폐영역 D 내의 이중적분이 D의 경계선 ∂D 위에서 선적분으로 변환됨을 뜻한다. 특히 $P = -y$, $Q = x$이면 폐영역 D의 내부면적은 공식 다음 공식으로 주어진다.

$$A = \int\int_D dx\, dy = \frac{1}{2}\oint_{\partial D} (x\, dy - y\, dx) \tag{7.27}$$

만일 경계곡선이 매개함수 $x = x(t)$, $y = y(t)$, $t_0 \le t \le t_1$으로 주어지면 구하는 면적은 다음과 같다.

$$A = \frac{1}{2}\int_{t_0}^{t_1} \{x(t)y'(t) - x'(t)y(t)\}\, dt \tag{7.28}$$

만일 경계곡선이 극좌표계에서 함수 $r = r(\theta)$, $\theta_0 \le \theta \le \theta_1$으로 주어지면, 관계식 $x = x(\theta) = r(\theta)\cos(\theta)$, $y = y(\theta) = r(\theta)\sin(\theta)$, $\theta_0 \le \theta \le \theta_1$에 의해 θ에 관한 매개함수로 간주할 수 있으므로 $x'(\theta) = r'\cos(\theta) - r\sin(\theta)$, $y'(\theta) = r'\sin(\theta) + r\cos(\theta)$를 활

용하여 구하는 면적은 다음과 같이 된다.

$$A = \frac{1}{2}\int_{\theta_0}^{\theta_1}\{x(\theta)y'(\theta) - y(\theta)x'(\theta)\}\,d\theta = \frac{1}{2}\int_{\theta_0}^{\theta_1} r^2(\theta)\,d\theta \tag{7.29}$$

예제 4 | 7.3절에서 언급한 곡선 Tschirnhausen의 3차 곡선과 Kepler의 folium이 갖는 자폐선의 내부 면적을 매스매티카 명령어를 활용하여 구하시오.

풀이

(* Tschirnhausen의 3차곡선 : 식 (7.28) 사용

$x = a(1-3t^2),\ y = at(3-t^2)$ *)

x= a(1-3t^2); y= a *t(3-t^2); Shift Enter

(* t의 범위를 구하기 위하여 y=0 되는 t 값을 구한다.*)

그림에서 보듯이 3개 존재함

Solve[y==0, t] Shift Enter

$\{\{t \to 0,\ t \to -\sqrt{3},\ t \to \sqrt{3}\}\}$

(* 그러므로 $-\sqrt{3} \le t \le \sqrt{3}$ *)

1/2 Integrate[x*D[y,t]-D[x,t]* y, {t, -Sqrt[3],Sqrt[3]}]

$$\frac{72\sqrt{3}\,a^2}{5}$$

(* Kepler's folium: 식 (7.29) 사용

$r = \cos\theta\,(4a\sin^2\theta - b)$ *)

(* a, b 모두 양수로 가정한다. (x, y)= (r cos θ, r sin θ)이므로 주기가 π이다. 이 범위에서 r이 0이 되는 θ값을 구한다.*)

Clear[a,b,r]; r = Cos[θ](4 a* Sin[θ]^2 - b);

sol = Solve[r==0, θ]//Simplify Shift Enter

$$\{\{\theta \to -\frac{\pi}{2}\},\ \{\theta \to \frac{\pi}{2}\},\ \{\theta \to -\mathrm{ArcSin}[\frac{\sqrt{\frac{b}{a}}}{2}]\},\ \{\theta \to \mathrm{ArcSin}[\frac{\sqrt{\frac{b}{a}}}{2}]\}\}$$

(* b=0이면 $\theta = \pi/2.\ \pi$이고 잎이 2개, b>=4a이면 $\mathrm{ArcSin}\left[\frac{\sqrt{b/a}}{2}\right]$이 존재하지 않으므로 $\theta = \pi/2$이고 잎이 1개, b < 4a이면 θ 값이 3개이므로 잎이 3개 생긴다. *)

1 /2 *Integrate[r^2,{θ, 0, Pi}] Shift Enter

$$\frac{1}{4}(2a^2-2ab+b^2)\pi$$

Tschirnhausens Cubic

$r=a\,\mathrm{Sec}(\frac{\theta}{3})^3$

a=1

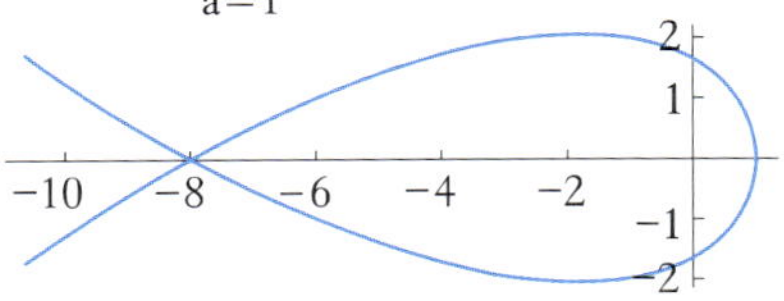

Kepler's folium

$r=\mathrm{Cos}\,\theta(4a\,\mathrm{Sin}^2\theta-b)$

a=1, b=2

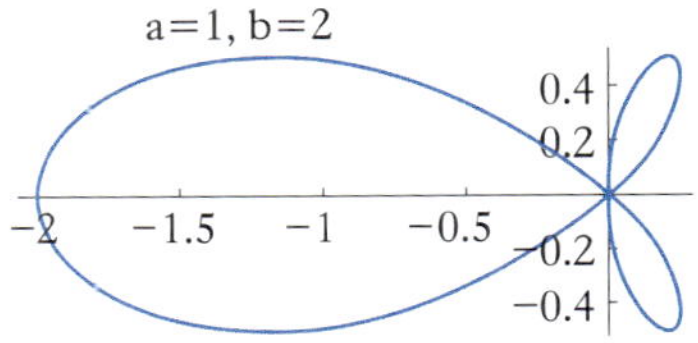

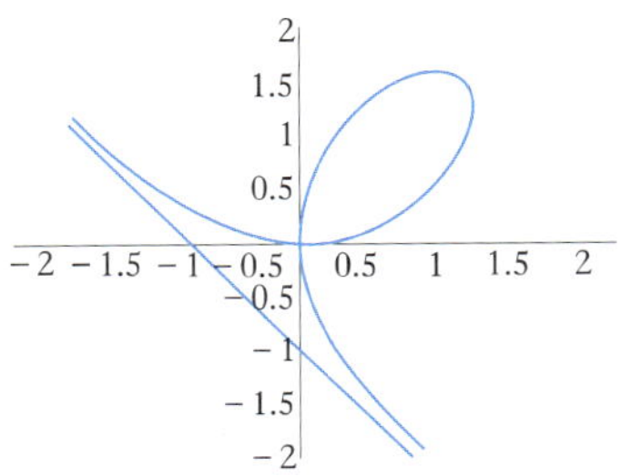

예제 5 | 5.4.4절에서 이미 언급한 바 있는 Descarte의 나뭇잎 곡선

$$x=\frac{3at}{1+t^3},\quad y=\frac{3at^2}{1+t^3}$$

이 갖는 자폐선의 내부 면적을 다음 공식

$$A=\frac{1}{2}\int_{t_0}^{t_1}\{x(t)y'(t)-y(t)x'(t)\}dt$$

에 의해 매스매티카 명령어로 구하시오.

풀이

```
Clear[a,t,x,y];
x=3 a*t /(1+t^3); y = 3 a*t^2 /(1+t^3);
(* 원점을 지나는 자폐선의 t값을 구하면 0, ∞ 이다. *)
1/2 Integrate[x*D[y,t]-D[x,t]* y, {t, 0, Infinity}]
```

$$\frac{3a^2}{2}$$

• 수학적 귀납법

예제 6 | 다음 등식

$$\sum_{k=1}^{n}k^2=\frac{n(n-1)(2n+1)}{6}$$

을 수학적 귀납법으로 매스매티카 명령어를 활용하여 증명하시오.

풀이

L : 좌변(n의 함수)	**Clear[L]; L = Sum[k^2,{k,1,n}];**
R : 우변(m의 함수)	**Clear[R]; R = m (1+m) (2 m+1)/6;**
n=1, m=1일 때 성립여부검사	**(L == R)//.{n->1, m->1}** Shift Enter
	True
L을 가정하고 (n+1)^2	**P=L+(n+1)^2//Factor** Shift Enter
	$\frac{1}{6}(1+n)(2+n)(3+2n)$
R에서 m->n+1 대입	**Q = (R//. m->n+1)//Simplify** Shift Enter
	$\frac{1}{6}(1+n)(2+n)(3+2n)$
양변 성립 여부	**P == Q** Shift Enter
귀납법 증명 끝	True

수치자료 도표화

방정식 $f(x)=0$의 하나의 단순근을 α라고 하고 반복함수

$$g(x) = x - \frac{2f(x)f'(x)}{2f'(x)^2 - f(x)f''(x)} \tag{7.30}$$

를 정의하자. 초기값 x_0가 주어질 때 다음 반복식

$$x_{n+1} = g(x_n) = x_n - \frac{2f(x_n)f'(x_n)}{2f'(x_n)^2 - f(x_n)f''(x)},\ n = 0,\ 1,\ 2,\ \cdots \tag{7.31}$$

에 의해 방정식 $f(x)=0$의 근사해를 x_n의 수렴값으로 구하는 방법을 할레이(Halley) 수치방법이라고 부른다. 이 해법의 수렴차수는 3차이며, 점근오차상수 η는

$$\eta = \lim_{n\to\infty} \frac{e_{n+1}}{e_n^3} = \frac{|g'''(\alpha)|}{6},\ e_n = |x_n - \alpha| \tag{7.32}$$

으로 주어진다. 매스매티카를 활용하여 할레이 수치방법을 프로그램하고 수렴과정을 도표화하는 예문을 제시하고자 한다.

예제 7 | 반복함수 g에 대해서는 $f(\alpha)=0$이므로 $g(\alpha)=\alpha$이 성립하고 α를 g의 **고정점**(fixed point)이라고 부른다. 만일 $p>1$일 때

$$g'(\alpha)=g'(\alpha)=\cdots=g^{(p-1)}(\alpha)=0,\ \ g^{(p)}(\alpha)\neq 0$$

이 성립하면 $p>1$를 반복법 $x_{n+1}=g(x_n)$의 수렴차수라고 부른다. 만일 $p=1$일 때 $|g'(\alpha)|<1$이 성립하지 않으면 수렴이 보장되지 않는다.

(1) 할레이 수치 방법의 수렴차수가 3임을 매스매티카로 보이시오.

(2) 함수 $f(x)=x^3-x-6$가 주어졌을 때, 초기값 $x_0=2.5$를 선택하고 매스매티카로 프로그램하고 근 $\alpha=2$에 대한 수렴과정을 도표로 만드시오.

풀이

(1)

```
Clear[f,g,α];
g = x-2f[x]*f'[x]/(2f'[x]^2 -f[x]*f''[x]);      (반복함수 g의 정의)
d1=D[g,x]/. x->α //Simplify                      (g'(α))
% //.f[α]->0 //Simplify  Shift Enter              (f(α)=0을 대입)
```

$$\frac{f[\alpha]^2\,(3\,f''[\alpha]^2-2\,f'[\alpha]\,f^{(3)}[\alpha])}{(-2\,f'[\alpha]^2+f[\alpha]\,f''[\alpha])^2}$$

0

```
d2=D[g,{x,2}]/. x->α //Simplify                  (g''(α))
% //.f[α]->0 //Simplify  Shift Enter              (f(α)=0을 대입)
```

$(2\,f[\alpha]\,(-4\,f'[\alpha]^4\,f^{(3)}[\alpha]+$
$12\,f[\alpha]\,f'[\alpha]^2\,f''[\alpha]\,f^{(3)}[\alpha]+f[\alpha]^2\,f''[\alpha]^2\,f^{(3)}[\alpha]+$
$f'[\alpha]^3\,(6\,f''[\alpha]^2-2\,f[\alpha]\,f^{(4)}[\alpha])+f[\alpha]\,f'[\alpha]$
$(-12\,f''[\alpha]^3-2\,f[\alpha]\,f^{(3)}[\alpha]^2+f[\alpha]\,f''[\alpha]\,f^{(4)}[\alpha])))/$
$(2\,f'[\alpha]^2-f[\alpha]\,f''[\alpha])^3$

0

```
d3=D[g,{x,3}]/. x->α //Simplify                  (g'''(α))
% //.f[α]->0 //Simplify  Shift Enter              (f(α)=0을 대입)
```

$$
\begin{aligned}
&-(2\,(8\,f'[\alpha]^7\,f^{(3)}[\alpha]-4\,f'[\alpha]^6\,(3\,f''[\alpha]^2-4\,f[\alpha]\,f^{(4)}[\alpha])+\\
&\qquad f[\alpha]^3\,f''[\alpha]^2\,(-12\,f''[\alpha]^3-\\
&\qquad\quad 3\,f[\alpha]\,f^{(3)}[\alpha]^2+2\,f[\alpha]\,f''[\alpha]\,f^{(4)}[\alpha])+\\
&\qquad 2\,f[\alpha]^2\,f'[\alpha]^2\,f''[\alpha]\,(-45\,f''[\alpha]^3-\\
&\qquad\quad 24\,f[\alpha]\,f^{(3)}[\alpha]^2+7\,f[\alpha]\,f''[\alpha]\,f^{(4)}[\alpha])+\\
&\qquad f'[\alpha]^4\,(72\,f[\alpha]\,f''[\alpha]^3-44\,f[\alpha]^2\,f''[\alpha]\,f^{(4)}[\alpha])+\\
&\qquad 4\,f[\alpha]\,f'[\alpha]^5\,(-20\,f''[\alpha]\,f^{(3)}[\alpha]+f[\alpha]\,f^{(5)}[\alpha])-\\
&\qquad 4\,f[\alpha]^2\,f'[\alpha]^3\,(-32\,f''[\alpha]^2\,f^{(3)}[\alpha]-\\
&\qquad\quad 3\,f[\alpha]\,f^{(3)}[\alpha]\,f^{(4)}[\alpha]+f[\alpha]\,f''[\alpha]\,f^{(5)}[\alpha])+\\
&\qquad f[\alpha]^3\,f'[\alpha]\,(36\,f''[\alpha]^3\,f^{(3)}[\alpha]+6\,f[\alpha]\,f^{(3)}[\alpha]^3-\\
&\qquad\quad 6\,f[\alpha]\,f''[\alpha]\,f^{(3)}[\alpha]\,f^{(4)}[\alpha]+\\
&\qquad\quad f[\alpha]\,f''[\alpha]^2\,f^{(5)}[\alpha])))/\\
&\quad(-2\,f'[\alpha]^2+f[\alpha]\,f''[\alpha])^4
\end{aligned}
$$

$$\frac{3\,f''[\alpha]^2-2\,f'[\alpha]\,f^{(3)}[\alpha]}{2\,f'[\alpha]^2}$$

(2)

```
(* Halley Method *)
f[z_]:= z^3 - z - 6;
w = 2f'[z]^2-f[z]*f''[z];
```

할레이 반복함수 정의

```
g[x_]:=x-2f[z]*f'[z]/w /. z->x; (* Halley 반복식*)
```

$$\text{c\_theory(수렴속도)} = \frac{25}{121} = 0.2066115702479339$$

최소 정밀도 설정

```
$MinPrecision=60; (* 중간계산 최소 60자리의 유효숫자 *)
```

오차 ϵ; kmax : 최대반복횟수

```
eps=0.5*10^(-45); kmax=30;
```

α : 이론해

```
alpha=2; (* 해: Halley 방법으로 구함 *)
cth=(Abs[g'''[alpha]]/6); (*cth: 이론적 수렴속도*)
Print["C_theory(수렴속도) = ",NumberForm[cth,20],
      " = ",NumberForm[1.0*cth,20]];
(* 초기값에 유효숫자 $MinPrecision자리의 정밀도를 부여함 *)
```

x0에 정밀도를 부여

```
x0 = SetPrecision[2.5,$MinPrecision]; f0=f[x0];
```

t : 도표 목록 초기화

```
t =. ;
t={{0,NumberForm[x0,18],NumberForm[f0,8]}}; (* 초기 목록 *)
For[k=1, k<= kmax, k++, f0=f[x0];f1=f'[x0];  f2=f''[x0];
```

$x_{n+1}=g(x_n)$ 계산	If[(2f1^2-f2*f0)≠0, x1=g[x0], Print["Choose different x0 or Accept x0 as a solution !"]; Break[ ]]; f0=f[x1];
ϵ; eps	If[Abs[x1-x0] < eps,
t에 도표 목록 덧붙임	t=Append[t,{k,NumberForm[x1,18],NumberForm[f0,8]}];
en:$x_n-\alpha$; en1:$x_{n+1}-\alpha$	Break[ ], en=Abs[x0-alpha]; en1=Abs[x1-alpha];
$c=\frac{e_{n+1}}{e_n^3}$	If[en*en1≠0, c=en1/en^3];
	t=Append[t,{k,NumberForm[x1,18],NumberForm[f0,8], NumberForm[c,10]}]; x0=x1]]; Shift Enter↵

(*지면 절약을 위하여 출력 셀의 font를 9 또는 10호로 감소시키시오*)

	Print["-- "];
t를 도표화함. 행간: 0, 열간: 3글자 도표제목설정	TableForm[t, TableSpacing -> {0,3}, TableHeadings -> None, {"n\n--","x[n]\n-------------------", "f[x[n]]\n------------------", "en+1/en^3 \n------------"}}]
	Print[" -- "];
최대반복횟수 초과시 경고문 출력	If[k>kmax, Print["Iteration Over ! "]] Shift Enter↵

n	x[n]	f[x[n]]	en+1/en^3
0	2.50000000000000000	7.1250000	
1	2.01660296225513617	0.18429111	0.1328236980
2	2.00000093133978664	0.000010244743	0.2034939091
3	2.00000000000000000	1.8359947×10^{-18}	0.2066113939
4	2.00000000000000000	1.0567774×10^{-56}	0.2066115702
5	2.00000000000000000	$0.\ \times10^{-59}$	

기호 연산

다음과 같은 매스매티카 명령어와 선택사항은 복잡한 기호 연산을 취급하는데 있어 효율적이다. 이 명령어의 사용법을 간략히 소개하고 예제를 들어 설명하기로 한다.

명령어 / 선택사항	설 명
Reduce[expr, vars, Dom]	방정식, 부등식으로 주어진 expr의 해를 정의역 Dom 내에서 구함.
Complexes Reals Integers	복소수 집합 정의역 실수 집합 정의역 정수 집합 정의역
Assumptions -> (cond)	가정 cond를 부여하여 명령어(예: Simplify, Integrate, Limit)를 실행함.
expr ∈ Dom	expr이 Dom (Complexes, Reals, Integers) 내에 있음을 의미함.

예제 8 | 방정식 $x^2-3y^2=1$의 해 (x,y)를 실수 영역에서 구하시오.

풀이

x, y가 모두 실수범위

```
Reduce[x^2-3y^2==1, {x,y}, Reals] Shift Enter
```

$$\left(x \le -\sqrt{2}\ \&\&\ \left(y == -\frac{\sqrt{-2+x^2}}{\sqrt{3}}\ ||\ y == \frac{\sqrt{-2+x^2}}{\sqrt{3}}\right)\right)\ ||$$
$$\left(x \ge \sqrt{2}\ \&\&\ \left(y == -\frac{\sqrt{-2+x^2}}{\sqrt{3}}\ ||\ y == \frac{\sqrt{-2+x^2}}{\sqrt{3}}\right)\right)$$

예제 9 | 극한값 $\lim_{n\to\infty}\frac{1}{3}\left(2(-1)^{2n}+\left(\frac{-1}{8}\right)^n\right)$을 n이 정수인 조건에서 구하시오.

풀이

n이 정수인 조건 부여

```
tt = (2*(-1)^(2*n) + (-1/8)^n)/3;
Limit[tt, n->Infinity,
        Assumptions->(n ∈ Integers)] Shift Enter
```

$$\frac{2}{3}$$

[부록 A] 점화수열과 급수

A.1 수열의 합

수열의 합을 구하는 일반적인 방법은 등차수열, 등비수열, 계차수열 등을 구할 때 적용한 방법을 활용하거나 또는 특수한 형태의 수열의 합을 구할 때 사용하는 공식을 적용하거나, 이항정리, 미분 및 적분 등을 활용하는 방법이 있다. 여기서는 $\sum_{k=1}^{n} f(k+1)-f(k) = f(n+1)-f(1)$를 활용하여 다양한 수열의 합을 구하는 방법을 중점적으로 살펴보기로 한다.

A.1.1 $\sum_{k=1}^{n} f(k+1)-f(k) = f(n+1)-f(1)$를 이용한 수열의 합

이 공식의 유도는 단순하므로 생략하기로 한다. 등차수열과 등비수열의 합은 물론이고 여러 가지 수열의 합이 이 공식으로부터 간단히 유도된다. 여기서 각 수열에 적용되는 a, d, m, p, r은 상수이고 $f(n)$은 n의 함수이다.

(1) (a) $S_n = \sum_{k=1}^{n} d = nd.$

$f(k)=k$를 활용하면 $S_n = d \cdot \sum_{k=1}^{n} (f(k+1)-f(k)) = nd.$

(b) $S_n = \sum_{k=1}^{n} k = \frac{n(n+1)}{2}$ $\quad$ ($f(k)=k^2$을 활용함.)

$$\because \sum_{k=1}^{n} (k+1)^2 - k^2 = \sum_{k=1}^{n} 2k+1 = 2S_n + n = (n+1)^2 - 1^2.$$

$$\therefore S_n = \frac{(n+1)^2-1-n}{2} = \frac{n(n+1)}{2}.$$

(c) $S_n = \sum_{k=1}^{n} k^2 = \frac{n(n+1)(2n+1)}{6}$ $\quad$ ($f(k)=k^3$을 활용함.)

$$(\because \sum_{k=1}^{n} \{(k+1)^3 - k^3\} = \sum_{k=1}^{n} 3k(k+1)+1$$
$$= 3S_n + \frac{3n(n+1)}{2} + n = (n+1)^3 - 1.$$

$$\therefore S_n = \frac{1}{3}\left[(n+1)^3 - 1 - n - \frac{3n(n+1)}{2}\right] = \frac{1}{6}n(n+1)(2n+1).$$

(d) $\displaystyle\sum_{k=1}^{n} k^3 = \left\{\frac{n(n+1)}{2}\right\}^2.$ ($f(k) = k^4$을 활용함.)

($\because (k+1)^4 - k^4 = 4k^3 + 6k^2 + 4k + 1$로부터 유도할 수 있다.)

(2) $\displaystyle S_n = \sum_{k=1}^{n} a + (k-1)d = \frac{n}{2}\{2a + (n-1)d\}$ (등차수열의 합).

초항 a공차 d인 등차수열의 제 n까지의 합 S_n은 (a)와 (b)식을 활용하여 다음 식으로부터 유도된다.

$$S_n = \sum_{k=1}^{n} a + (k-1)d = \sum_{k=1}^{n} (a-d) + d \cdot \sum_{k=1}^{n} k$$
$$= n(a-d) + dn(n+1)/2 = \frac{n}{2}\{2a + (n-1)d\}$$

(3) $\displaystyle S_n = \sum_{k=1}^{n} ar^{k-1} = \begin{cases} \dfrac{a_1(1-r^n)}{1-r}, & r \neq 1 \\ na_1, & r = 1. \end{cases}$ (등비수열의 합).

초항 a, 공비 r인 등비수열의 제 n까지의 합 S_n은 다음과 같이 구한다. $r \neq 1$일 때 $(r-1)S_n = (r-1)\sum_{k=1}^{n} ar^{k-1} = \sum_{k=1}^{n} ar^k - ar^{k-1}$이 되어 $f(k) = ar^{k-1}$을 활용하면 $(r-1)S_n = ar^{n+1} - a$이므로 S_n을 얻게 된다. $r = 1$이면 명백하다.

(4) $\displaystyle S_n = \sum_{k=1}^{n} k(k+1)(k+2) \cdot \cdots \cdot (k + \overline{m-1})$

$$= \frac{1}{m+1} n(n+1)(n+2) \cdot \cdots \cdot (n+m).$$

($f(k) = (k-1)k(k+1)(k+2) \cdot \cdots \cdot (k+m-1)$을 활용함.)

$$\because \sum_{k=1}^{n} k(k+1)(k+2) \cdot \cdots \cdot (k+m)$$
$$- (k-1)k(k+1) \cdot \cdots \cdot (k+m-1)$$
$$= \sum_{k=1}^{n} (m+1)k(k+1)(k+2) \cdot \cdots \cdot (k+m-1) = (m+1)S_n.$$

$$\therefore n(n+1) \cdot \cdots \cdot (n+m) = (m+1)S_n$$

(5) $$S_n = \sum_{k=1}^{n} \frac{1}{k(k+1)(k+2)\cdot\cdots\cdot(k+m-1)}$$

$$= \frac{1}{m-1}\left\{\frac{1}{(m-1)!} - \frac{1}{(n+1)(n+2)\cdot\cdots\cdot(n+m-1)}\right\}.$$

$\left(f(k) = \dfrac{-1}{k(k+1)(k+2)\cdot\cdots\cdot(k+m-2)}\right.$을 활용함.)

$$\because \sum_{k=1}^{n} \frac{1}{k(k+1)(k+2)\cdot\cdots\cdot(k+m-2)} - \frac{1}{(k+1)(k+2)\cdot\cdots\cdot(k+m-1)}$$

$$= (m-1)\sum_{k=1}^{n} \frac{1}{k(k+1)(k+2)\cdot\cdots\cdot(k+m-1)} = (m-1)S_n$$

$$\therefore \frac{1}{(m-1)!} - \frac{1}{(n+1)\cdot\cdots\cdot(n+m-1)} = (m-1)S_n$$

(6) $$\sum_{k=1}^{n} k!\,k = (n+1)!-1.$$

$\because\ k!\,k = k!(k+1-1) = (k+1)!-k!.\quad (f(k)=k!$을 활용함.)

$$\therefore \sum_{k=1}^{n} (k+1)!-k! = (n+1)!-1.$$

(7) $$\sum_{k=1}^{n} \frac{k}{(k+1)!} = 1-\frac{1}{(n+1)!}.$$

$\because\ \dfrac{k}{(k+1)!} = \dfrac{k+1-1}{(k+1)!} = \dfrac{1}{k!} - \dfrac{1}{(k+1)!}.\ (f(k) = \dfrac{1}{k!}$을 활용함.)

$$\therefore \sum_{k=1}^{n} \frac{1}{k!} - \frac{1}{(k+1)!} = 1-\frac{1}{(n+1)!}.$$

(8) 삼각수열의 합

(a) $$S_n = \sum_{k=1}^{n} \sin k\theta = \begin{cases} \dfrac{\sin\dfrac{n\theta}{2}\cdot\sin\dfrac{n+1}{2}\theta}{\sin\dfrac{\theta}{2}}, & \sin\dfrac{\theta}{2}\neq 0 \\ 0, & \sin\dfrac{\theta}{2}=0. \end{cases}$$

$$\because \sum_{k=1}^{n} 2\sin k\theta\cdot\sin\frac{\theta}{2} = \sum_{k=1}^{n} \cos\left(k-\frac{1}{2}\right)\theta - \cos\left(k+\frac{1}{2}\right)\theta$$

$(f(k) = -\cos(k - \frac{1}{2})\theta$을 활용함.)

$$\therefore\ 2 \cdot \sin\frac{\theta}{2} \cdot S_n = \cos\frac{\theta}{2} - \cos(n + \frac{1}{2})\theta = 2 \cdot \sin\frac{(n+1)}{2}\theta \cdot \sin\frac{n}{2}\theta.$$

그러므로 $\begin{cases} \sin\dfrac{\theta}{2} \neq 0 \Rightarrow S_n = \dfrac{\sin\dfrac{n\theta}{2} \cdot \sin\dfrac{n+1}{2}\theta}{\sin\dfrac{\theta}{2}} \\ \sin\dfrac{\theta}{2} = 0 \Rightarrow \dfrac{\theta}{2} = m\pi,\ m\text{은 정수},\ S_n = 0. \end{cases}$

(b) $S_n = \sum_{k=1}^{n} \cos k\theta$

$$= \begin{cases} \dfrac{\sin\dfrac{n\theta}{2} \cdot \cos\left(\dfrac{n+1}{2}\theta\right)}{\sin\dfrac{\theta}{2}} &, \sin\dfrac{\theta}{2} \neq 0 \\ n &, \sin\dfrac{\theta}{2} = 0\ (\theta = 2m\pi). \end{cases}$$

같은 방법으로

$$2\cos k\theta \cdot \sin\frac{\theta}{2} = \sin(k + \frac{1}{2})\theta - \sin(k - \frac{1}{2})\theta$$

를 이용하면 된다.

A.1.2 $\sum_{k=1}^{n} f(k+p) - f(k) = \sum_{i=1}^{p} f(n+i) - f(i)$를 이용한 수열의 합

$p = 1$이면 A.1.1의 경우로 귀착된다.

$$\begin{aligned} f(k+p) - f(k) = f(k+p) &- f(k+p-1) + f(k+p-1) \\ &- f(k+p-2) + f(k+p-2) - f(k) \cdot \cdots \cdot \\ &- f(k+1) + f(k+1) - f(k) \end{aligned}$$

으로 변형하고 A.1.1을 활용하면 이 공식은 쉽게 유도된다.

(1) $S_n = \sum_{k=1}^{n} \frac{1}{k(k+2)} = \frac{1}{2}\sum_{k=1}^{n}(\frac{1}{k} - \frac{1}{k+2})$

$= -\frac{1}{2}\{f(n+1)+f(n+2)-f(1)-f(2)\}$ (단, $f(k) = -\frac{1}{k}$, $p=2$)

$= -\frac{1}{2}(\frac{1}{n+1} + \frac{1}{n+2} - \frac{3}{2})$

(2) $S_n = \sum_{k=1}^{n} \frac{k^2+5k+5}{(k+3)!} = \sum_{k=1}^{n} \frac{1}{(k+1)!} - \frac{1}{(k+3)!}$

$= f(n+1)+f(n+2)-f(1)-f(2)$ (단, $f(k) = -\frac{1}{(k+1)!}$, $p=2$)

$= -\frac{1}{(n+2)!} - \frac{1}{(n+3)!} + \frac{1}{2!} + \frac{1}{3!}$

A.1.3 미분과 적분을 이용한 수열의 합

(1) $\sum_{k=0}^{n} {}_nC_k = 2^n$.

(2) $\sum_{k=0}^{n} (k+1)\,{}_nC_k = 2^{n-1}(n+2)$.

(3) $\sum_{k=0}^{n} \frac{{}_nC_k}{k+1} = \frac{2^{n+1}-1}{n+1}$.

각 공식을 유도하면 다음과 같다.

(1) $(1+x)^n = \sum_{k=0}^{n} {}_nC_k\, x^k$에서 $x=1$을 대입하여 $2^n = \sum_{k=0}^{n} {}_nC_k$.

(2) $x(1+x)^n = \sum_{k=0}^{n} {}_nC_k\, x^{k+1}$으로부터 양변을 미분하면 $(1+x)^n + nx(1+x)^{n-1}$ $= \sum_{k=0}^{n} (k+1)\,{}_nC_k\, x^k$이므로 $x=1$을 대입하여 $2^{n-1}(n+2) = \sum_{k=0}^{n} (k+1)\,{}_nC_k$.

(3) $(1+x)^n = \sum_{k=0}^{n} {}_nC_k\, x^k$.

양변을 적분하면 $\int_0^1 (1+x)^n\,dx = \sum_{k=0}^{n} {}_nC_k \int_0^1 x^k\,dx$ 이므로 다음을 얻는다.

$$\left[\frac{(1+x)^{n+1}}{n+1}\right]_0^1 = \frac{2^{n+1}-1}{n+1} = \left[\sum_{k=0}^{n} \frac{{}_nC_k}{k+1} x^{k+1}\right]_0^1 = \sum_{k=0}^{n} \frac{{}_nC_k}{k+1}.$$

A.2 무한수열과 무한급수

항의 개수가 무한개인 수열을 무한수열 $\{a_n\}$ 이라 부른다.

A.2.1 수렴과 발산

$\lim_{n\to\infty} a_n = \alpha$ 인 유한 확정치 α 가 존재하면 수열 $\{a_n\}$ 은 수렴한다고 말하고 그렇지 않으면 발산한다고 말한다.

수렴하는 수열의 예: $\left\{\frac{1}{n}\right\}$, $\left\{\frac{n}{n+1}\right\}$, $\left\{(-\frac{1}{2})^{n-1}\right\}$.

발산하는 수열의 예: $\{2^{n-1}\}$, $\{(-1)^{n-1}\}$, $\left\{2^n \sin\frac{n\pi}{2}\right\}$, $\{101-n\}$.

(☞ $\lim_{n\to\infty} (-1)^{n-1}$ = 부정(진동), $\lim_{n\to\infty} 2^n \sin\frac{n\pi}{2}$ = 부정.)

무한등비수열 $\{r^n\}$ 의 수렴과 발산

(1) $r>1$ 일 때 $r=1+\alpha\,(\alpha>0)$ 라 하면

$$r^n = (1+\alpha)^n = 1+n\alpha+\frac{n(n-1)}{2}\alpha^2+\cdots+\alpha^n \ge 1+n\alpha.$$

$$\therefore \lim_{n\to\infty} r^n = \infty \quad (\because \lim_{n\to\infty} 1+n\alpha = \infty).$$

(2) $r=1$ 일 때 $r^n=1$ 이므로 $\lim_{n\to\infty} r^n = 1$.

(3) $0 < r < 1$일 때 $r = \frac{1}{s}$ (단, $s > 1$)라 하면 $\lim_{n \to \infty} r^n = \lim_{n \to \infty} \frac{1}{s^n} = 0$.

(4) $r = 0$일 때 $r^n = 0$. $\therefore \lim_{n \to \infty} r^n = 0$

(5) $-1 < r < 0$일 때 $0 < |r| < 1$. $\therefore \lim_{n \to \infty} r^n = 0$.

(6) $r = -1$일 때 $r^n = (-1)^n$. $\therefore \lim_{n \to \infty} r^n =$ 진동

(7) $r < -1$일 때 진동 또는 발산

그러므로 무한등비급수의 수렴 여부는 다음과 같이 요약할 수 있으며

$$\lim_{n \to \infty} r^n = \begin{cases} \infty & , \quad r > 1 \\ 1 & , \quad r = 1 \\ 0 & , \quad -1 < r < 1 \\ \text{진동} & , \quad r \le -1 \end{cases}$$

수렴하는 공비값의 범위는 $-1 < r \le 1$임을 알 수 있다.

무한수열의 수렴과 발산

(1) $a_n = \sqrt{n+1} - \sqrt{n-1} = \dfrac{2}{\sqrt{n+1} + \sqrt{n-1}}$ $\therefore \lim_{n \to \infty} a_n = 0$(수렴).

(2) $a_n = \sqrt{n^2 - n + 1} - n = \dfrac{n^2 - n + 1 - n^2}{\sqrt{n^2 - n + 1} + n} = \dfrac{-1 + (1/n)}{\sqrt{1 - 1/n + 1/n^2} + 1}$

$\therefore \lim_{n \to \infty} a_n = -1/2$(수렴).

(3) $a_n = \dfrac{\sqrt{n} - \sqrt{n+2}}{\sqrt{n^2+5} - n} = \dfrac{\sqrt{n} - \sqrt{n+2}}{\sqrt{n^2+5} - n} \cdot \dfrac{\sqrt{n} + \sqrt{n+2}}{\sqrt{n} + \sqrt{n+2}} \cdot \dfrac{\sqrt{n^2+5} + n}{\sqrt{n^2+5} + n}$

$= \left(-\dfrac{2}{5}\right) \cdot \dfrac{\sqrt{n^2+5} + n}{\sqrt{n} + \sqrt{n+2}}$. $\therefore \lim_{n \to \infty} a_n = -\infty$(발산).

(4) $a_n = n \sin \dfrac{\pi}{n} = \dfrac{\sin \pi/n}{\pi/n} \cdot \pi$. $\therefore \lim_{n \to \infty} a_n = \pi$($\because \lim_{\theta \to 0} \dfrac{\sin\theta}{\theta} = 1$).

(5) $a_n = \dfrac{n!}{10^n} = \left(\dfrac{1}{10}\dfrac{2}{10} \cdots \dfrac{10}{10}\right)\left(\dfrac{11}{10}\dfrac{12}{10} \cdots \dfrac{n}{10}\right) > \dfrac{10!}{10^{10}} \underbrace{\left(\dfrac{11}{10}\right)^{n-10}}_{\to\infty}$ $(n > 10)$.

$\therefore \lim_{n \to \infty} a_n = \infty$(발산).

A.2.2 수열의 극한값 및 수렴

부정형의 극한값 연산법

부정형 수열의 극한값을 구하는 몇 가지 방법을 소개하면 다음과 같다.

(1) $\infty - \infty$형

- $n^3 - n^2 = n^3\left(1 - \dfrac{1}{n}\right)$.
- $\sqrt{n+1} - \sqrt{n} = \dfrac{1}{\sqrt{n+1} + \sqrt{n}}$.

(2) $\dfrac{\infty}{\infty}$형

- $\dfrac{n-1}{n^2+2} = \dfrac{1-(1/n)}{n+(2/n)}$.
- $\dfrac{2^n}{3^n+1} = \dfrac{1}{(3/2)^n+(1/2)^n}$.

(3) $\dfrac{0}{0}$형

- $\dfrac{2^{-n} - 3^{-n}}{2^{-n} + 3^{-n}} = \dfrac{1-(2/3)^n}{1+(2/3)^n}$.

(4) $\infty \cdot 0$형

- $$\begin{aligned} n \cdot \left(\frac{1}{2}\right)^n &= \frac{n}{(1+1)^n} \\ &= \frac{n}{1+n+\dfrac{n(n-1)}{2}+\dfrac{n(n-1)(n-2)}{3!}+\cdots} \\ &= \frac{1}{\dfrac{1}{n}+1+\dfrac{(n-1)}{2}+\dfrac{(n-1)(n-2)}{3!}+\cdots} \to 0. \end{aligned}$$

점화수열의 수렴 및 극한

예 … 1. $x_{n+1} = ax_n + b$

풀이 α가 $\alpha = a\alpha + b$를 만족한다고 하자.

(i) $a \neq 1 \Rightarrow \alpha = \dfrac{b}{1-a}$.

$x_{n+1} - \alpha = a(x_n - \alpha) = a^n(x_1 - \alpha)$.

$$\therefore \begin{cases} -1 < a < 1 \Rightarrow \lim_{n \to \infty} x_n = \alpha = \dfrac{b}{1-a} \text{(수렴)} \\ x_1 - \alpha = 0 \Rightarrow x_n = \alpha \Rightarrow \lim_{n \to \infty} x_n = \alpha \text{(수렴)}. \end{cases}$$

(ii) $a=1 \Rightarrow \{x_n\}$은 등차수열: $x_n = x_1 + (n-1)b$.

(a) $b = 0 \Rightarrow x_n = x_1$(수렴).

(b) $b \neq 0 \Rightarrow \{x_n\}$은 발산.

예 … 2. $a_{n+1} = \sqrt{a_n + 2}\quad (a_1 > -2)$.

풀이 수렴값의 존재여부를 밝히기 위하여 다음과 같이 수식을 변형한다.

$$|a_{n+1} - 2| = |\sqrt{a_n+2} - 2| = \frac{|a_n - 2|}{\sqrt{a_n+2} + 2}$$
$$< \frac{1}{2}|a_n - 2| < \frac{1}{2^2}|a_{n-1} - 2| < \cdots < \frac{1}{2^n}|a_1 - 2|.$$

$0 \leq |a_n - 2| < \dfrac{1}{2^{n-1}}|a_1 - 2|$. $\therefore 0 \leq \lim_{n \to \infty} |a_n - 2| < \lim_{n \to \infty} \dfrac{1}{2^{n-1}}|a_1 - 2|$.

$\therefore \lim_{n \to \infty} |a_n - 2| = 0$. 그러므로 $\lim_{n \to \infty} a_n = 2$.

예 … 3. $a_1 = 4$, $a_{n+1} = \dfrac{1}{2}\left(a_n + \dfrac{9}{a_n}\right)$.

풀이 (i) 임의의 $n \in N$에 대하여 $a_n > 3$임을 수학적 귀납법으로 증명한다. $a_1 > 0$이고 $a_n > 3$이라 가정할 때

$$a_{n+1} - 3 = \frac{1}{2}\left(a_n + \frac{9}{a_n}\right) - 3 = \frac{(a_n - 3)^2}{2a_n} > 0$$

이므로 모든 자연수 n에 대하여 $a_{n+1} > 3$이다.

(ii) $a_{n+1} - 3 = \dfrac{(a_n - 3)^2}{2a_n} < \dfrac{(a_n - 3)^2}{2a_n - 6} = \dfrac{1}{2}\ \underbrace{(a_n - 3)}_{\text{↳ 양수}}$

$$< \left(\frac{1}{2}\right)^2 (a_{n-1} - 3) < \cdots < \left(\frac{1}{2}\right)^n (a_1 - 3).$$

$$\therefore\ 0 < a_n - 3 < (1/2)^{n-1}. \qquad \therefore\ \lim_{n\to\infty} a_n - 3 = 0.\ (\text{수렴}).$$

예 … 4. $a_1 = 1,\ a_{n+1} = \dfrac{a_n + 2}{a_n + 1}.$

풀이 α가 $\alpha = \dfrac{\alpha+2}{\alpha+1}$ (단, $\alpha > 0$)를 만족한다고 하면

$$a_{n+1} - \alpha = \frac{a_n + 2}{a_n + 1} - \frac{\alpha+2}{\alpha+1} = \frac{(\alpha+1)(a_n+2) - (\alpha+2)(a_n+1)}{(\alpha+1)(a_n+1)} = \frac{-(a_n - \alpha)}{(\alpha+1)(a_n+1)}$$

이 성립한다. 이때 $x_{n+1} = \dfrac{1}{a_{n+1} - \alpha}$, $x_1 = \dfrac{1}{a_1 - \alpha}$이라고 놓으면

$$x_{n+1} = -(\alpha+1)(1 + (1+\alpha)x_n) = -(\alpha+1)^2 x_n - 1 - \alpha.$$

여기서 $(\alpha+1)^2 > 1$이므로 $\{x_n\}$은 발산한다.

$$(\because\ \alpha = \frac{\alpha+2}{\alpha+1} \Rightarrow \alpha^2 + \alpha = \alpha + 2 \Rightarrow \alpha^2 = 2 \Rightarrow \alpha = \sqrt{2})$$

따라서 $k = \dfrac{-(\alpha+1)}{1+(\alpha+1)^2}$라 두면

$$x_{n+1} - k = -(\alpha+1)^2 (x_n - k) = -(\alpha+1)^{2n} (x_1 - k).$$

$$\therefore\ x_n = -(\alpha+1)^{2(n-1)}(x_1 - k) + k.$$

$$\therefore\ a_n - \alpha = \frac{1}{x_n} = \frac{1}{-(\alpha+1)^{2(n-1)}(x_1 - k) + k}.$$

$$\therefore\ \lim_{n\to\infty} a_n - \alpha = 0.\ \text{그러므로}\ \lim_{n\to\infty} a_n = \alpha = \sqrt{2}.$$

A.2.3 무한급수

무한수열 $a_1, a_2, \cdots, a_n, \cdots$의 모든 항의 합 $\sum_{n=1}^{\infty} a_n = a_1 + a_2 + \cdots + a_n + \cdots$을 **무한급수**라 부르고 $S_n = a_1 + a_2 + \cdots + a_n$을 제 n항까지의 **부분합**이라고 부른다. 극한치

$S = \lim_{n \to \infty} S_n$이 존재하면 S를 **무한급수의 합**이라고 부르며 무한급수가 **수렴**한다고 말한다. S가 존재하지 않으면 **발산**한다고 말한다. 무한급수가 수렴하면 $\lim_{n \to \infty}(S_n - S_{n-1}) = \lim_{n \to \infty} a_n = 0$이 성립한다. 그러나 $\lim_{n \to \infty} a_n = 0$이라고 해서 무한급수가 수렴하지는 않는다. $\lim_{n \to \infty} a_n \neq 0$이면 무한급수는 수렴하지 않는다. 부분합 $\{S_n\}$이 단조 증가, 감소수열이며 상계, 하계가 있으면 S_n은 수렴한다.

무한급수의 수렴 및 발산

예 … 1. $S = \sum_{n=1}^{\infty} ar^{n-1}, \quad a \neq 0$ (무한등비급수의 합)

풀이 제 n항까지의 부분합이 $S_n = \begin{cases} \dfrac{a(1-r^n)}{1-r}, & r \neq 1 \\ na, & r = 1 \end{cases}$ 이므로

$$\begin{cases} -1 < r < 1 \Rightarrow r^n \to 0, & S = \lim_{n \to \infty} S_n = \dfrac{a}{1-r} \\ r \geq 1 \Rightarrow & S = \lim_{n \to \infty} S_n = \text{발산} \\ r \leq -1 \Rightarrow r^n \to \text{진동}, & S = \lim_{n \to \infty} S_n = \text{발산}. \end{cases}$$

예 … 2. $1 - \frac{1}{2} + \frac{1}{2} - \frac{1}{3} + \cdots + \frac{1}{n} - \frac{1}{n+1} + \frac{1}{n+1} - \cdots$

풀이 (i) n이 홀수$(=2m-1)$일 때

$$S_n = 1 + \left(-\frac{1}{2} + \frac{1}{2}\right) + \left(-\frac{1}{3} + \frac{1}{3}\right) + \cdots + \left(-\frac{1}{m} + \frac{1}{m}\right) = 1.$$

(ii) n이 짝수$(=2m)$일 때

$$S_n = 1 + \left(-\frac{1}{2} + \frac{1}{2}\right) + \left(-\frac{1}{3} + \frac{1}{3}\right) + \cdots + \left(-\frac{1}{m} + \frac{1}{m}\right) - \frac{1}{m+1} = 1 - \frac{1}{m+1}.$$

$$\therefore\ S = \lim_{\substack{n \to \infty \\ m \to \infty}} S_n = 1\ (\text{수렴}).$$

예 … 3. $2 - \frac{3}{2} + \frac{3}{2} - \frac{4}{3} + \cdots + \frac{n+1}{n} - \frac{n+2}{n+1} + \frac{n+2}{n+1} - \cdots$

풀이 $S_{2m-1} = 2 + \left(-\frac{3}{2} + \frac{3}{2}\right) + \cdots + \left(-\frac{m+1}{m} + \frac{m+1}{m}\right) = 2.$

$$S_{2m} = 2 + \left(-\frac{3}{2} + \frac{3}{2}\right) + \cdots + \left(-\frac{m+1}{m} + \frac{m+1}{m}\right) - \frac{m+2}{m+1}$$

$$= 2 - \frac{m+2}{m+1} = 1 - \frac{1}{m+1}. \quad \therefore \lim_{m \to \infty} S_{2m} = 1 \neq \lim_{m \to \infty} S_{2m-1}.$$

$\therefore$ 발산

예 … 4. $\displaystyle\sum_{n=1}^{\infty} \frac{1}{n} = \infty.$

풀이 $m = 2^n$일 때

$$S_m = 1 + \frac{1}{2} + \left(\frac{1}{3} + \frac{1}{4}\right) + \left(\frac{1}{5} + \frac{1}{6} + \frac{1}{7} + \frac{1}{8}\right) + \cdots + \left(\frac{1}{2^{n-1}+1} + \cdots + \frac{1}{2^n}\right)$$

$$> 1 + \frac{1}{2} + \left(\frac{1}{4} + \frac{1}{4}\right) + \left(\frac{1}{8} + \frac{1}{8} + \frac{1}{8} + \frac{1}{8}\right) + \cdots + \underbrace{\left(\frac{1}{2^n} + \cdots + \frac{1}{2^n}\right)}_{\text{↳ } 2^{n-1}\text{개}}$$

$$> 1 + \frac{1}{2} + \frac{1}{2} + \frac{1}{2} + \cdots + \frac{1}{2} = 1 + \frac{n}{2}.$$

$\therefore n \to \infty \Rightarrow S_m \to \infty$. $\therefore$ 수렴하지 않는다.

예 … 5. $\displaystyle\frac{1}{1^2} + \frac{1}{2^2} + \frac{1}{3^2} + \cdots + \frac{1}{n^2} + \cdots.$

풀이 $S_n = \frac{1}{1^2} + \frac{1}{2^2} + \frac{1}{3^2} + \cdots + \frac{1}{n^2}$

$$< 1 + \left\{\frac{1}{1 \cdot 2} + \frac{1}{2 \cdot 3} + \frac{1}{3 \cdot 4} + \cdots + \frac{1}{n(n+1)}\right\}$$

$$= 1 + \sum_{k=1}^{n} \frac{1}{k(k+1)} = 1 + 1 - \frac{1}{n+1} = 2 - \frac{1}{n+1} < 2.$$

$\therefore S_n < 2$이고 $S_1 < S_2 < \cdots < S_n$이므로 수렴한다.

예 … 6. $\frac{1}{\sqrt{1}}+\frac{1}{\sqrt{2}}+\frac{1}{\sqrt{3}}+\cdots+\frac{1}{\sqrt{n}}+\cdots.$

풀이 $S_n=\frac{1}{\sqrt{1}}+\frac{1}{\sqrt{2}}+\frac{1}{\sqrt{3}}+\cdots+\frac{1}{\sqrt{n}}$

$$> \frac{2}{\sqrt{1}+\sqrt{2}}+\frac{2}{\sqrt{2}+\sqrt{3}}+\frac{2}{\sqrt{3}+\sqrt{4}}+\cdots$$

$$+\frac{2}{\sqrt{n}+\sqrt{n+1}}\left(\because \frac{1}{\sqrt{n}}>\frac{1+1}{\sqrt{n}+\sqrt{n+1}}\right)$$

$$=2\{(\sqrt{2}-1)+(\sqrt{3}-\sqrt{2})+\cdots+(\sqrt{n+1}-\sqrt{n})\}$$

$$=2(\sqrt{n+1}-1).$$

$\therefore \lim_{n\to\infty} S_n=\infty$ (발산).

무한급수의 합

예 … 1. $S=\sum_{n=1}^{\infty}(-1)^{n-1}\frac{1}{2^{n-1}}=\frac{2}{3}.$ (A.1.1절)의 (3) 참조

예 … 2. $S=\sum_{n=1}^{\infty}\frac{1}{n(n+1)}=1.$ (A.1.1절)의 (5) 참조

예 … 3. $S=\sum_{n=1}^{\infty}f(n+1)-f(n)=\alpha-f(1).$ (A.1.1절) 참조

단, $\lim_{n\to\infty}f(n)=\alpha$ (유한확정값).

예 … 4. $S=\sum_{n=1}^{\infty}f(n+2)-f(n)=2\alpha-f(1)-f(2).$ (A.1.2절) 참조

단, $\lim_{n\to\infty}f(n)=\alpha$ (유한확정값).

예 … 5. $S=\sum_{n=1}^{\infty}f(n+p)-f(n)=p\alpha-\sum_{k=1}^{p}f(k),$ (p는 정수). (A.1.2절) 참조

예 … 6. $S=\sum_{n=1}^{\infty}\frac{1}{n(n+2)}=\frac{1}{2}\sum_{n=1}^{\infty}(\frac{1}{n}-\frac{1}{n+2})$

$=-\frac{1}{2}\{2\alpha-f(1)-f(2)\}$ (단, $f(n)=\frac{1}{n}$, $\alpha=\lim_{n\to\infty}f(n)=0$)

$=\frac{3}{4}$

예 … 7. $S=\sum_{n=1}^{\infty}\frac{1}{n!(n+2)}=\sum_{n=1}^{\infty}\frac{(n+2-1)}{n!(n+1)(n+2)}$

$=\sum_{n=1}^{\infty}\frac{1}{(n+1)!}-\frac{1}{(n+2)!}=\frac{1}{2}$

$=f(2)-\alpha$ (단, $f(n)=\frac{1}{n!}$, $\alpha=\lim_{n\to\infty}f(n)=0$)

$=\frac{1}{2}$

예 … 8. $S=\sum_{n=1}^{\infty}\frac{n\sin(n-1)\theta-\sin n\theta}{n!}=\sum_{n=1}^{\infty}\frac{\sin(n-1)\theta}{(n-1)!}-\frac{\sin n\theta}{n!}$

$=f(0)-\alpha$ (단, $f(n)=\frac{\sin n\theta}{n!}$, $\alpha=\lim_{n\to\infty}f(n)=0$)

$=0$

[부록 B]
선택된 문제의 해답

1, 3, 5 장 : 짝수 번 연습문제
2, 4, 6 장 : 홀수 번 연습문제

의 해답이 다음 웹 주소에 수록되어 있습니다.

http://yikbell.com.ne.kr/mathematica

→ Mathematica 연습문제 해답

참고문헌

[1] 김영익 (1993), *혼돈과 후랙털집합*, 경문사.

[2] 김영익 · 이광복 (1998), *Efficient Plotting of Closed Polar Curves with Mathematica*, 한국수학교육학회지, 제 5권 2호.

[3] 김영익 · 이규봉 (2001), *아름다운 수학 매스매티카와 함께*, 교우사.

[4] 대한수학회 (1994), *수학용어집*, 청문각.

[5] 신창언 (1996), *Mathematica와 미분적분학*, 경문사.

[6] Martha L. Abell and James P. Braselton (1994), *Mathematica by Examples*, Academic Press.

[7] Nancy Blachman (1992), *Mathematica : A Practical Approach*, Prentice Hall.

[8] Richard Gass (1998), *Mathematica : For Scientists and Engineers*, Prentice Hall.

[9] Theodore W. Gray (1991), *Exploring Mathematics with Mathematica*, Addison Wesley.

[10] Lee W. Johnson 외 2인 (1993), *Introduction to Linear Algebra,* Addison Wesley.

[11] Daniel Kaplan and Leon Glass (1995), *Understanding Nonlinear Dynamics,* Springer-Verlag.

[12] Skeel and Keiper (1993), *Elementary Numerical Computing with Mathematica,* McGraw Hill.

[13] Murray R. Spiegel (1968), *Theory and Problems of Mathematical Handbook of Formulas and Tables*, Schaum's Outline Series.

[14] Earl W. Swokowski (1983), *Calculus with Analytic Geometry*, Prindle, Weber & Schmidt.

[15] Grorge B. Thomas and Ross L. Finney (1992), *Calculus and Analytic Geometry,* Addison Wesley.

[16] Stephen Wolfram (1991), *Mathematica,* 2nd ed., Addison Wesley.

[17] Stephen Wolfram (2004), *Mathematica,* 5th ed., Cambridge University Press.

[18] Wolfram Research (1993), *Guide to Standard Mathematica Packages,* Addison Wesley.

[19] Wolfram Research (1995), *User's Guide for Microsoft Windows*, Addison Wesley.

[20] Dennis G. Zill (1993), *A First Course in Differential Equations,* PWS.

찾아보기

A

B

C

D

E

F

G

H

I

J

K

L

M

N

O

P

R

S

ㅈ

ㅊ

ㅋ

ㅌ

ㅍ

ㅎ

김영익

서울대학교 공과대학 기계공학과, 공학사
국방과학 연구소 연구원
Arizona State University, 기계공학과 공학석사 (M. S.)
Arizona State University, 수학과
이학석사 (M. A.), 수치해석학 전공
Arizona State University, 수학과
이학박사 (Ph. D.), 수치해석학 전공
현 : 단국대학교 수학과 교수

저서 :
혼돈과 후랙털 집합 (1993, 경문사)
아름다운 수학 Mathematica와 함께 (1999, 교우사)
대학수학 (2004, 교우사)
HTML · JavaScript 프로그래밍과 웹수학 (2004, 교우사)

미래 수학은 Mathematica와 함께

2008년 5월 1일 초판 인쇄
2008년 5월 10일 초판 발행

저 자 / 김영익
발행자 / 오판근
발행처 / 교우사

주 소 / 서울 동대문구 제기2동 148-19
전 화 / 925-2861(대), 편집부 / 925-2825
팩 스 / 925-2860
E-mail / kw2861 @ chollian. net
http: // www. kyowoo. co. kr
등록 / 1994. 3. 24 제6-0256호

ISBN 978-89-8172-742-0 (93410)

값 **28,000**원